中国古纸与传统手工纸植物纤维显微图谱

易晓辉◎著

广西师范大学出版社
GUANGXI NORMAL UNIVERSITY PRESS
·桂林·

中国古纸与传统手工纸植物纤维显微图谱
ZHONGGUO GUZHI YU CHUANTONG SHOUGONGZHI ZHIWU XIANWEI XIANWEI TUPU

图书在版编目（CIP）数据

中国古纸与传统手工纸植物纤维显微图谱 / 易晓辉著. --桂林 : 广西师范大学出版社，2022.10（2022.11 重印）
ISBN 978-7-5598-5344-8

Ⅰ. ①中… Ⅱ. ①易… Ⅲ. ①手工纸－中国－古代－图谱 Ⅳ. ①TS766-64

中国版本图书馆 CIP 数据核字（2022）第 163279 号

广西师范大学出版社出版发行
（广西桂林市五里店路 9 号 邮政编码：541004
网址：http://www.bbtpress.com）
出版人：黄轩庄
全国新华书店经销
北京汇瑞嘉合文化发展有限公司印刷
（北京市北京经济技术开发区荣华南路 10 号院 5 号楼 1501 邮政编码：100176）
开本：710 mm ×1 000 mm 1/16
印张：24.25 字数：435 千
2022 年 10 月第 1 版 2022 年 11 月第 2 次印刷
定价：328.00 元

推　荐　序

获悉国家图书馆古籍保护实验室易晓辉所著《中国古纸与传统手工纸植物纤维显微图谱》即将付梓，我对此表示祝贺。纤维显微图谱是鉴别纸张纤维原料、分析纤维成分的重要工具。这本著作汇集了易晓辉多年潜心研究传统手工纸纤维原料显微分析的经验和成果，内容丰富翔实，图片特征清晰，将为传统手工纸相关领域的分析研究提供参考。

我认识易晓辉有10多年了。他从北京林业大学造纸专业毕业之后，就一直在国家图书馆从事与古籍保护和传统手工纸研究相关的工作，在古纸分析、手工纸原料及显微鉴别、开化纸来源等方面有一定研究，积累了大量传统手工纸植物原料及古今纸张样本的显微图片和资料。2015年，为满足广大读者的需求，我曾与中国轻工业出版社约定，计划编写第二版《中国造纸原料纤维特性及显微图谱》，准备在第一版的基础上扩充部分内容，尤其是要纳入更多的古纸和手工纸纤维原料。考虑到易晓辉在传统手工纸纤维分析方面所做的研究，便邀他负责韧皮纤维部分的内容撰写。一年多后，他就完成了15种韧皮原料的显微图谱撰稿。后来非常遗憾，由于时间久远，原书部分图片损坏变质，以及其他的一些特殊原因，因此再版计划不得不取消。2022年初，易晓辉告诉我，他将原来帮我撰写的那些稿件重新整理，增添了一些竹草原料和其他原料，准备将手工纸中常见的30余种纤维原料汇成一本纤维显微图谱出版。能把这些稿件再次利用起来，汇集成一本更加完整的显微图谱，补齐传统手工纸纤维分析和显微鉴别领域的短板，我非常乐见其成，特帮他写下这篇推荐序，希望更多同行朋友关注和喜欢这本书。

传统手工纸发展至今，不仅传承和延续着古代灿烂文化、艺术和科技成就，还在当下广泛应用于书画艺术创作、保护和修复古籍文物，在各地民俗生活和文化旅游活动中也扮演着重要角色。手工纸制作工艺较为简单，纤维纯净，原料种类和特性成为影响纸张性能的关键。在纸质古籍文物分析鉴定、保护修复，以及书画用纸的选择中，常常要通过显微分析等手段获取纸张原料信息，为相关工作提供参考。

本书是一部专门讨论中国手工纸植物原料纤维显微形态，探索纸张纤维显微分析方法的著作。全书共收录35种手工纸中常见的植物纤维原料，包括21种韧皮类原料、7种竹草类原料、2种叶脉纤维原料，以及棉、木浆等其他原料。按照植物科属、取材部位的不同，分成“三系八类”，依次详细展示每种原料的纤维尺寸和纤维显微特征，并从植物亲缘关系的角度，系统梳理各种原料在显微形态上的共性和差异。通过这些共性和差异，在进行纤维显微分析和鉴别的时候，我们就能由面到点渐序推进，即先明确大类，弄清原料的植物科属，再根据精细特征逐步定位到具体植物种类。

在显微形态特征的解析上，作者详细整理了每种原料的纤维细胞、杂细胞及非细胞类杂质的显微形态，包括纤维纹理、细胞腔特征、端部特征，以及乳汁管、筛管、导管、薄壁细胞、韧皮射线细胞、表皮细胞等杂细胞的微观结构，同时配显微图片直观展示。书中的700余幅图片选自作者积累的万余张纤维显微图，详细展现每种原料的微观特征。部分原料还附有古纸样品的显微图，让读者了解手工纸纤维形态的同时，亦能领略微观视角中的古纸之美。

王菊华

2022年2月28日

前　言

多样化的原料体系是中国造纸术的重要特征。早在蔡伦生活的东汉时期，文献记载的造纸原料就有麻和构树皮两种。此后随着造纸术在大江南北广泛传播，历朝历代不断革新和进步，更多原料被纳入传统造纸。桑皮、瑞香皮、竹子、青檀皮、稻麦草、菠萝叶……从韧皮纤维拓展到茎秆纤维，再到叶纤维、种毛纤维。充满智慧的先民总能充分利用各地物产，因地制宜，选择当地易得的纤维原料造纸。岭南的香皮纸，云南的腾冲纸、东巴纸，还有品类丰富的藏纸，都是就地选材的典型代表。多样化的原料体系扩展了纸张品类，大大提升了纸张产量，为文化传承与发展提供了坚实保障，也是中国造纸术对人类文明发展做出的重要贡献。

近年来，随着传统文化的复兴，特别是古籍、字画、档案文献的保护修复以及非物质文化遗产保护工作的推动，传统手工纸相关领域获得更多关注。许多针对古纸以及传统手工纸的保护和研究，都将原料成分作为了解纸张性能的关键。从现有手段来看，纤维显微形态分析是鉴别纸张原料成分最直观可靠的方法。将分散、染色后的纸样纤维置于显微镜下观察，分析纤维细胞、杂细胞的形态和细节特征，参照纤维显微图谱，就可以判别纤维原料植物的科属种类，了解纸张的材质特性，为相关领域开展鉴定、保护和修复工作提供参考。

本图谱所录30余种手工纸植物纤维原料，以传统手工造纸常用的植物原料为主，同时也纳入近些年手工纸中出现的新原料。与以往介绍造纸原料方面的书籍不同，本书强调植物分类的理念，以原料植物的亲缘关系为基础诠释其微观形态的共性和差异。这种理念基于本人在手工纸纤维显微分析工作中的经验总结，即植物纤维的微观形态与植物学分类存在明显的相关性，亲缘相近的植物纤维，形态特征上会有许多共通性。这些同类共性和异类差别有助于我们建立手工纸纤维显微分析的特征体系。

得益于“中华古籍保护计划”的推动以及国家图书馆古籍保护实验室良好的研究条件，我在日常工作中对各种原料样品和古今纸样开展分析，积累了大量高清的纤维显微图，并从中挑选最具代表性、特征最清晰的700余幅显微图整理汇集成此图谱，力图对每种原料的纤维形态、杂细胞特征进行详细解析和总结。许多原料种类、纤维特征及杂细胞形态是在本图谱中首次系统呈现。希望本书的出版能为相关领域的分析鉴别工作提供参考，吸引更多朋友了解和关注传统手工纸的原料及材质信息。当然，面对丰富多样的原料品种和纷繁复杂的微观形态，受限于设备条件及本人的研究水平，书中所述仅为阶段性研究成果，管窥蠡测，无法面面俱到，难免有疏漏及不足之处，请广大同行及读者朋友不吝指正。

自接触纸张显微分析以来，一直受教于王菊华老师和她所著的《中国造纸原料纤维特性及显微图谱》。王老师是中国纸张纤维显微分析领域的开创者，也是我专业上的老师和领路人。本书部分初稿亦是在王老师鼓励下完成。本书成稿时，王老师不顾年事已高，仍欣然为拙作题序以提携后辈，让人感佩。谨以此书向王老师、北京林业大学造纸专业的老师和所有为我传道授业解惑的老师们致以谢意！

在这些年收集手工纸原料植物标本和纸张样品过程中，许多师友都曾给予帮助和支持。感谢国家图书馆古籍馆陈红彦等三位主任对手工纸研究工作的大力支持；感谢古籍馆文献保护组田周玲、龙堃、任珊珊、张铭、闫智培、张楠等同事在日常工作中的鼎力帮助和支持；感谢李际宁老师出差途中帮忙带回整棵狼毒草标本；感谢田丰老师和杜萌热情帮忙收集纸样；感谢中国科学技术大学汤书昆老师和陈彪老师邀请参与藏纸原料纤维分析；感谢龙文老师、贡斌先生、蔡项菲女士、王思涵老师、蔡芝军先生、郭琳琳同学，以及我的同学蒲志鹏、郑华勇、姜亦飞热情帮助收集原料、提供纸张样本；感谢文物与博物馆领域许多同行老师提供古纸样品……篇幅所限，尚有许多提供帮助的师友无法一一列出，在此一并致谢！

易晓辉
2022年2月于北京

目　录

第一章　通论

一、传统手工纸纤维原料植物的分类方式

自汉代发明造纸术以来，充满智慧的先民便不断开发利用各种纤维原料造纸。根据历史记载，蔡伦发明造纸术就采用了破布、树皮、废麻、旧渔网等作为造纸原料。随着造纸术的发展，纤维原料种类也不断扩展，包括各种麻类、构皮、楮皮、桑皮、竹子、藤皮、瑞香皮、青檀皮、草类等，不一而足。这些丰富的原料在历史长河中经过各种的造纸工艺，被制成各种精美的纸张，为中华文明的传承和发展做出了巨大的贡献。

正是由于原料种类繁多，对古籍、古字画等纸质文物材料和散落在全国各处的手工纸坊的工艺研究，都牵涉到对这些植物纤维原料区别和分类问题。因传统手工造纸所用的这些非木材纤维原料在整个造纸工业的原料中所占的比重非常小，相关的研究也很少涉及，而非木材类原料的种类又非常多，如孙宝明、李仲恺编著的《中国造纸植物原料志》一书收录非木材类原料包括草本类87种、竹类49种、皮料类74种、麻类32种、废料类10种，共计252种，而造纸工业用量最大的木材类原料只有67种。

尽管传统手工造纸常用纤维原料并未达到252种之多，但是基本包含在其中。通常的分类方式是根据原料植物的中文名称将其大致分为韧皮类、草类两种，或者简单分为麻类、皮类、竹类和草类4种。这种分类方式比较简略，并不能准确反映各种纤维原料之间的区别和联系，在个别细节上尚需完善。

（1）传统分类方式比较依赖植物名称。许多植物的名称约定俗成，却与植物学分类并不相干。这在麻类植物的划分上尤其明显。造纸原料中有不少植物名称带“麻”字，但“麻类植物”并不是植物分类学当中的概念，它其实是从使用功能的角度，人为划分出来的一类纤用植物的俗称，植物分类系统中根本就没有与之对应的门类。造纸所用麻类植物除了我们常见的苎麻、亚麻、红麻、黄麻这些韧皮麻类，还包括剑麻、蕉麻等叶麻类植物。在植物分类中，韧皮麻类属于双子叶植物，而叶麻类则多为单子叶植物，二者相去甚远。因此对于麻类和皮类原料的划分，不同的角度往往有截然不同的处理方式。传统手工纸中的麻类原料大

多属于韧皮类纤维，广义上可以归属于“皮纸”的范畴，但人们习惯上所说的皮纸显然并不包括麻纸。同时叶麻类植物究竟该归于麻类，还是归于草类，这在原料植物分类中应当做出区分。

麻类植物划分方式的难题，其实还源自传统植物分类中“木本”与“草本”的划分问题。在现代植物分类体系形成之前，人们将多年生植物称为“木本”，一年生植物称为“草本”。这种简单的分类方式忽略了环境在植物生长中的重要影响。像棉花在亚热带及温带地区为一年生，但若种植在海南岛等热带地区，就会在冬天继续生长，变成多年生植物。因生长环境所致的“木本”与“草本”之别，往往会对植物分类造成一定误导。

手工纸原料中比较典型的如狼毒草，因其名字中有“草”字，且地上茎秆在冬天枯萎，确属草本，故常常被习惯性划分为草类原料。但狼毒草跟我们通常认为的单子叶植物草类明显不同。狼毒草为瑞香科双子叶植物，生长于高寒地区，虽然冬天地上茎秆枯萎，但是地下粗壮的根部为多年生，用来造纸的就是它根部的韧皮。所以，狼毒草实际上是一种韧皮类原料。

（2）无法准确反映不同原料之间的亲缘关系。传统的分类方式只将现有原料植物分成几个大类，将所有的植物囊括到这几个大类之中，各大类之内则没有进一步的区分和归类，难以反映彼此之间的亲缘关系。而这些亲缘关系在分析纤维微观形态时却是非常重要的信息。具有相近亲缘关系的植物原料，其纤维特性和形态有很多相似之处。

例如桑皮、构皮和青檀皮等蔷薇目植物纤维都具有非常相似的横节纹。又如瑞香科的三桠皮、雁皮等植物纤维都具有中段加宽和密集的横节纹等微观特征。这些归类化的相似特征可以为分析鉴定和选择替代原料提供非常大的帮助。在古纸纤维的鉴定工作当中，有了系统的分类方法和归类化的特征表，就可以快速定位原料植物的大致种类，有助于提高鉴别的效率和准确率。

（一）基于植物分类学的原料分类方法

传统手工纸以植物纤维为原料，不同植物的纤维性能有所区别，很大程度上源自不同植物种类的特性差异。亲缘相近的原料，纤维特性自然会有许多相似之处。以植物分类的方式对纤维原料进行分类，有助于从更基础的层面了解纸张原料的区别。

植物的分类也有许多不同的分类系统。目前在植物分类系统中比较有影响的是APG分类系统，它是由被子植物种系发生学组（APG）发布的一种现代分类法。这种分类方法与以往依靠植物形态分类的方法不同，主要依照植物3个基因组的DNA序列，包括2个叶绿体和1个核糖体的基因信息，同时也参照其他方面的理论，以亲缘分支的方法分类。经历APG Ⅰ、APG Ⅱ的不断迭代完善，目前最新的版本是2016年发布的APG Ⅳ分类系统。由于是从分子生物学的角度揭示植物种类的分类关系，APG分类系统具备更强的科学性，应用前景非常广泛。

传统手工纸原料的分析过程主要依靠纤维的微观形态特征来区分，更能反映植物亲缘关系和微观层面信息的APG分类系统因此成为首选。近些年相关的研究实践也证实了APG分类系统在纤维分析工作中的优势，例如按照传统的恩格勒分类系统，红麻为锦葵科，黄麻为椴树科，可二者的纤维形态具有非常高的相似度，极难区分。在最新的APG Ⅳ分类系统中，黄麻和红麻则同属锦葵科，亲缘关系非常接近，这就能够跟二者纤维特征的相似性很好地吻合起来。

我国古纸及现代传统手工造纸常用的纤维原料植物有30余种，这些植物可依照APG Ⅳ分类系统画出它们的分类结构图，即如下页图1所示。通过分类结构图可以直观地勾勒出这些原料植物之间的亲缘关系，而亲缘关系的远近又跟植物纤维的微观形态具有非常强的相关性。亲缘关系越近，其纤维形态的共同点就越多。基于这种相关性，可以对传统的麻、皮、竹、草分类方法重新梳理，分门别类，将亲缘关系和微观形态相结合，把具有相近亲缘和相似特征的植物归为若干个小集合，这种小集合就是纤维微观形态的一个个基本型。通过总结每个基本型的共有特征，有助于我们在纤维分析和鉴别时快速确定其所属的门类，然后再根据每种原料纤维在个别细节上的具体特征，判断该纤维属于哪种原料。这也是纸张纤维分析和鉴别的主要思路和依据。

如果将分类图中所列传统手工造纸常用的原料植物按照传统的麻、皮、竹、草进行归类，可以看出传统的分类方式非常粗放，在植物亲缘关系上的跨度很大。以麻类为例，传统的苎麻、大麻、亚麻、蓖麻、黄麻、红麻、白麻等麻类分别属于5个不同的科，甚至跨越不同的分支。科属关系上的差异决定了在纤维显微形态上必然存在明显区别，甚至于不同种类的麻所制的纸张，质感也同样存在明显差异。

韧皮类原料的情况更是如此，其原料的植物分类跨越豆分支和锦葵分支，

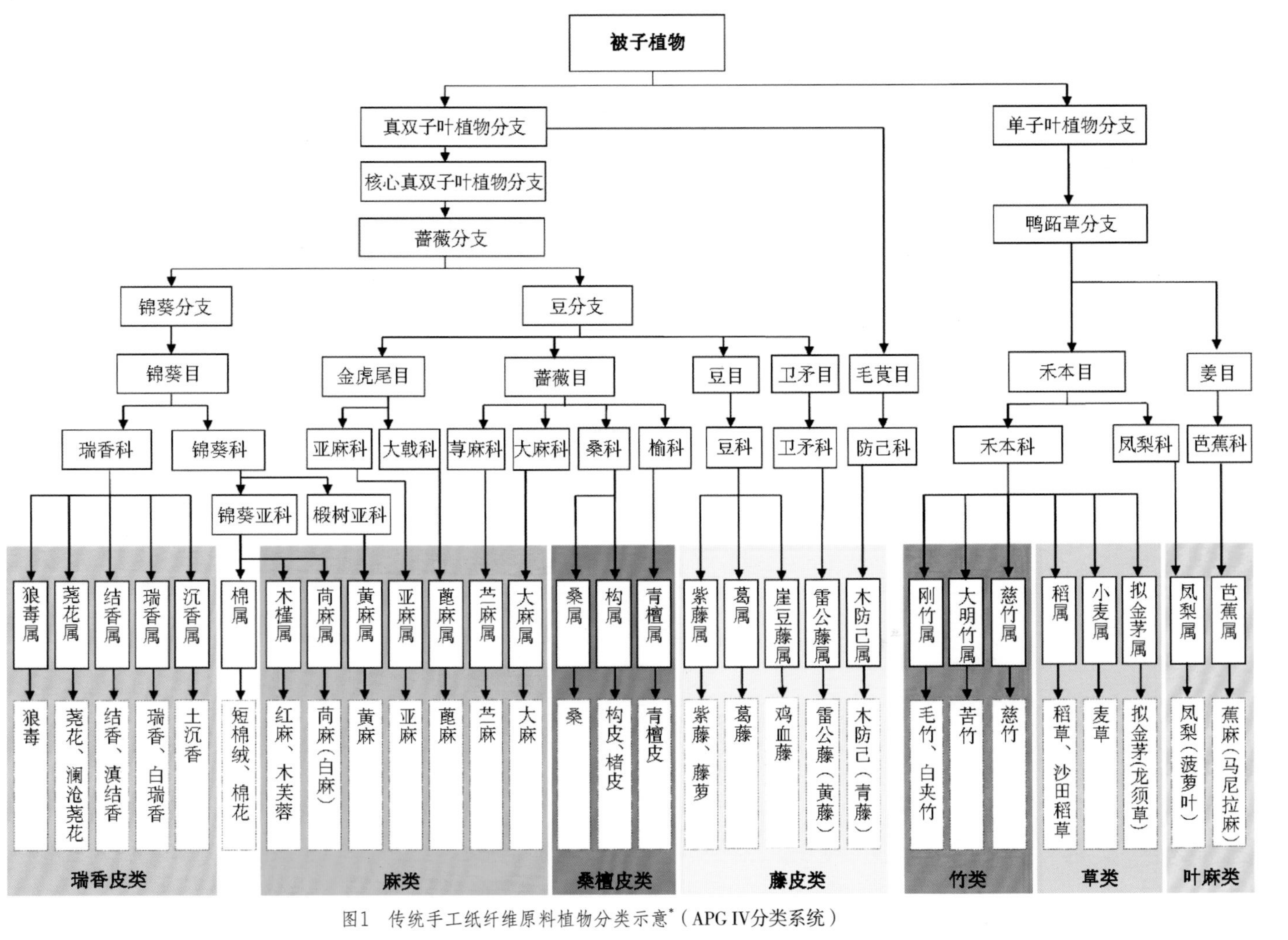

图1 传统手工纸纤维原料植物分类示意*（APG IV分类系统）

* 本书图号，每节另起。例“图1”，表示本章本节第一幅图。全书以此类推。

分属于多个不同的科，造成不同种类的皮纸在总体质感上虽然存在一定程度的相似性，但是在更多的细节上又有天壤之别。传统的桑构皮类纤维跟藤皮类、瑞香皮类纤维在微观形态上都有其各自归类化的特征，这些不同的归类化特征其实就是其亲缘关系的外在反映。因此，以植物学分类法所体现的亲缘关系为基础，以每种植物纤维的形态特征为依据，结合传统的分类方式，将图1所列原料植物进行模块化分区（如图1中彩色区域所示），可以把它们大体分成“三系八类”，即中国古纸及传统手工纸常用植物原料的“三系八类”分类系统。

（二）“三系八类”分类系统

“三系八类”分类系统，首先将传统手工造纸常用植物原料按照纤维使用的部位，分为韧皮系、茎叶系和籽毛系3个主要的系列；每个系列又根据植物的科属关系，分成8个主要的大类，如图2所示。

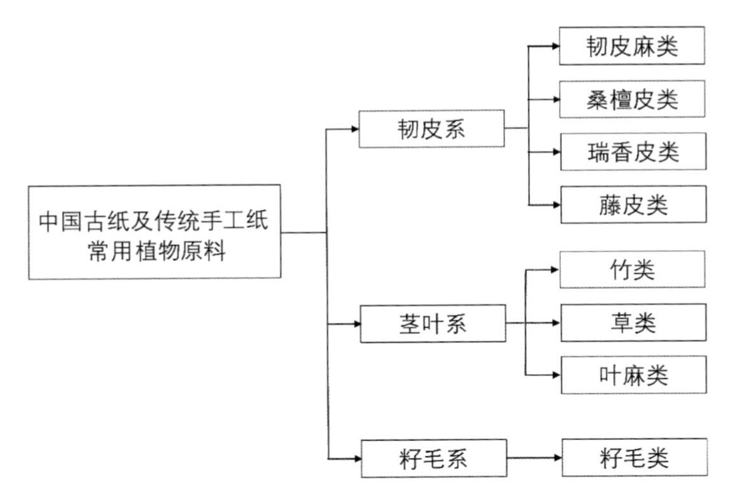

图2　“三系八类”分类系统示意图

1.三个主要系列

（1）韧皮系：以植物的韧皮为原料造纸，分为韧皮麻类、桑檀皮类、瑞香皮类、藤皮类四类。

（2）茎叶系：以植物茎秆和叶子中的纤维为原料造纸，手工纸领域主要为竹类、草类和叶麻类。

（3）籽毛系：棉花（或短棉绒）为种毛纤维，归为单独的籽毛系籽毛类。

2.八个主要大类

“八类”原料的划分将纤维使用部位、植物分类关系和传统的麻、皮、竹、草分类方式相结合，不仅捋清了麻类和韧皮类纤维的归属关系，还将竹类和草类统一归为茎叶系，同时给木质类纤维在未来纳入手工纸原料体系留有余地。具体内容如下：

（1）韧皮麻类：包括荨麻科的苎麻、大麻科的大麻、亚麻科的亚麻、大戟科的蓖麻，以及锦葵科的苘麻（白麻）、大麻槿（红麻）、木芙蓉、黄麻等韧皮麻类植物。

（2）桑檀皮类：包括桑科的桑、构、楮，榆科的青檀等。

（3）瑞香皮类：包括瑞香科的土沉香、白瑞香、长瓣瑞香、芫花、结香、滇结香、北江荛花、澜沧荛花、狼毒等。

（4）藤皮类：包括历史上曾用于造纸的豆科藤类紫藤、葛藤、崖豆藤（山藤），卫矛科雷公藤（黄藤）、南蛇藤（黑藤）等。

（5）竹类：包括毛竹、苦竹、慈竹、白夹竹、石竹等。

（6）草类：包括禾本科的稻、麦草，拟金茅属的龙须草等。

（7）叶麻类：包括凤梨科的菠萝叶、芭蕉科的蕉麻等。

（8）籽毛类：虽然棉花属于锦葵科植物，但是所用纤维来自棉花的种毛，因此将棉花（或短棉绒）单独归为籽毛类原料。

需要指出的是，现代造纸使用的木材为树木茎干，按此分类方式其应属于茎叶系。虽然木浆在书画纸中应用已较为普遍，但是暂不属于传统手工纸原料，故不在“三系八类”中列出。未来随着手工纸原料范围的拓展，木浆类纤维也有可能被纳入，则可在茎叶系中单独成为一类，“三系八类”也会变为“三系九类”。

“三系八类”的分类方式，不仅依照植物分类关系将手工纸纤维原料做了系统梳理，还尽可能保留了传统的麻、皮、竹、草的分类习惯。这些使用已久的概念和习惯早已经深入人心，虽然存在不足，但是总体上仍有其科学性。继续保留这些概念，通过重新划分级次的方法厘清其中的归属关系，更有助于人们对新分类方式的理解和接受。同时，以植物分类学为基础的纤维分类方式的提出，也为纸张纤维的显微分析和鉴别提供框架和依据，可将传统手工纸原料纤维从微观形态的角度划分成若干个基本型。

（三）纤维显微形态基本型

将常用手工纸原料植物分成八类之后，若再结合纤维显微形态，则可继续将每类原料分成若干个微观形态的基本型。在每个基本型中，这些原料的纤维显微形态有许多共同或相似的特征。捋清这些基本型的主要特征，在纤维分析和鉴定时就可以直接对照特征，迅速确定到某一个基本型，进而定位原料植物的大致科属，大大缩小比照的范围。这不仅提高了鉴别的针对性，还降低了纤维分析和鉴定的难度。之后采用更加精细的纤维图谱进行比对，便可在很小的范围之内确定植物纤维原料的具体种类。

常见的30多种手工纸原料按照纤维显微形态，大致可归类为十几个基本型，每个基本型包含一种或几种原料植物，它们彼此之间亲缘相近，而且纤维形态有许多相似特征。当然这十几个基本型仅仅是基于常用的30多种植物原料而言，一些不太常用的原料因缺乏研究标本而未列入此中。在以后的研究中若有涉及，可以将它们继续纳入这些基本型或是单列为新的基本型。

由于这些基本型的特征还在不断总结完善和更新，此处仅尝试简单总结已有的十几个基本型所包含的原料种类和大致归类化特征，暂不对具体的形态特征做详细阐述。

1.苎麻、大麻型

主要为苎麻和大麻。纤维形态特征为纤维较长且宽，有纵向条纹和横节纹，分丝帚化明显。

图3 苎麻纤维显微形态

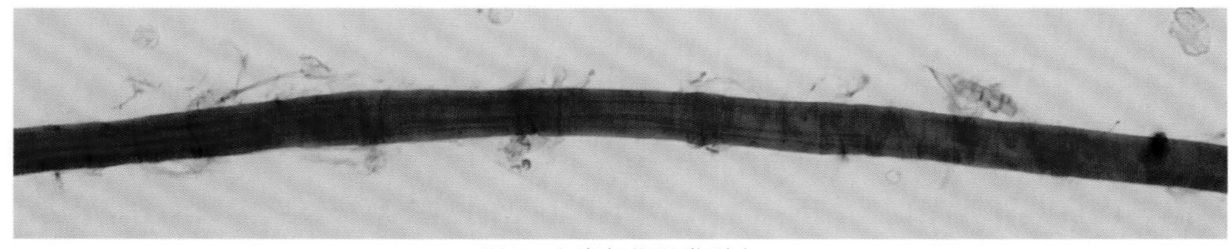

图4 大麻纤维显微形态

2. 亚麻型

主要为亚麻。纤维较长，中段较宽，两端各三分之一长度渐细柔长，纤维横节纹明显，有明显的细胞腔。

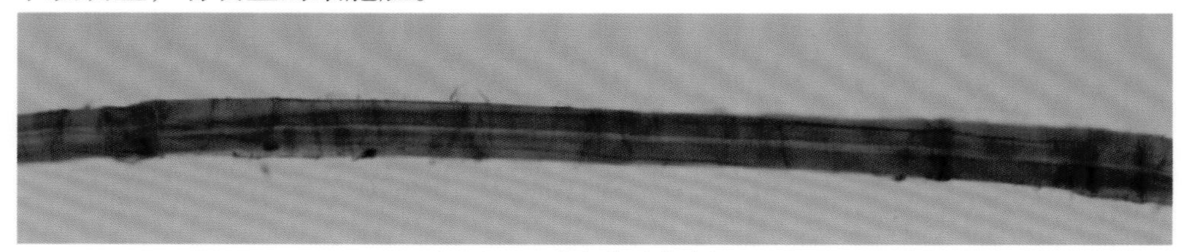

图5 亚麻纤维显微形态

3. 蓖麻型

主要为蓖麻。纤维长度中等，整体非常粗，端部渐细而钝尖，有比较细的横节纹，细胞腔不明显。

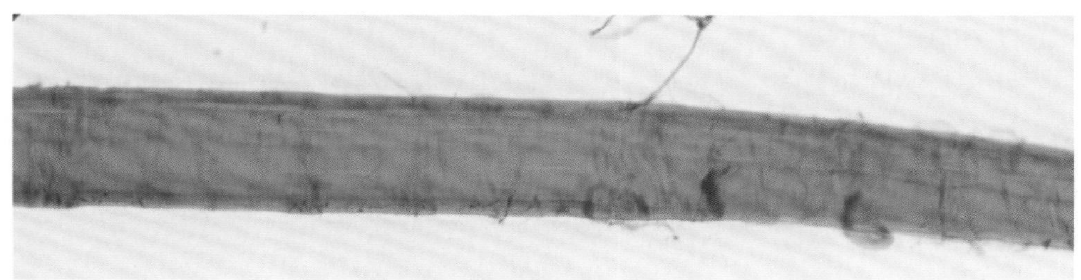

图6 蓖麻纤维显微形态

4. 锦葵麻型

主要为红麻、黄麻、木芙蓉、苘麻等。纤维长度中等，细胞腔明显，细胞壁较厚，横节纹细而明显。

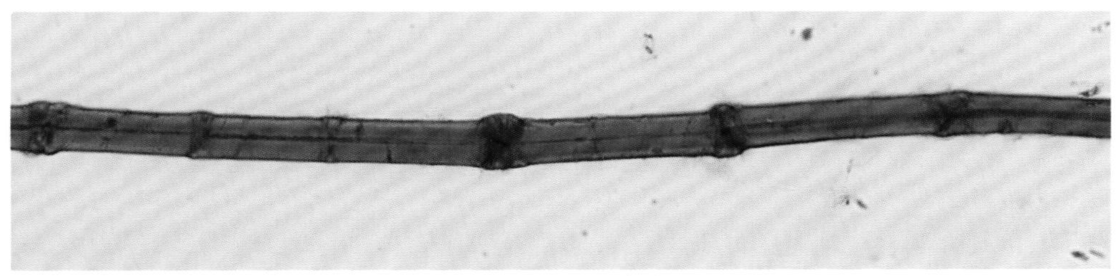

图7　红麻纤维显微形态

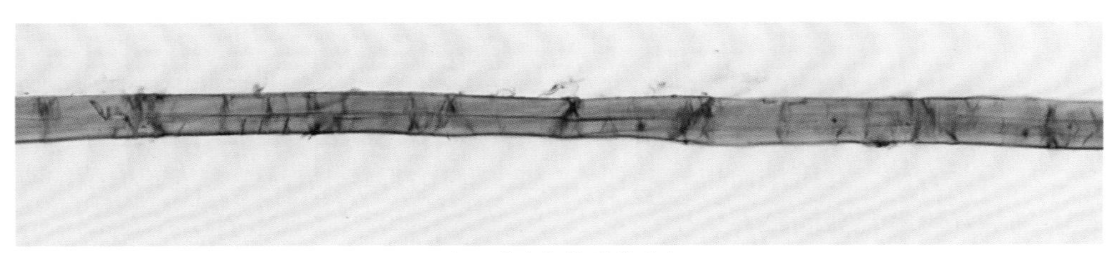

图8　黄麻纤维显微形态

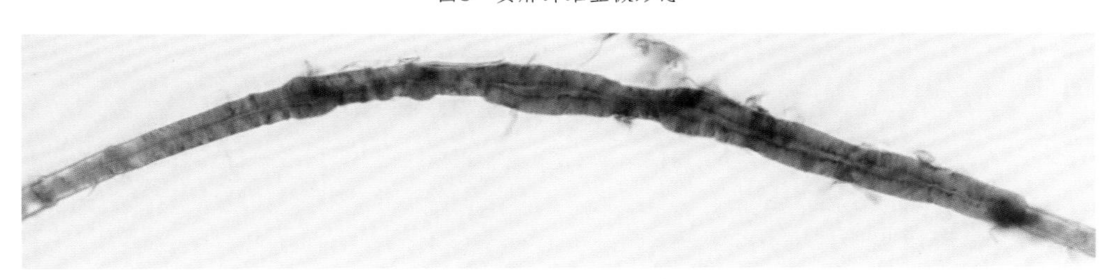

图9　木芙蓉纤维显微形态

5. 桑构皮型

主要为桑皮、构皮、楮皮。纤维较长，横节纹明显且一般有一定的倾斜角度，有明显的胶质膜、菱形草酸钙、无定形蜡状物等特征。

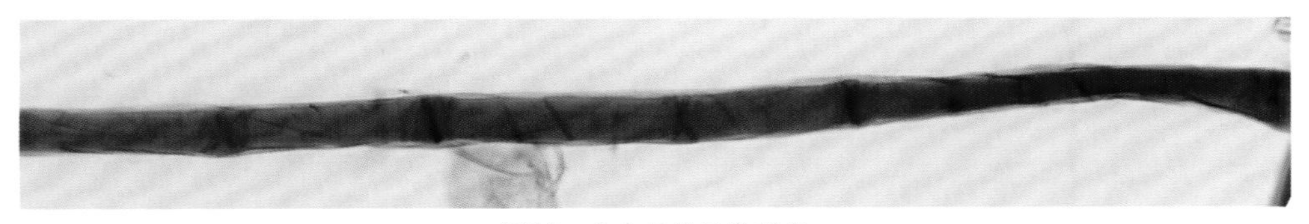

图10　桑皮纤维显微形态

图11 构皮纤维显微形态

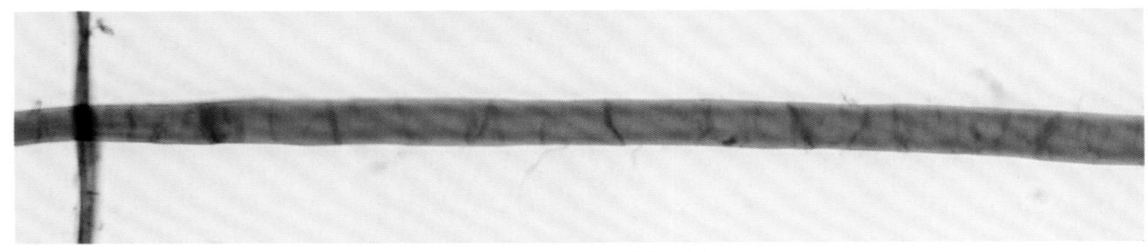

图12 楮皮纤维显微形态

6. 青檀皮型

主要为青檀。纤维细而短，柔软多弯曲，横节纹较明显且与桑皮的横节纹类似，部分纤维有很薄的胶衣。

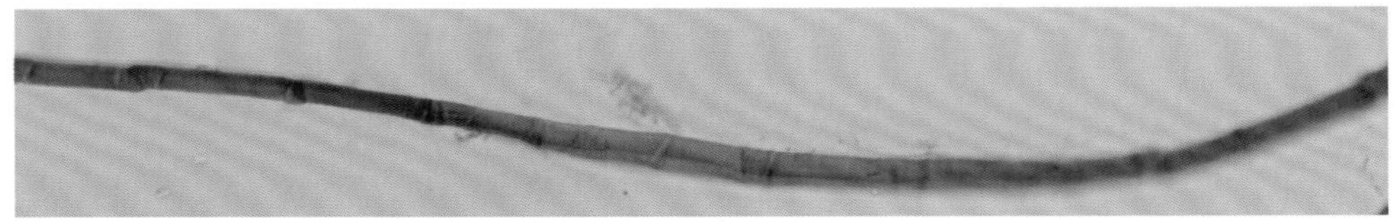

图13 青檀皮纤维显微形态

7. 瑞香皮型

主要为瑞香科的白瑞香、结香、荛花、狼毒。纤维长度中等，有密集的横节纹、纤维中段加宽等共有特征。

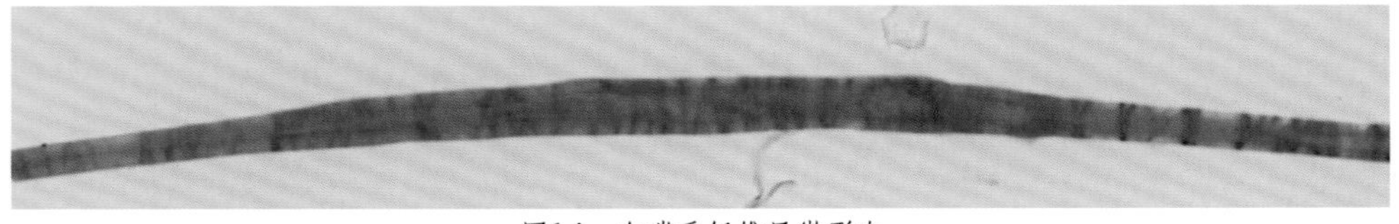

图14 白瑞香纤维显微形态

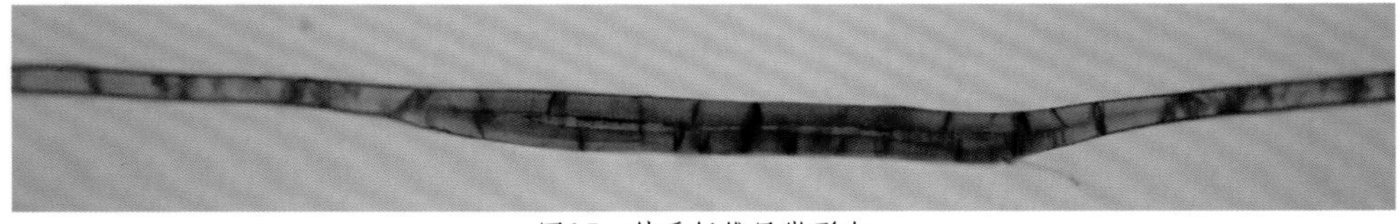

图15 结香纤维显微形态

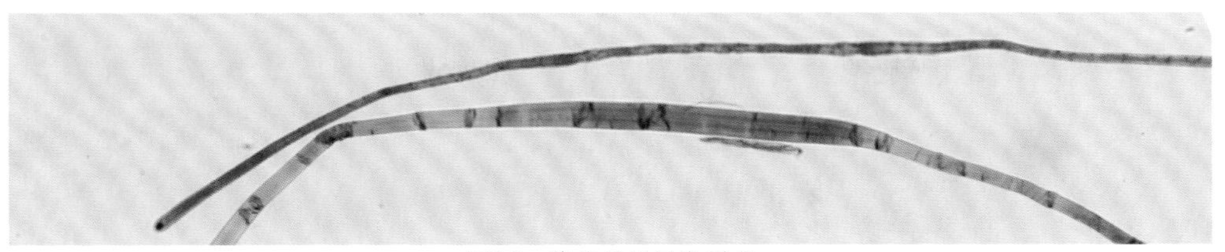

图16 荛花纤维显微形态

图17 狼毒纤维显微形态

8. 豆科藤型

主要为豆科的紫藤、葛藤和崖豆藤。纤维长度稍短，节纹较少，光滑柔长，端部钝尖。

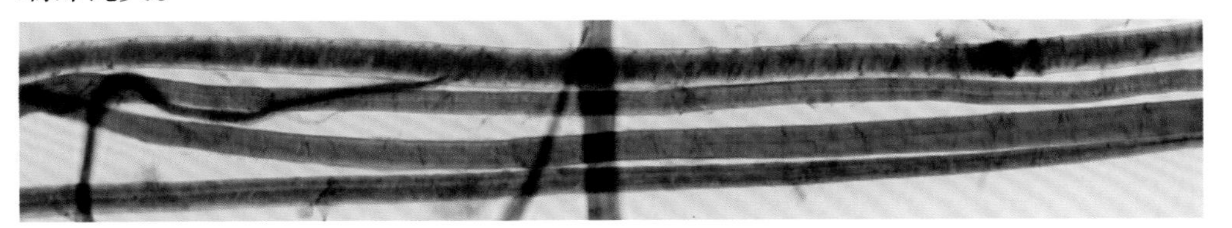

图18 紫藤纤维显微形态

图19 葛藤纤维显微形态

9. 竹型

主要为各种竹类。纤维长度一般在2 mm或以下，有横节纹，纤维直挺且两端尖细，有表皮细胞、薄壁细胞、石细胞、导管细胞、网壁细胞等杂细胞。

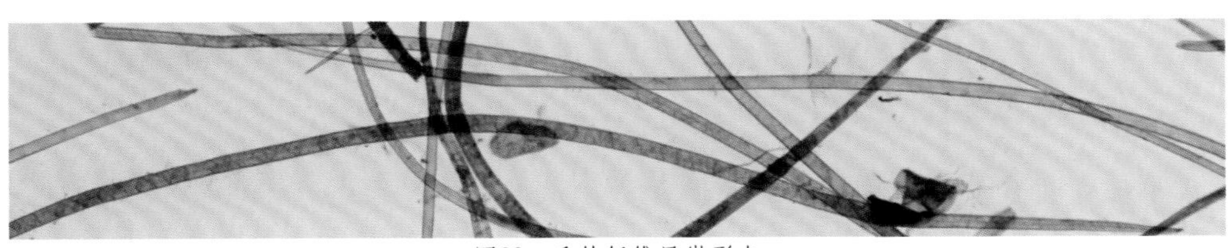

图20 毛竹纤维显微形态

图21 苦竹纤维显微形态

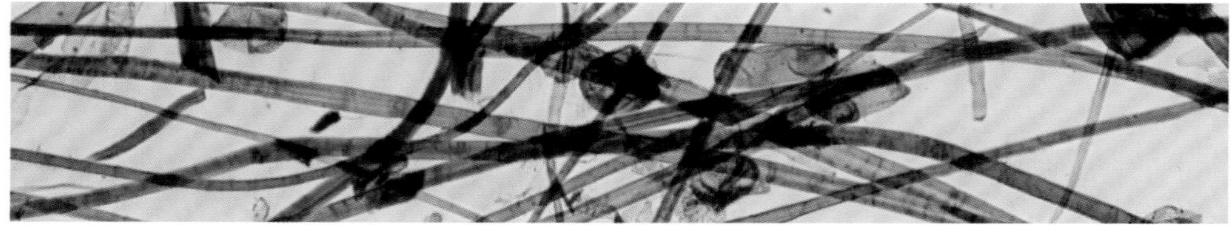

图22 慈竹纤维显微形态

10. 稻麦草型

主要为稻草、小麦和芦苇。纤维短细，横节纹明显，有表皮细胞、薄壁细胞、导管等杂细胞。

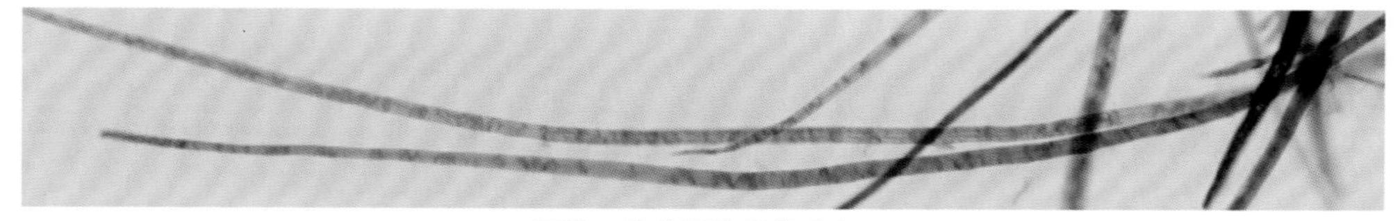

图23 稻草纤维显微形态

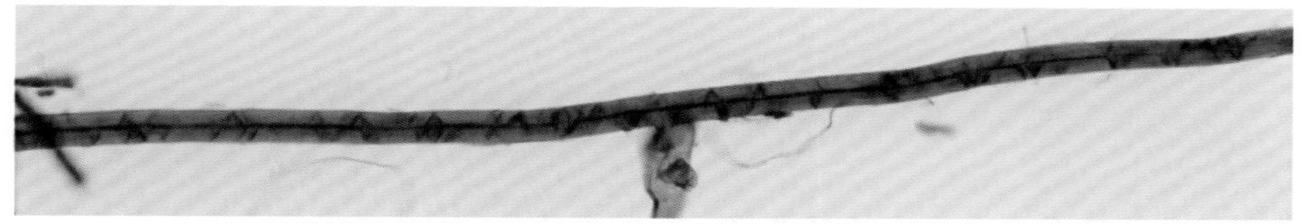

图24 芦苇纤维显微形态

11. 龙须草型

主要为龙须草。纤维细长，有禾草样横节纹，有特征化的表皮细胞、薄壁细胞和导管。

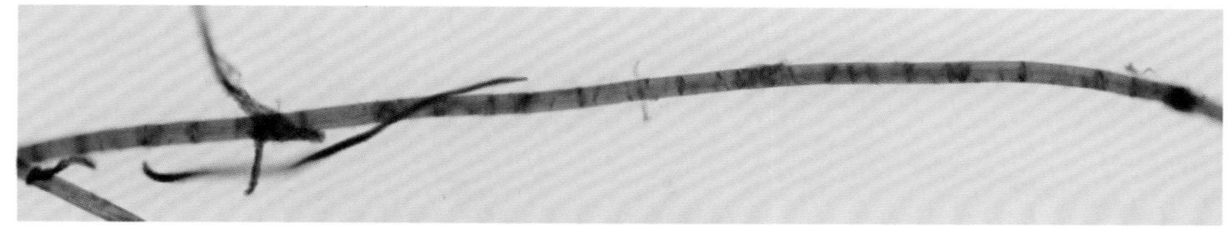

图25 龙须草纤维显微形态

12. 凤梨型

主要为凤梨类植物。纤维极细长，有横节纹，杂细胞较少。

图26 凤梨纤维显微形态

13.蕉麻型

主要为蕉麻类植物。纤维柔软细长，节纹较少，少见杂细胞。

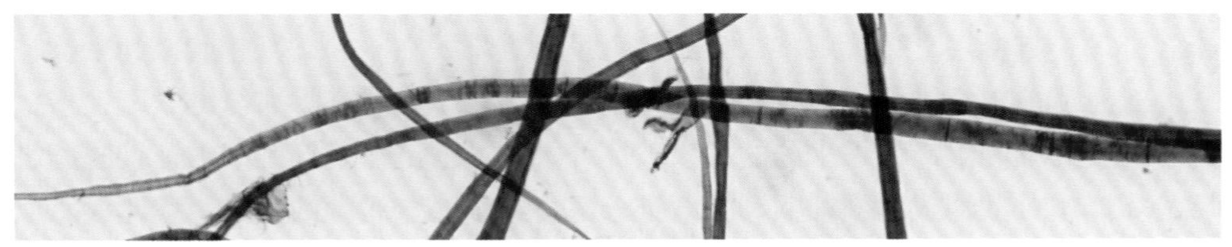

图27 蕉麻纤维显微形态

14. 籽毛型

主要为棉花及短棉绒。纤维柔长，呈带状，无节纹，少见端部。

图28 棉纤维显微形态

二、纸张纤维显微制片、染色及鉴别方法

（一）试样的预处理

在进行纸张纤维显微观察时，需要将样品中聚集在一起的纤维分散开。如果未经分散，直接用显微镜观察，会看到大量纤维堆积在一起，互相遮挡和干扰，没办法看清单根纤维的细节特征。纸张中的纤维在干燥状态下靠氢键紧密连接，只有让其充分润湿，依靠水分的浸入破坏纤维间的氢键，使纤维间的连接脱离之后，才能用分散器或解剖针顺利将纤维分散。经水充分润湿的纤维，整体形态也会比较饱满，结构更加舒展，便于观察到更多的微观特征。

对于一些添加剂少、吸水性强的纸张，润湿过程相对较容易，纤维能轻易分散开。但对那些经过复杂加工的纸张而言，特别是经过重度施胶，或有特殊添加物的纸张，由于胶质与纤维结合致密，纸张常具有一定抗水性，纤维不太容易分散。这种情况下，就需要对纸样进行必要的预处理，去除纤维间的添加物，使试样充分润湿，以便纤维能顺利均匀分散。

第一，一些简单施植物胶，或有少量动物胶的纸样，可以采用热水浸泡或者水煮的办法，使纸样中的胶质溶解于热水，纤维便能顺利分散。

第二，如果水煮的效果不明显，或者纤维间除了胶质，还混合有大量的填料，则可在水煮之后，再附加超声处理，加速溶解胶质，并促使胶质中的填料从纤维表面脱落。如果在超声处理时伴随加热，效果会更好。

第三，对一些有碳酸钙类填料的纸样，可以将其放入稀盐酸中浸泡3~5分钟，以反应掉碳酸钙类物质，避免碳酸钙在染色时与染色剂反应产生大量气泡，影响观察效果。

对传统手工纸和古纸样品而言，上述预处理的方法基本能够满足绝大部分的测试需求。而在现代机制纸中，有一些特种用途的纸张因特殊的添加物或处理方式，纤维间有大量不易溶解的黏合剂，或纤维本身打浆度较高，或经过染料染

色……这类样品可针对其添加物成分或处理工艺，选择有机溶剂抽提、酸碱浸洗、氧化还原反应等合适的方式将添加物去除，再将样品纤维分散。

（二）染色剂的配制

纸张纤维接近无色透明，直接在显微镜下观察，犹如一根根洁白的细丝，无法看清其表面纹理及细节特征。为了看清纤维的形态特征，需要使用特殊的染色剂，将透明的纤维染出特定的颜色。需要指出的是，纤维的染色不是将有色的染料附着在纤维表面（那样无法观察纤维内部的结构），而是让纤维与透明的染色剂产生呈色反应，让纤维壁本身显现出颜色，以便在显微镜下以透射光模式观察其纹理、结构等形态特征。

纸张纤维显微分析常用的染色剂主要是“碘染色剂”，即以金属盐类和碘/碘化钾溶液组成的染色剂，比较常见的有Herzberg染色剂和Graff C染色剂。

1. Herzberg染色剂

Herzberg染色剂又叫碘-氯化锌染色剂、赫氏染色剂，是纸张纤维分析中广泛使用的一种碘染色剂。它是以氯化锌和碘/碘化钾溶液组成的染色剂，具有“选择性染色”的特点，能够根据纤维中木质素含量的不同，呈现出黄色、黄棕、棕红、酒红、紫红、蓝紫色、蓝黑色等一系列不同的颜色。不同纤维与Herzberg染色剂反应呈色情况见表1。

表1　不同纤维与Herzberg染色剂呈色情况

原料种类	纤维显色情况
木质素含量高的磨木浆、机械浆，其他未经充分蒸煮的植物纤维	黄色或亮黄色
未漂白的生料竹浆、黄麻浆	棕黄色或部分纤维呈棕黄色
纤维素含量较高的棉、苎麻、大麻、亚麻、桑皮、构皮、青檀皮等	酒红色或紫红色
充分蒸煮和漂白的木浆、竹浆、草浆	蓝色或蓝黑色

Herzberg染色剂的配制过程：

（1）配制氯化锌饱和溶液（组分1）

将100 g分析纯的氯化锌（$ZnCl_2$）晶体缓慢加到约55 mL温水中，边倒入边搅拌，直至有部分晶体不再溶解为止。此时整个混合物为白色浑浊状，待其冷却至室温，观察容器底部有氯化锌结晶沉淀。贮存此液于棕色试剂瓶中，待澄清后备用。当氯化锌纯度不高时，液面在澄清后会漂浮一层细末状杂质。杂质应尽量清除干净，避免干扰配制的染色剂。

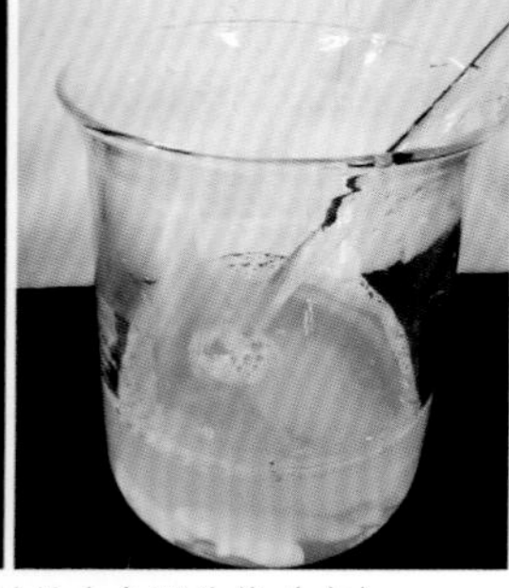

图1 氯化锌固体（左）溶于水后呈白色浑浊状（右）

图2 静置澄清后，棕色试剂瓶瓶底沉淀的氯化锌晶体

（2）配制碘溶液（组分2）

准确称取2.1 g碘化钾（KI）和0.1 g碘（I_2），将两种固体共同倒入小烧杯内，用玻璃棒轻轻将碘颗粒捣碎并充分研磨，使其与碘化钾预先混合均匀。待碘化钾与碘充分混合呈红糖状，无明显可见的碘颗粒后，用滴管一滴一滴地加入5 mL水，边滴水边搅拌，使其充分溶解。刚开始时滴水的速度应尽量慢一些，确保碘能够溶解在过量的碘化钾溶液中，避免出现碘残留。配制好的碘溶液应为深酒红色透明液体。迎光观察溶液底部是否有黑色沉淀，如果有沉淀，说明部分碘未被溶解，可能是由于水加入得太快。此溶液即报废，应重新配制。

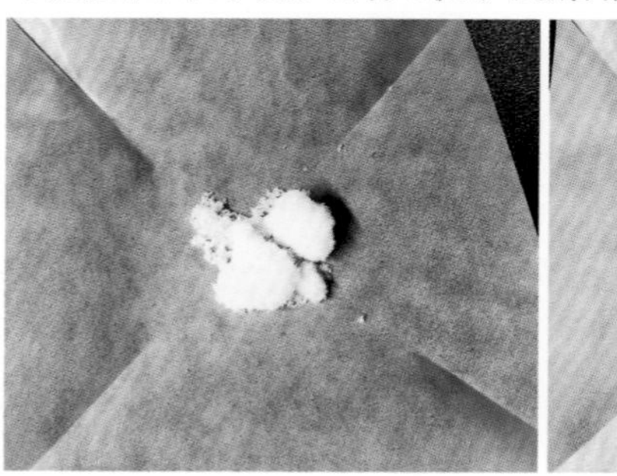
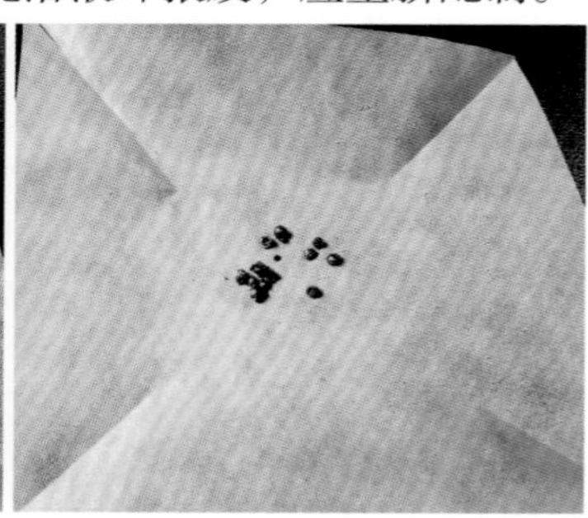

图3 2.1 g碘化钾（左）和0.1 g碘（右）

图4 将碘化钾和碘捣碎并混合均匀

图5 一滴一滴地加水并不停搅拌

图6 完全溶解后呈深酒红色

（3）配制Herzberg染色剂

将15 mL饱和氯化锌溶液（组分1）和1 mL水一起倒入上述碘溶液（组分2）中，混合均匀，静置12~24小时。待沉淀物都沉降下去之后，轻轻倒出上层清液到棕色瓶中，并加入一小粒碘。染色剂不用时放在黑暗处保存，每2~3月制备一次新鲜试剂。

配制得当的新染色剂，两种组分混合后一般没有明显可见的沉淀物，溶液呈深酒红色。若两种组分浓度不对，混合后会出现黑色沉淀物，此时静置后取上层清液，染色可能会偏色。

由于染色剂中的碘会自然挥发散逸，染色剂的保存时间取决于容器的密封程度，使用密封性好的容器可延长保存期限。平常使用时存放在滴管瓶中，一般可保存2~3个月。若存放在密封良好的棕色试剂瓶中，也可以保存较长时间。日常使用后要及时盖严，避免碘挥发散逸，使染色剂失效。

图7　将15 mL饱和氯化锌溶液与组分2混合

图8　混匀后的Herzberg染色剂

图9　配制完成后存放于棕色滴瓶中

（4）染色剂使用前检查

因为染色剂中的碘会缓慢挥发，导致染出的颜色不准确，所以染色剂在使用前应进行检查。一般棉纤维应染成酒红色，如果呈浅蓝色则说明溶液太浓，可加微量水稀释；化学浆纤维应染成蓝色到淡蓝紫色，如显淡红色，说明氯化锌浓度太低，可加入少量氯化锌结晶片来调整。

新配制的染色剂一般染色较深，可存放一两周后使用。急需使用时，可加少量水稀释至合适浓度。

在不同的文献中，Herzberg染色剂的配制方法有细微差别。如有的方法将组分1和组分2混合后，无添加1 mL水这一步骤，这样会导致纤维染色偏深黑色，不太容易观察纤维表面的纹理特征和内部细节。

Herzberg染色剂配制技巧：由于新配制的饱和氯化锌溶液中会悬浮部分固体氯化锌或因溶液冷却降温导致溶解状态不稳定，所以饱和氯化锌溶液在配制完成后可静置澄清1~2个月，待状态稳定后再使用。实际操作中，可一次配制足量的饱和氯化锌溶液贮存于试剂瓶中，需要配制新的染色剂时，直接取清液与新配制的碘溶液（组分2）混合。

2. Graff C染色剂

Graff C染色剂又叫格拉夫染色剂、C染色剂，也是造纸领域应用范围很广的一种碘染色剂。它是以氯化铝、氯化钙、氯化锌三种金属盐和碘/碘化钾溶液组成的染色剂，可鉴别几乎所有的常用造纸纤维，特别是用来区分不同制浆工艺的纤维。

实际应用中Graff C染色剂主要应用于：区别化学浆、半化学浆和机械浆；区别化学浆的制浆方式，如硫酸盐浆、亚硫酸盐浆等。

Graff C染色剂的配制过程：

（1）氯化铝溶液（组分1）

将约40 g六水合氯化铝（$AlCl_3 \cdot 6H_2O$）溶解于10 mL水中。

（2）氯化钙溶液（组分2）

将约100 g氯化钙（$CaCl_2$）溶解于150 mL水中。

（3）饱和氯化锌溶液（组分3）

将100 g分析纯的氯化锌加入约55 mL温水中，边倒入边搅拌，直至有部分晶体不再溶解为止。待其冷却至室温，观察容器底部有氯化锌结晶沉淀。贮存此液于棕色试剂瓶中，待澄清后备用。

（4）碘溶液（组分4）

将0.9 g碘化钾和0.65 g碘混合后，用滴管逐滴加50 mL水到混合液中，并不断搅拌，如仍有一些碘未溶解，可能是水加得过快，此溶液应废弃。

以上4种溶液应贮存于棕色试剂瓶中，前3种可长期保存，碘溶液应每2个月或3个月重新制备一次。

（5）配制Graff C染色剂

移取20 mL氯化铝溶液（组分1）、10 mL氯化钙溶液（组分2）、10 mL饱和氯化锌溶液（组分3）和12.5 mL碘溶液（组分4）。将前3种溶液加入一个烧杯中，均匀混合后，再加入所需碘溶液（组分4），进一步混合并放在暗处静置12~24小时。当沉淀物沉淀后，倒出上层清液于棕色滴瓶中，再加入一小粒碘。不用时染色剂应放于暗处保存，大约每2~3个月应制备一次新鲜染色剂。密封良好时也可保存较长时间。

（6）染色剂使用前检查

新鲜染色剂在使用之前，应用含有漂白针叶硫酸盐木浆和亚硫酸盐木浆的样品进行检查。漂白针叶硫酸盐木浆应显浅蓝灰色或灰色，亚硫酸盐木浆应显黄色、棕色或灰蓝色。如果显色不符，可加入少许碘液再检查。如果颜色仍不符，则应重新混合配制。

3. Herzberg染色剂和Graff C染色剂的区别

Herzberg染色剂和Graff C染色剂都能够很好地显示纤维的形态、轮廓以及化学处理的程度。实际应用中两种染色剂基本都能满足常规的纤维分析和鉴别需求。因金属盐的组分不同，二者的呈色效果存在一定差异，可根据样品分析的需要选择合适的染色剂。

据初步经验，二者相较，Herzberg染色剂的颜色不如Graff C染色剂那么丰富。Graff C染色剂的优势是能够通过多样的呈色来区分不同的纸浆种类，获得更多制浆工艺方面的信息。Herzberg染色剂的优势则在于显色对比度更好，细节更加清晰、通透，纤维纹理更明显，便于观察到更多的纤维结构特征。此外，一些纤维中的筛管、导管、薄壁细胞、射线细胞等薄壁的杂细胞使用Graff C染色剂时呈色略浅，不如Herzberg染色剂清晰。

传统手工纸原料的分析和鉴别，使用两种染色剂均可。但笔者个人更倾向于使用Herzberg染色剂，主要是考虑到Herzberg染色剂显示纹理细节及杂细胞的效果更好，有助于观察到更多原料种类差异方面的细节特征。

（三）显微装片的制作方法

采用显微分析的方法来鉴别纸张纤维，需要将一定数量的纤维制成玻璃装片，便于在显微镜下观察。纤维装片的制作过程与常规的生物显微试片制作方法类似。

1.标准方法

（1）取少量待测纸样置于清水中充分浸润或用热水浸煮，取出后搓成小球，放入活塞分散器内均匀分散后，制成纤维悬浮液；悬浮液还可用纱网过滤掉水分，制成滤片。

（2）悬浮液染色法：取部分悬浮液置于小烧杯中，加水稀释至浆浓为0.05 wt%左右。用滴管吸取1 mL悬浮液，滴在干净的载玻片上，用尖头镊子或解剖针轻轻将纤维拨散，使之均匀分布在载玻片上。然后将载玻片置于加热板或红外灯下烤干。待载玻片晾凉后，滴2~3滴染色剂使纤维染色。

（3）滤片染色法：从滤片中取少量纤维，置于干净的载玻片上。用滤纸吸去多余水分后，滴上2~3滴染色剂，用尖头镊子或解剖针轻轻将纤维拨散，使之均匀分散在染液中。

（4）使用悬浮液或滤片的方法将纤维染色后，取一片盖玻片，一侧接触染液边缘后，另一侧再轻轻放下，避免产生气泡。

（5）用吸水纸从盖玻片两端吸去多余的染色剂，可轻压盖玻片使其和载玻片贴实，制成一张临时装片。

图10 纸样置于清水中浸透

2.简化方法

（1）将待测纸样置于清水中充分浸润，或用热水浸煮、超声等方法进行必要的预处理。

（2）在干净的载玻片上滴2~3滴染色剂，从润胀好的纸样中挑取少量纤维，用手指轻轻挤干水分后，置于染色剂中。用尖头镊子和解剖针轻轻将纤维拨散，使纤维均匀分散在染色剂中。

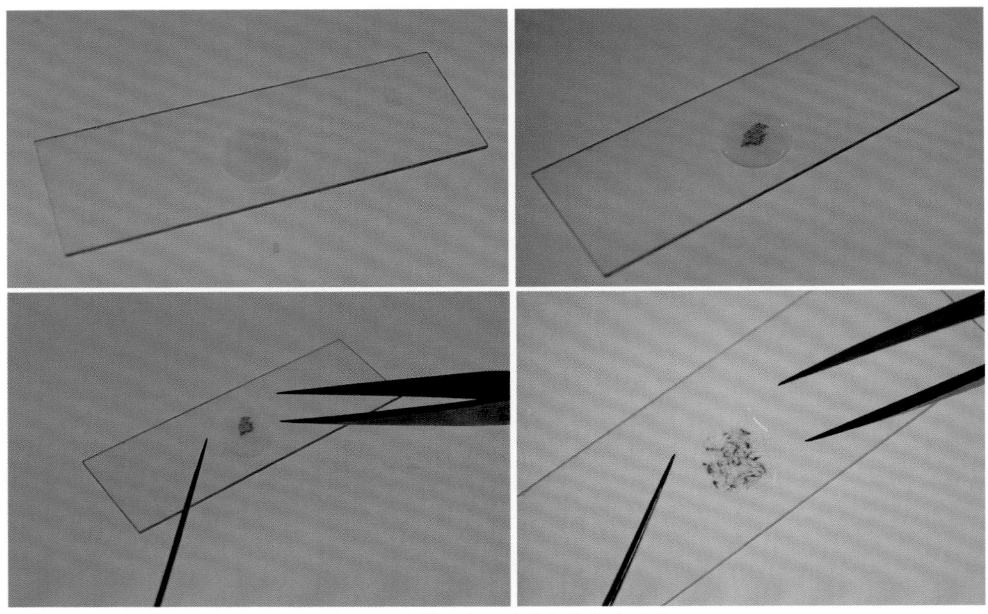

图11　试样染色以及将纤维均匀分散

（3）取一片盖玻片，用镊子夹住一侧，另一侧接触染色剂液滴后再稍稍前推，轻轻放下，盖上盖玻片。注意放下盖玻片时动作不要过快，避免产生气泡。

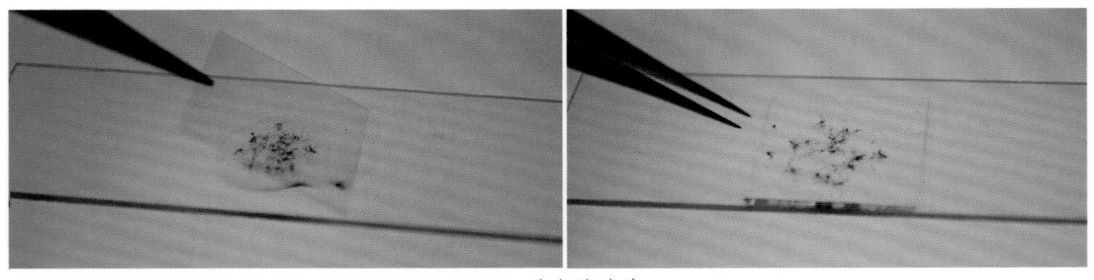

图12　盖上盖玻片

（4）用吸水纸从盖玻片两端吸去多余的染色剂，可轻压盖玻片使之与载玻片紧贴严实，这样就制成了一张临时装片。

图13　用吸水纸吸去多余的染色剂

显微观察时将装片置于显微镜的载物台上，调节聚焦并以透射光模式进行显微观察。

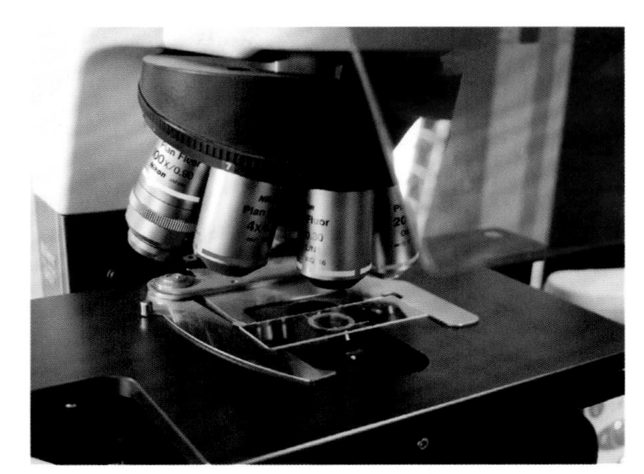

图14 将制好的装片置于显微镜载物台上观察

（四）显微镜的调节和使用

做好的纤维装片搁到显微镜载物台上，并不意味着就一定能拍摄出清晰的显微图像。除了显微镜本身光学性能的差异，如何调节显微镜，选用合适的放大倍数，都会直接决定视野的清晰度和最终的观察效果。对于纸张纤维显微分析而言，需要从以下几个方面进行调节：

1.照明模式

显微镜要获得明亮的视场，一般都要对被测物体补充照明。光学显微镜的照明模式常见有透射和落射两种：透射指光源从装片背面打光，光线透过装片和被测物体进入镜筒，一般用来观察透明或半透明的物体；落射又称为反射，指光源从样品上方打光，光线经样品表面反射后进入镜筒，一般用于观察不透明的物体。

纸张样品如果不将纤维分散，直接放在显微镜下观察，则为不透明样品，可采用落射光模式或外加光源采用侧光模式，观察表面的显微形态。如果将纤维染色后分散开，观察纤维的形态特征，则需使用透射光模式，以观察清楚纤维表面乃至内部的细微特征。

2.物镜的倍数

显微镜目镜的放大倍数通常为10倍，通过切换不同倍数的物镜，达到不同的放大总倍数，10倍物镜与10倍目镜组合，总放大倍数就是100倍。同理，10倍物镜搭配20倍物镜的放大倍数为200倍，搭配40倍物镜为400倍……

放大倍数是越大越好吗？并不是！

很多人误以为显微镜的放大倍数越大，就能够观察到更加细微的特征，这其实是一个误区。当使用较高倍数时，往往会发现图像模糊，难以聚焦，找不到有效特征。对光学显微镜而言，如何选择放大倍数，往往要根据观察目标和特征点来综合选择。显微观察跟摄影有一些相似之处，需要考虑取景范围和景深的大小。

取景范围：倍数越小，取景范围越大；倍数越大，取景范围越小，这是基本规律。较小的倍数下，意味着能观察到更大的场面、更多的纤维，适于观察比较宏观的特征。比如纤维长度的测量，一般在4倍或者2倍物镜下进行。不过倍数小，很多细节就无法看清，这时就要用更高的倍数。高倍镜下能观察到的场面比较小，聚焦于局部细节，适于观察细微的特征。比如要看清纤维表面的纹理细节，常要用20倍甚至40倍物镜。

景深：景深是摄影中的概念，指的是能产生较为清晰影像的纵向距离，或者是深度。显微镜的景深一般都不大，并且放大倍数越大，景深越小。在使用高倍镜观察纤维时常常会发现，能够清晰观察的纵向区间非常薄，当聚焦在纤维表面时，纤维边缘会模糊，而聚焦到边缘后，中间的纹理又无法看清，这就涉及景深的控制。由于纤维本身有一定厚度，要想整个都看得清楚，就要将目标特征置于显微镜的景深范围当中。景深的控制可通过选择不同倍数的物镜来实现，倍数越小，景深就越大。

因此在实际观察中，取景范围、景深、宏观特征、细微形态，往往无法兼得，需要平衡取舍，根据观察内容选择合适的放大倍数。以笔者的经验，不同放大倍数下，观察的纤维信息见表2。

表2　不同物镜倍数下观察纤维的主要信息

物镜规格	总放大倍数（10倍目镜）	观察到的纤维信息
2×，4×	20倍，40倍	观察到的纤维比较多，但看不清纤维纹理和细节，常用于测量纤维长度
10×	100倍	兼具范围和景深，是观察纸张纤维最常用的倍数，既能够观察到纤维总体的形态，也能够分辨一些常见的纹理细节
20×	200倍	比较适于观察纹理细节，景深稍小，常用于观察100倍下无法看清的细部特征
40×	400倍	适于观察一些非常细微的特征，景深非常小，视场也可能偏暗，常需动态调焦才能观察到物体表面的细节，使用频率较低
50×以上	500倍以上	观察时需滴香柏油，景深非常小，景象边缘容易出现黑边，不太容易清晰呈现纤维上的结构特征，一般不常用

对于纸张纤维成分的分析，主用100倍，辅用200倍，偶用400倍，即可满足绝大部分样品的显微观察需求。

（五）显微鉴别基本方法

纸张纤维经过染色之后，放在显微镜下进行观察或拍摄纤维显微图像。这种图像直观来看，就像是一根一根有不同颜色、形状和纹理的“线条”，横七竖八地散落在显微镜的视野当中。这些横七竖八的“线条”大部分就是植物纤维细胞的细胞壁，也就是我们常说的“纤维”。当然除了纤维，这些“线条”当中还会夹杂着植物组织中的薄壁细胞、导管、筛管、表皮细胞、韧皮射线细胞等杂细胞，以及一些非细胞类的杂质。显微鉴别正是通过分析这些纤维细胞、杂细胞和杂质的形态特征，判断该纸张样品所用原料植物的种类。

1.纤维细胞

纤维细胞是纸张物理结构的主体，也是纤维显微观测的主要内容。纤维细胞形态特征的鉴别，可以从纤维细胞的种类、尺寸、染色、纤维形态、表面纹理、细胞腔、端部形态、胶质膜、纹孔形态等角度进行分析。

（1）种类

显微镜下看到的植物纤维细胞和杂细胞往往会有多种，如竹纤维分为韧形纤维和竹纤维管胞两种，针叶木纤维分为管胞、木射线薄壁细胞、木射线管胞三种。杂细胞常常又分为薄壁细胞、石细胞、导管、表皮细胞、网壁细胞等。纤维形态鉴别的第一步，就是要区分开这些纤维细胞和杂细胞的种类，然后再根据图谱，对照每种细胞的形态特征，判断原料所属的种类。

图15　苦竹纤维中尖挺的韧形纤维（A）和宽软的竹纤维管胞（B）（物镜10×，Herzberg染色剂）

（2）尺寸

不同的植物原料，其纤维细胞及杂细胞的长短、粗细不尽相同。纤维最长的如苎麻，常在10 cm以上，最长可达半米，是地球上最长的植物细胞。比较短的如稻草，其纤维细胞的平均长度仅有1 mm。纤维粗细的差别也同样明显，比较粗的如蓖麻，其纤维宽度常在60 μm以上，而稻草、龙须草、荛花等纤维的宽度仅有10 μm左右。即便是同属于瑞香科的结香和荛花，其纤维的长宽也有明显差距。

一些亲缘关系较近的植物，如桑构皮和青檀皮，在纤维纹理形态上非常相似，都具有斜向横节纹、胶质膜等特征。比较明显的区别在于青檀皮比桑构皮更短、更细，在形态观察无法确认的情况下，可以通过测定纤维长宽尺寸来进行区分。

苎麻105 mm
棉33 mm
大麻16 mm
亚麻15 mm
桑皮12.5 mm
构皮7.5 mm
结香皮4.6 mm
雁皮3.9 mm
青檀皮3.6 mm
黄麻2.2 mm
毛竹2 mm
稻草1 mm

图16　常见手工造纸植物纤维的平均长度示意图

（3）染色

纤维与染色剂反应之后呈现的颜色，是纤维鉴别中一项重要的依据。由于不同的植物原料其纤维素、半纤维素和木质素的含量不同，与纤维染色剂特别是碘类染色剂反应后呈现的颜色会有比较明显的区别。如纤维素含量较高的棉纤维、桑构皮纤维与Herzberg染色剂反应后常呈酒红色，这种呈色也成为这类纤维显微鉴别时一项重要特征。同种原料由于处理工艺、处理程度不同，导致纤维素、半纤维素和木质素含量存在差异，染出来的颜色同样会有所区别。如生料竹纸因木质素含量高，Herzberg染色后偏黄色；熟料竹纸木质素含量低，Herzberg染色后则偏蓝紫色。不仅如此，在现代造纸工业中，常常以纤维跟Graff C染色剂反应呈现的不同颜色，作为区分纸浆蒸煮工艺及漂白过程的重要手段。

不过在实践当中，纤维染色所能提供的信息往往又存在许多不确定的因素。标准图谱所描述的颜色往往是在染色剂状态最佳，而且纤维状态也较为标准时的呈色。但实际上纤维的处理程度难免存在差异，染色剂的呈色效果同样也会受到多方面的影响，并非一成不变。试剂的纯度、配制的方法、存放的条件和时间等许多因素都会导致染出的颜色与标准色存在一定偏差，而且这种偏差普遍存在。因此在进行纤维原料种类的鉴别时，对于染色结果一般不应过于拘泥，特别是当染色剂状态不够标准时，要允许呈色存在一定的偏差，只要染出的颜色与标准色差距不远即可。更多的信息还得依靠其他角度的特征进行综合判断。

（4）纤维形态

纸张纤维在显微镜下的整体形态也是鉴别原料种类的重要依据。不同种类的植物纤维，因其本身特性的差异，纤维的整体形态会呈现明显区别。常见的植物原料纤维形态见表3。

表3　常见植物原料的纤维形态

纤维种类	纤维形态特征
竹类纤维、黄麻、白麻	笔直挺拔，两端尖细
桑皮、构皮、青檀皮、凤梨、瑞香、荛花	均匀柔软，多弯曲
桑皮、楮皮、青檀皮、紫藤、亚麻	纤维匀整，根根分明
苎麻、大麻	有分丝、帚化
木芙蓉、狼毒	粗细不均
结香、荛花、瑞香、狼毒	中段加宽
桑皮、楮皮、亚麻	通直如圆柱状
棉	扁平如飘带
狼毒	纤维细软，扭结成团

这些特征化的外观形态在纤维鉴别时可以从宏观角度快速指向某一类植物纤维，特别是在染色条件不佳，无法看清纤维纹理时，纤维形态常常会成为判断纤维大致类别的重要信息。

在一些杂细胞含量较高的植物原料中，杂细胞的形态更是鉴别原料种类的重要依据，如薄壁细胞的形状、表皮细胞的锯齿类型、导管的形态等。杂细胞的形态鉴别将作为单独的部分详细说明。

图17　桑皮纤维表面平滑，根根分明（物镜10×，Herzberg染色剂）

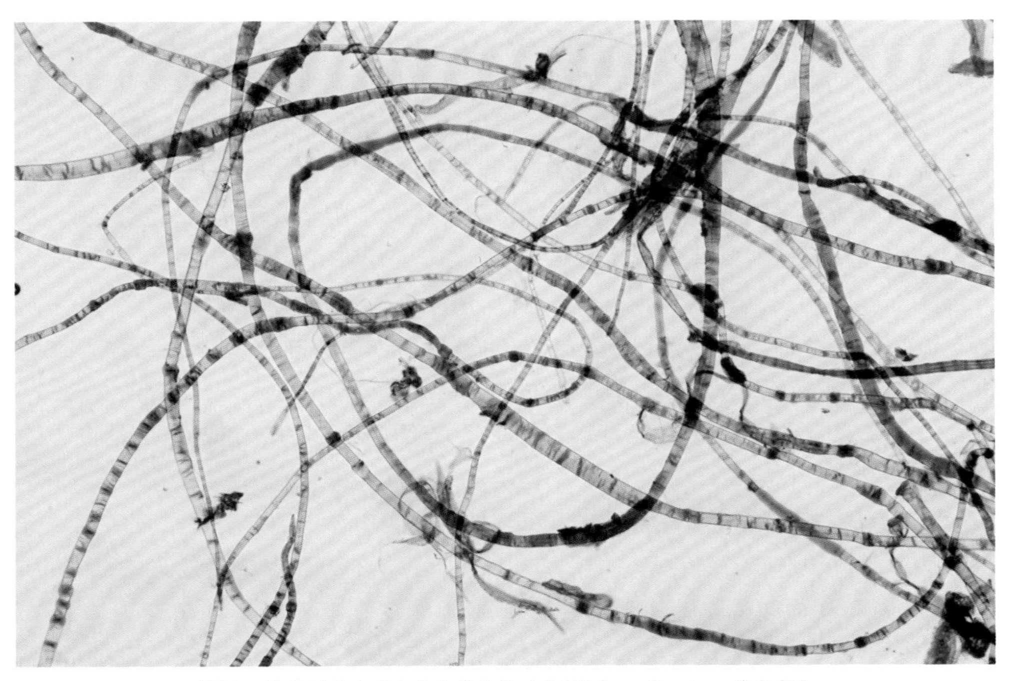

图18　结香纤维表面密集的横节纹（物镜10×，Herzberg染色剂）

（5）表面纹理

纤维的纹理指的是微纤维在纤维壁上缠绕排列时，形成的不均匀层状纹理、缠覆状纹理或膨胀节，主要表现就是纤维表面有比较清晰的纵向纹理或横节纹。不同种类的植物纤维，其表面的纹理形态往往有明显差异。手工纸原料纤维常见纹理特征如下：

①苎麻表面有明显的纵向条纹，以及比较浅细的横节纹。

②亚麻表面有明显的膨胀呈竹节状的横节纹。

③桑构皮、青檀皮表面有如缠胶带状的斜向横节纹。

④瑞香科纤维表面有非常密集的横节纹。

⑤草类纤维表面多为绑线状的复式细横节纹。

这些纤维表面的纹理形态犹如人类的脸部特征，是我们识别纤维种类，特别是皮、麻等韧皮类纤维的重要依据。尤其是一些老化比较严重的古纸样品，由于纤维多断裂，无法看清其整体形态，此时残断纤维表面的纹理特征就成为鉴别原料种类的主要依据。

（6）细胞腔

纤维的细胞腔指的是纤维内部的空腔。活的植物细胞由外部的细胞壁和内部的原生质组成。当纤维细胞长成之后，原生质逐渐消失，纤维细胞也成为空心的死细胞，只留下中空管状或袋状的细胞壁。不同种类的植物纤维，其细胞壁的厚度、细胞腔所占比例有所不同，在显微镜下呈现的细胞腔状态也有一定区别。常见的细胞腔特征，主要有以下几类：

①细胞腔宽大，细胞壁薄（木浆）。

②细胞腔窄细，只能看到一条细线（亚麻纤维两端细段、瑞香类纤维非加宽段、芦苇）。

③细胞腔不明显，呈一条浅色的细带，与细胞壁的边界较模糊（桑皮、构皮、楮皮）。

④细胞腔轮廓清晰，与细胞壁之间可见明显的边界（锦葵麻类、瑞香类纤维中段加宽部分、亚麻纤维中段）。

⑤细胞腔内可见颗粒状杂质。

上述括号中所列示例，仅为这些原料纤维比较典型的细胞腔形态。在实际样品观察中，纤维细胞腔的形态并不一致，往往是多态并存，甚至一根纤维不同部位，细胞腔的宽窄、清晰程度也会明显不同。鉴别纤维时，还需综合把握相关特征。

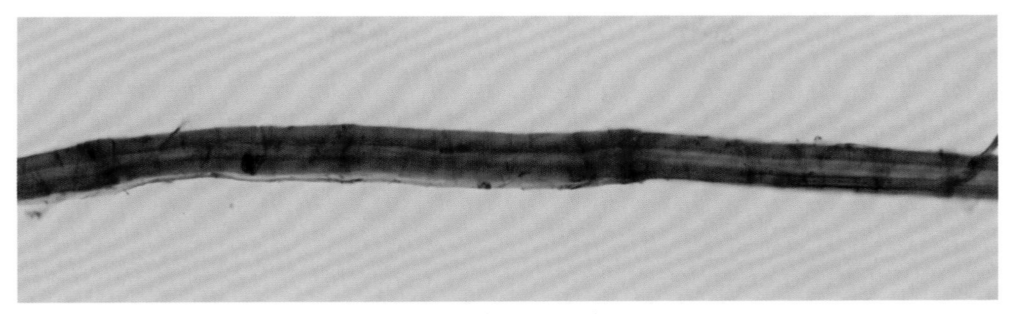

图19 亚麻纤维的细胞腔

（7）端部形态

纤维细胞整体为线条状，有两个自然端部，不同的植物纤维，其端部的形态存在一定差异。手工纸原料纤维常见的端部特征主要有以下几类：

①尖细端部：端部逐渐变细，顶端细而尖（苎麻、竹、红麻、黄麻）。

②钝圆端部：端部渐细到一定程度后，结尾处为钝圆形（大麻）。

③球形端部：端部变细幅度小，末端为球形（大麻）。

④分枝状端部：端部有小分枝，分枝一般较短，如鹿角状（构皮、桑皮）。

⑤扁棒状端部：末端略膨大呈扁棒状，膨大部有一黑点，状若鱼头。这类端部在瑞香类纤维中较为普遍。

⑥刮刀状端部：末端一侧略带弧线，整体呈刮刀形。

纤维的端部特征常常也是多态并存，如青檀皮纤维的端部部分为尖细状，部分为刮刀形，少量末端横节纹膨大呈疙瘩串状，亦有部分在靠近末端处长出很小的分枝，似鹿角状。

（8）胶质膜

一些韧皮纤维的表面会覆盖有一层透明的胶质膜，也称为胶衣。经染色剂染色后，透明的胶质膜略呈浅黄色。由于造纸的打浆过程会使其脱落，纤维上的胶质膜往往并不完整，常断断续续分布在纤维表面，端部略多见。

比较常见胶质膜的植物纤维有构皮、桑皮和楮皮，在100倍显微镜下就能清晰观察到。有些构皮纤维的胶质膜略宽松，像套筒一样包裹在纤维表面。部分纤维经打浆后，胶质膜褪至端部堆积，呈褶皱状。青檀皮中有部分纤维也可观察到胶质膜，但青檀皮本身比较细，一般需要在200倍镜下观察。结香、荛花等瑞香类纤维偶尔也能观察到胶质膜，但整体不太常见。

桑构皮中的胶质膜经打浆脱落之后，也常散落在纤维之间，有的呈不规则的飘带状，有的呈破碎的粗管状，色泽浅黄，透明。

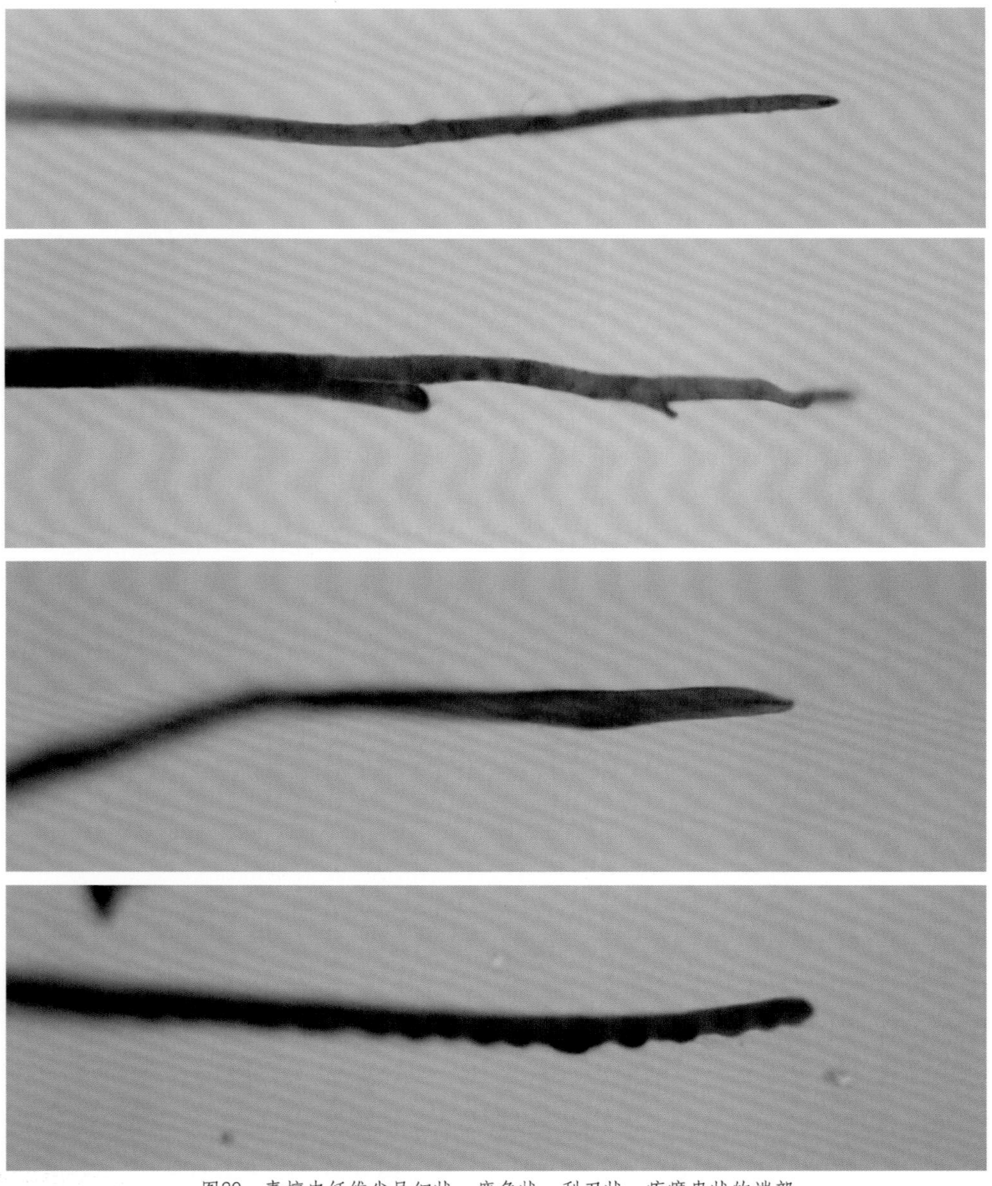

图20 青檀皮纤维尖呈细状、鹿角状、刮刀状、疙瘩串状的端部

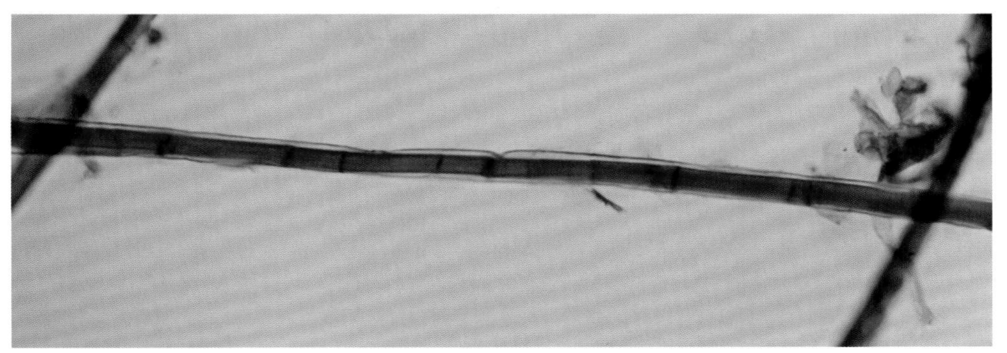

图21 构皮纤维表面的胶质膜

（9）纹孔形态

在植物细胞壁上，常常会存在一些孔洞，被称为纹孔。纹孔的产生与次生细胞壁的不均匀加厚有关，是相邻细胞间输送水分和养料的通道。显微镜下观察纸张纤维的纹孔，主要有两类：

①单纹孔：一般为圆孔形或扁圆形，常见于薄壁细胞、石细胞与部分纤维细胞。

②具缘纹孔：纹孔边缘隆起形成一个穹形缘，外观类似于甜甜圈的环状结构。常见于输水的导管和裸子植物的管胞，是木浆纤维的重要特征。

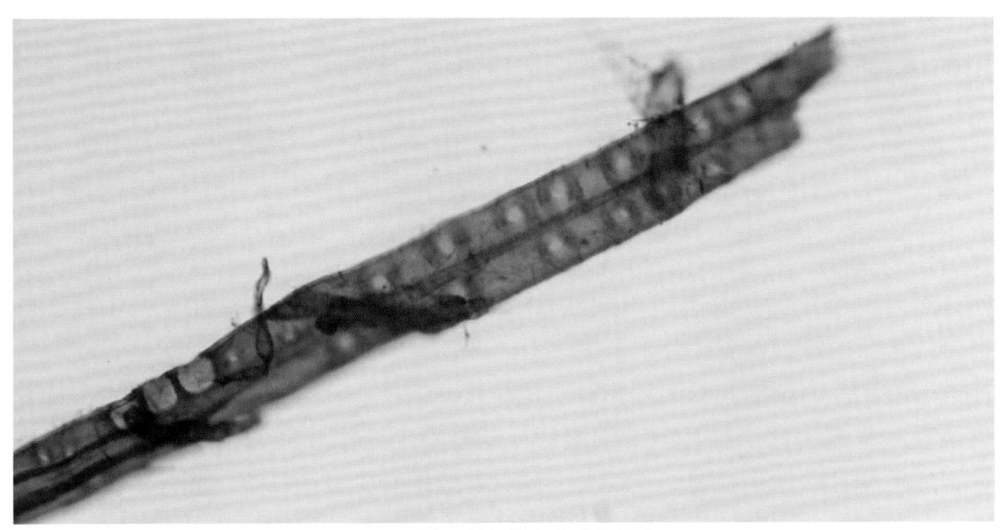

图22 樟子松纤维上的具缘纹孔

纹孔的形态在木浆纤维种类的鉴别上是非常重要的依据，这部分内容在王菊华老师所著的《中国造纸原料纤维特性及显微图谱》中有详细介绍。本书以传统手工纸纤维原料为主，此处不进行深入讨论。在手工纸当中，韧皮纤维表面一般很少见到纹孔结构，竹纤维管胞表面有非常细小的如针孔状的单纹孔，但在实践中很少作为鉴别依据。手工纸原料依靠纹孔进行鉴别的主要是竹类的导管，不同种类的竹子，导管上纹孔的形状有一定差别。

图23　毛竹的导管（物镜40×，Herzberg染色剂）

2. 杂细胞

纸张纤维中的杂细胞也是纤维原料鉴别的重要依据，有时甚至是主要的依据。线条状的纤维细胞在外形上大多有点儿相似，需要结合纹理、尺寸等多种特征进行鉴别。而杂细胞的区别相对比较明显，其尺寸、形态往往具有一定的特殊性，有时根据一两个独特的杂细胞特征就能确定纤维原料的种类。纸张原料当中，麻类和针叶木浆中杂细胞较少，韧皮类纤维有少量杂细胞，阔叶木浆次之，竹类和草类原料中杂细胞较多。杂细胞的种类主要有导管（筛管）、薄壁细胞、石细胞、表皮细胞、网壁细胞、韧皮射线细胞等。

（1）导管（筛管）

导管和筛管是植物体内运输水分、无机盐及各类营养物质的管状结构，一般茎秆内的称为导管，韧皮内的称为筛管，导管和筛管多为筒状，上下两端开口，首尾相连形成一条运输的管道。导管和筛管在上下运输水分时，还需要跟邻近的细胞发生横向的水分交换，因此其侧面往往会有大量的纹孔。导管和筛管在植物细胞当中算是尺寸比较大的，尤其是宽度常常有纤维细胞的10倍以上，非常好辨认。

不同种类的植物，导管和筛管形态也会有比较大的差别。如阔叶木的导管往往会带有小尾巴；竹类的导管有非常明显的网纹，而且纹孔形态也会有细微差别：毛竹导管上的纹孔多为长方形，苦竹为细缝状，慈竹导管的纹孔则多为椭圆形。

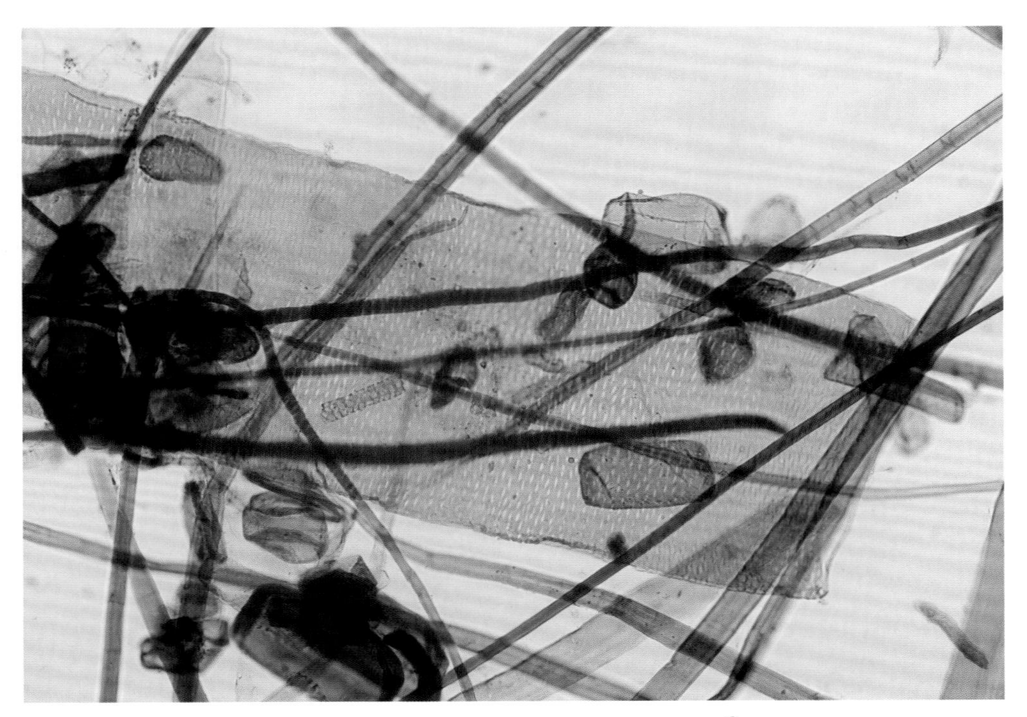

图24 慈竹导管及薄壁细胞（物镜20×，C染色剂[①]）

（2）薄壁细胞和石细胞

薄壁细胞是韧皮原料和茎秆类原料中比较常见的一种植物细胞，特别是竹草等茎秆类原料，薄壁细胞占有相当的比重。薄壁细胞主要来自植物的薄壁组织，在植物体内分布广泛。只有非常薄的初生壁，没有次生壁，染色后颜色比较浅，

① 以下“Graff C 染色剂”简称为“C 染色剂”。

多为浅蓝色或蓝黑色，常为方形、枕形、长杆状、球形、椭球形或多面体形，部分薄壁细胞表面有细如针孔状的纹孔。

在纸张样品的显微片中，薄壁细胞或散落在纤维之间，或首尾相连呈串状，或许多薄壁细胞堆积在一起，也有的在经过打浆之后破裂成一团碎片，散落在纤维之间。

一些植物原料的薄壁细胞也会出现次生加厚，变成石细胞。如竹类纤维中常见深色的石细胞，外形跟薄壁细胞相似，只是外壁明显变厚，染色深黑，多为蓝黑色。

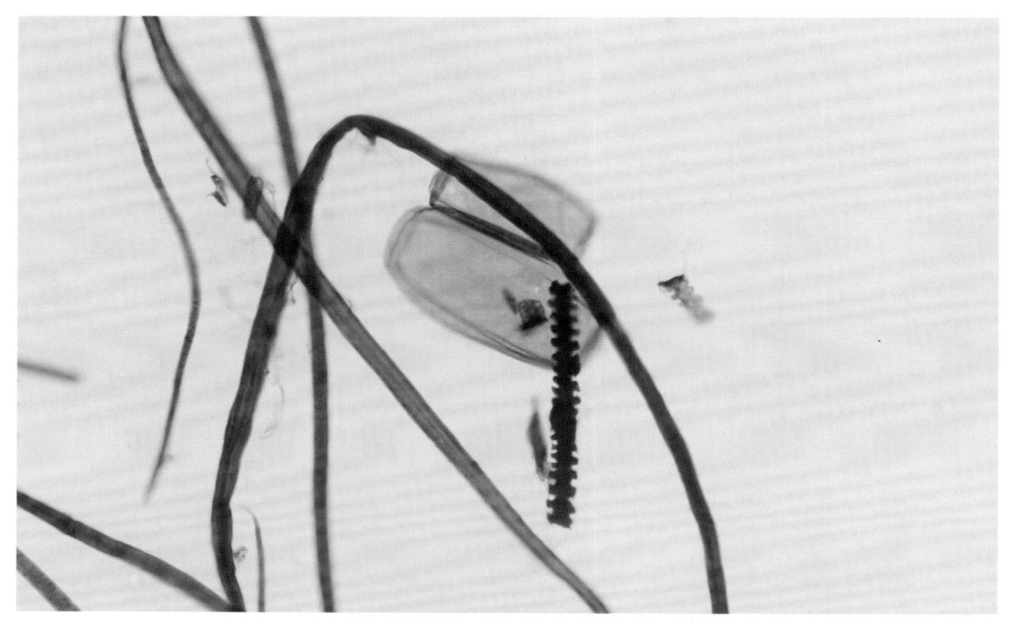

图25　宣纸中稻草的枕状薄壁细胞和方齿状表皮细胞（物镜20×，Herzberg染色剂）

（3）表皮细胞

表皮细胞是竹草类原料茎秆表皮最外层覆盖的一层致密的长形细胞，外侧为波浪形或锯齿状，在茎秆表面如砌砖状互相咬合紧密排列。由于表皮细胞结合致密，不易分散，而且还富含硅质，具有一定的抗水性，对纸张吸墨不利。竹类造纸时，常常将外表皮削去不用，这类竹纸一般看不到表皮细胞的形态。易观察到表皮细胞的主要是草类原料，如稻草、麦草、龙须草、芦苇之类。这几种原料的表皮细胞在尺寸、外形和锯齿形态上区别比较明显，常作为鉴别这几种原料的重要依据。

稻草表皮细胞：细而长，单侧齿或双侧齿，齿为方形，多个表皮细胞并排时形如拉链。

麦草表皮细胞：较稻草表皮细胞略宽，齿形尖而长。

龙须草表皮细胞：尺寸宽大，锯齿较细碎，少数呈“工”字形。

芦苇表皮细胞：与稻草表皮细胞相似。

图26　龙须草“工”字形的表皮细胞（物镜20×，Herzberg染色剂）

（4）其他杂细胞

手工纸纤维成分中除了导管、筛管、薄壁细胞和石细胞、表皮细胞等比较常见的杂细胞，有些原料中还能观察到网壁细胞、韧皮射线细胞、短粗细胞等稍少见的杂细胞。这类细胞一般仅在个别原料中出现，后续章节将在介绍相关原料的详细特征时，再进行详细论述。

3.非细胞类杂质

非细胞类杂质指的是纤维原料当中纤维细胞和杂细胞以外的非细胞结构的物

质，如草酸钙晶体、蜡状物等。这些非细胞的杂质常散落在纤维当中，在一些纤维原料的鉴别中，也能提供必要的依据。

（1）草酸钙晶体

草酸钙晶体在植物体内普遍存在，其形成是一种基本的生理过程，与植物体内钙离子浓度的调节，以及植物组织的支持和保护有关。晶体的分布具有一定的种间差异和种内特异性，成为纸张纤维原料鉴别的重要依据。天然植物中草酸钙晶体的形状主要有方晶、柱晶、簇晶、针晶、砂晶等几种，手工纸原料中常见有方晶、簇晶两种。在桑皮、构皮、楮皮、青檀皮、雁皮、藤皮等韧皮类纤维原料中较多见，其形态特征如下：

①方晶：晶体为方形、菱形、多面形、长方形或不规则形。一般存在于薄壁细胞中，或在纤维细胞周围形成晶鞘纤维。晶体直径一般在数微米至十几微米。

②簇晶：晶体形状为簇针形，显微镜下观察常呈六角星形、碎花形。直径多为10 ~ 20 μm，多存在于植物组织的薄壁细胞和细胞间隙中。

在一种植物原料中，晶体形态或只有一种，或多种并存。如青檀皮纤维中的晶体主要为六角星形、碎花形的簇晶，亦可观察到少量菱形、多面形的方晶。

图27　构皮纸中连成一串的方形草酸钙晶体（物镜40×，Herzberg染色剂）

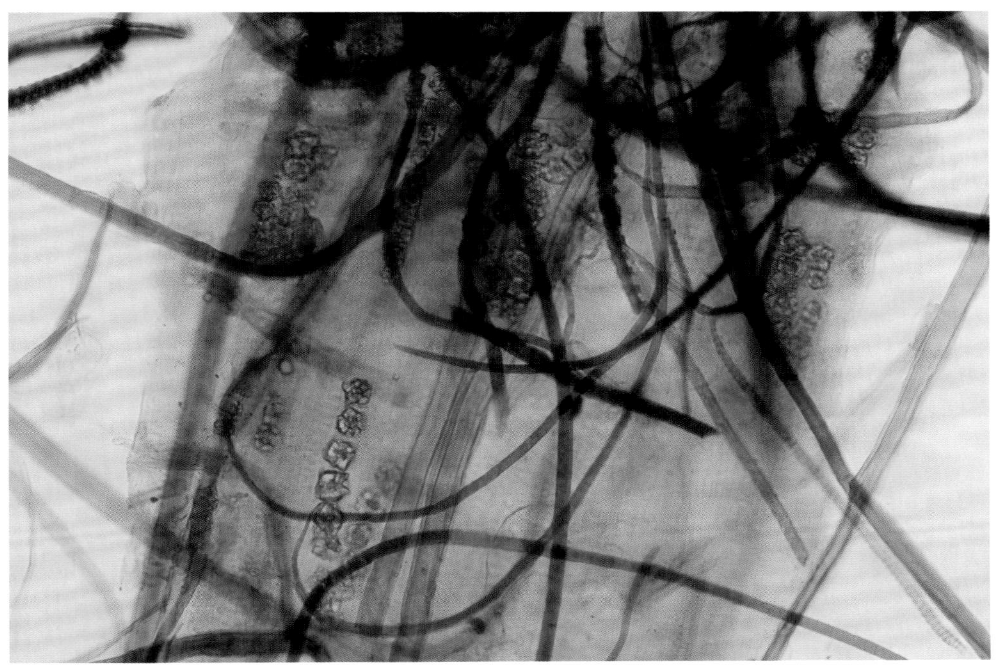

图28 宣纸样品中青檀皮所含碎花形草酸钙晶体（物镜20×，Herzberg染色剂）

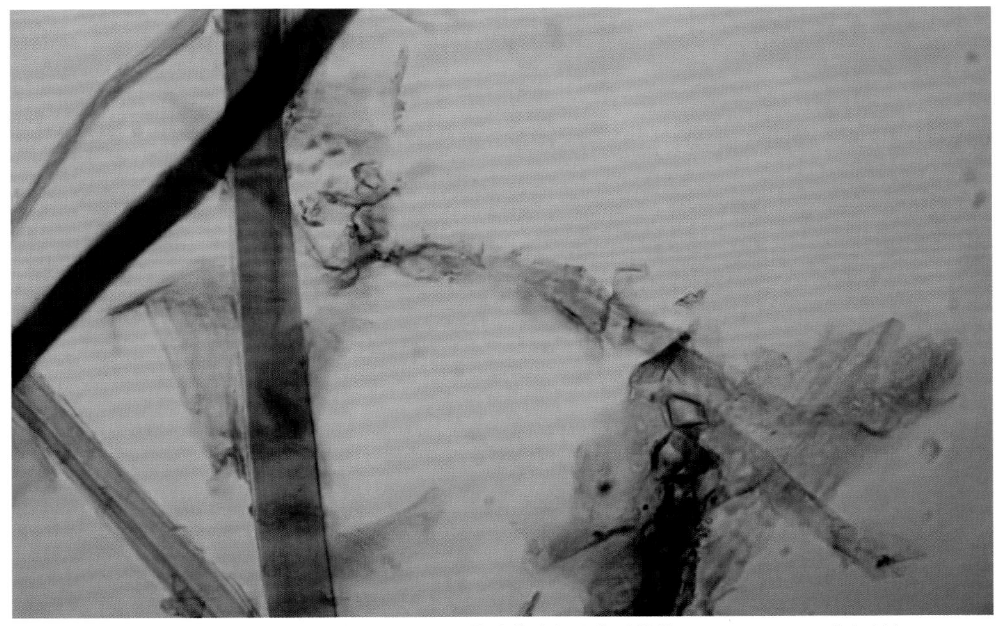

图29 桑皮纸纤维中的无定形蜡状物及菱形草酸钙晶体（物镜20×，Herzberg染色剂）

（2）蜡状物

蜡状物主要指纤维原料中散落在纤维之间，染色呈浅明黄色的无定形蜡状物，一般为蒸煮过程未完全去除的树脂残留。在桑皮、构皮、楮皮等韧皮类原料中较多见，常散落于纤维之间或附着于纤维之上，呈破碎的无定形状，也有一些呈团聚的细颗粒状。

一些古纸样品在加工过程中如有施蜡处理，在进行纤维观察时，也会看到明显的蜡状物。此类蜡状物一般染色稍浅，形态比较细碎，多混在纤维团之间。

（六）纤维分析鉴别的主要原则

纤维成分的分析鉴别正是通过上述纤维细胞、杂细胞、非细胞类杂质形态特征的观察，从外观形态、尺寸、纹理、染色等各个角度，鉴别纤维原料的植物种类。由于手工纸纤维原料有部分亲缘关系比较接近，在形态特征上会有诸多相似之处，一种特征可能覆盖多种原料。因此在纤维鉴别时，应尽可能从更多角度全面观察和分析，综合各方面的特征进行判断，给出吻合度最高的鉴别结果。

天然生长的植物细胞在微观状态下的许多特征存在一定的偶然性，或者因为蒸煮、打浆、抄纸等过程造成部分纤维特征发生变形。因此在鉴别纤维种类时，需要把握好总体形态与局部特征的关系。既要细致观察，不放过任何微小的差别和细节特征，又不能过分纠结于少数非正常的形态，而影响对全局结论的判断。

第二章　韧皮麻类

麻一般指从各种植物中提取的纤维，所以麻并不是一个植物分类的概念，它更多是从功能性的角度描述某些植物纤维。麻类植物细数起来名目繁多，如果把它们按照植物分类来划分，可以大致归为两个大类：韧皮麻类（真麻类）和叶麻类。

韧皮麻类又称真麻类，一般指一年生或多年生双子叶植物的韧皮纤维，如苎麻、大麻、亚麻、红麻、黄麻、木芙蓉、蓖麻、苘麻等。它们取材的部位都是韧皮。在手工纸领域，苎麻、大麻、亚麻在古纸中早有应用，多由破布废麻引入造纸，它们的纤维都比较长，做成的纸非常结实，有一定的共通性，常称之为“传统麻类”。而红麻、黄麻、苘麻、木芙蓉等麻类在传统手工纸中应用较少或较晚近才应用，且同属锦葵科，纤维较传统麻类要短一些，纸质略相似，一般称为“锦葵麻类”。

叶麻类则是指多年生单子叶植物的叶纤维，如马尼拉麻、剑麻、凤梨麻等，将在第八章中论述。

传统麻类纤维主要显微特征：纤维纯净，无杂细胞，与Herzberg染色剂反应偏紫红色；纤维比较粗长，表面有纵向条纹或细横节纹，苎麻和大麻易分丝帚化。

锦葵麻类纤维主要显微特征：纤维纯净，无杂细胞；纤维表面有清晰且密集的横节纹，细胞腔明显，两端尖细。

苎麻

学　名：*Boehmeria nivea* (L.) Gaudich.
英文名：Ramie or China-grass

苎麻为荨麻科苎麻属多年生宿根草本、亚灌木或灌木，亦称苧麻、刀麻、绳麻、乌龙麻、中国荨麻等。原产于中国，是我国最古老的栽培作物之一，也是世界上纤维质量最好的植物。

成书于2000多年前的《诗经》中就有“东门之池，可以沤纻”[①]的描写，其中“纻”便指的是苎麻。苎麻是中国古代特有的以纺织为主要用途的农作物，西方人给它取了一个具有鲜明地域特色的名字——中国草（China–grass）。以苎麻为原料纺织的布料被称为“夏布”，在棉布普及之前，麻布是中国古代平民最常用的布料，古时常以“布衣”代表平民。

苎麻在我国分布广泛，产量居世界首位，除了东北和青藏高原较寒地带，大部分地区都有野生或人工栽培，其中以四川、湖北、江西等省为最多。邻近的日本、越南、朝鲜半岛、印度以及南洋也种植苎麻，据考证都是从我国引种。18世纪后苎麻还传入欧美、非洲等地。现在世界上自南纬25° 到北纬39° 都有苎麻栽培，以亚热带和热带地区为多。

纤用苎麻多为栽培的草本麻，当年新发的嫩枝生长约2~3个月后即可收割，每年可收割多次。苎麻茎秆多为丛生，高度一般可达2~3 m，呈圆柱形，直径1~2 cm。茎秆的韧皮层即为纤用部分，剥取后置于水中浸沤，通过发酵的方法去除外层皮壳、果胶等杂质，即可制成粗麻。苎麻纤维长，柔韧色白，不皱不缩，拉力强，弹性好，耐湿耐热，绝缘性佳，吸湿散湿快，透气性好，是优良的纺织原料，用途非常广泛。

蔡伦用破布、旧渔网制纸，将苎麻引入造纸领域，此后很长一段时间内，苎麻都是一种非常重要的造纸原料。苎麻造纸一般不直接用生麻，而是回收破麻布、废麻料进行二次利用。由于在织麻布的过程中，苎麻纤维能够得到很好的脱

① 程俊英、姜见元：《诗经注析》，中华书局，1991年，第371页。

胶和净化，制成麻布衣物后，经过人们反复穿脱、洗涤、晾晒，纤维得到一定程度的分散、软化和老化，并且麻类纤维纯度较高，木质素含量较低，所以在用旧麻布造纸时，无须经过复杂的处理便可做成纸浆，工艺比较简单。另外，苎麻纤维在打浆过程中易于分丝帚化，也使得苎麻纸具有非常优良的物理强度。

因其工艺简便、性能突出的优势，苎麻纸在造纸术发展早期一直占据重要位置。现存唐以前的纸质古籍当中，苎麻纸本有很大的比例。历史上生产苎麻纸的纸坊曾遍布大江南北，陕西西安，四川成都，河南新密，山西襄汾、定襄、吕梁，甘肃，江西等许多地方都曾生产苎麻纸。现藏于浙江图书馆的北魏写本《大智度论经》，其纸张原料便为苎麻，该经卷历经1600余年，保存至今仍较为完好，纸质匀净坚滑。此外，根据国内外学者对敦煌藏经洞发现的大量纸质经卷的分析和研究结果，敦煌遗书当中有相当一部分为苎麻纸本。由于苎麻纤维良好的物理强度和耐久性，许多经卷到现在依然状态良好，纸墨如新，让人惊叹。

宋代以后随着精制皮纸、竹纸和宣纸兴起，麻纸的使用逐步减少。目前仅在山西、江西等地有个别纸坊小范围生产手工麻纸，以供书画及古籍修复使用。因苎麻纤维性能优良，现代机制纸中也有少量应用，原料主要还是来自纺织下脚料、破布、破麻袋等，常在钞票纸、证券纸、卷烟纸等高级纸张中使用。

纤维尺寸

表1　显微镜法测定苎麻纤维尺寸

项目	平均值	最大值	最小值	长宽比
纤维长度/mm	103	500	18	3377
纤维宽度/μm	30.5	65	10	

纤维显微形态

苎麻纤维是世界上所有植物细胞中最长的一种，单个纤维细胞的长度最长可至半米，平均长度也在100 mm左右，可谓是植物细胞中的“巨无霸”。这么长的纤维是没办法直接抄纸的，必须要在制浆阶段将纤维切短。在显微镜下观察苎麻纸样品，其纤维都是经过多次切断，两端呈明显的切断状（图1、2），或呈整齐的断头，或散开呈帚状，自然的端部非常少见。从纤维自然端部出现的概率，也可以看出原料纤维是非常长的。

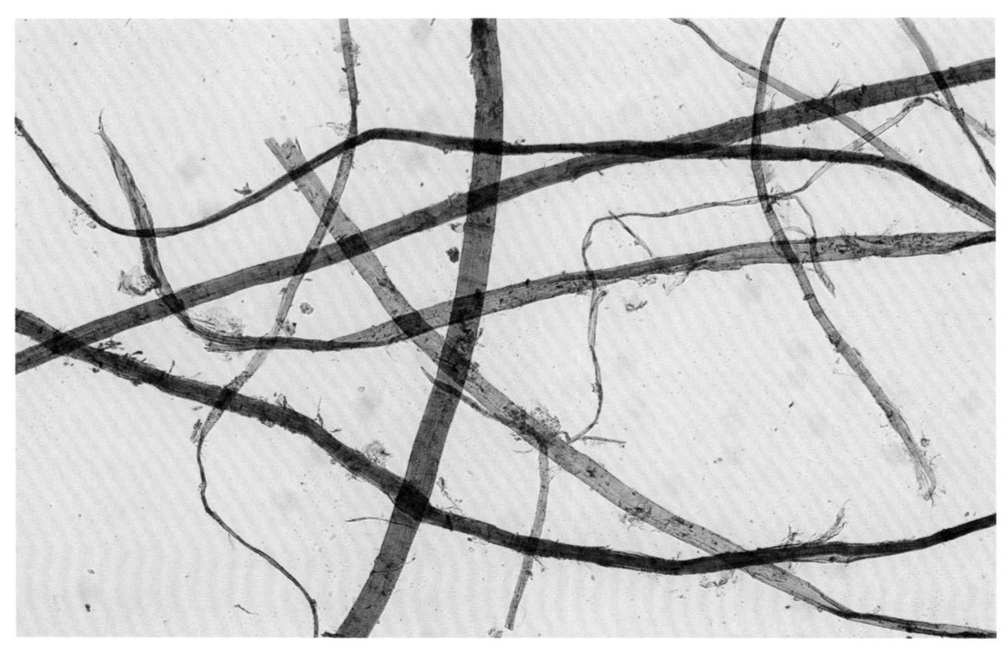

图1 苎麻纤维总体形态、切断状端部（物镜10×，C染色剂）

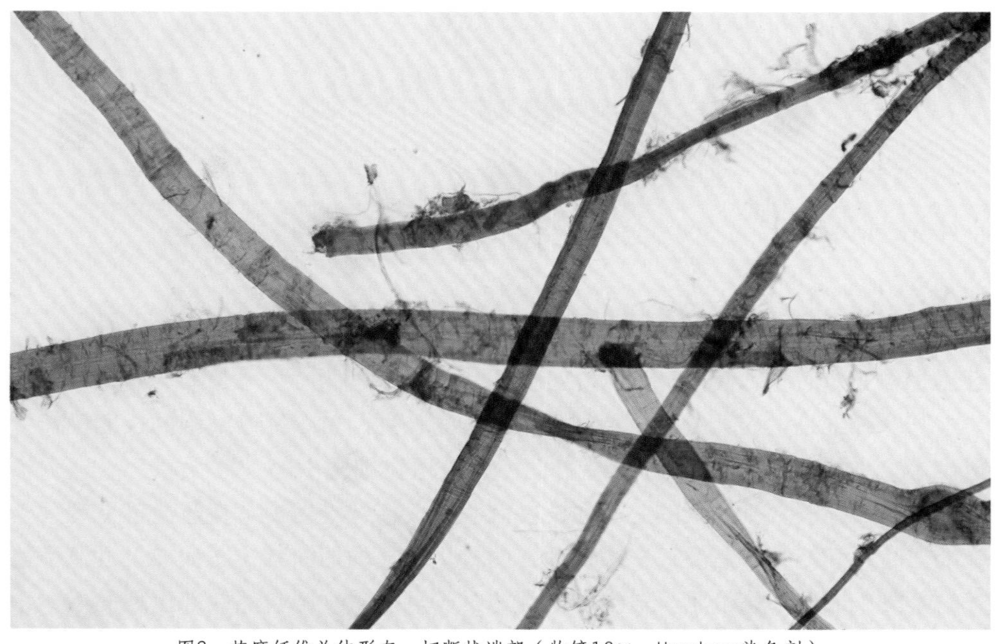

图2 苎麻纤维总体形态、切断状端部（物镜10×，Herzberg染色剂）

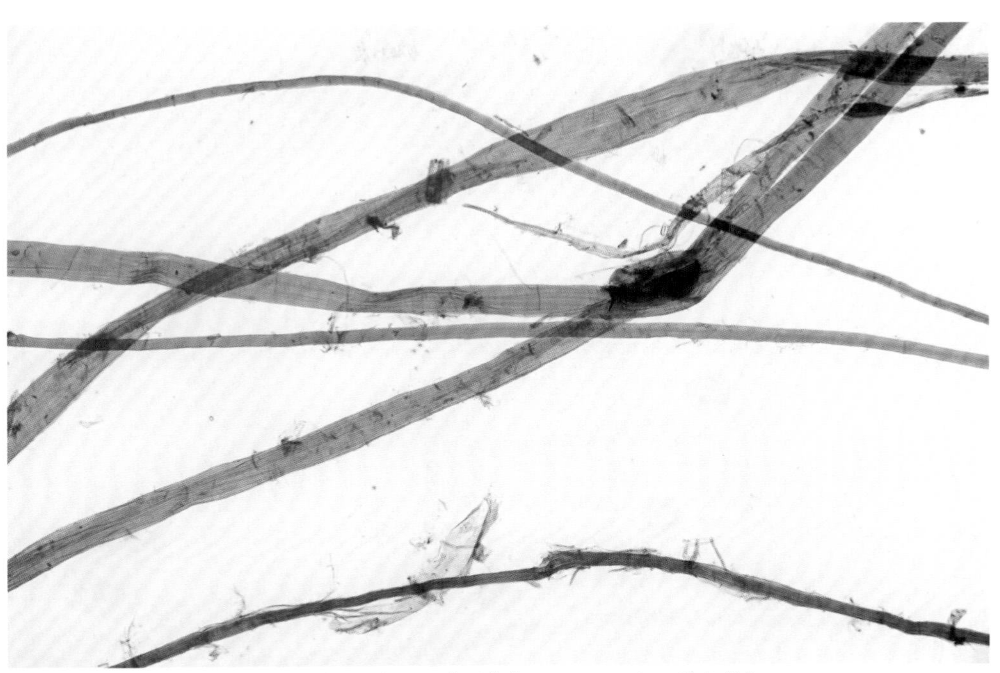

图3　苎麻纤维粗细不均（物镜10×，Herzberg染色剂）

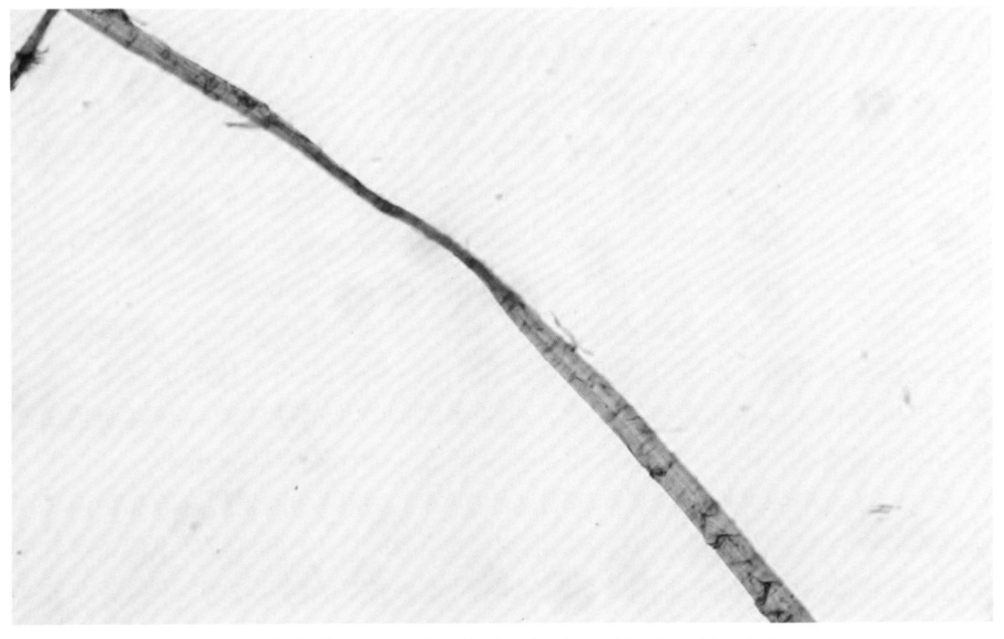

图4　单根苎麻纤维粗细不均（物镜10×，Herzberg染色剂）

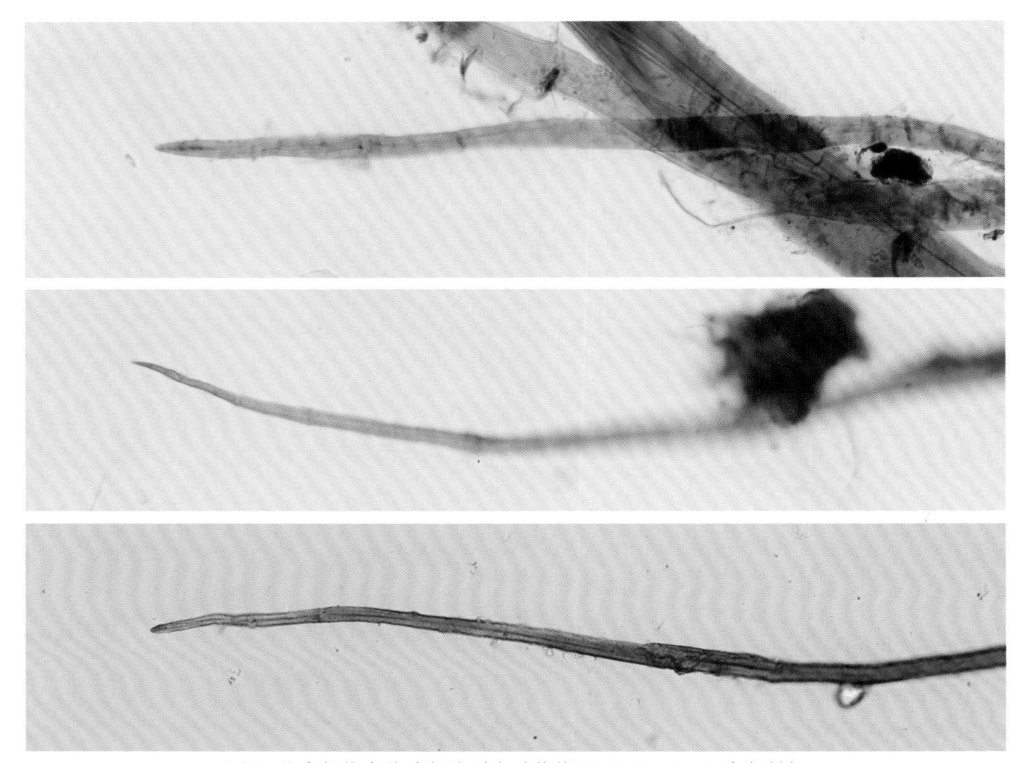

图5 苎麻纤维自然端部的形态（物镜20×，Herzberg染色剂）

在传统手工纸的纤维原料中，苎麻纤维不仅长，而且也比较宽。不过其宽度分布并不均匀，粗细差距比较大（图3）。即便在同一根纤维上，各区段的宽度也并不一致，有的区段宽，有的区段窄（图4）。整体来看中间略宽一些，两端比较窄细。纤维两端渐细而尖，顶端常为尖锥形（图5），部分端部在顶点处有一条短细的小黑线。因苎麻纤维较长，这种尖细的自然端部并不常见。

苎麻纤维的纤维素含量较高，与Herzberg染色剂反应呈棕红、深酒红、紫红色或偏蓝的紫色。由于其次生壁为多层结构，特别是占主体的次生壁中层多由两层以上构成。在显微镜下观察，这些多层的纤维壁使苎麻纤维表面呈现明显的纵向细条纹（图6、7），这也是苎麻纤维一个比较明显的特征。

苎麻纤维壁的外层还能观察到明显的横节纹，横节纹的粗细常因品种而异，有的横节纹较明显，大部分为较密集的细横纹（图8）。苎麻纤维的纵向条纹和横节纹常常纵横交错，在纤维表面形成类似于“格子布”的特殊纹理（图9）。

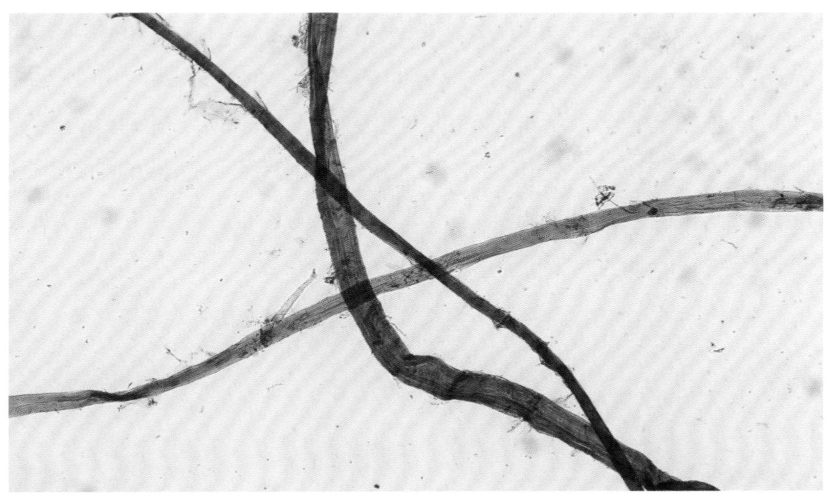

图6　苎麻纤维纵向条纹（物镜10×，C染色剂）

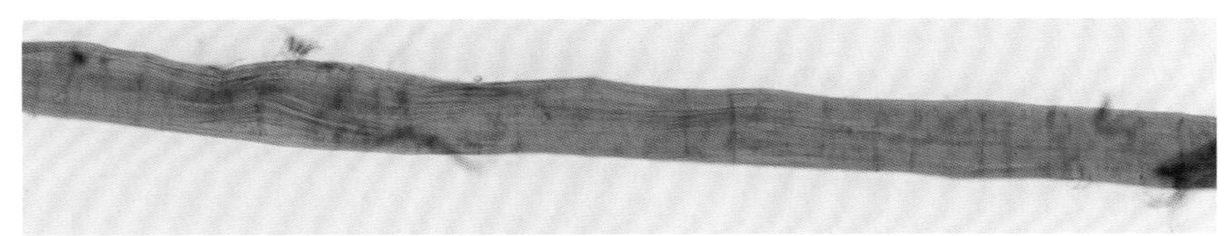

图7　苎麻纤维纵向条纹（物镜20×，Herzberg染色剂）

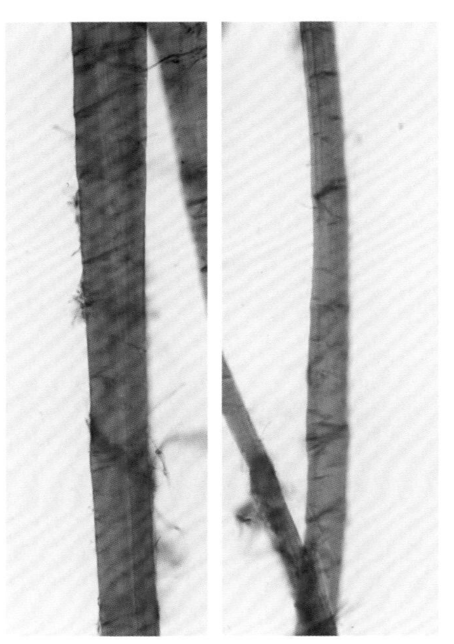

图8　苎麻纤维横节纹形态（物镜20×，Herzberg染色剂）

打浆过程会破坏纤维壁的外层，使横节纹减少或消失（图10）。此时纤维表面的纵向条纹会比较明显，或出现纵向的纤维分丝或纵裂。由于苎麻次生壁中层（S_2层）的微纤维丝与纤维轴向的夹角很小，近乎纵向排列，打浆程度较高时，这些细纤维很容易散开，出现明显的分丝帚化现象，端部的细纤维丝呈披散状（图11、12），这也是苎麻纤维一个非常显著的特征。帚化充分的纸浆成纸后纤维结合力较强，但吸收性和透气性会比较差。

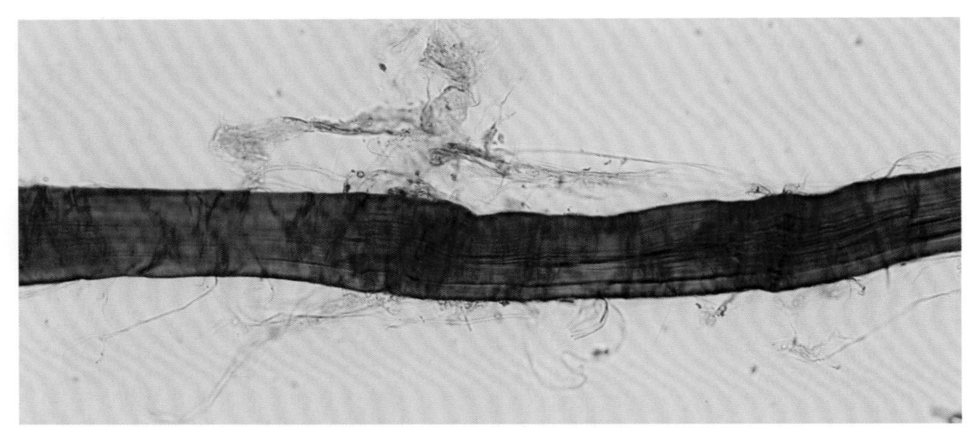

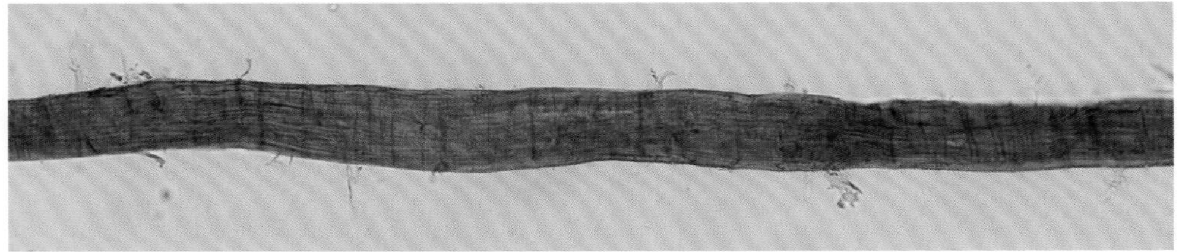

图9　苎麻纤维纵横纹理交错形态（物镜20×，C染色剂）

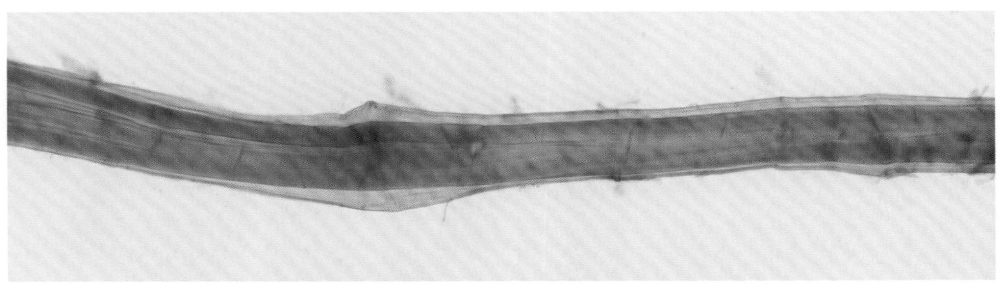

图10　苎麻纤维外壁半脱落状态形态（物镜20×，Herzberg染色剂）

由于纤维上有纵向条纹，苎麻纤维的细胞腔往往不太明显，部分区段可以观察到细胞壁颜色略深，中间颜色稍浅，隐约可见细胞腔的轮廓。整体而言，苎麻纤维的细胞腔稍宽，有时细胞腔中会残留一些细粒状物质及原生质或有一些气泡（图13）。

图11　苎麻纤维分丝帚化形态（物镜10×，Herzberg染色剂）

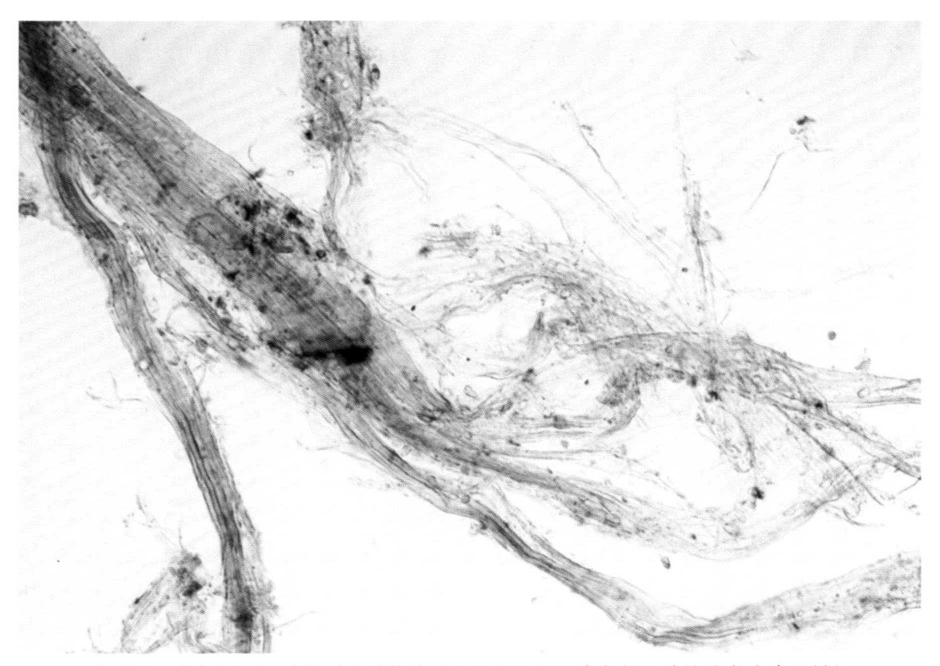

图12　苎麻纤维分丝帚化形态（物镜20×，Herzberg染色剂，敦煌遗书残片纸样）

图13　苎麻纤维细胞腔形态（物镜20×，Herzberg染色剂）

苎麻在我国分布广泛，也有许多不同的品种，常见的有白苎麻、青苎麻、水苎麻等，各个品种的苎麻很难从纤维特征上加以鉴别。

苎麻古纸样品纤维显微形态展示（图14、15）

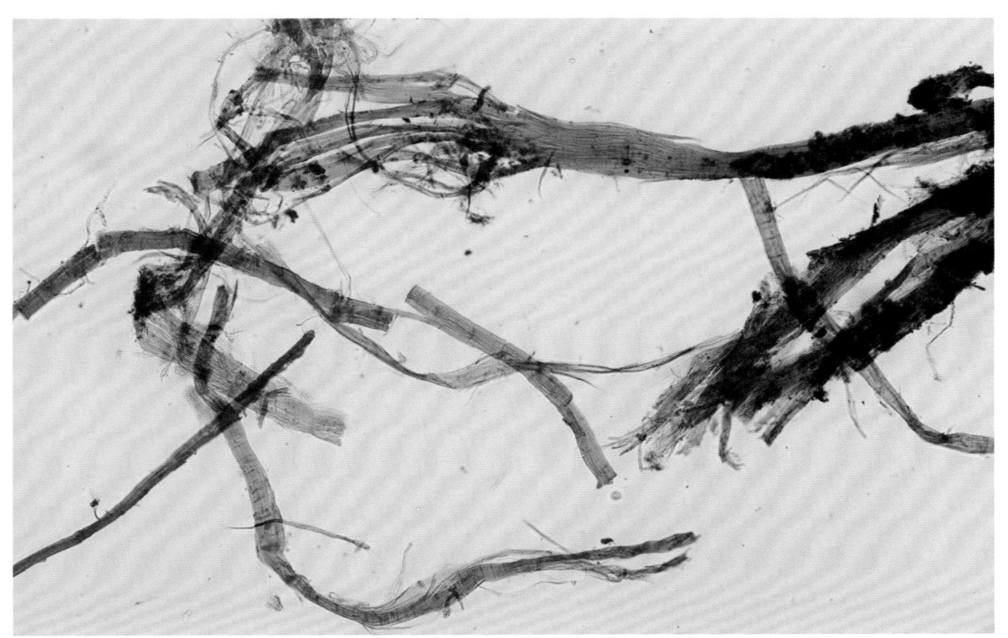

图14　西夏古纸样品（物镜10×，Herzberg染色剂）

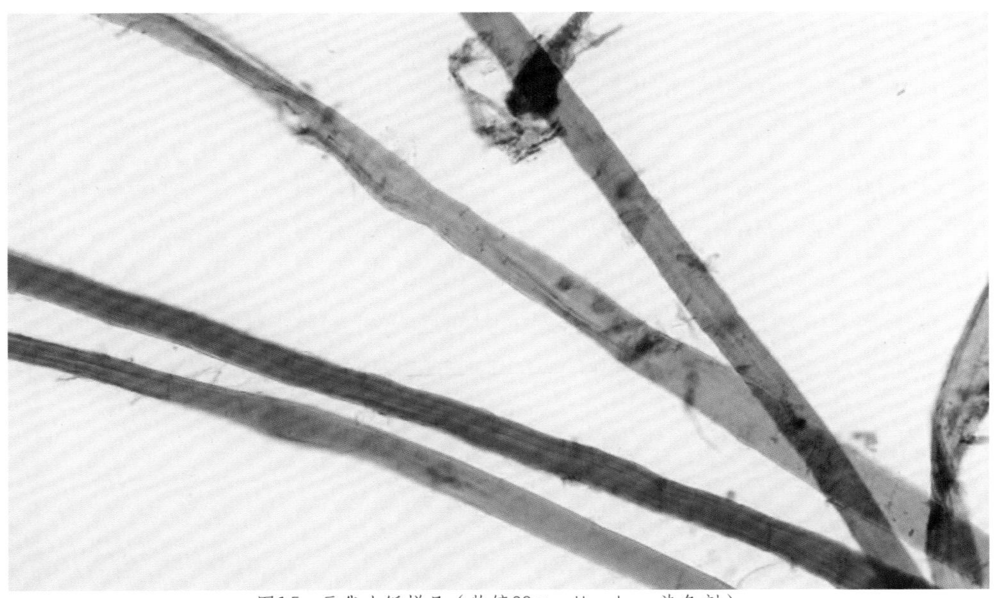

图15　元代古纸样品（物镜20×，Herzberg染色剂）

大麻

学　名：*Cannabis sativa* L.
英文名：Hemp

大麻为桑科大麻属一年生草本植物，又称火麻、汉麻、中国大麻等，是我国最主要且产量最多的麻类作物之一。全国各地无论气候寒暖、土壤瘠沃均能种植，青藏高原也有种植。大麻也是原产于我国的一种麻类植物，春秋时便有相关纤用的记载。《诗经》中的“七月食瓜，八月断壶，九月叔苴。采荼薪樗，食我农夫”[①]，“苴”即为大麻，当时的人曾以大麻籽为食，剥皮织作布匹和搓制绳索。

蔡伦用破麻布、旧渔网造纸，后来废麻造纸技术传遍各地，原料中就有大麻。从现存考古实物的分析结果来看，大麻造纸由来已久，西北地区的纸质文物中常见有大麻纸本，甚至在蔡伦之前的“西汉纸”实物中就发现有大麻纤维。由于种植地域广，历史悠久，大麻的别名非常多，如四川、云南常称其为“火麻”，山西、陕西称其为“小麻子”，纺织领域则称其为“汉麻”，另外还有苴麻、井麻、绳麻、线麻、魁麻、绿麻、老黄麻、山川麻等。

大麻每年春初播种，夏末秋初收割茎秆。其主茎修长挺直，高可达2~4 m，直径3~5 cm。茎秆收割以后剥取外层韧皮，纤用大麻纤维即出自该韧皮部分，质量约占整个茎秆的16%。剥下的韧皮经过浸沤脱胶或化学脱胶，去除韧皮部表层的角质层和内部的果胶质，即可得到纤用的粗麻。

需要说明的是，造纸和纺织所用的大麻属纤用大麻，跟作为毒品吸食的大麻（原产印度，又称“印度大麻”）分属两个不同的种。纤用的中国大麻不具备毒性。

---

① 程俊英、姜见元：《诗经注析》，第413页。

纤维尺寸

表1　显微镜法测定大麻纤维尺寸

项目	平均值	最大值	最小值	长宽比
纤维长度/mm	17.6	32.3	4.3	902
纤维宽度/μm	19.5	34.2	8.1	

纤维显微形态

大麻纤维与苎麻纤维有一些相似之处，常容易混淆。但仔细观察，二者也有许多明显的差别。从整体形态及尺寸上来看，大麻纤维没有苎麻纤维那么长，也比苎麻纤维略细一点儿。因纤维稍短，在显微镜下大麻纤维的自然端部较为常见（图1）。不过大麻纤维稍短是相较于苎麻而言，跟其他造纸原料相比依然非常长，制浆过程仍需一定程度的切断，显微镜下同样会看到许多切断状的端部（图2）。

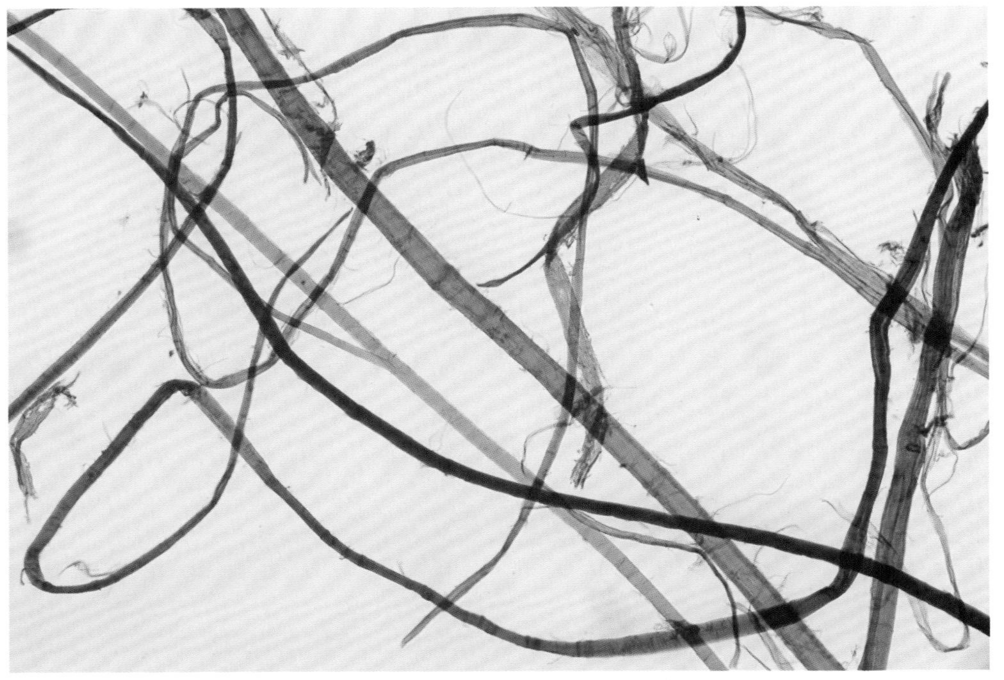

图1　大麻纤维形态（物镜10×，Herzberg染色剂）

大麻纤维常常粗细不一，不同纤维间粗细差距较大，粗纤维和细纤维甚至可差三四倍，但同一根纤维的粗细往往会比较均匀，这跟苎麻纤维各区段宽度不同有一定区别。大麻纤维宽度从中部到端部变化不大，有些粗纤维甚至到端部才稍微变细（图1、3）。

图2　大麻纤维形态（物镜10×，Herzberg染色剂）

图3　大麻纤维形态（物镜10×，C染色剂）

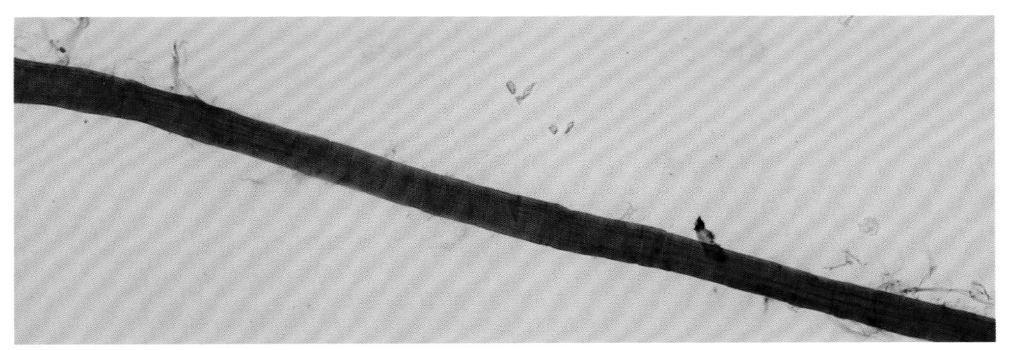

图4　大麻纤维纹理形态（物镜10×，Herzberg染色剂）

图5　大麻纤维纵向纹理形态（物镜20×，Herzberg染色剂）

图6　大麻纤维分丝帚化形态（物镜10×，Herzberg染色剂）

大麻纤维次生壁中层（S_2层）的微纤维丝也与纤维轴向近乎平行，因而比较容易散开。经过打浆之后大麻纤维也会出现分丝和帚化现象（图6、7、8），分丝后大部分呈秃帚状，少数呈丝缕状散开。

大麻纤维的纤维素含量较高，与Herzberg染色剂反应呈红棕色、深酒红或紫红色。与苎麻纤维次生壁的多层结构相似，大麻纤维的次生壁也为多层的套筒结构，在100~200倍的显微镜下观察，纤维表面会呈现若干条明显的纵向条纹，这是大麻和苎麻纤维特有的纹理特征（图4、5）。

和其他麻类纤维一样，大麻纤维壁外层上也有明显的横节纹，而且部分横节纹还略有加粗（图9）。在打浆过程中，这些横节纹容易因外层剥落而逐渐不明显（图10），脱落后的部分纤维几乎无横节纹，只有纵向细纹，跟苎麻非常相似。

图7　大麻纤维帚化形态（物镜10×，Herzberg染色剂）

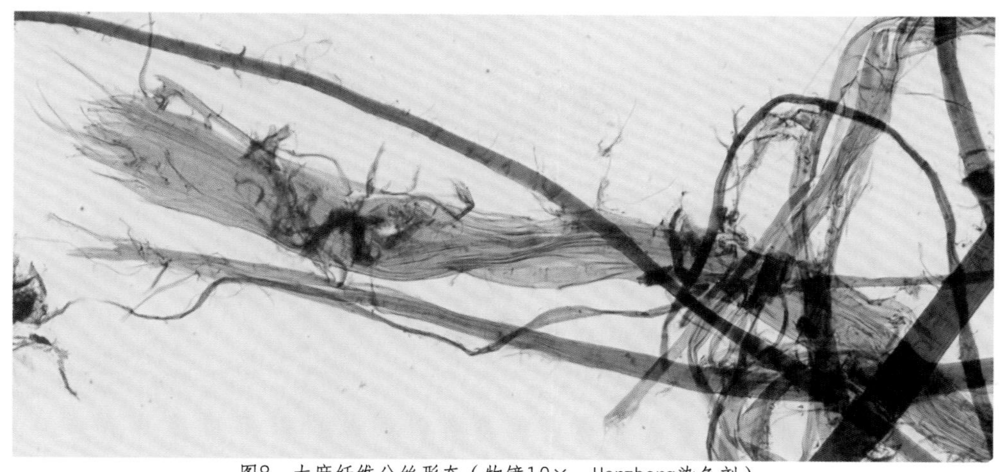

图8　大麻纤维分丝形态（物镜10×，Herzberg染色剂）

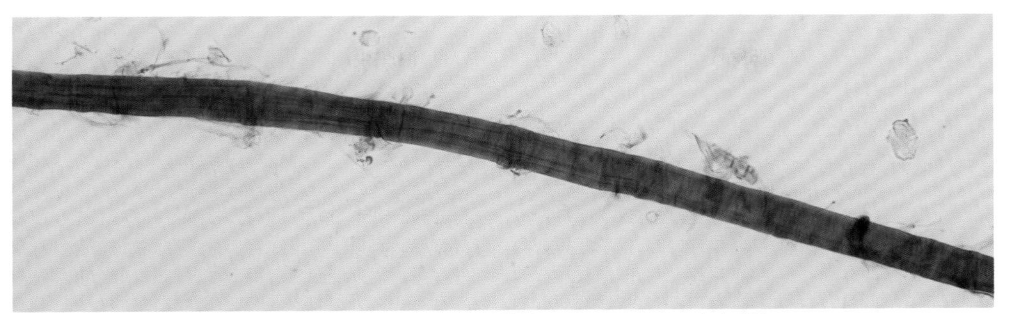

图9　大麻纤维横节纹形态（物镜10×，Herzberg染色剂）

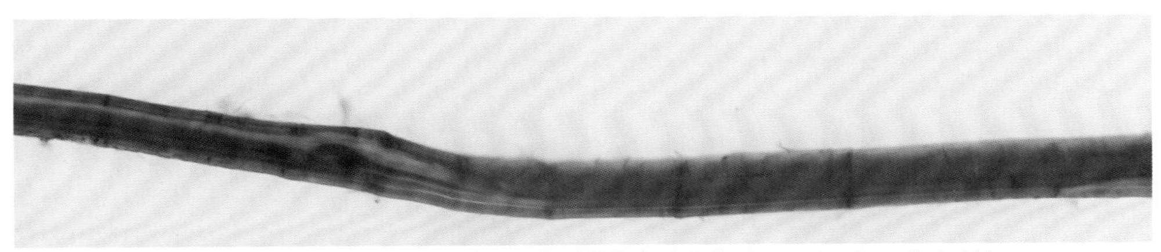

图10　大麻纤维次生壁外层裂开呈半脱落状态（物镜10×，Herzberg染色剂）

大麻纤维的端部较苎麻更常见，尖端既有尖细状，也有部分呈钝圆形（图11）。细胞腔比苎麻的略窄，但比亚麻的宽，而且细胞腔是连续的。大部分大麻纤维的细胞腔不太明显，几乎不可见，仅有小部分纤维隐约可见一条浅色带状细胞腔，轮廓较模糊，与细胞壁的分界不明，部分细胞腔中有小气泡（图12）。

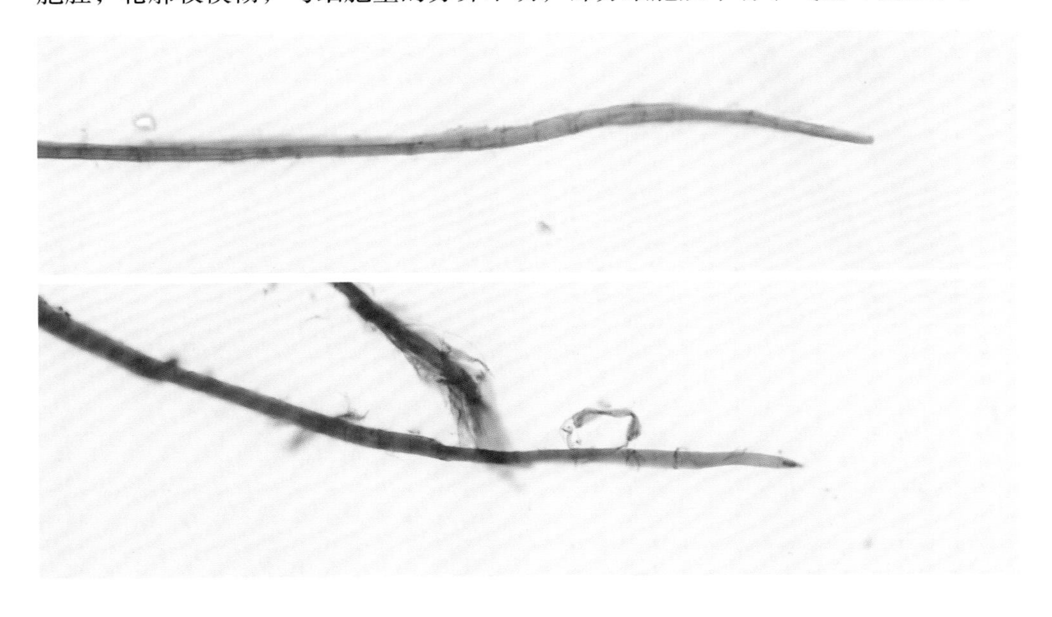

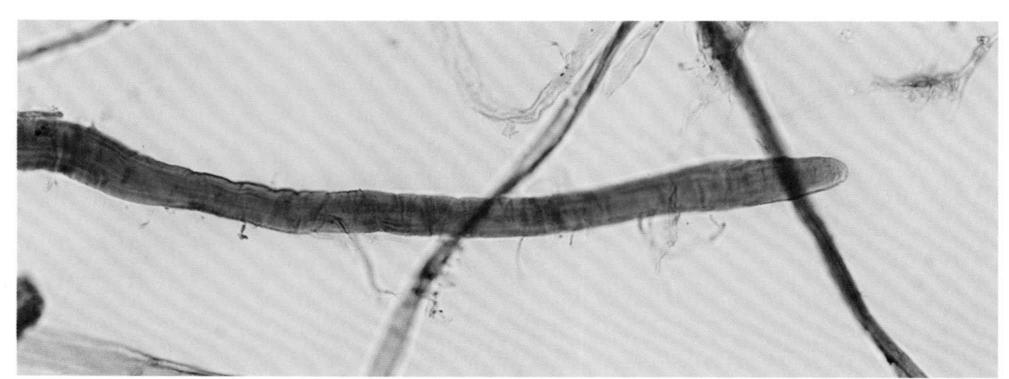

图11 大麻纤维的端部形态

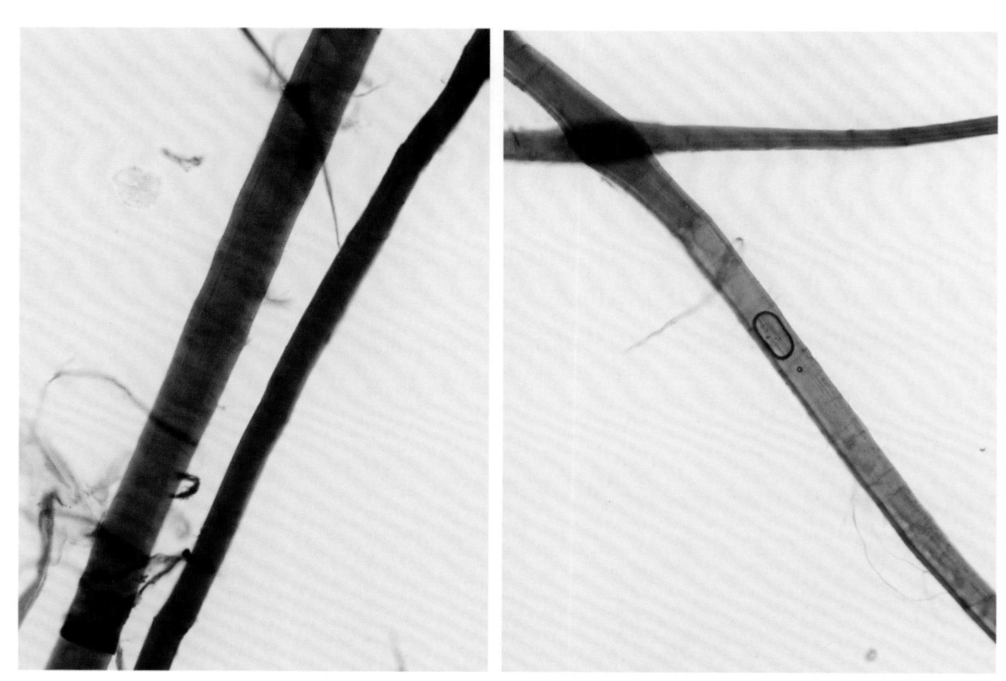

图12 大麻纤维细胞腔形态（物镜20×，Herzberg染色剂）

大麻古纸样品纤维显微形态展示（图13、14）

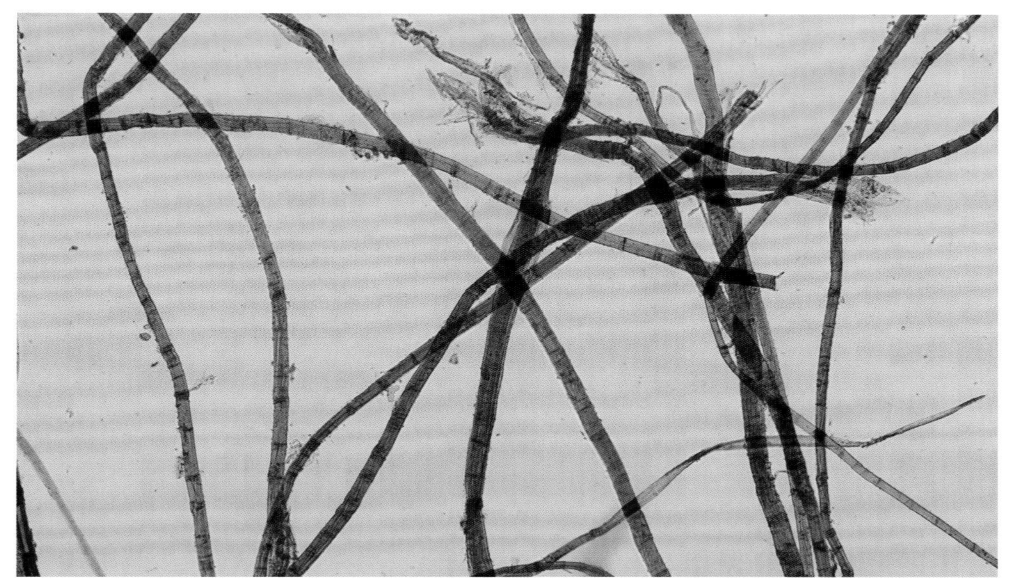

图13　唐代文书纸样（物镜10×，Herzberg染色剂）

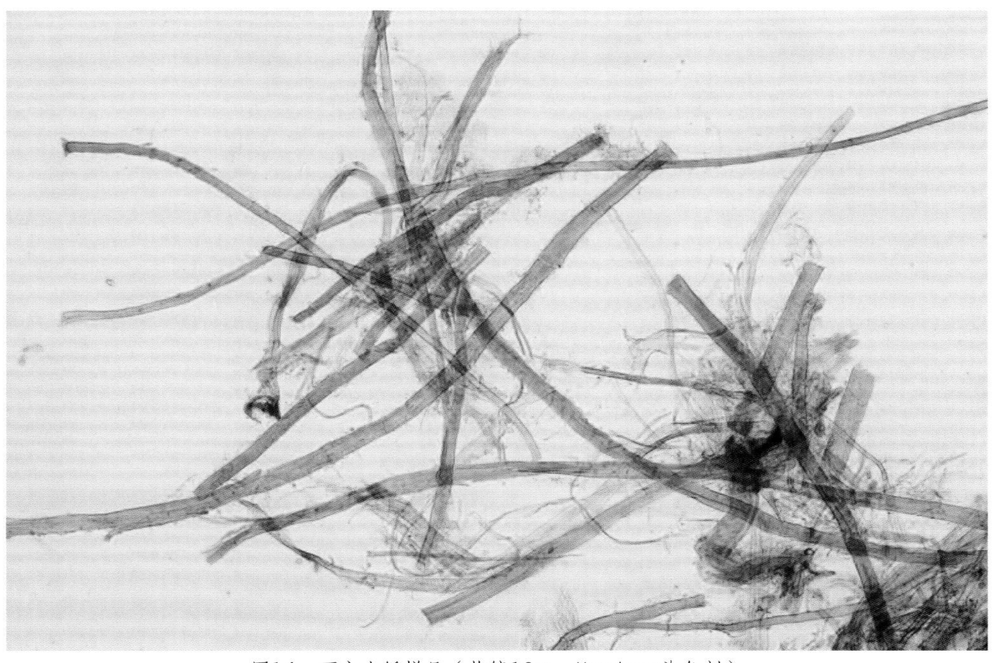

图14　西文古纸样品（物镜10×，Herzberg染色剂）

亚麻

学　名：*Linum usitatissimum* L.
英文名：Flax

亚麻为亚麻科亚麻属一年生草本植物，又称胡麻（西北地区）、油麻、鸦麻、山脂麻、胡脂麻、野芝麻、土芝麻等。亚麻纤维是人类最早使用的天然植物纤维，取自其茎秆内表皮的韧皮部，纤维细长，强度好，吸水散水快，织成的布料具有良好的透气性和抗水性，柔软坚韧。

1854年发现于瑞士湖底的距今约10000年的亚麻残片，是迄今发现最古老的亚麻织物。据学者考证，亚麻起源于近东、地中海沿岸，最初由远在新石器时代的古埃及人种植和使用，埃及著名的木乃伊就是用亚麻布包裹。我国的亚麻相传是汉代张骞从西域引入，以油用为主，西北常称为“胡麻”，西南则称为“油麻”。唐代诗人刘长卿《寻龙井杨老》诗中写道：“唯有胡麻当鸡黍，白云来往未嫌贫。”①油用胡麻在西北地区至今仍是非常重要的油料作物。而“亚麻”之名则首见于宋代苏颂编撰的《图经本草》：“亚麻子，出兖州威胜军。味甘，微温，无毒。苗、叶俱青，花白色，八月上旬采其实用。”②

亚麻对气候的适应性强，在世界范围内广泛分布。我国北方许多地区都非常适宜种植亚麻。人工栽培的亚麻，按其使用目的主要分为三种：

① 油用型：植株低矮，茎秆粗壮，分枝多，韧皮纤维含量较低，花大果多，种子含油量高，可榨取食用油或工业用油。我国西北地区种植的胡麻主要就是这种，榨取的胡麻油不饱和脂肪酸含量高，可用来预防心脑血管类的疾病。

② 纤用型：植株较高，茎秆细而直立，分枝较少，花小果稀，纤维比较长，韧皮纤维含量较高，多用于纺织工业。我国的纤用大麻为1907年从日本引入，在黑龙江、新疆、云南等地种植较多。

③ 油纤两用型：既可油用亦可纤用，纤维及油含量介于上述二者之间。

---

① 〔唐〕刘长卿著，储仲君笺注：《刘长卿诗编年笺注》，中华书局，1996年，第220页。

② 〔宋〕苏颂撰，胡乃长、王致谱辑注：《图经本草》（辑复本），福建科学技术出版社，1988年，第580页。

纺织和造纸所用亚麻主要为纤用亚麻，茎秆细长，高度可达1~1.5 m，直径1~3 mm，韧皮部质量占到15%~30%。造纸术从中国西传至中东及欧洲后，最初的原料主要是旧麻布，亚麻因此被引入造纸。在西方，19世纪之前的纸质书籍中，大部分纸张都为亚麻纸。由于西传的造纸术没有使用纸药来辅助揭分的技术，只能用毛毯将湿纸一张张隔开，所以欧洲所造亚麻纸一般都比较厚实，与东亚地区的纸张有明显区别。

随着19世纪木浆造纸技术的发展，亚麻造纸因破麻布来源有限，迅速被木浆纸替代。目前亚麻纸浆仅在一些高端纸张中掺用，如钞票纸、证券纸、字典纸、卷烟纸等常添加部分亚麻纤维。跟苎麻和大麻一样，亚麻也有很好的纤维长度，制成的纸张强度高，耐久性好。

纤维尺寸

表1 显微镜法测定亚麻纤维尺寸

项目	平均值	最大值	最小值	长宽比
纤维长度/mm	14.6	31.2	3.5	802
纤维宽度/μm	18.2	40.2	7.9	

纤维显微形态

因造纸所用的亚麻多来自破麻布、废旧麻袋、麻绳等二次利用，纤维已经过一定程度的处理和净化，制成纸张之后基本上只有纤维细胞，韧皮中所含的薄壁细胞、导管等很难在显微镜下观察到。

与苎麻、大麻纤维类似，亚麻纤维整体比较长，但特点是长短不一，短者有3~5 mm，长者可达3 cm左右，因此其自然端部较苎麻、大麻纤维更常见。由于纺织及造纸过程常有切麻的工序，亚麻纸纤维也能观察到许多切断状的端部（图1）。

亚麻纤维纤维素含量较高，与Herzberg试剂作用显玫瑰红色、棕红色或紫红色，纤维呈圆柱形，表面平滑，根根分明。纤维中段较粗，粗细比较均匀；往两端逐渐变细，渐细的部分较长，可达纤维全长的四分之一到三分之一。整根纤维从宽度上看可明显分为细—粗—细三段（图9）。由于显微镜下很难看到亚麻长纤维的全貌，单个视野中纤维粗细差别常常非常明显（图2），一般两端渐细部分的细纤维比较多，粗纤维略少，这是亚麻纤维粗细变化最直观的表现。

图1　亚麻纤维形态（物镜10×，Herzberg染色剂）

图2　亚麻纤维形态（物镜10×，Herzberg染色剂）

亚麻纤维壁的外层也有明显的横节纹和膨胀节，节形略加粗，大致形态略似于竹节（图2）。与苎麻、大麻纤维类似，打浆也会造成亚麻纤维壁外层脱落，导致横节纹消失，呈现出纵向褶皱状纹理（图3）或纵向条纹，不过这种纵向纹理多见于中段稍宽的部分。

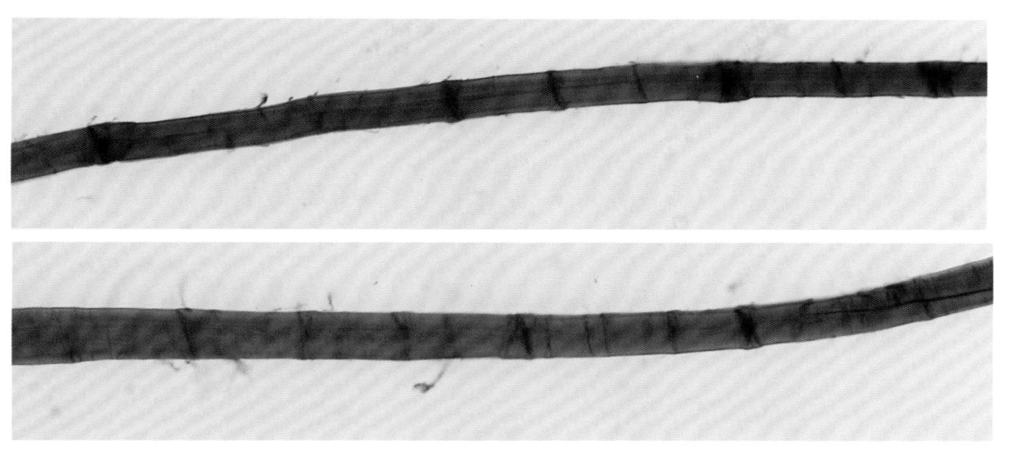

图3　亚麻纤维横节纹形态（物镜20×，Herzberg染色剂）

亚麻纤维次生壁中层（S_2层）的微纤维丝在轴向排列时，与纤维轴的夹角非常小，只有5°左右，接近平行。因此在打浆度较高时，纤维容易出现纵向条痕及纵裂，或出现一定程度的分丝帚化现象（图4）。

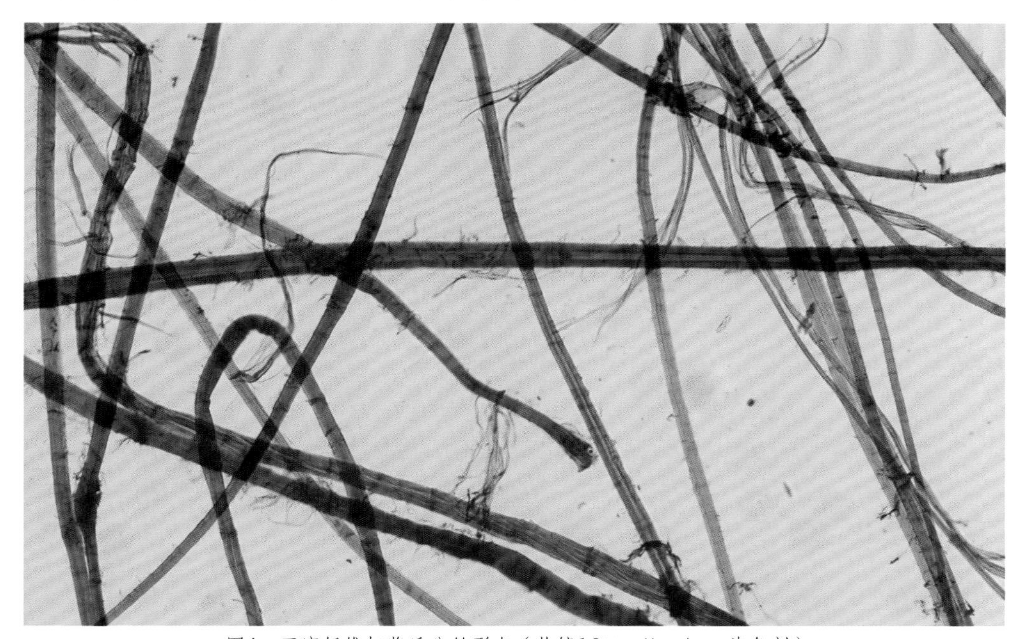

图4　亚麻纤维打浆后分丝形态（物镜10×，Herzberg染色剂）

亚麻纤维接近两端时纤维逐渐变细，端部渐细而尖，顶端亦非常尖细（图5）。纤维壁整体比较厚，细胞腔较细小。中部宽段的细胞腔略宽，可达纤维宽度的三分之一到一半。细胞腔与纤维壁的分界比较清晰，可观察到明显浅色的细胞腔，细胞腔中还常常会有气泡。两端细段的细胞腔则明显窄于纤维壁，部分细段极窄，显微镜下往往只见一条细线；有时细胞腔闭合，细线消失（图6、7、8）。

亚麻纤维粗细分明，如竹节状的横节纹，中部明显的细胞腔以及两端细小的细胞腔，是鉴别亚麻的重要特征。

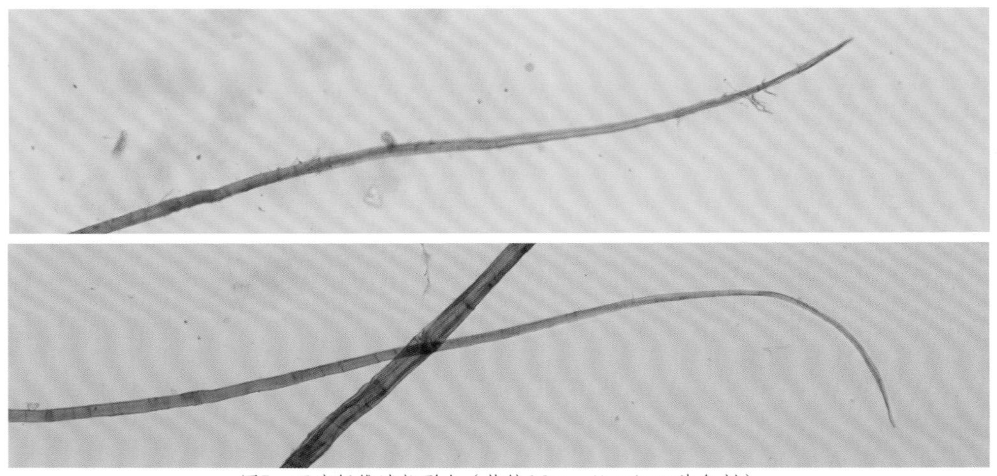

图5 亚麻纤维端部形态（物镜10×，Herzberg染色剂）

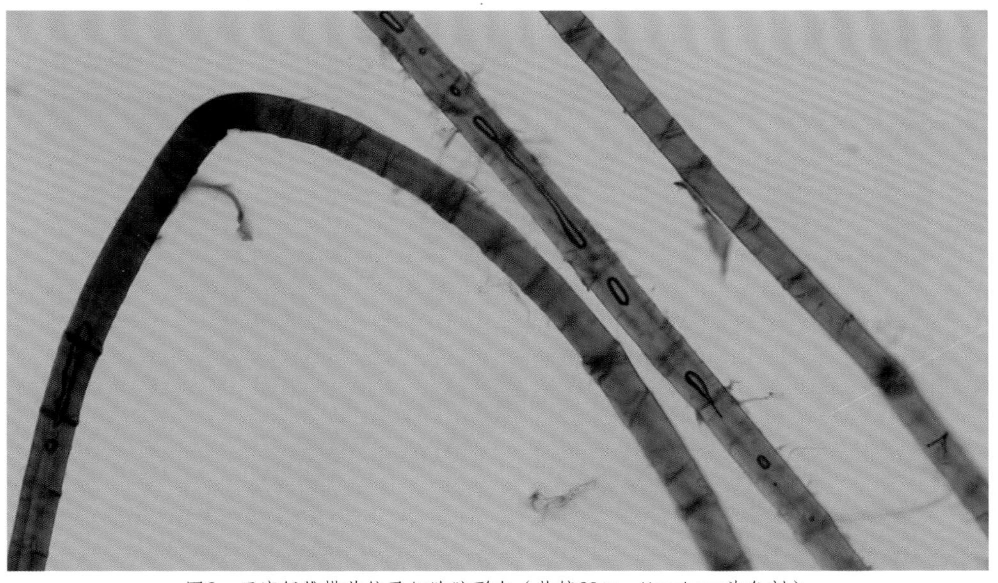

图6 亚麻纤维横节纹及细胞腔形态（物镜20×，Herzberg染色剂）

另外，还有资料中提到一种湿-干试验法，也可作为鉴别亚麻的参考。即取一根湿纤维，手持一端，另一端悬空，端部面向观察者，仔细观察纤维由湿变干的一瞬间。亚麻纤维会向顺时针方向旋转，而大麻纤维则向逆时针方向旋转。

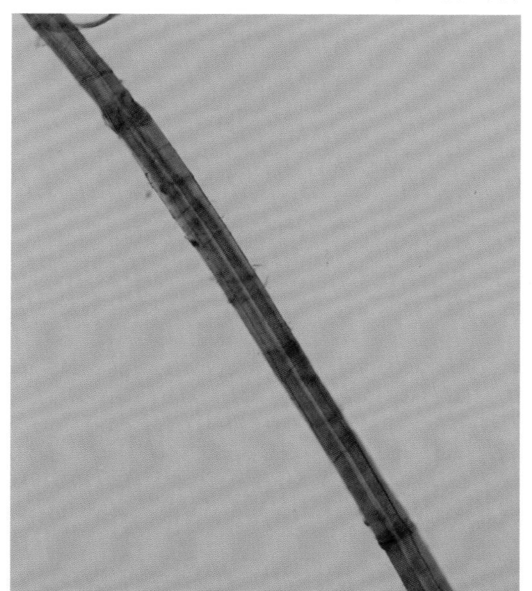

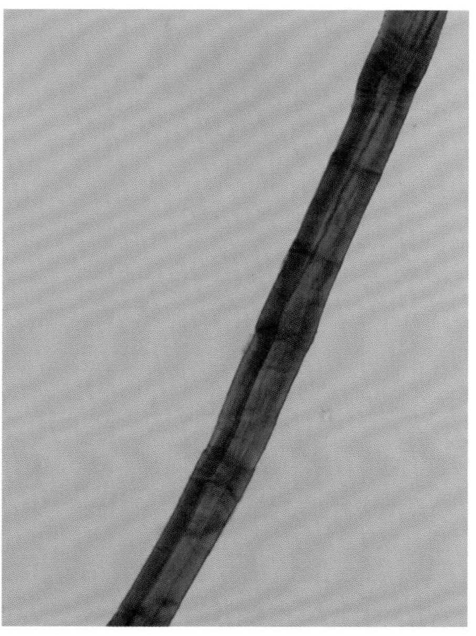

图7　亚麻纤维纹理及细胞腔形态（物镜20×，Herzberg染色剂）

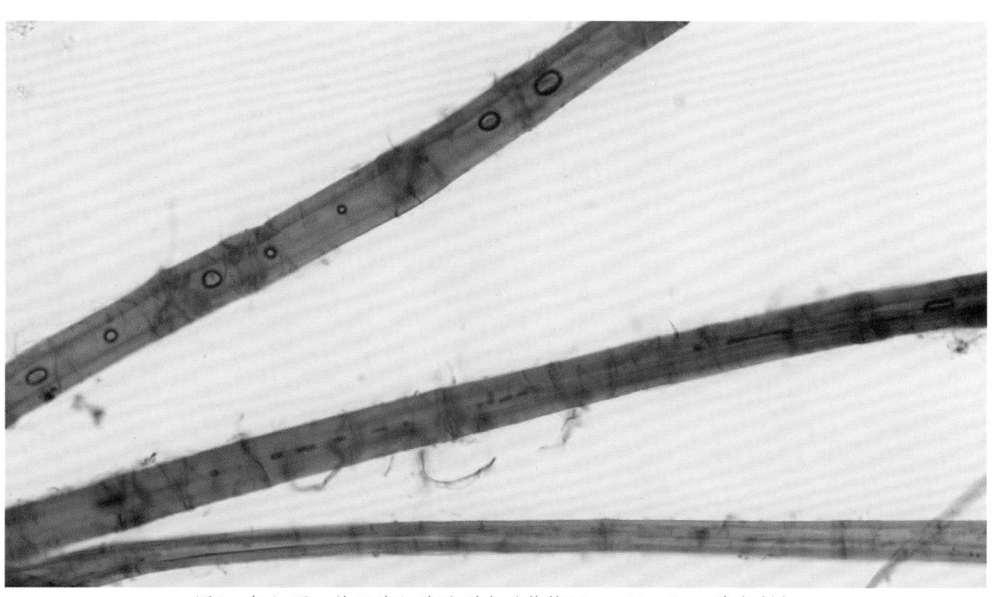

图8　粗细不一的亚麻细胞腔形态（物镜20×，Herzberg染色剂）

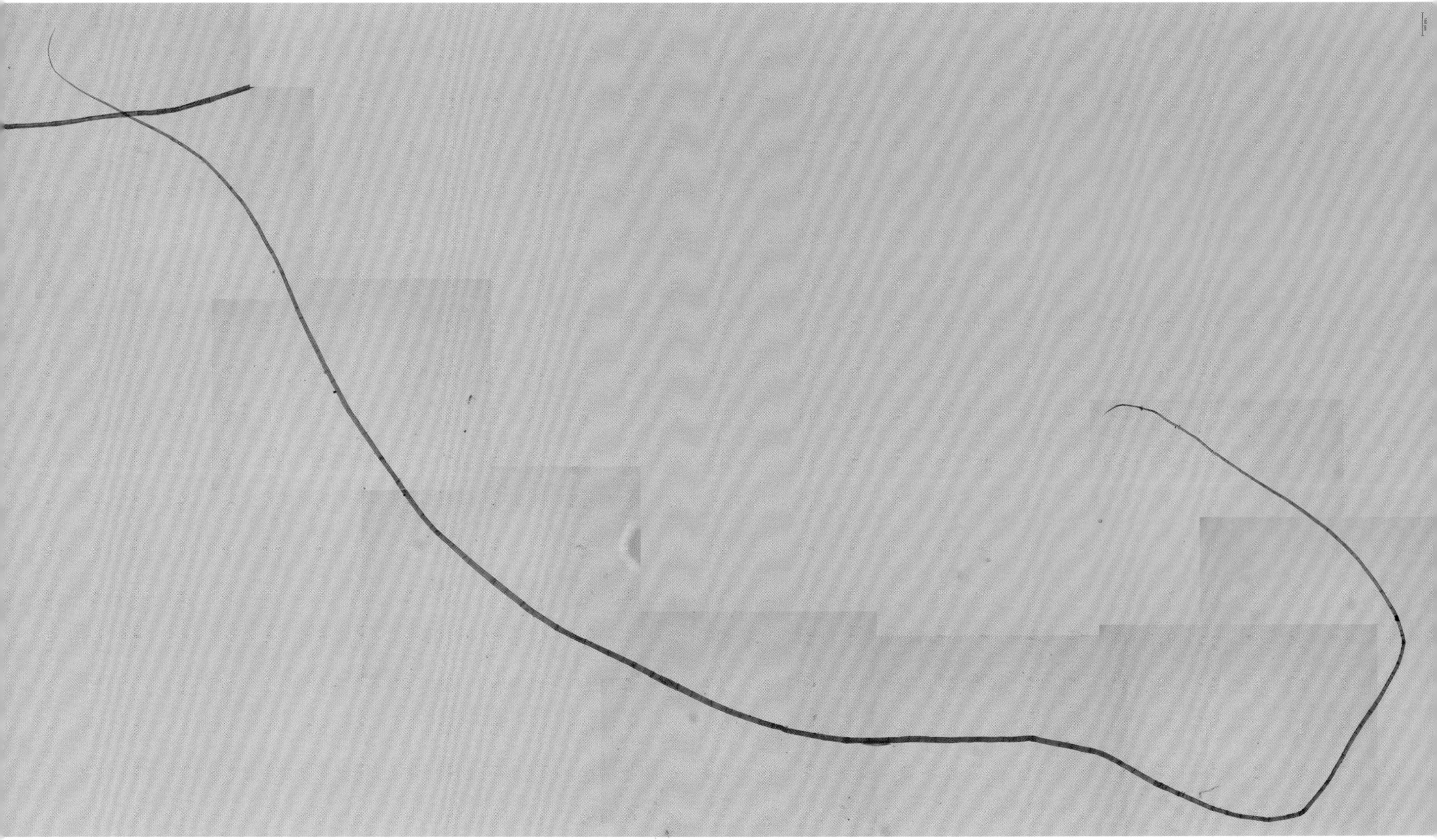

图9　多张显微图拼接而成的整根亚麻短纤维形态（物镜10×，Herzberg染色剂）

大麻槿（红麻）

学　名：*Hibiscus cannabinus* L.
英文名：Kenaf

大麻槿为锦葵科木槿属一年生草本植物，俗称红麻，又名洋麻、槿麻、葵麻、旱麻等。大麻槿跟木芙蓉同属，但木芙蓉为多年生木本。红麻适应能力强，苗期耐旱，生长期耐涝，低洼易涝或较轻盐碱瘠均可生长，寒、温、热三带气候均可栽种。在我国除青藏高原，各省都能种植，其中河北、山东、河南、江苏、安徽、湖南、湖北等省种植较多，种植面积和总产量居世界之首。红麻的茎皮纤维柔软强韧有光泽，富有弹性，在传统用途上与黄麻类似，常用来制作麻绳、麻袋、麻布、渔网、纸等。

红麻原产于印度，在世界各地多有分布，在亚洲和非洲地区广泛种植。我国南方种植的红麻多引种于印度，纤维质量较好；北方红麻多引种于苏联，耐寒及抗病虫害能力较强。红麻种植密集，笔直的茎秆可长到3~5 m高，韧皮部质量占到30%~40%，纤维产量大，生长周期短，当年播种当年收获。其抗碱性、耐寒性都比较优秀，病虫害少，在部分盐碱地区仍能正常生长。

红麻纤维在现代造纸中有比较成熟的应用，一般以红麻全秆为原料生产纸浆，制浆成本较低，纤维质量较好，能生产许多常用纸及特种纸，可单独使用，也可以跟其他纤维混合使用。整体性能优于一般的针叶木浆，不但综合强度指标较好，而且成纸细平，有较好的印刷适应性。

因引种时间较晚，手工纸中使用红麻的时间比较短。与其他麻类原料的来源类似，一般是将废旧的麻袋、麻绳回收进行二次利用，通过碱法蒸煮制成纸浆。与苎麻、亚麻相比，红麻纤维没有那么粗长，平均长度多为2~3 mm，因此纯红麻纸没有传统麻纸粗硬的质感，反而有类似于桑构皮纸的质感和细腻光泽，纸质晶莹坚韧。一些纸坊为了营造麻纸的外观特征，将未完全分散的红麻纤维束与其他原料混合抄纸，使纸面有清晰可见的“麻丝”，这类麻纸一般比较松软，与传统麻纸有明显区别。

纤维尺寸

表1 显微镜法测定红麻纤维尺寸

项目	平均值	最大值	最小值	长宽比
纤维长度/mm	2.75	9.56	0.51	142
纤维宽度/μm	19.3	34.4	9.4	

纤维显微特征

红麻韧皮部由纤维、薄壁细胞、形成层组织等组成，但以废旧麻绳、麻袋等原料二次利用制成纸张后，薄壁细胞和形成层组织基本都被除去，只剩下纤维。在显微镜下，红麻纤维一般都比较纯净，根根分明，无成团的杂细胞和杂质。

从整体形态上来看，红麻纤维轮廓清晰，有一定弯曲，但弯曲度不大，粗细比较均匀（图1）。纤维长短不一，短纤维偏多，平均值接近针叶木的纤维长度。

红麻纤维木质素含量较低，成浆后与Herzberg染色剂反应后显棕黄色、棕红色、红紫色或蓝紫色，与C染色剂反应后呈棕黄色。纤维壁上有明显的横节纹（图2、3），部分横节纹加粗凸起。在凸起的横节纹之间也有一些浅细的横节纹，多呈斜向交叉的“×”状（图4、5）。

红麻纤维的细胞壁比较厚，细胞腔较窄，壁腔比多在1.0以上，但由于纤维较细，成纸的纤维结合力仍然会很好。与苎麻、大麻、亚麻等传统麻类不同，红麻纤维次生壁内层（S_2层）的微纤维丝在轴向排列时，与纤维轴的夹角稍大，一般为30°～40°，远大于传统麻类纤维S_2层的微纤丝角（一般是0°～5°）。因此红麻纤维一般不太容易观察到明显的分丝帚化特征。这是锦葵科纤维的总体特征。

在显微镜下，红麻纤维的细胞腔非常明显，轮廓分明，宽者常呈一条清晰的浅色带，其细胞壁在与细胞腔分界处颜色略加深，呈两条暗线，使细胞腔与细胞壁的区分非常明显（图6）。细胞腔直径较小且不均匀，腔径大者约占纤维宽度的三分之一，为浅色带状；小者几乎看不到浅色带，仅有一条细线。

红麻纤维两端尖削，状如牙签，端部渐细而尖（图7）或在尖端略有小钝圆（图8）。

整体而言，锦葵科的红麻、黄麻、木芙蓉在植物分类上属于锦葵分支，而亚麻、苎麻、大麻则属豆分支。虽然习惯上都将上述植物归为麻类，但是其实亲缘关系较远，因而在纤维形态和造纸性能上存在比较明显的差异。

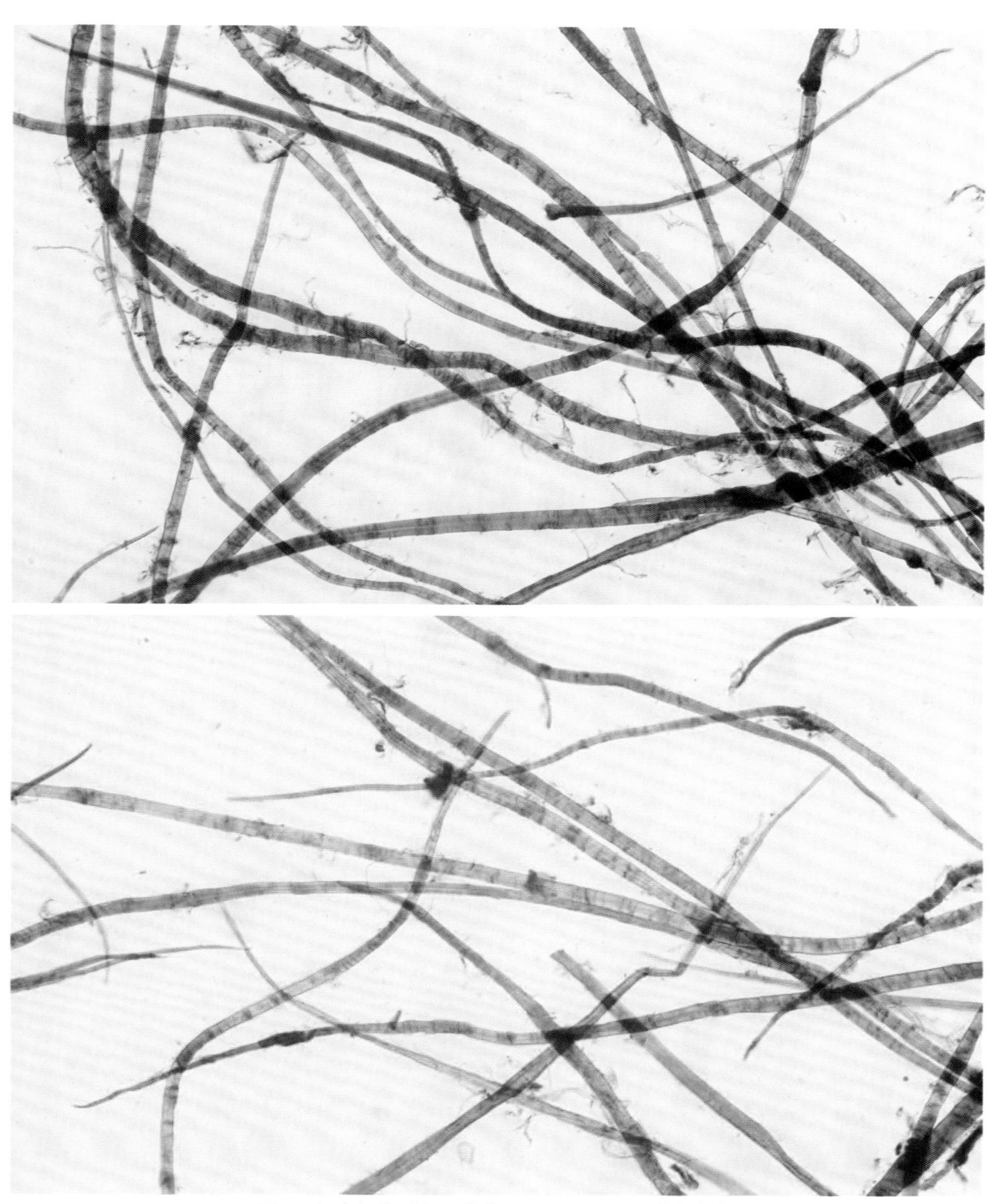

图1 红麻纤维形态（物镜10×，Herzberg染色剂）

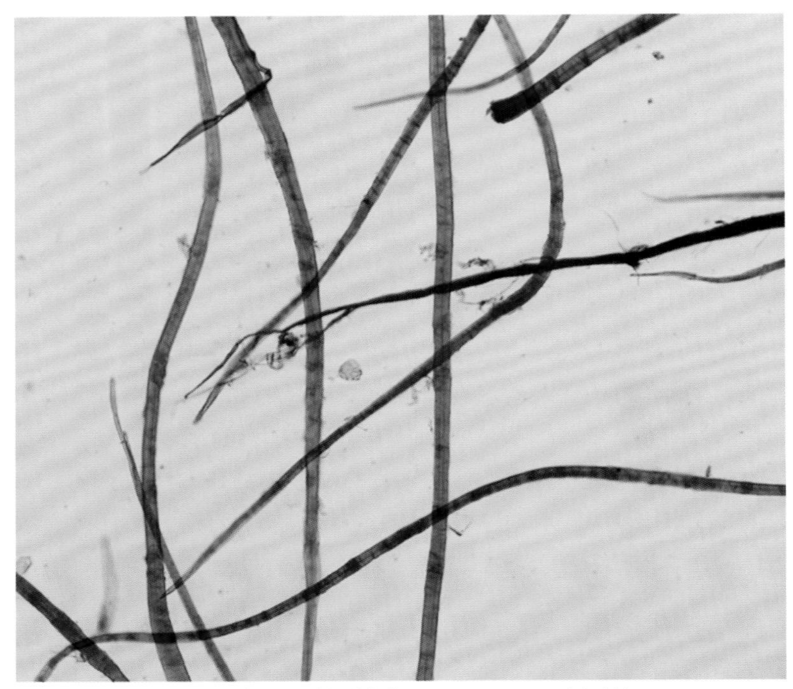

图2　红麻纤维形态（物镜10×，Herzberg染色剂）

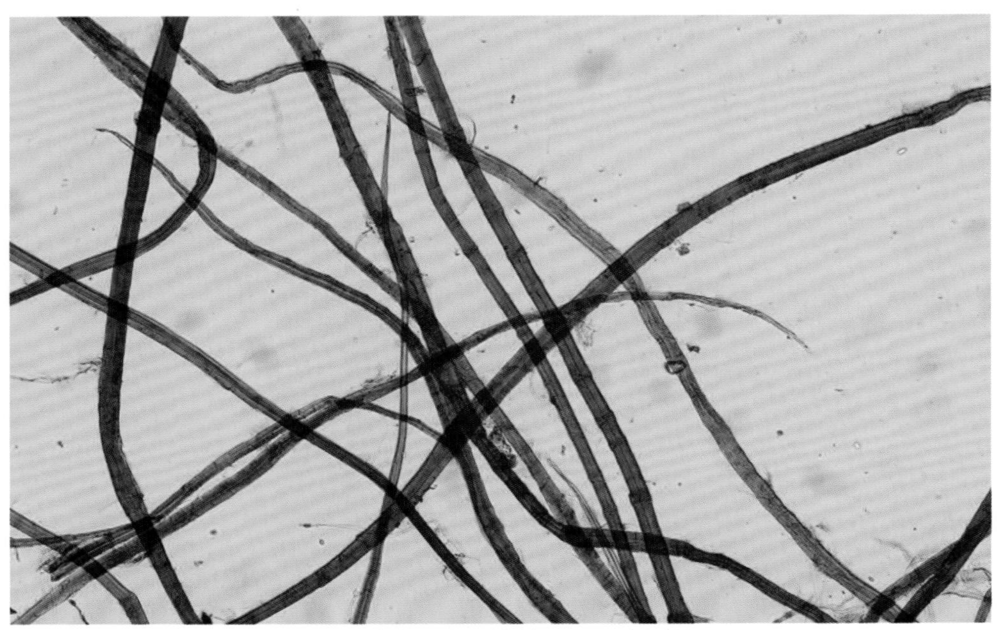

图3　红麻纤维形态（物镜10×，C染色剂）

图4　红麻纤维横节纹形态（物镜20×，Herzberg染色剂）

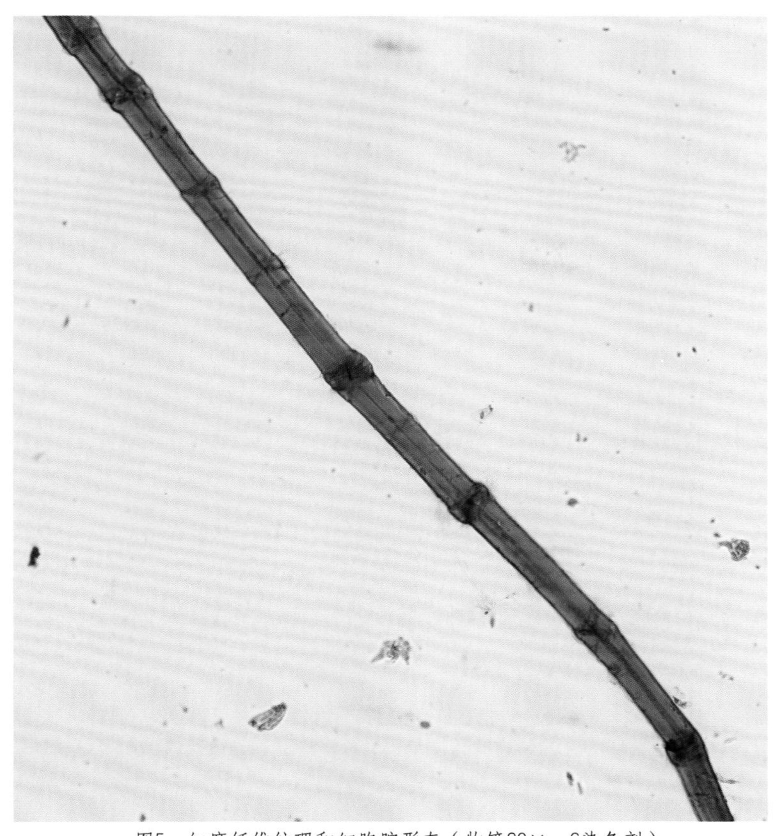

图5　红麻纤维纹理和细胞腔形态（物镜20×，C染色剂）

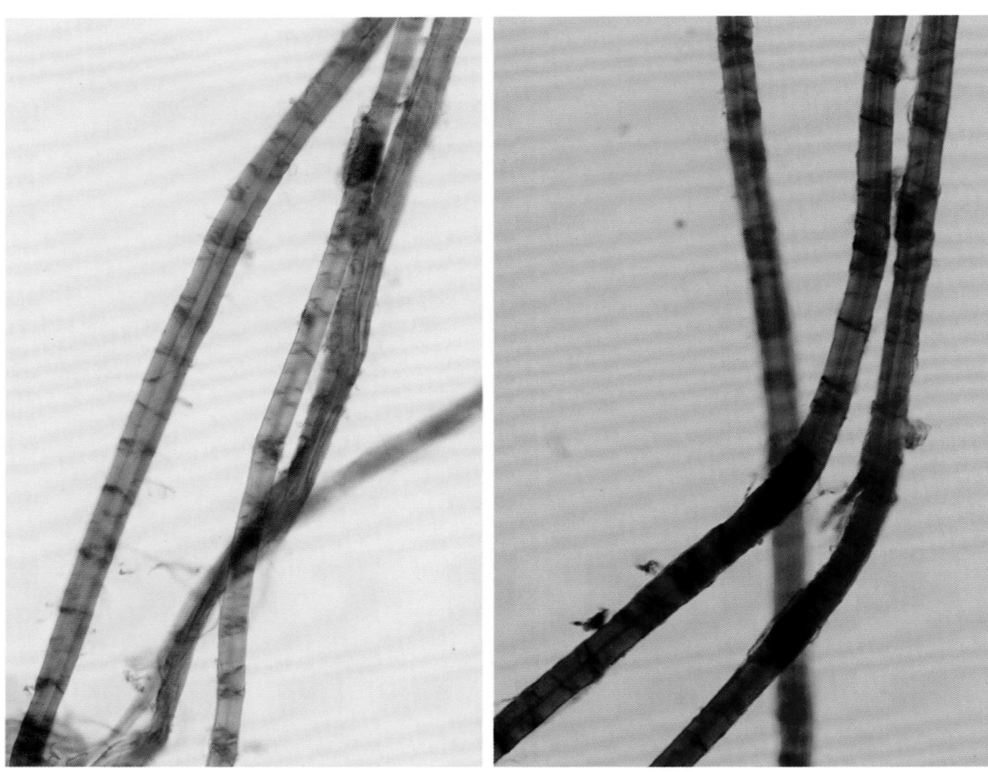

图6 红麻纤维细胞腔形态（物镜20×，Herzberg染色剂）

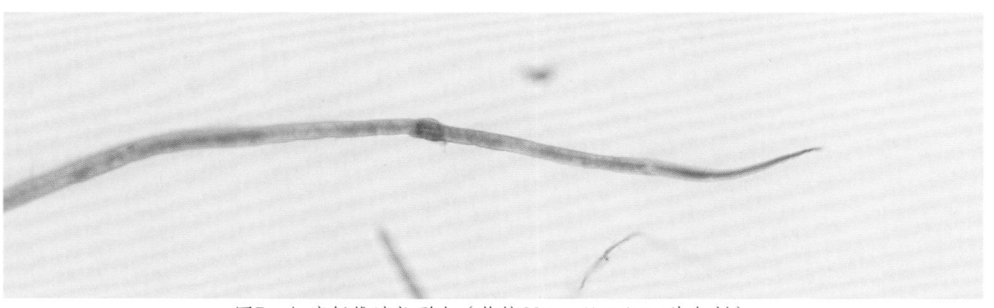

图7 红麻纤维端部形态（物镜20×，Herzberg染色剂）

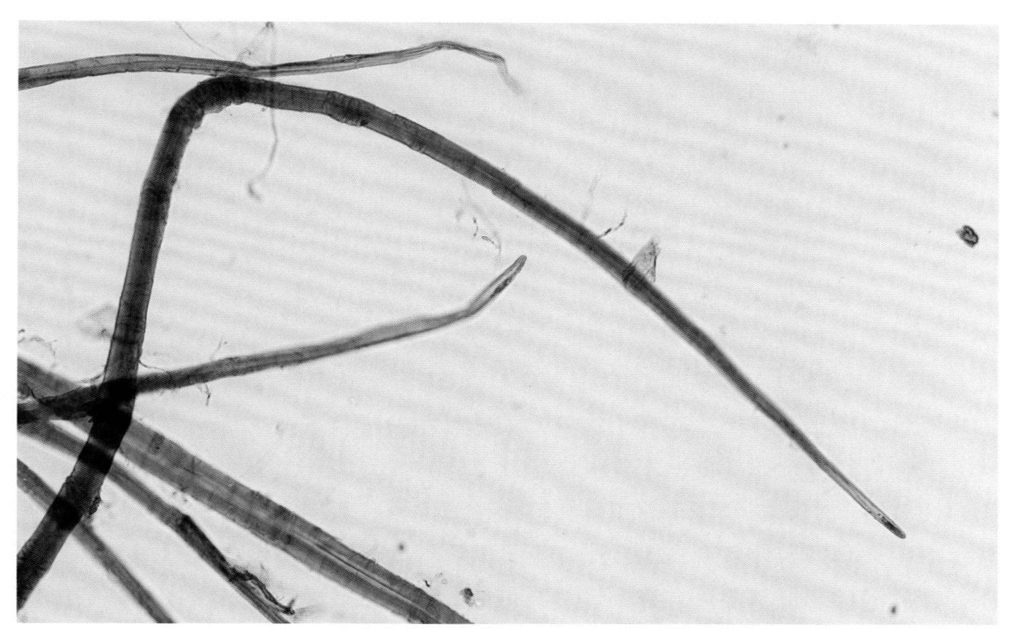

图8　红麻纤维端部形态（物镜20×，C染色剂）

黄麻

学　名：*Corchorus capsularis* L.
英文名：Jute

黄麻为锦葵科椴树亚科黄麻属多年生宿根草本植物，又名络麻、绿麻、铁麻、野洋麻、草麻、苦麻叶、牛泥茨、印度麻、麻骨头等。因一年生幼嫩茎秆韧皮纤维的质量和性价比都优于宿根，人工种植时常将其改造为一年生的株种模式。其韧皮纤维性能优良，不仅长而柔软、富有光泽，还具有吸湿性能好、散失水分快等特点。黄麻常用于编织麻袋、地毯、绳索、粗麻布等，其中麻袋是最主要的应用产品。另外还可与棉、亚麻、羊毛等混纺，也可作为造纸原料。

黄麻的原产地目前没有统一说法，可能起源于东非或印缅地区至中国的云贵高原一带。黄麻喜温暖湿润的气候，在热带和亚热带地区种植广泛，其植株茎高可达1~3 m，茎秆圆形或椭圆形，直径可达3 cm左右。因适应性强、分布广泛，世界范围内的种植量和使用范围仅次于棉花，是一种非常经济的韧皮纤维植物。

我国在北宋时已有关于黄麻的记载，苏颂著的《图经本草》中有关于黄麻形态特征的描述："叶如荏而狭尖，茎方，高四五尺，黄花，生子成房，如胡麻角而小。……皮亦可作布，类大麻，色黄而脆，俗亦谓之黄麻。"[①]黄麻在我国分布较广，多在长江流域以南地区，野生的和人工栽培的都有，是一种重要的经济作物。

现代造纸领域使用黄麻多以麻秆为原料，采用化学蒸煮法制成纸浆，以用于生产优质书写纸和印刷纸，也有用黄麻加工中的麻纤维下脚料来生产牛皮纸。

黄麻在手工纸中稍为常见，多用废旧的麻袋、麻头和下脚料为原料，蒸煮成浆，但打浆时不完全打散，以短麻丝状与其他浆料混合，抄制带有丝丝缕缕麻纤维束的书画用纸。也有纸坊以纯黄麻纤维制作手工纸，因纤维尺寸与皮纸相近，成纸没有传统麻纸那么粗糙，细匀程度略似皮纸，但质感偏硬，整体跟传统的苎麻纸和大麻纸有一定区别。还有纸坊将精制的黄麻掺入竹纤维中制作混料的古籍修复用纸，用于提高纸张的强度。

---

① 〔宋〕苏颂撰，胡乃长、王致谱辑注：《图经本草》（辑复本），第527页。

纤维尺寸

表1　显微镜法测定黄麻纤维尺寸

项目	平均值	最大值	最小值	长宽比
纤维长度/mm	2.21	4.87	0.82	131
纤维宽度/μm	16.9	28.2	11.8	

纤维显微特征

造纸所用黄麻多来自废旧麻袋、麻绳的二次利用，韧皮中的杂细胞基本已被去除，只剩下纤维细胞。在显微镜下，黄麻纤维一般比较纯净，根根分明，无明显的杂细胞和杂质，偶有少量薄壁细胞碎片或蜡状物散落在纤维之间。

在韧皮麻类的纤维当中，黄麻纤维是比较短的，纤维平均长度只有约2 mm。纤维整体轮廓比较清晰，形态平滑，有一定弯曲，但弯曲度不大（图1、2、3）。粗细长短整体上比较接近，但同一根纤维的粗细不太均匀，有的部位稍宽，有的部位略窄，纤维宽度略小于红麻。

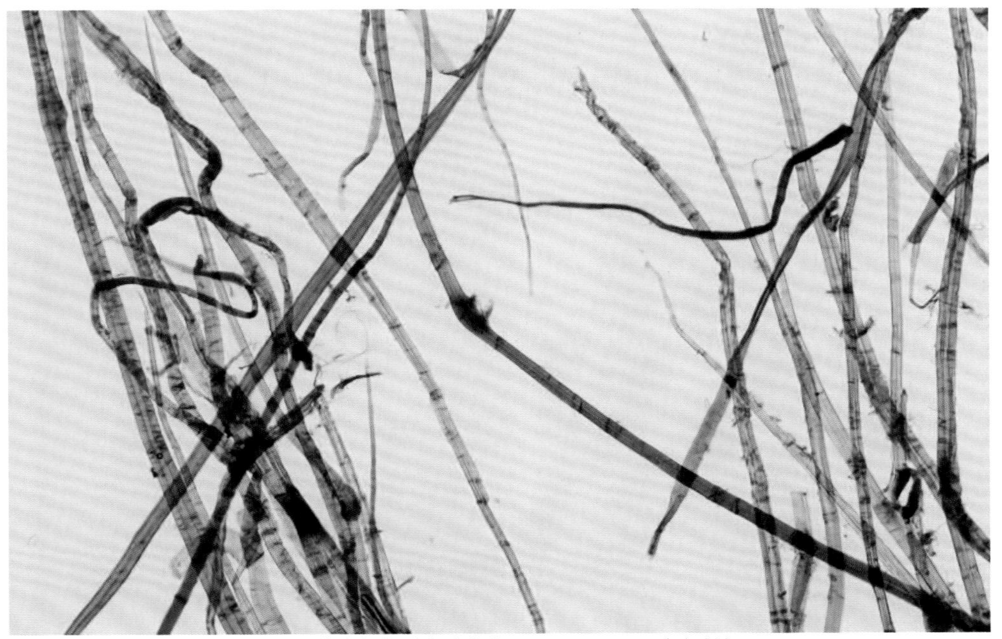

图1　黄麻纤维形态（物镜10×，Herzberg染色剂）

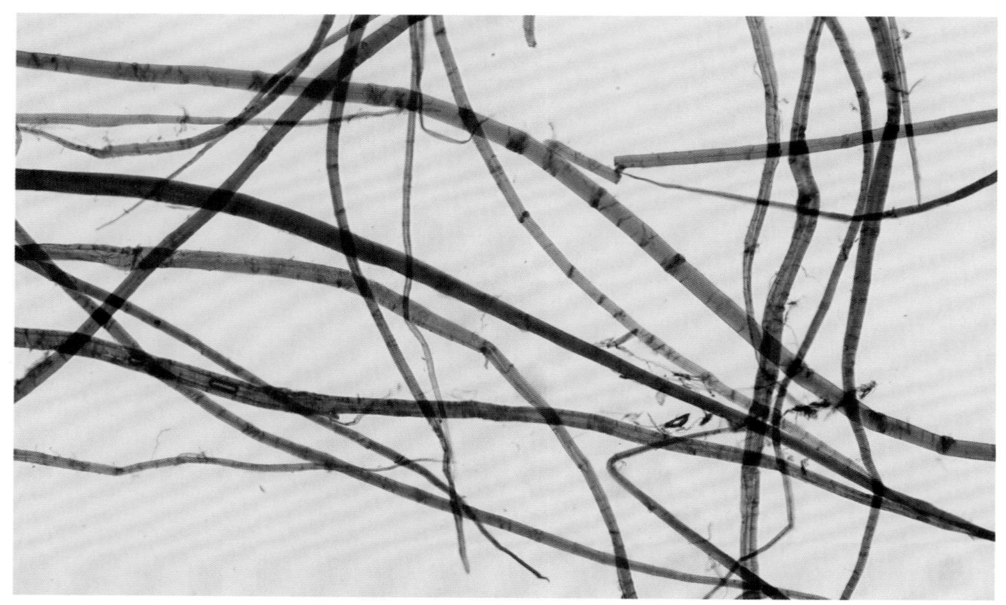

图2　黄麻纤维形态（物镜10×，Herzberg染色剂）

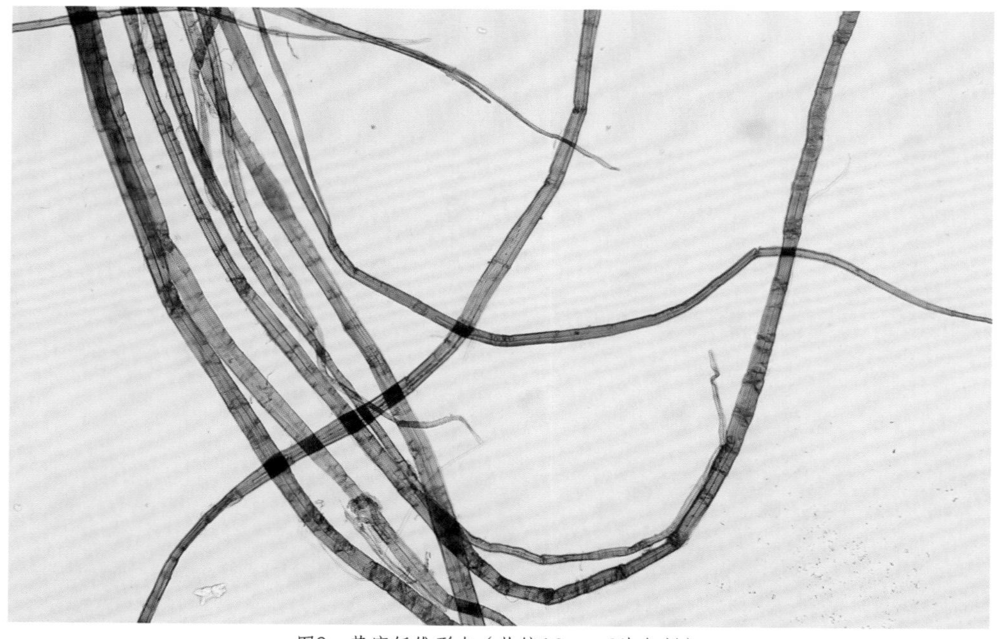

图3　黄麻纤维形态（物镜10×，C染色剂）

黄麻纤维表面木质化程度较高，与Herzberg染色剂作用常呈棕黄色、棕褐色或棕蓝色，跟C染色剂作用呈黄偏蓝绿色（图1、2、3）。这种呈色少见于其他韧皮纤维，有助于在混料纸中迅速找出黄麻纤维，是鉴别黄麻纸浆的一项重要依据。

与其他锦葵科纤维相似，在显微镜下，黄麻纤维壁上可见明显而较密集的横节纹（图4、5），有深有浅，一般无明显的凸起加粗现象。横节纹常略斜一定角度，有的横节纹处可观察到纤维壁的错位（图7），它们都是因为纤维外壁上微纤维横向分布的疏密不同而形成的。在洗涤与打浆过程中，由于机械力作用，横节纹会逐渐减少以至消失。

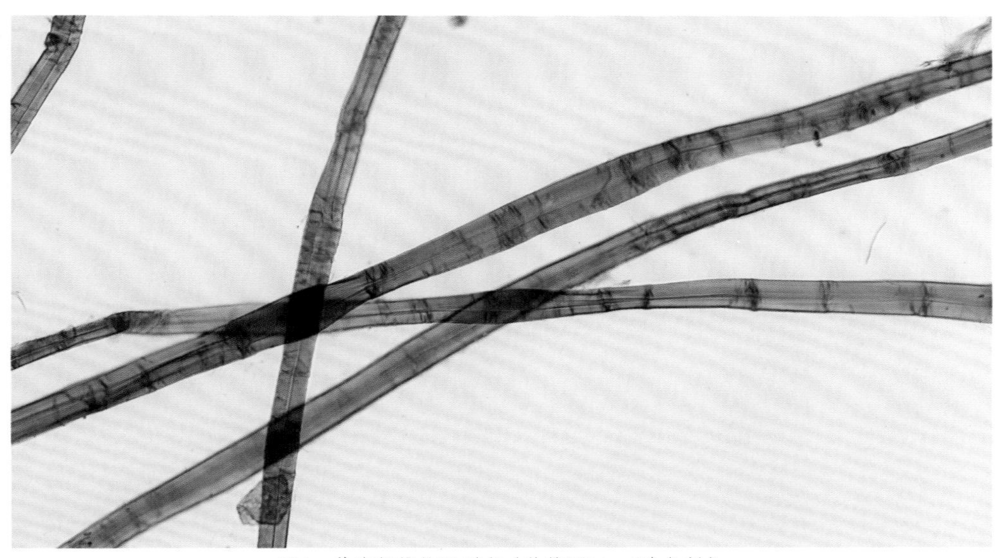

图4　黄麻纤维纹理形态（物镜20×，C染色剂）

黄麻纤维细胞壁较厚，纤维多呈柱状，次生壁中层（S_2层）一般不显多层结构。纤维的细胞腔非常明显，可清晰地观察到细胞腔与细胞壁的边界（图6）。黄麻的细胞腔大部分比较细，腔径常不超过壁厚（图6）。整体来看细胞腔宽窄不均匀，中部细胞腔略宽，最宽者超过纤维宽度的一半（图7），中有零星气泡；窄者呈一条细线以至消失。

与红麻纤维相似，黄麻纤维两端渐细而尖，端部尖削，如牙签状（图8、9）。

由于黄麻纤维表面木质化程度较高，在同样的制浆条件下，纤维不易分离，故在纸浆中常有数根纤维连接在一起的现象。

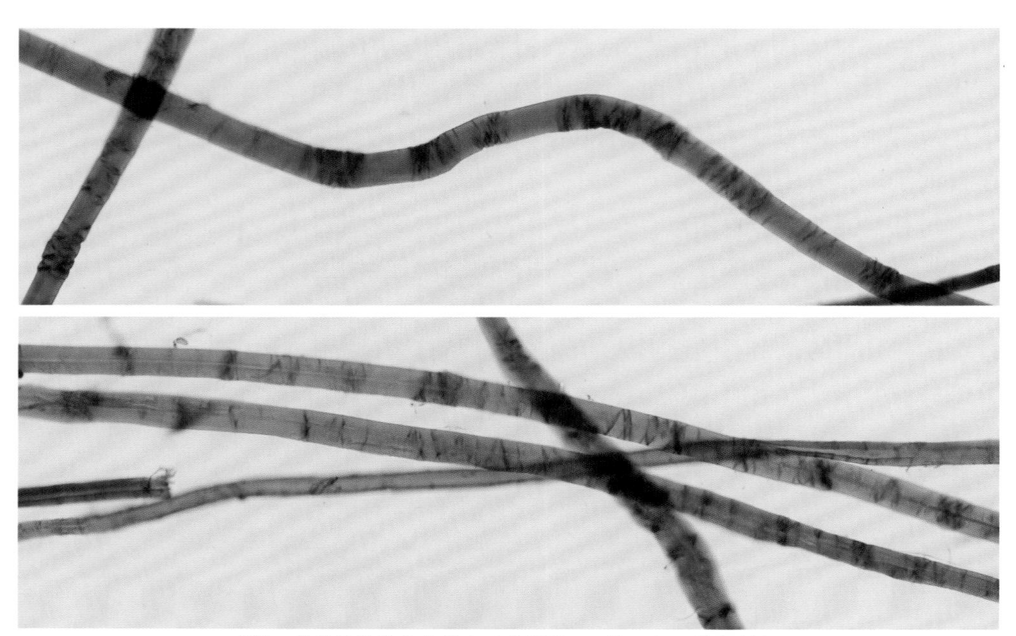

图5　黄麻纤维横节纹形态（物镜20×，Herzberg染色剂）

图6　黄麻纤维纹理及窄细胞腔形态（物镜40×，C染色剂）

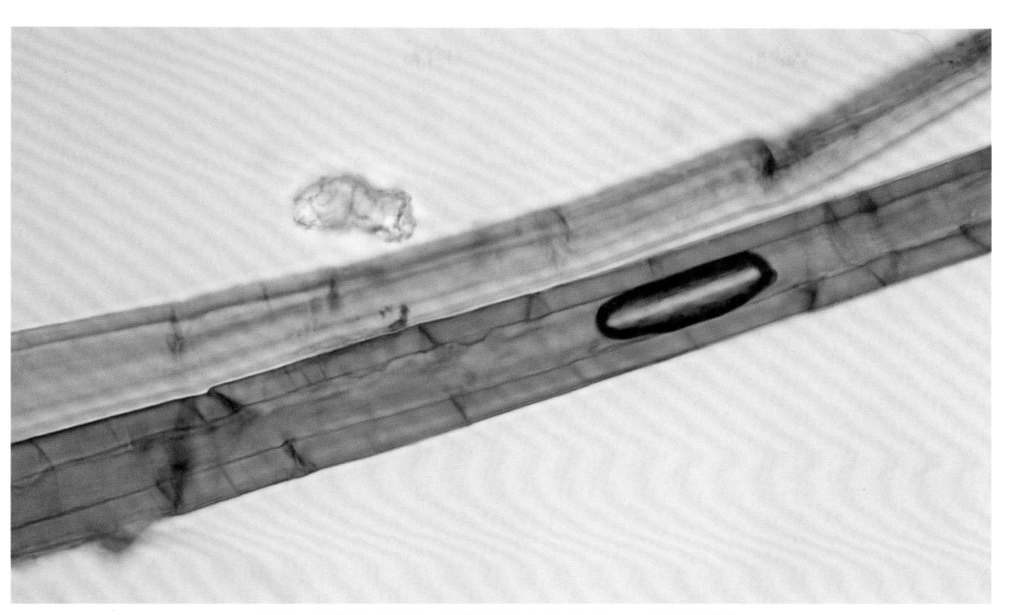

图7　黄麻纤维宽细胞腔形态（物镜40×，C染色剂）

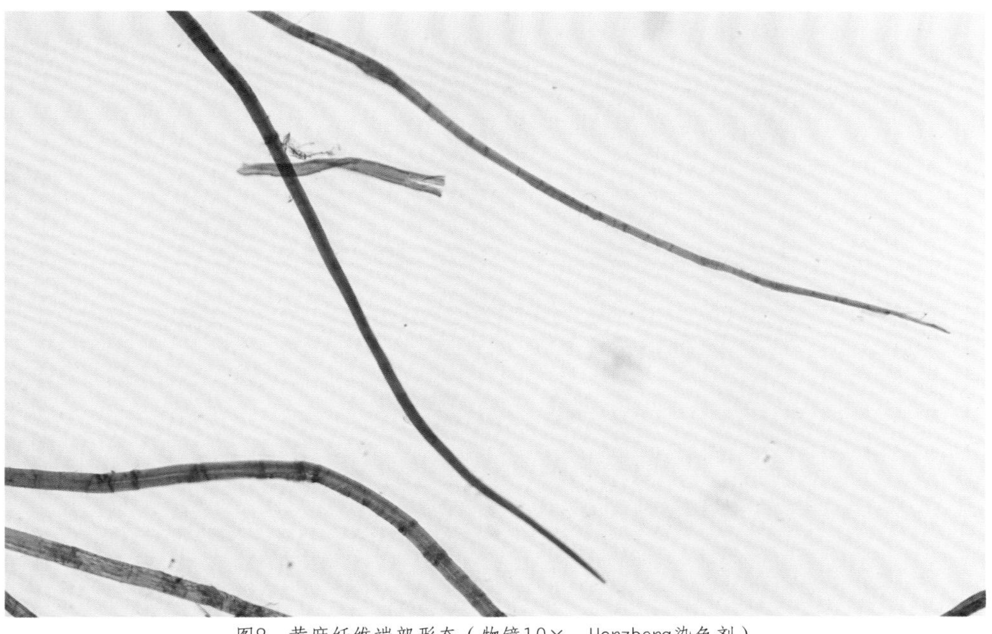

图8　黄麻纤维端部形态（物镜10×，Herzberg染色剂）

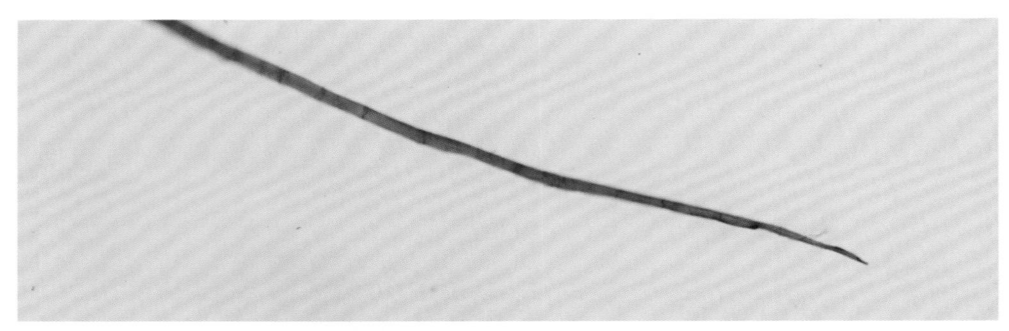

图9　黄麻纤维端部形态（物镜20×，Herzberg染色剂）

木芙蓉

学　名：*Hibiscus mutabilis* L.
英文名：Cotton rose

木芙蓉为锦葵科木槿属落叶灌木或小乔木，又名芙蓉花、拒霜花等，植株高2~5 m，花期8~10月，喜温暖、湿润环境，不耐寒，忌干旱，耐水湿。木芙蓉原产中国，在南方地区分布广泛，常作为园林绿化植物栽培，湖南、四川一带种植较多。木芙蓉为成都市市花，成都又称“蓉城”便得名于此。在植物分类上，木芙蓉跟红麻同属，因此植株形态和纤维特性跟红麻有很多相似之处，主要区别是红麻为一年生，而木芙蓉为多年生。

用木芙蓉造纸比较明确的记载见于明代宋应星的《天工开物》，在《杀青》一篇中提到：“芙蓉等皮造者，统曰小皮纸。……四川薛涛笺亦芙蓉皮为料煮糜，入芙蓉花末汁。或当时薛涛所指，遂留名至今。其美在色，不在质料也。”[①]文中所提“薛涛笺”，是唐代著名女诗人薛涛所制。薛涛嫌常用纸张篇幅过大，不够精致，命纸匠在成都地区以木芙蓉韧皮为原料造纸，并以芙蓉花汁染色，制成小幅彩笺，题诗赠友，一时风靡，后世遂以“薛涛”命名这种笺纸。由于薛涛笺色泽雅致，纸质精美，故历代文人多有题咏，亦有“浣花笺”“薛氏笺”等叫法。

木芙蓉以枝条的韧皮纤维制纸，由于植株观赏性较好，历代用其造纸较为少见，传世纸张中尚未发现木芙蓉制纸的实物。孙宝明、陈大川、王珊等学者的研究结果认为木芙蓉韧皮纤维丰富，杂细胞少，总纤维素含量较高，适于抄制高质量的手工纸，为可推广利用之原料。

从部分纸坊的试制经验来看，木芙蓉纤维比重较大，易沉降，需要多加纸药或经常划槽，以保证纤维能均匀悬浮起来。制成的纸张紧致挺硬，强度高，吃墨不洇，非常利于书写。

---

① 〔明〕宋应星著，潘吉星译注：《天工开物译注》，上海古籍出版社，2016年，第250~251页。

纤维尺寸

表1　显微镜法测定木芙蓉韧皮纤维尺寸

项目	平均值	最大值	最小值	长宽比
纤维长度/mm	2.03	4.72	0.86	107
纤维宽度/μm	18.7	42.08	8.55	

纤维显微特征

木芙蓉造纸一般直接取韧皮纤维进行制浆，因而在样品中除了纤维细胞，还会有少量杂质及杂细胞的碎片。

木芙蓉的纤维不是很长，平均长度与黄麻相近，在2 mm左右。纤维长短不一，较长的有4~5 mm，短的则不超过1 mm。纤维宽度也相差较大。纤维整体形态比较直硬，两端细尖，表面疙疙瘩瘩，粗细不均（图1、2、3、8）。

跟其他锦葵科纤维类似，木芙蓉纤维经Herzberg染色剂染色后呈黄棕色或棕红色，深度处理的纤维会呈棕红偏蓝紫色。纤维表面有横节纹（图3），部分区段横节纹连续而细密，呈交错的双螺旋状（图4）；有少量横节纹不明显的纤维，则可见浅细的纵向条纹（图5）。

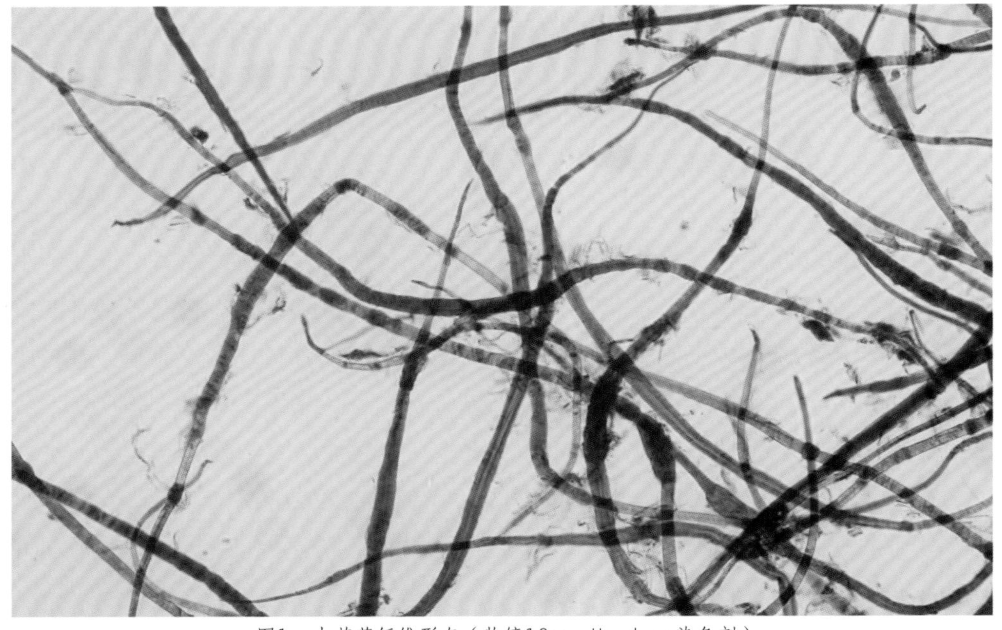

图1　木芙蓉纤维形态（物镜10×，Herzberg染色剂）

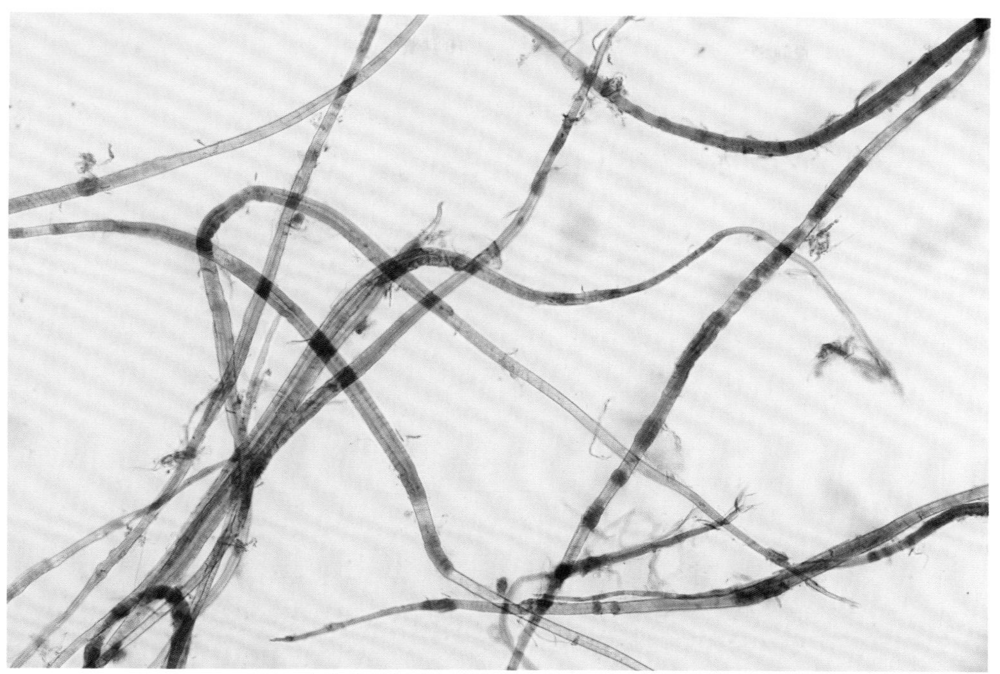

图2　木芙蓉纤维形态（物镜10×，Herzberg染色剂）

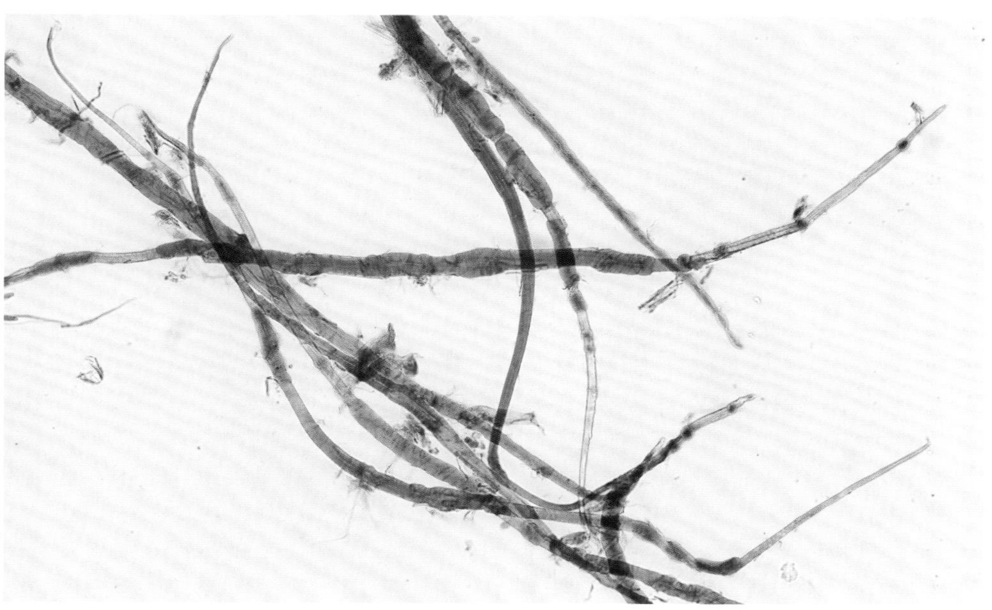

图3　木芙蓉纤维形态（物镜10×，Herzberg染色剂）

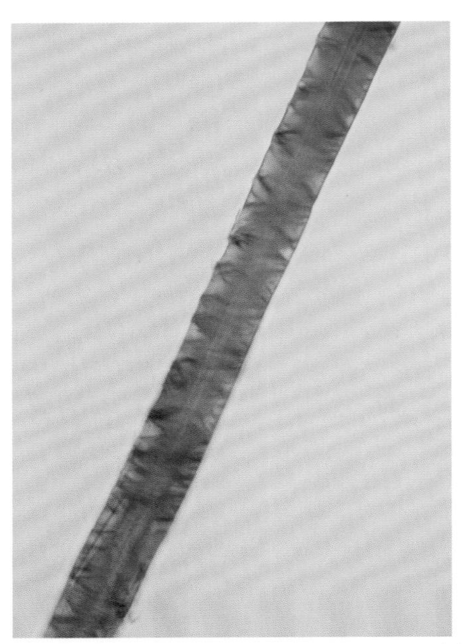

图4　木芙蓉纤维横节纹形态（物镜40×，Herzberg染色剂）

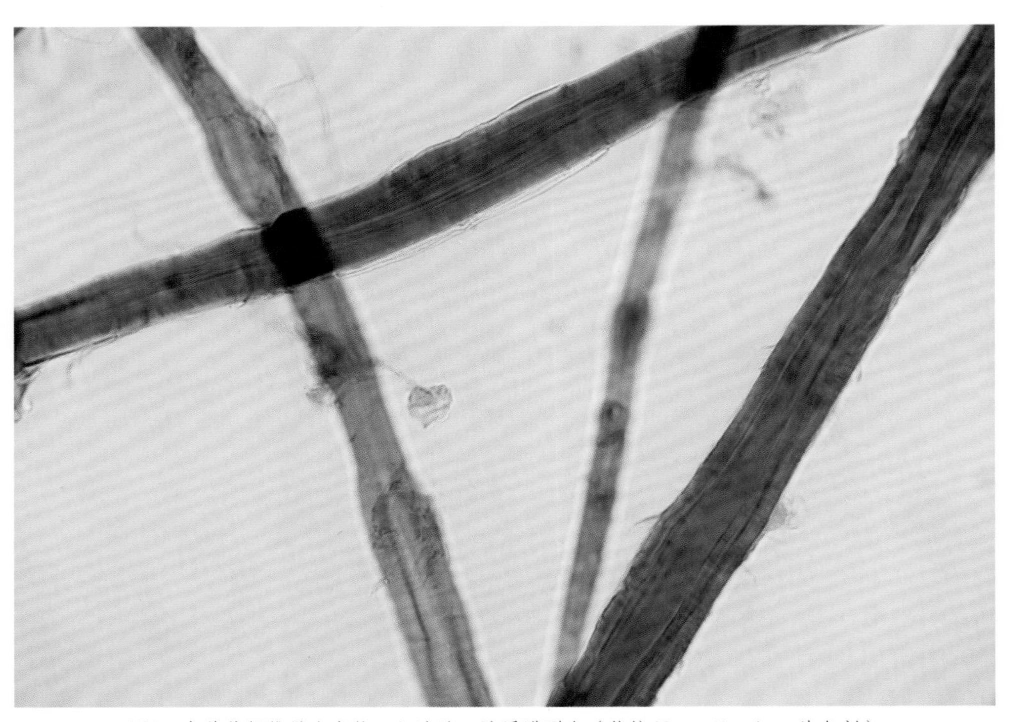

图5　木芙蓉纤维纵向条纹、细胞腔、胶质膜形态（物镜40×，Herzberg染色剂）

木芙蓉纤维整体粗细不均，中段稍宽，有明显的细胞腔。细胞腔宽窄不均，一般中间较宽，往两侧逐渐变细。细胞壁较厚，特别是在中间段常可见加厚状的增生性膨大（图6、7、9）。纤维两端渐细，光滑直挺，端部尤尖细（图3、8、9）。纤维表面零星可见有非常薄的胶质膜（图5）。经过打浆的木芙蓉纤维两侧可见因帚化而轻微起毛的现象（图6）。杂细胞较为少见，有的呈方形，有的呈球形。

图6 木芙蓉纤维加厚状态及细胞腔形态（物镜20×，Herzberg染色剂）

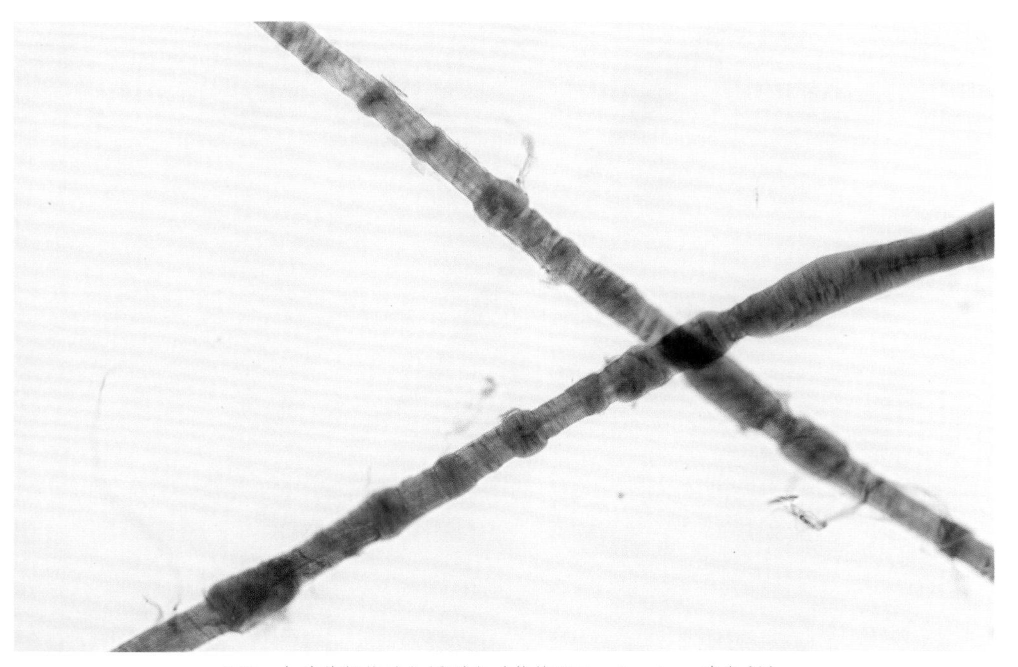

图7 木芙蓉纤维壁加厚形态（物镜20×，Herzberg染色剂）

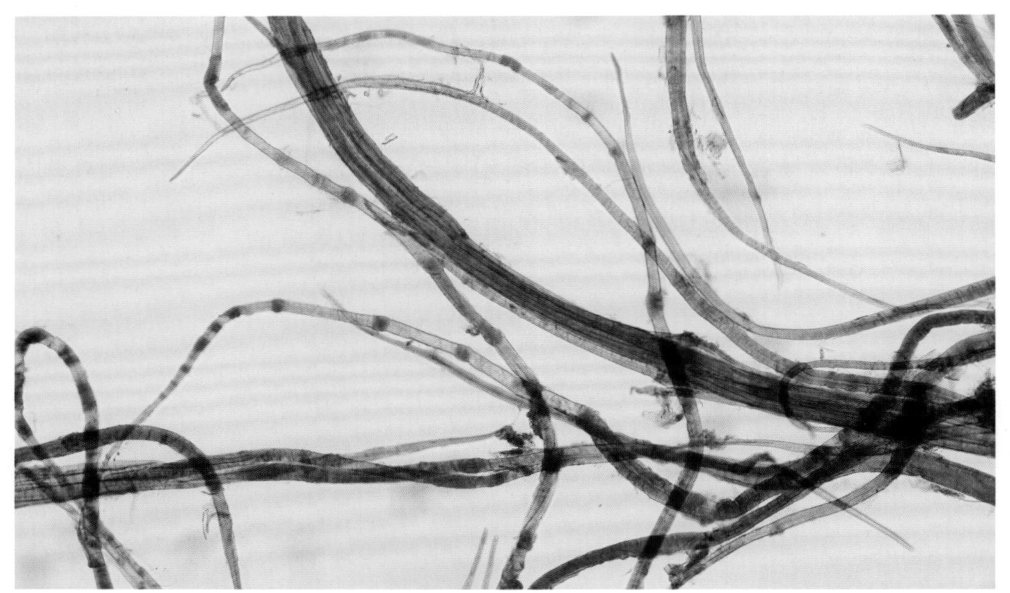

图8　木芙蓉纤维端部形态（物镜10×，Herzberg染色剂）

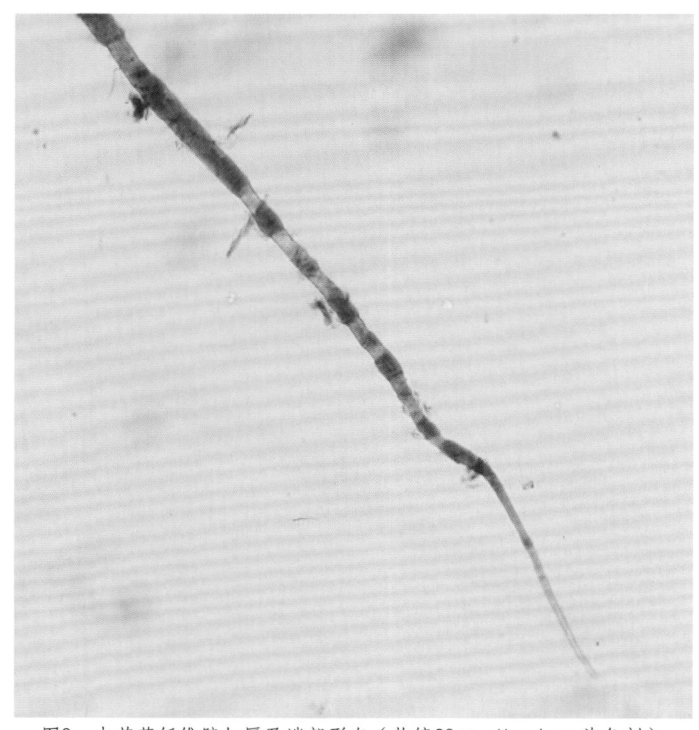

图9　木芙蓉纤维壁加厚及端部形态（物镜20×，Herzberg染色剂）

第三章　桑檀皮类

桑檀皮类主要指桑科的构、楮、桑，以及榆科的青檀皮。在APG IV分类系统中，桑科和榆科同属蔷薇目，所以这几种原料的亲缘关系比较接近，可以归为一类。

桑科的构皮、楮皮和桑皮是皮纸当中最常用的原料，这几种树木的适应性比较强，全国大部分地区都有分布，生长速度也比较快。因而产区广泛，产量也较大，是传统手工纸中比较常见的品种，在古纸当中亦具有相当比例。

需要指出的是，构、楮、桑的树种并不是单一、泾渭分明的几种树，它们每个都有许多不同的品种、变种和地方种，互相之间还有很多杂交种和交叉种。因此它们本身就具有很大的相似性，很多特征会一致和交叉。

这种一致性和交叉性反映在微观层面，就意味着构、楮、桑的韧皮纤维相似度非常高，都具有相近的纤维尺寸和染色特征，纤维纹理、杂细胞种类和形态也都非常接近，几乎很难找到某个特征把它们截然分开。个别品种的构皮在显微镜下可能更像是典型的桑皮，而某些地区的桑皮也或许具有更多构皮纤维的特征。要想明确区分和鉴别，往往需要用多种角度和方法综合判断，甚至有时候根本无法给出确切结论。

青檀皮跟桑、构、楮是近亲，自然在显微形态上会有诸多相似之处，除了纤维尺寸略短细比较容易区分，横节纹形态、胶质膜特征、杂细胞形态以及晶体形态跟桑、构、楮都非常相近，这些相似的特征也常常是青檀皮鉴别的要点。总体来看，桑檀皮类原料的显微特征主要有：纤维与Herzberg染色剂反应多呈酒红色；纤维表面有横节纹，且横节纹多为斜向，纤维表面有胶质膜；筛管纹孔为阶梯状；草酸钙晶体分单晶和簇晶，单晶呈菱形或方形，簇晶多为碎花形。

构

学　名：Broussonetia papyrifera (L.) L'Hér. ex Vent.
英文名：Paper Mulberry

构树为桑科构属落叶乔木，又称构桃树、构乳树、楮树、楮实子、楮桃、纸桑、沙纸树、谷木、谷浆树、榖树、假杨梅等，是我国非常常见的一种田野树木，常野生或栽于城镇、村庄附近的荒地、田园及行道旁。构树适应性特强，抗逆性好，耐旱、耐瘠，不论是在温带、热带，还是在平原、丘陵或山地都能生长。我国南北各地均有分布，周边的缅甸、泰国、越南、马来西亚、日本、朝鲜等都有野生的或人工栽培的构树。构树根系发达，生长速度快，萌芽力和分蘖力强，叶是很好的牲畜饲料，韧皮纤维是优良的造纸原料。

构树常常与楮树相提并论，由于二者亲缘接近，形态相似，常常被认为是同一种植物，许多文献对二者都不做区分。如《辞海》的解释："楮树：木名。即构树、榖树。"而"榖"的解释则是："木名。即构、楮。"甚至连李时珍都将二者搞混，认为"按许慎《说文》言，楮、榖乃一种也。不必分别，惟辨雌雄耳"[①]。古时构和楮常常互称，或以"榖"通称，《诗经·鹤鸣》中就有"乐彼之园，爰有树檀，其下维榖"[②]的诗句。

在植物分类学上，构树和楮树为桑科构属两种不同的植物。一些文献中常将叶裂的深浅作为区分构和楮的依据，如《酉阳杂俎》中就有"叶有瓣曰楮，无曰构"[③]的说法。但这种鉴别方式与实际不符，构和楮的叶形受多种因素影响。一般在幼苗期裂少，长大后裂多；春天抽的叶裂少，夏秋长的叶裂多；阴暗环境中叶裂较少，日光强烈的地方叶裂多。在一棵树上甚至是一根枝条上出现从全缘到浅裂再到深裂的不同形态的叶片都是很常见的。

构树和楮树的主要区别是构树为多年生落叶乔木，株型高大，雌雄异株，

---

① 〔明〕李时珍著，王育杰整理：《本草纲目》（金陵版排印本），人民卫生出版社，1999年，第1872页。

② 程俊英、姜见元：《诗经注析》，第530页。

③ 〔唐〕段成式撰，许逸民校笺：《酉阳杂俎校笺》，中华书局，2015年，第1306页。

叶片广卵形至长椭圆状卵形，整体轮廓为心形，不分裂或3~5裂，果实如杨梅大小，又称大构；楮树则为多年生落叶灌木，株型较小，雌雄同株，叶片略瘦长，果实如蛇莓大小，又称小构。由于两种植物的茎秆形态和组织成分相同，韧皮纤维又同为最古老的优良造纸原料，微观形态非常相似，难以区分，故造纸中常习惯统称之为构皮或楮皮，一般情况下不做详细区分。

构皮造纸历史悠久，据《后汉书》所载，蔡伦看到当时的书写材料，认为“缣贵而简重，并不便于人”，于是“伦乃造意，用树肤、麻头及敝布、鱼网以为纸”。[①]在《东汉观记·蔡伦传》中则解释道：“用故麻造者谓之麻纸，用木皮名榖纸。”[②]可见当时所谓的“树肤”就是构树或者楮树的韧皮。

造纸术发明以后，构皮造纸很快传遍大江南北。三国时吴国人陆玑在《毛诗草木鸟兽虫鱼疏》中写道：“榖，幽州人谓之榖桑，或曰楮桑；荆、扬、交、广谓之榖。中州人谓之楮。……今江南人绩其皮以为布，又捣以为纸，谓之榖皮纸。”[③]到三国时，构皮纸的制造技术已从洛阳传至江南地区。据中外学者对敦煌文献的研究结果来看，隋唐时桑构皮类纸张的用量已跟麻纸平分秋色。至宋时，随着制造技术的不断发展进步，皮纸逐渐取代麻纸成为主流，并涌现出许多优质皮纸的品种和规模化产区。

历史上徽歙、江浙、江西一带多产优质构皮纸，且颇具盛名。韩愈曾称纸是“会稽楮先生”[④]，这个“楮先生”便是构皮纸的雅称。除了中原和江南地区，在云南、贵州及其他偏远地区也分布有构皮纸产区，这些地区的构皮纸不仅在历史上享有盛名，时至今日还有很多纸坊在使用传统的工艺造纸。近代一些机制纸也有以构皮为原料或掺用部分构皮生产电池棉纸、引线纱纸、茶叶袋纸等。

传统的构皮纸常以2~3年生枝条的韧皮为原料，刮去黑皮，水浸脱胶后，加石灰、草木灰蒸煮至软烂，捶捣、碓打细匀后，以抄纸法或浇纸法制成纸张。因构皮的纤维素含量高，纤维长而坚韧，制成的纸张晶莹洁白、平滑柔韧，自古以来就是优质纸张的代表。晋唐的染黄写经纸，宋元的文人书画，明清典籍中的白绵纸，有许多都是由构皮制成。

---

① 〔南朝宋〕范晔撰，〔唐〕李贤等注：《后汉书》，中华书局，1965年，第2513页。

② 〔汉〕刘珍等撰，吴树平校注：《东汉观记校注》，中华书局，2008年，第816页。

③ 〔三国吴〕陆玑：《毛诗草木鸟兽虫鱼疏　毛诗草木鸟兽虫鱼疏广要》，载王云五主编《丛书集成初编》，商务印书馆，1936年，第29~30页。

④ 〔唐〕韩愈著，刘真伦、岳珍校注：《韩愈文集汇校笺注》，中华书局，2010年，第2718页。

纤维尺寸

表1 显微镜法测定构皮纤维尺寸

项目	平均值	最大值	最小值	长宽比
纤维长度/mm	7.03	10.24	0.77	423
纤维宽度/μm	16.6	30.2	7.4	

纤维显微特征

构皮纤维较长，平均长度为5~8 mm，大部分纤维长度在10 mm以内，比桑皮略短。在显微镜下，构皮纤维整体弯曲柔长，粗细整体相近又略有不均，同一根纤维的不同区段粗细稍有变化，纤维表面亦不够光滑（图1、2、3）。处理干净的构皮纸纤维比较纯净，根根分明；处理较粗放的构皮纸纤维间会散落一些杂细胞的碎片。

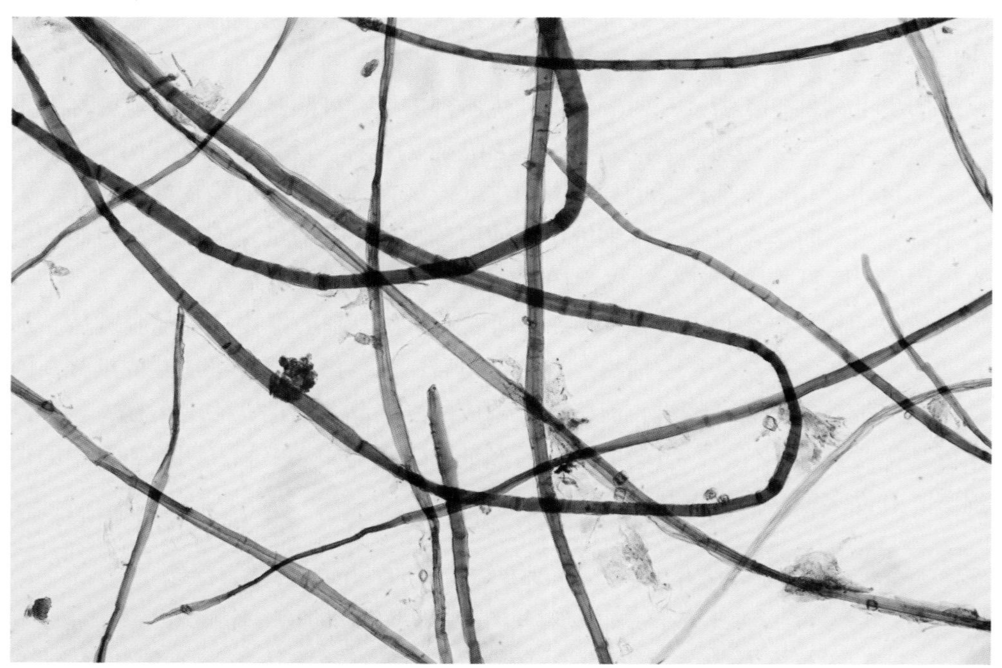

图1 构皮纤维形态（物镜10×，C染色剂）

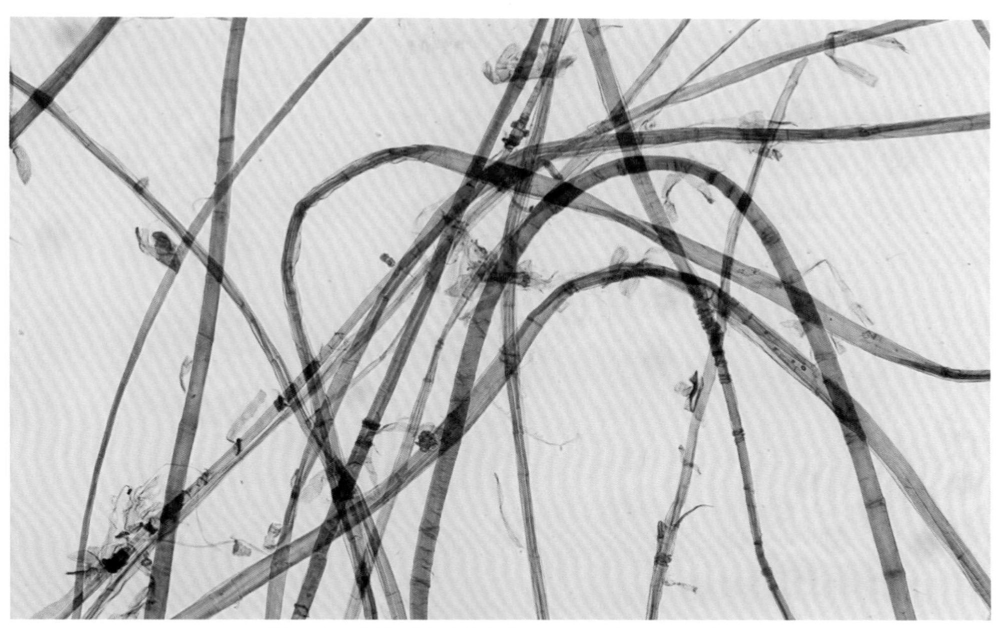

图2 构皮纤维形态（物镜10×，Herzberg染色剂）

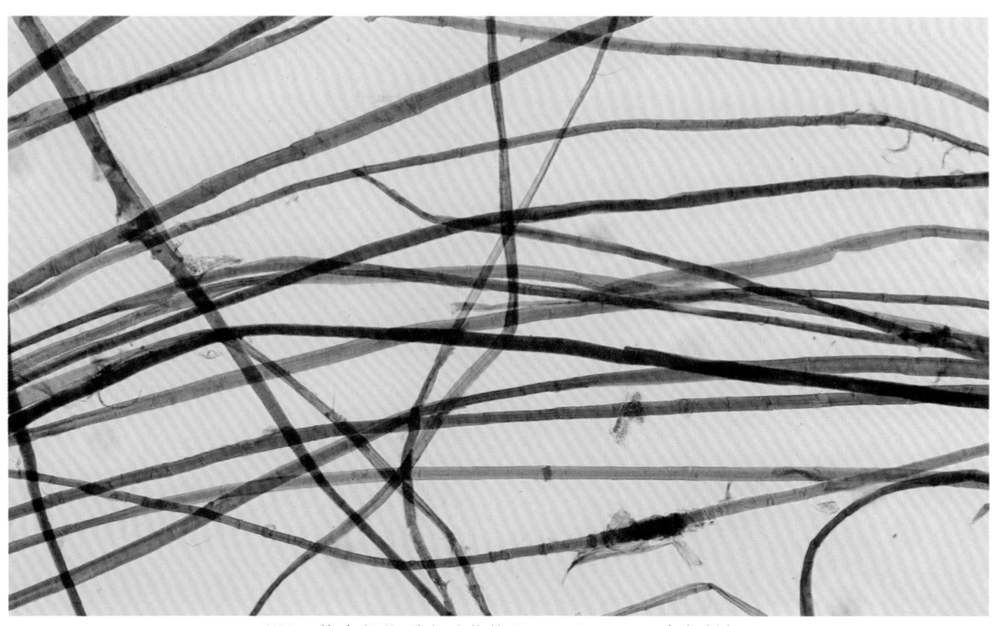

图3 构皮纤维形态（物镜10×，Herzberg染色剂）

构皮纤维跟Herzberg染色剂作用呈棕红色、酒红色或紫红色（图2、3），跟C染色剂作用呈棕红色（图1），纤维净化程度愈高愈显红色。纤维整体呈圆柱形，纤维壁上有明显的横节纹，节纹与横截面常有一定的倾斜角（图4、5）。横节纹有粗有细，粗横节纹呈隆起加粗状，细横节纹常呈若干浅细线。横节纹的间距不太均匀，粗而匀直处节纹较稀疏，收窄弯曲处节纹稍密集。

图4　构皮纤维横节纹及胶质膜形态（物镜20×，C染色剂）

图5　构皮纤维横节纹形态（物镜40×，Herzberg染色剂）

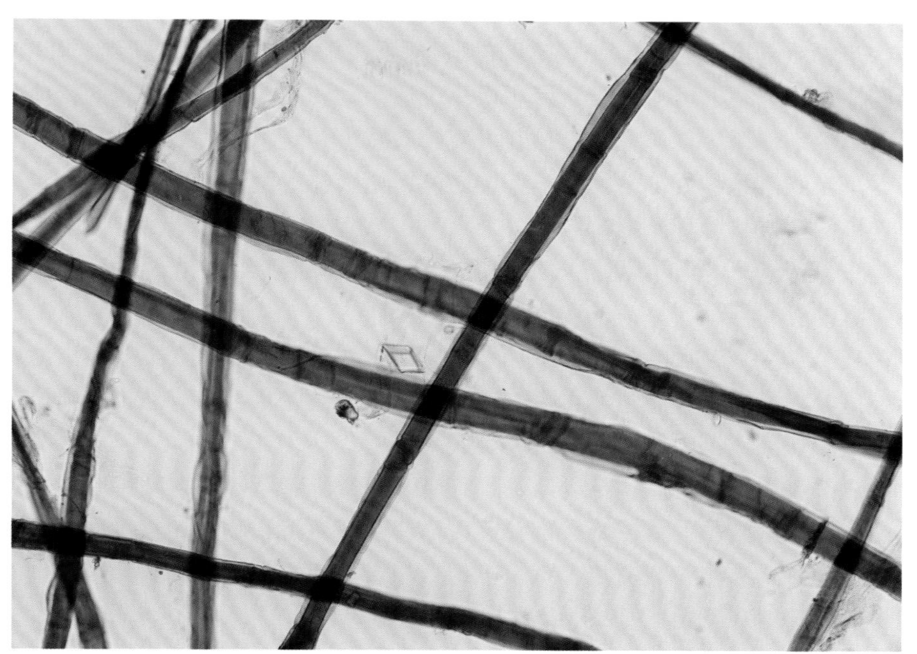

图6　构皮纤维胶质膜、草酸钙晶体及横节纹形态（物镜20×，C染色剂）

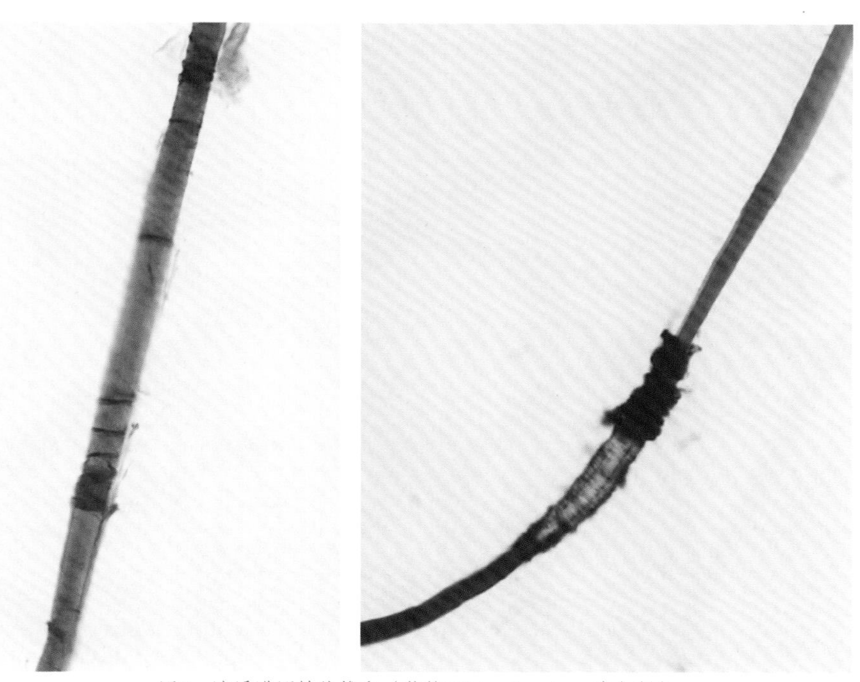

图7　胶质膜褶皱状堆积（物镜20×，Herzberg染色剂）

构皮纤维外壁上常附有一层透明的胶质膜（图4、6），也称胶衣，在200倍以上的显微镜下明显可见。胶衣形态像一个透明的套筒包覆在纤维表面，厚薄不一，与染色剂作用后着色很浅，打浆可使胶衣减少乃至脱落。部分纤维的胶衣因打浆而呈半脱落状，或部分飘散于纤维之外，或整体滑脱至靠近端部的位置，形成一连串的褶皱状堆积（图7）。

构皮纤维一般看不清明显的细胞腔，少部分纤维隐约可见，常呈一条浅色带；也有的腔非常小，呈一条浅色线（图8）。

构皮纤维两端尖细，但端头并不十分尖锐，多为钝尖状，部分端头为扁棒状，或呈分枝状，或呈鹿角状，也有部分端部横节纹密集且略有凸出，显微镜下观察呈一串疙瘩或锯齿状（图9、10、11、12）。

构皮纤维中的杂细胞包括乳汁管、筛管、薄壁细胞及韧皮射线细胞。乳汁管染色后为浅色飘带状的薄壁管，部分区段内含明黄色沉积物，比纤维稍宽，或与纤维粗细相近，整体蜿蜒曲折，宽窄不均，粗者表面常有不规则碎片纹，细者常呈串珠泡状（图13、14）。

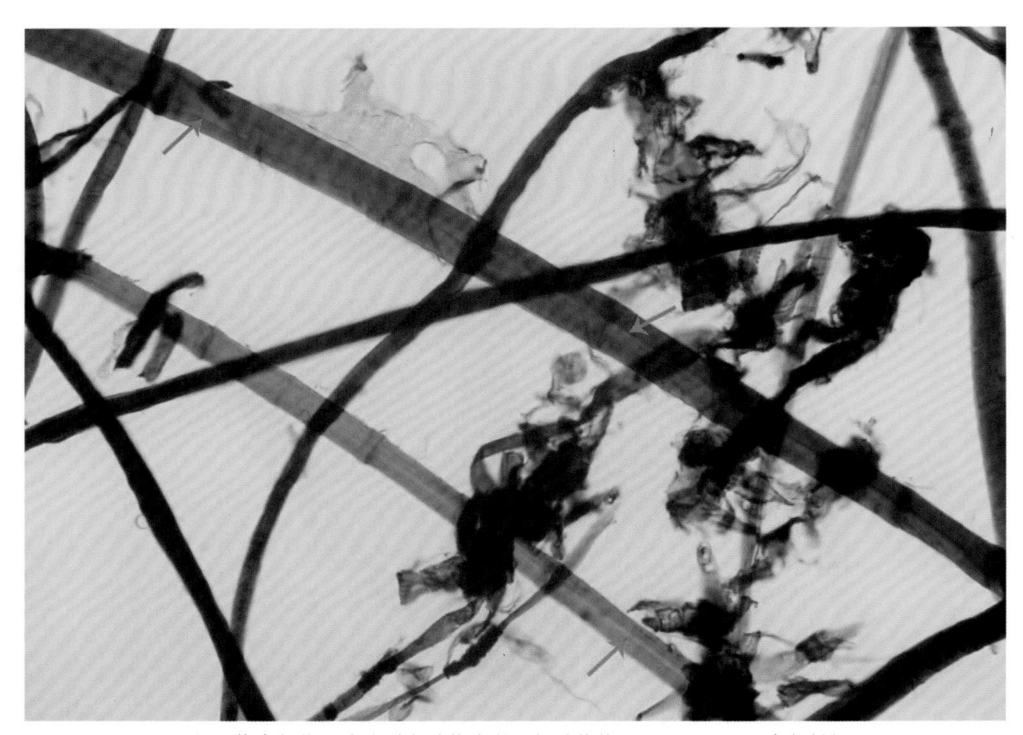

图8　构皮纤维细胞腔形态（箭头所示）（物镜20×，Herzberg染色剂）

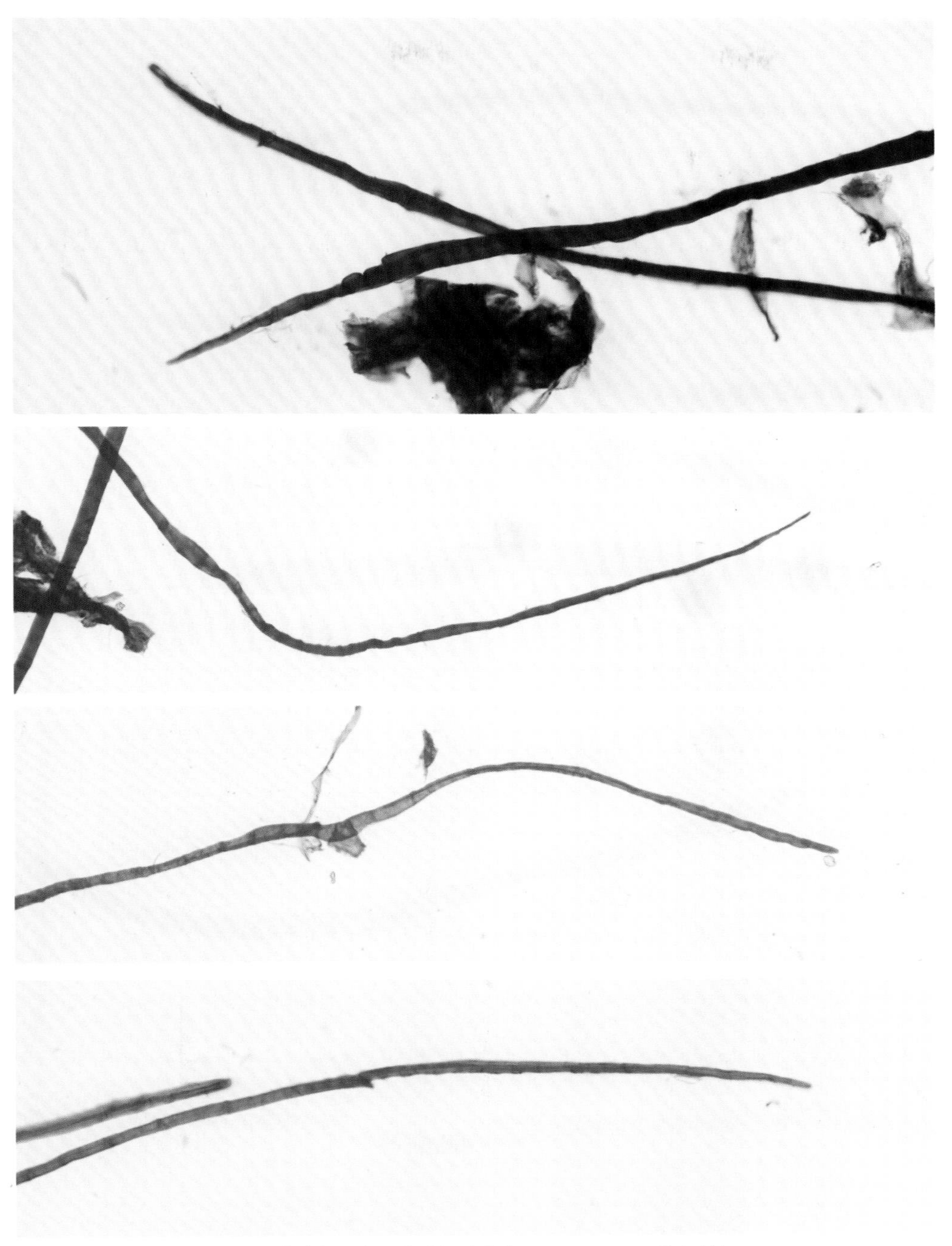

图9　构皮纤维尖细状端部（物镜20×，Herzberg染色剂）

图10　构皮纤维钝尖形端部（物镜20×，Herzberg染色剂）

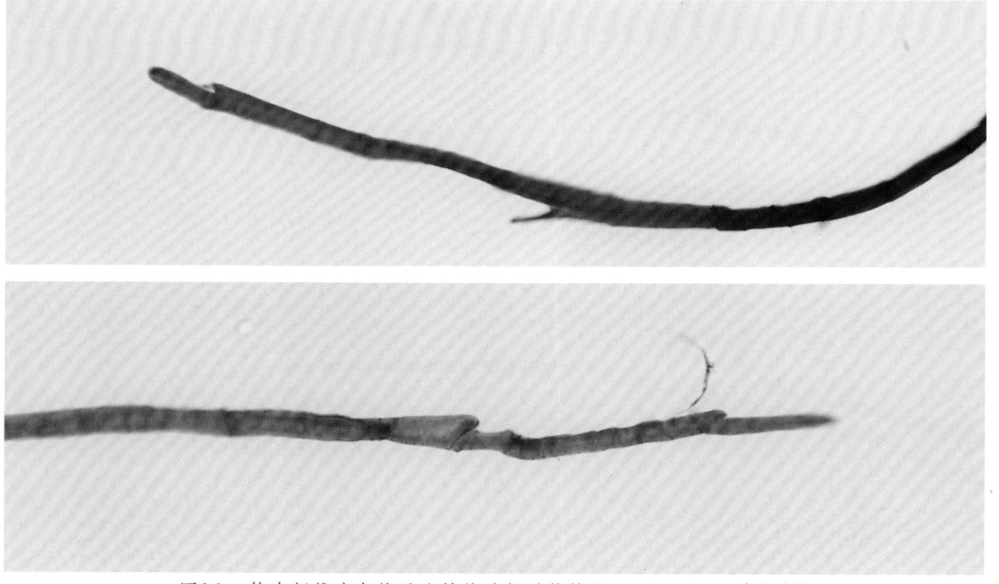

图11　构皮纤维鹿角状及分枝状端部（物镜20×，Herzberg染色剂）

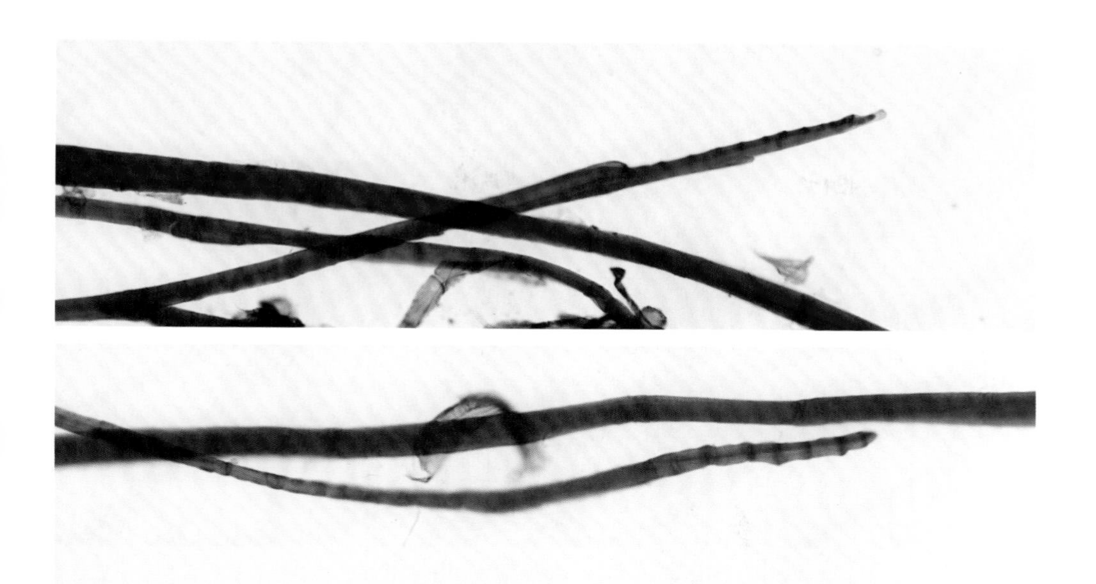

图12　构皮纤维凸齿状端部（物镜20×，Herzberg染色剂）

图13　构皮乳汁管形态（物镜20×，C染色剂）

图14 构皮乳汁管形态（物镜10×，Herzberg染色剂）

构皮中筛管和薄壁细胞都非常小。筛管长度在0.2 mm左右，宽40~50 μm，为阔叶木型，两端开口略呈喇叭状，带舌状端部，表面可见横向梯形纹孔（图15）。薄壁细胞个头比较小，长宽一般在20~30 μm，表面有小孔，多呈方枕状（图16、17），常首尾连接为串状。还有一类细长的薄壁细胞，三五成串，首尾连接呈藕节状（图18），为构皮的韧皮射线细胞。

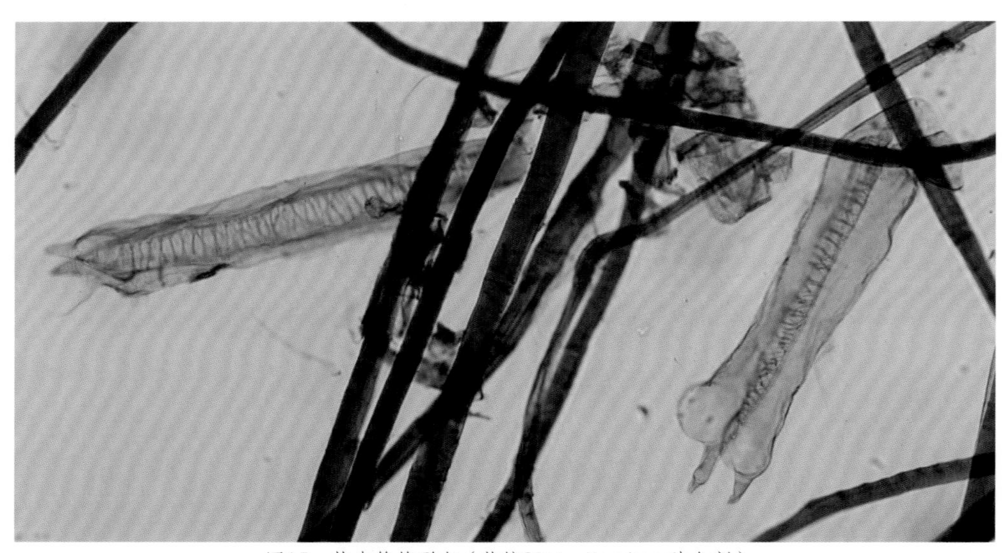

图15 构皮筛管形态（物镜20×，Herzberg染色剂）

图16 构皮薄壁细胞形态（箭头所示）（物镜20×，Herzberg染色剂）

筛管和薄壁细胞与Herzberg染色剂反应后染色略深，与C染色剂反应后则着色较浅。经过打浆后或扭结卷曲，或被破坏成零散的碎片，不太容易观察到完整的形态。

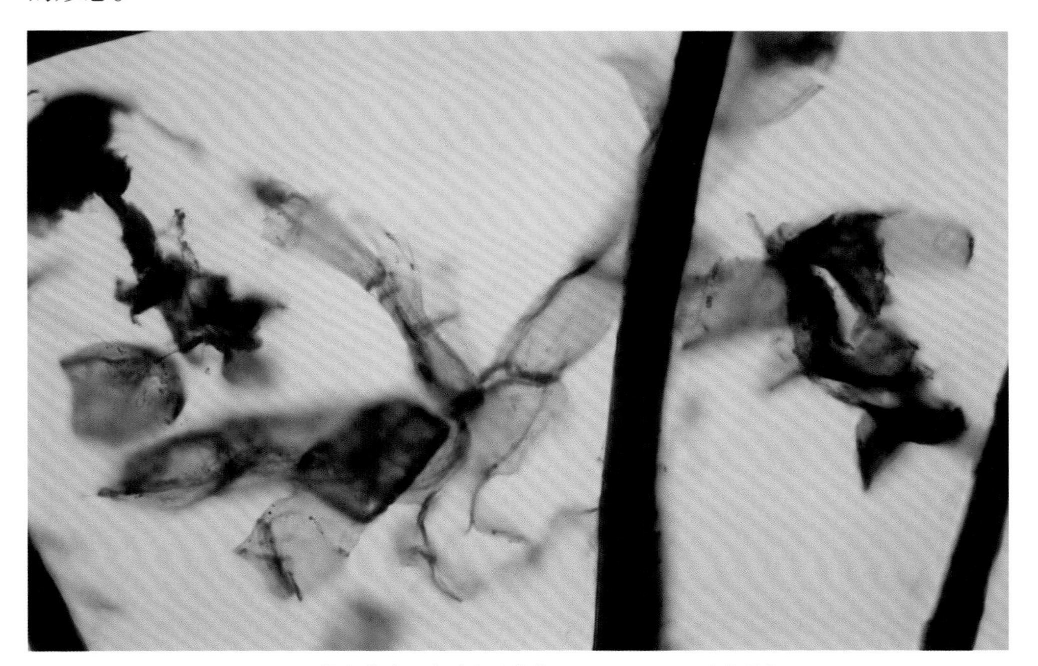

图17 构皮薄壁细胞形态（物镜40×，Herzberg染色剂）

构皮浆中常含有较多的草酸钙晶体（图19、20、21），多呈菱形或正方形的单晶，少量呈碎花形的簇晶，散落于纤维之间或包裹在薄壁细胞内部，在未分散的纤维团中分布较多，打浆漂洗能使其因流失而减少。纤维间还常可见有一些明黄色的无定形蜡状物（图22），颗粒一般不大，数量较桑皮略少。

图18 构皮韧皮射线细胞形态（物镜20×，Herzberg染色剂）

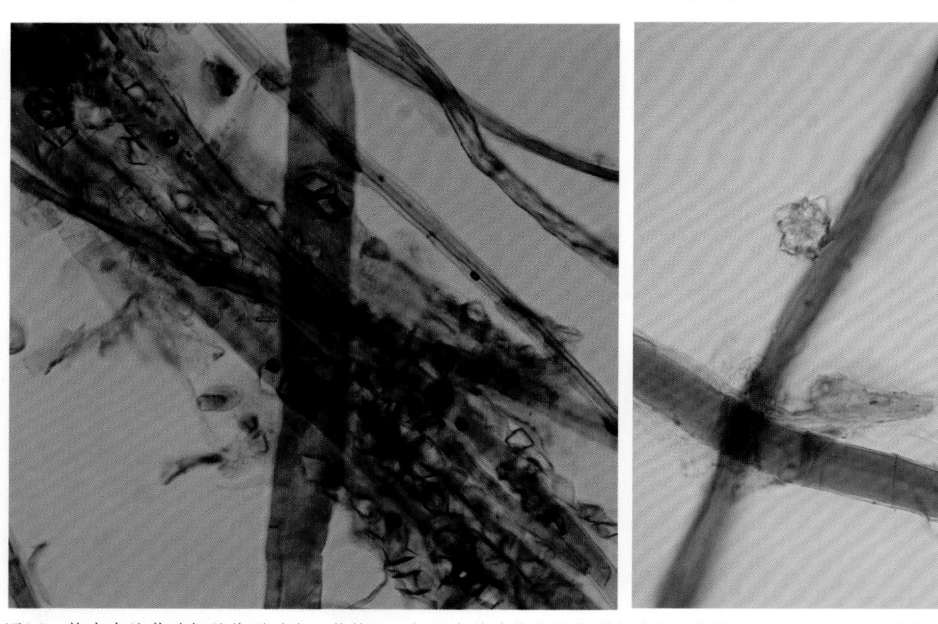

图19 构皮中的草酸钙晶体群（左，物镜20×）及少数碎花状晶体形态（右，物镜40×）（Herzberg染色剂）

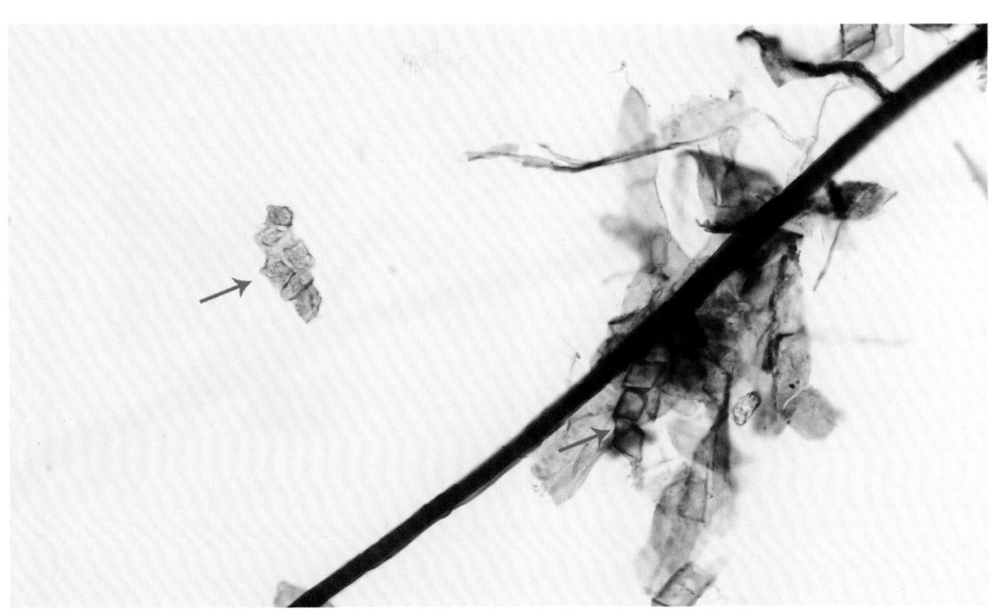

图20 构皮中同时存在的碎花状晶体（左）与菱形晶体（右）（箭头所示）（物镜20×，Herzberg染色剂）

图21 薄壁细胞中的单晶（箭头所示）（物镜20×，Herzberg染色剂）

图22 构皮纤维间散落的无定形蜡状物（物镜20×，Herzberg染色剂）

构皮古纸样品纤维显微形态（图23、24、25、26）

图23 五代佛经残片纸样（物镜10×，Herzberg染色剂）

图24 五代佛经残片纸样（物镜10×，Herzberg染色剂）

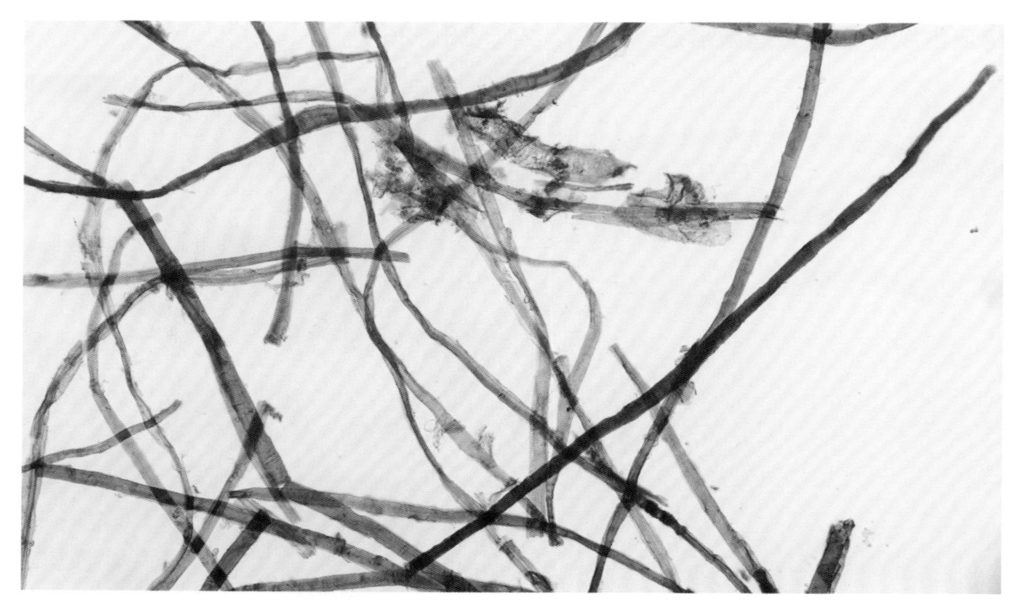

图25　宋代佛经残片纸样（物镜10×，Herzberg染色剂）

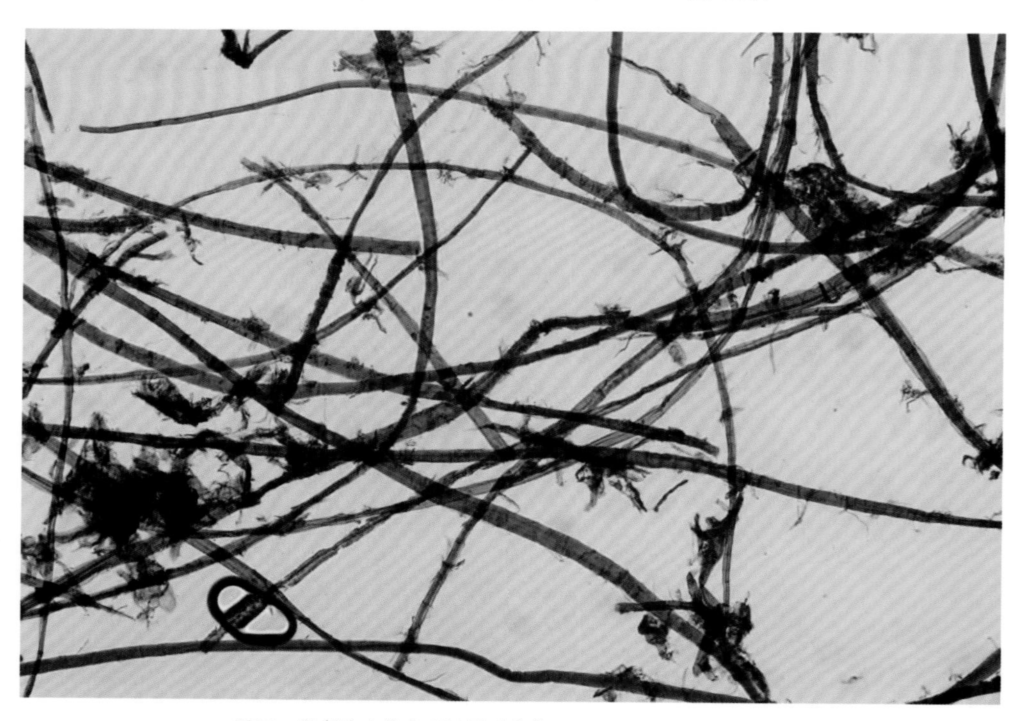

图26　明嘉靖古籍书页纸样（物镜10×，Herzberg染色剂）

楮

学　名：*Broussonetia kazinoki Siebold et Zucc.*
英文名：Morus papyrifera

楮树与构树同为桑科构属木本植物，又称小构、楮实子、楮桃等。楮树适应性好，生长速度快，多野生分布，常生长在低山地区的山坡林缘、沟边、住宅近旁。楮树主要产于华中、华南、西南以及台湾等省、自治区、直辖市，周边的朝鲜、日本也多有出产。

相较于构树，楮树的植株略矮小，高2~4 m，常为小乔木或灌木，雌雄同株。叶片呈卵形或斜卵形，较构树叶略小、略尖长，不分裂或3裂（构树有5裂），亦有单侧裂。手工造纸领域常称其为“小构”。

不过由于构、楮同属，存在自然杂交或人工杂交的情况，造成两种植物的形态并不如《植物志》描述的那样泾渭分明。二者在不同的地域都有不同的品种分布，这些不同的品种之间“互相”交叉渗透，部分品种兼有构树和楮树的特征，并不好明确区分，手工造纸中也常常有混用的情况。

在微观的纤维层面同样如此。由于两种植物的纤维形态非常相似，很难准确区别，造纸中常习惯统称为“构皮”或“楮皮”，大多情况下并不做详细区别。不过对比两种原料制成的纸张，可以发现楮皮制成的纸张光泽感更好，韧性也略优于构皮纸，整体质感略似于桑皮纸。

与构树造纸相似，一般以2~3年生楮树枝条的韧皮为原料造纸。楮树枝条整体不如构树枝条粗壮，取用纤维的部位同样为韧皮部的白色内皮，其纤维纯净，质地柔韧，经过简单蒸煮即可制成纸浆抄纸。

日本的传统手工纸多以楮皮为原料，主要品种包括那须楮、八女楮、光叶楮等。特别是近年选育的光叶楮，不但生长速度快、节间长、枝杈少、伐后萌生力强，而且其韧皮纤维长、杂质含量低，蒸煮后成浆白度高，是非常优良的造纸原料。朝鲜半岛传统手工纸的主要原料也是楮皮，其植株略高大，制成的纸张密实坚韧。历史上著名的高丽纸和近些年大力推广的韩纸，主要原料都是当地所产的楮皮。

纤维尺寸

表1 显微镜法测定楮皮纤维尺寸

<table>
<tr><th>项目</th><th>平均值</th><th>最大值</th><th>最小值</th><th>长宽比</th></tr>
<tr><td>纤维长度/mm</td><td>7.52</td><td>11.05</td><td>0.89</td><td rowspan="2">392</td></tr>
<tr><td>纤维宽度/μm</td><td>19.2</td><td>38.7</td><td>7.9</td></tr>
</table>

纤维显微特征

在植物分类上，楮与构同属，与桑同科，楮皮纤维跟构皮、桑皮纤维整体上非常相似。若综合不同品种、产地的形态偏差，三种纤维的显微形态重合度很高，在显微镜下，楮与桑、构几乎难以准确区分，一般情况下只能以较典型的特征做倾向性的判断。

以典型的桑、构、楮纤维显微形态相比较，可以发现楮皮纤维较构皮纤维更平滑匀整，形态比较平直，弯曲度不高，整体呈圆柱形，粗细比较均匀，单根纤维虽然粗细也略有变化，但变化整体不大；纤维比较干净，根根分明，杂质及杂细胞的碎片不多（图1）。

与构皮相似，楮皮纤维跟Herzberg染色剂反应后呈棕红色、酒红色或紫红色（图1、2），跟C染色剂反应后呈棕红色，纤维净化程度愈高愈显红色。纤维整体呈比较平滑的圆柱形，纤维壁上有横节纹，但横节纹整体偏浅，节纹与纤维横截面也有一定的倾角（图3、4）。大部分纤维上的横节纹为比较浅细的凹纹，少部分纤维的横节纹为比较明显的凸纹，一般凸起加粗的幅度不大。横节纹间距不太均匀，整体比较稀疏，部分区段稍密集。

楮皮纤维上同样可观察到胶质膜特征（图2、4），纤维两端也常有胶质膜滑脱所形成的褶皱状堆积（图5）。细胞腔宽窄不一，一般都不太明显，部分区段隐约可见，呈浅色带状或浅色细线状。纤维端部与构皮非常像，形态多样，多为尖细状，亦有钝尖状、分枝状、鹿角状和凸齿状（图6、7、8、9）。

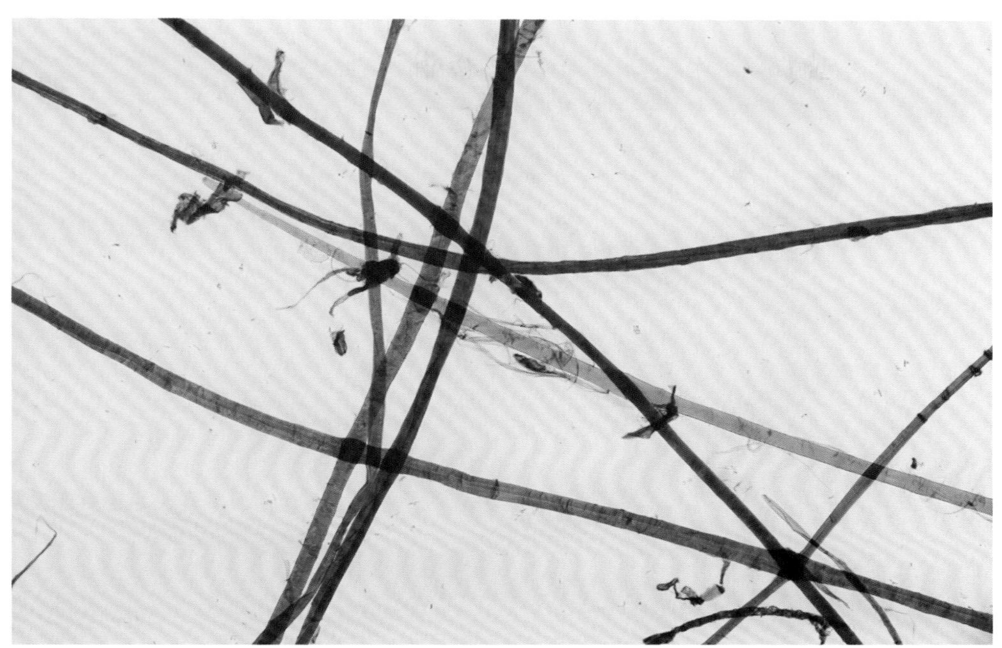

图1　楮皮纤维形态（物镜10×，Herzberg染色剂）

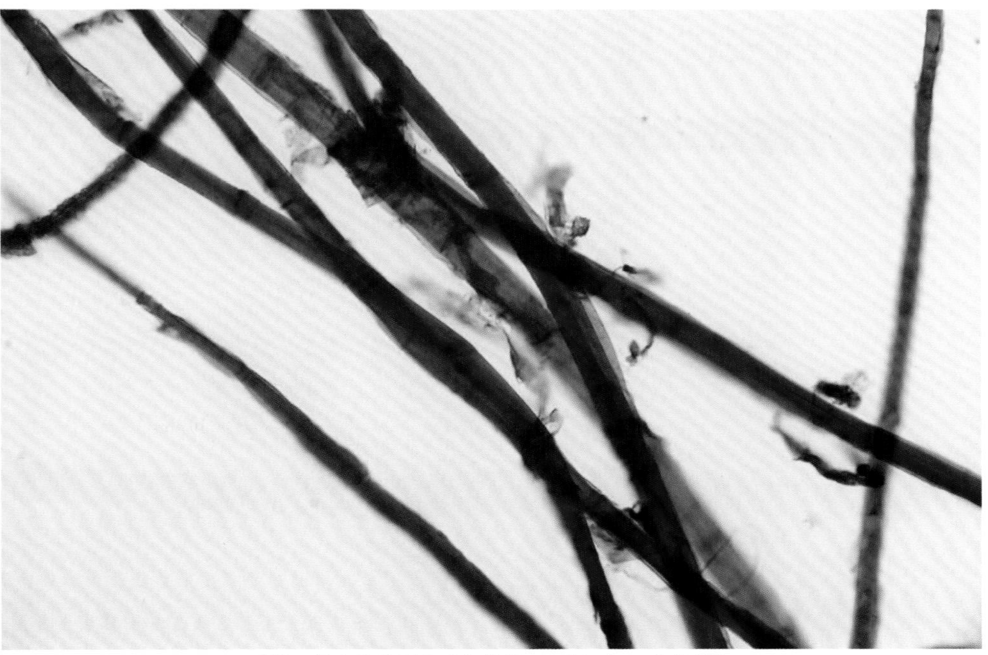

图2　楮皮纤维形态（物镜20×，Herzberg染色剂）

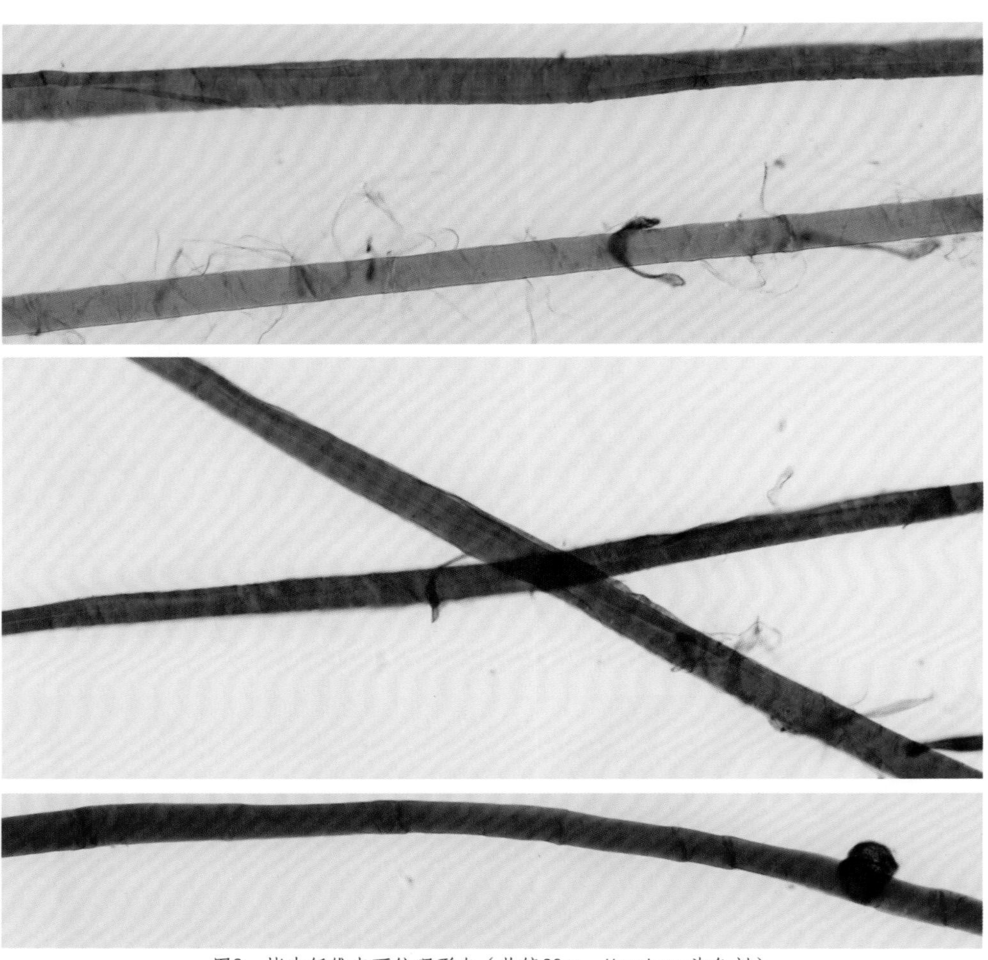

图3　楮皮纤维表面纹理形态（物镜20×，Herzberg染色剂）

图4　楮皮纤维表面胶质膜及碎花晶体形态（物镜20×，Herzberg染色剂）

图5　楮皮纤维表面胶质膜褶皱状堆积形态（物镜20×，Herzberg染色剂）

图6　楮皮纤维端部的小分枝（物镜20×，Herzberg染色剂）

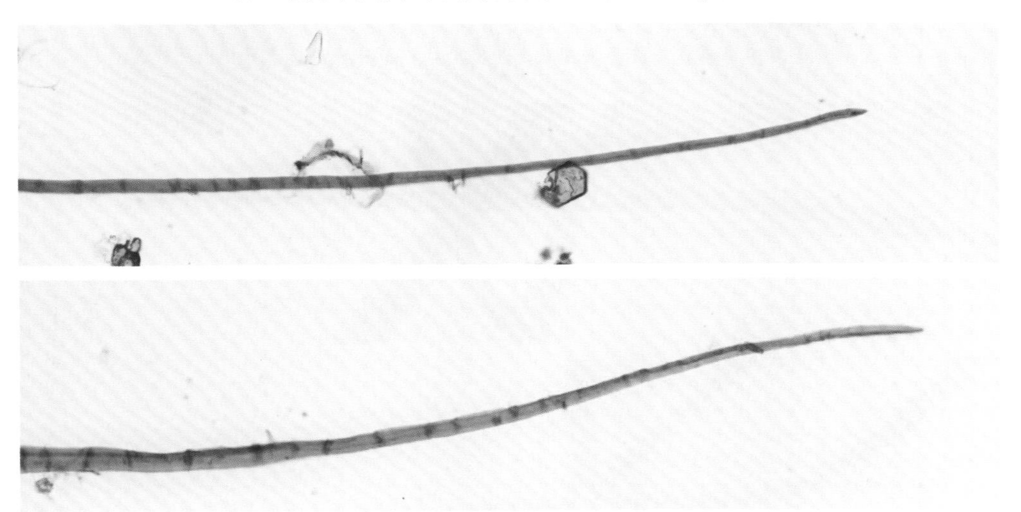

图7　楮皮纤维尖细状端部（物镜20×，Herzberg染色剂）

楮皮纤维之间亦可观察到少量的乳汁管，与构皮的乳汁管形态非常相似，多为粗细不均飘带状薄壁管，部分区段内含明黄色沉积物，整体呈串珠泡状（图10）。

楮皮纤维间有少量零星的筛管、薄壁细胞和韧皮射线细胞（图11、12）。筛管为阔叶木形，与构皮的筛管很像，端部有开口，一般无喇叭口，并有一个小尾巴，筛管上的纹孔大小不一。薄壁细胞尺寸比较小，多为枕形，常成团排列，首尾相接，部分薄壁细胞内部有一些黄色的原生质。韧皮射线细胞为一串细长的薄壁细胞，首尾连接，呈藕节状。打浆后筛管及薄壁细胞的结构常常被破坏，变成一团散落的碎片。

图8　楮皮纤维钝圆形端部（物镜20×，Herzberg染色剂）

图9　楮皮纤维凸齿状及鹿角状端部（物镜20×，Herzberg染色剂）

图10 楮皮乳汁管（箭头所示）（物镜10×，Herzberg染色剂）

图11　楮皮筛管形态（物镜20×，Herzberg染色剂）

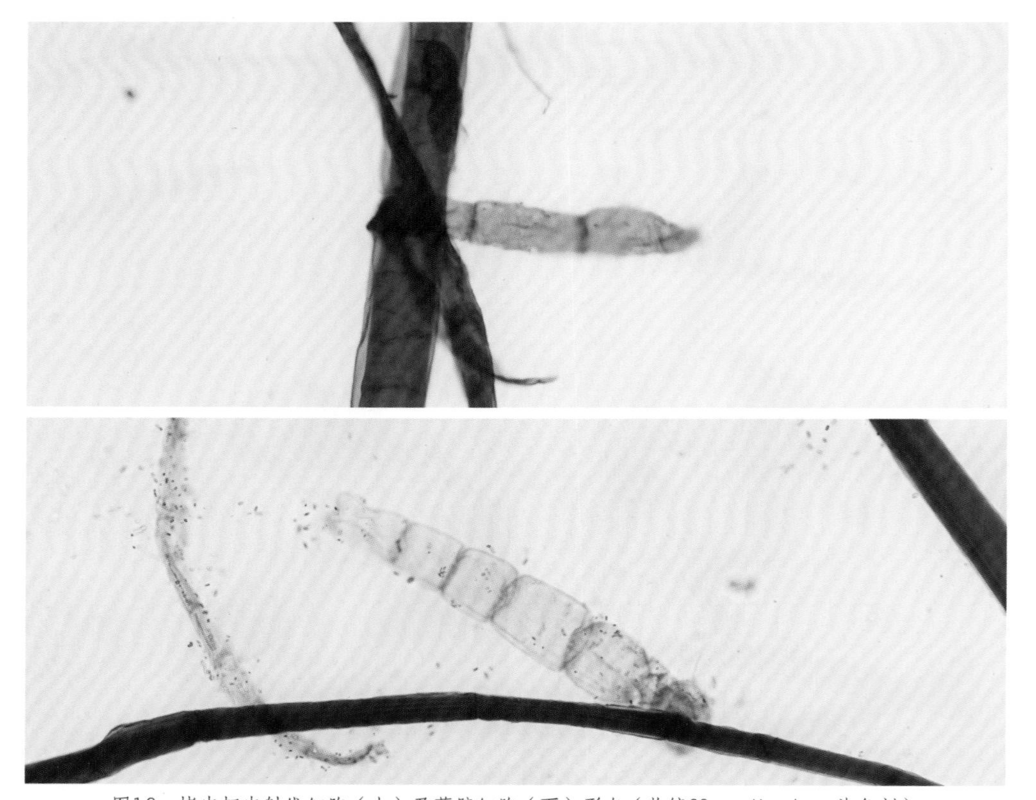

图12　楮皮韧皮射线细胞（上）及薄壁细胞（下）形态（物镜20×，Herzberg染色剂）

与构皮纤维一样，楮皮纤维中也有草酸钙晶体，大部分为菱形或方形的单晶，少数为碎花形簇晶（图4、13），散落于纤维之间或包裹在韧皮射线细胞内部，打浆漂洗能使其流失而减少。纤维间还常可见有一些明黄色的无定形蜡状物（图14）。

图13　楮皮中的菱形草酸钙晶体（物镜40×，Herzberg染色剂）

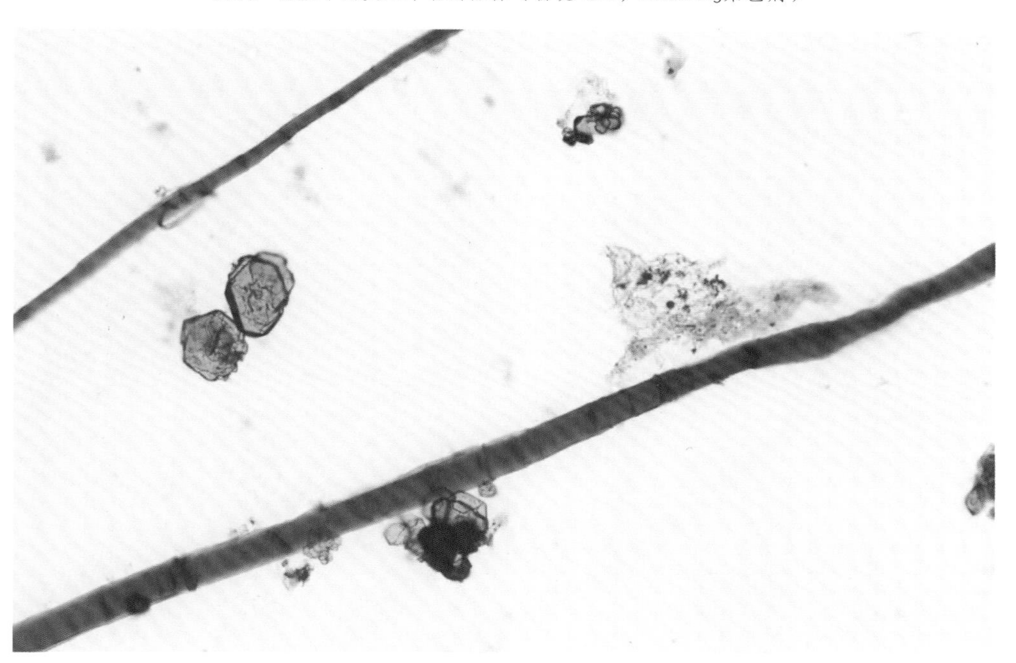

图14　楮皮中的无定形蜡状物（物镜20×，Herzberg染色剂）

日本及朝鲜半岛楮皮纤维显微形态（图15、16、17、18、19、20）

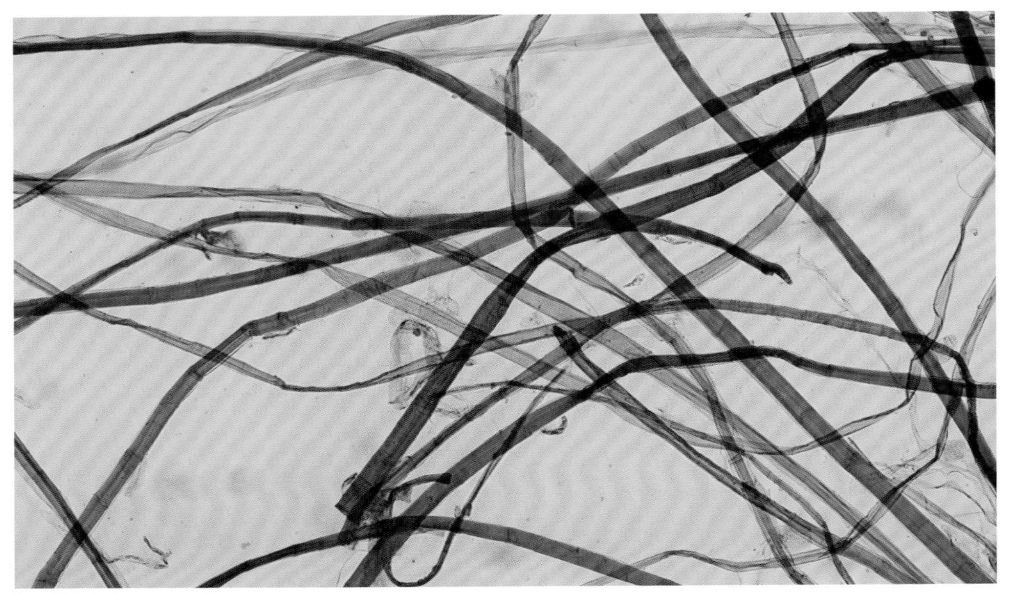

图15　日本那须楮纸样（物镜10×，Herzberg染色剂）

图16　日本八女楮纸样（物镜10×，Herzberg染色剂）

图17　朝鲜楮皮纸纸样（物镜10×，Herzberg染色剂）

图18　韩纸纸样（物镜10×，Herzberg染色剂）

图19 清代高丽纸纸样（物镜10×，Herzberg染色剂）

图20 某高丽本古籍书页纸样（物镜10×，Herzberg染色剂）

桑

学　名：*Morus alba* L.
英文名：Mulberry Bark

桑树为桑科桑属多年生木本植物，又名蚕桑、黄桑、荆桑、家桑等。桑树在我国栽种历史悠久，分布非常广泛，尤以广东、江苏、浙江、四川、陕西、山东、河北为著名产桑区。各地桑树的种类及品种也不尽相同，早在《尔雅》中就提到桑有女桑、桋桑、桑、山桑之分，晚清卫杰《蚕桑粹编》记载有湖桑、川桑、鲁桑、荆桑等18个种类。如今全国各地的桑树品种多达1000余个。

桑树在我国是最古老、最有经济价值的园艺植物，叶可饲蚕；根皮可入药；果实桑葚可以食用和酿酒；枝皮可以代麻，又是优良的造纸原料。我国是种桑养蚕的故乡，也是世界上最早发明蚕丝织物的国家。史料记载黄帝轩辕元妃嫘祖始教民育蚕，后祀为先蚕，迄今已有4000余年。桑树枝条采过桑叶、收完桑葚后还可砍下剥皮造纸，因此很多桑蚕产区同时也是桑皮纸的产区。

造纸所用桑皮是剥取3年生左右桑树枝条的韧皮，去除外层黑皮，得到干净的内皮层，古称"桑穰"，经蒸煮、漂白、捶捣、抄纸等工序制成纸张。桑皮因其纤维长而结实，制成纸张极具韧性，在我国有非常悠久的造纸历史。据文献考证，桑皮纸出现的时间略晚于构皮纸，大约在魏晋时期。《文房四谱》曾载："雷孔璋曾孙穆之，有张华与祖书，乃桑根纸。"[①]此处所谓"桑根纸"一般认为就是桑皮纸。1901年，奥地利维也纳大学教授威斯纳分析新疆罗布淖尔出土的3—5世纪的魏晋时期公牍残纸，发现其中有桑皮成分，这是考古发现最早的桑皮造纸实例。

桑皮纸在隋唐文献中较常见，尤其是在敦煌遗书和其他西北地区的文献用纸中所见较多。我国现存最早的纸本画、现藏于故宫博物院的唐代韩滉纸本设色《五牛图》，即为桑皮纸所绘。很多古代名纸，如"蚕茧纸""凝霜纸""澄心堂纸"都有说为桑皮所制。

---

① 〔宋〕苏易简等著，朱学博整理校点：《文房四谱》（外十七种），上海书店出版社，2015年，第270页。

桑皮制成的纸张强度高，纸面迎光可见非常漂亮的丝质光泽，古代许多著名的书画用纸、古籍用纸、票据用纸、窗户纸、伞纸、蚕种纸以及近代的打字蜡纸等都常以桑皮为原料。精制的桑皮纸还具有极好的耐折性能，非常适合制作纸币。世界上最早的纸币——发明于宋代的“交子”，正是用桑皮制成。明代的宝钞、清代的银票也多以桑皮制作。甚至在英国中央银行英格兰银行的天井中，还种植了两棵在欧洲十分少见的桑树，以纪念世界上最早的纸币原料。

时至今日，在山东曲阜和潍坊、安徽潜山、河北迁安、浙江温州、新疆和田等地还有生产手工桑皮纸的作坊，其产品可用于书写、绘画、印刷、糊饰、古籍字画的修复等。山东一些地方的桑皮纸还能用于制作酒篓及酒坛的封坛纸。

桑皮和构皮纤维尺寸非常接近，纤维形态也基本相类，制成的桑皮纸和构皮纸相似度非常高。精制的桑皮纸跟构皮纸在质感、强度、颜色上都非常接近，极难区分。

纤维尺寸

表1 显微镜法测定桑皮纤维尺寸

项目	平均值	最大值	最小值	长宽比
纤维长度/mm	13.7	30.2	4.7	652
纤维宽度/μm	21.0	40.6	9.8	

纤维显微形态

桑皮的纤维形态与构皮、楮皮的都十分相似，仅从纤维特征很难准确区分，一般要结合纤维尺寸、杂细胞形态及其他角度的信息进行鉴别。

桑皮纤维长度明显长于构皮纤维，平均长度12~15 mm，最长可达30 mm。由于造纸过程常有切皮操作，所以桑皮纸中的纤维多有切断。在显微镜下，桑皮纤维形态整体比较平直，表面光滑，粗细比较均匀，纤维多呈圆柱形，与楮皮纤维非常相似（图1、2、3）。

桑皮纤维与Herzberg染色剂作用呈棕红色、酒红色或紫红色（图1、2、3），跟C染色剂作用呈棕红色，纤维净化程度愈高愈显深酒红色。纤维整体匀直，表面有横节纹。大部分桑皮纤维的横节纹比较浅细、稀疏（图1、2、4、5），纹理为下凹的浅线，常为斜向或环剥状，与纤维横截面有一定夹角；少部分横节纹略凸起呈加粗状。桑皮纤维横节纹在部分区段间距比较大，间隔也比较均匀。

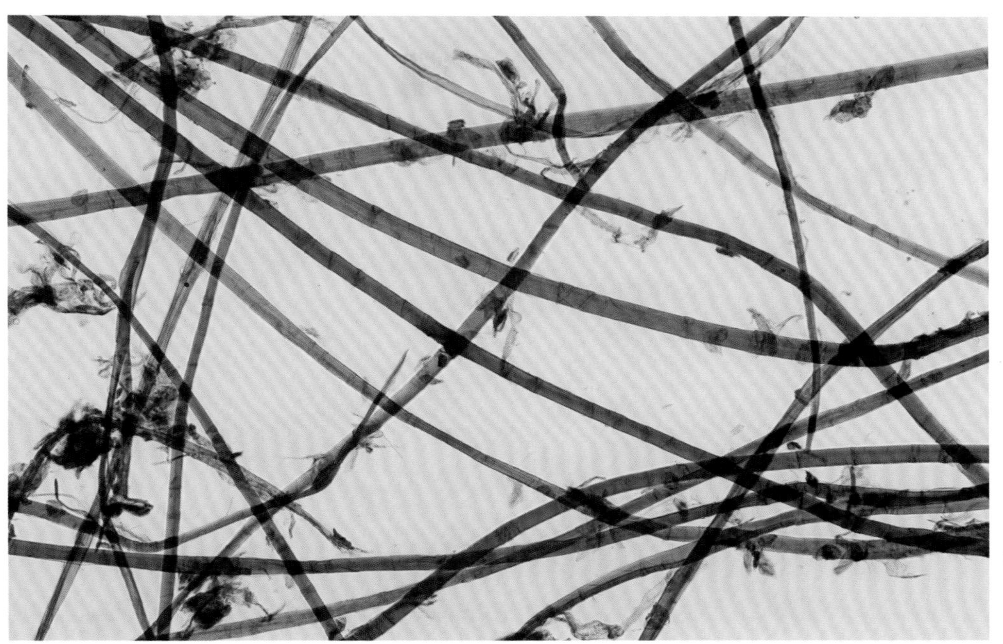

图1　桑皮纤维形态（物镜10×，Herzberg染色剂）

图2　桑皮纤维形态（物镜10×，Herzberg染色剂）

图3 桑皮纤维形态（物镜10×，Herzberg染色剂）

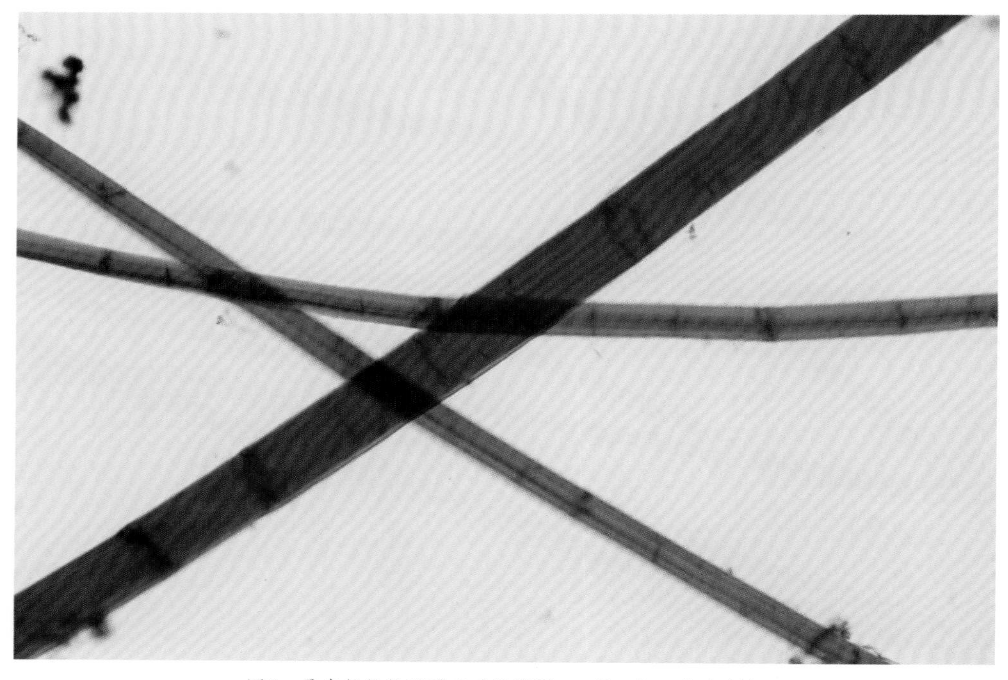

图4 桑皮纤维纹理形态（物镜20×，Herzberg染色剂）

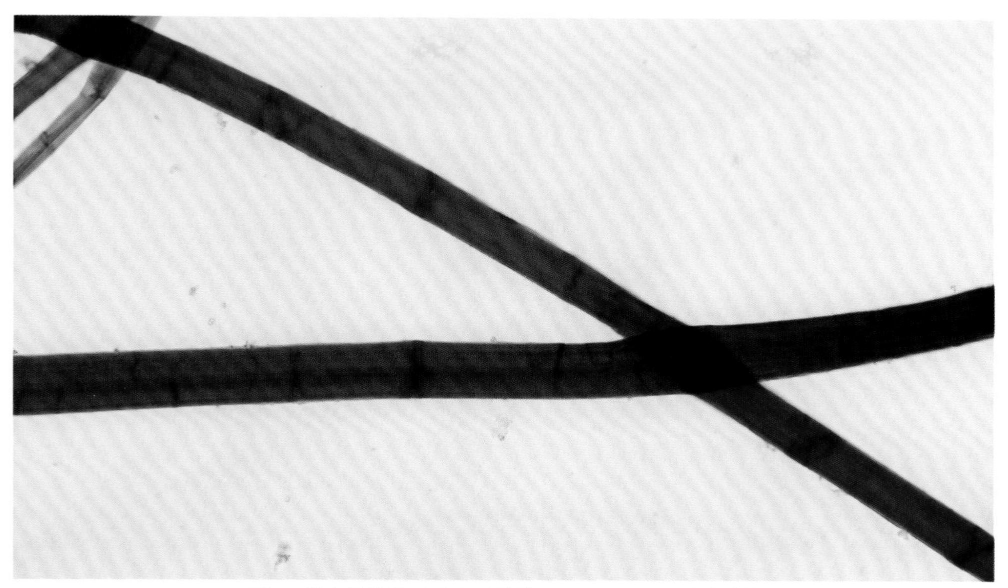

图5　桑皮纤维纹理形态（物镜20×，Herzberg染色剂）

部分桑皮纤维表面亦可观察到透明的胶质膜（图6、7），如套筒状附着在纤维表面，厚薄不均，染色比较浅，时断时续。胶质膜可因打浆减少、脱落或消失，或半脱落状附于纤维上，或在近端部形成褶皱状堆积。

图6　桑皮纤维表面胶质膜形态（物镜20×，Herzberg染色剂）

桑皮纤维两端渐细而尖，端部多尖细，部分为钝尖、钝圆，部分呈分枝状或鹿角状，亦有部分纤维端部横节纹密集凸起（图8、9、10、11、12）。

桑皮纤维中的杂细胞主要有乳汁管、筛管、薄壁细胞和韧皮射线细胞。乳汁管为染色较浅的飘带状薄壁管，部分区段内含明黄色沉积物，整体蜿蜒曲折。乳汁管宽窄不均，粗者有纤维的2~3倍宽，表面常有不规则碎片纹（图13）；细者与纤维宽窄相近，呈管状或串珠泡状（图14）。

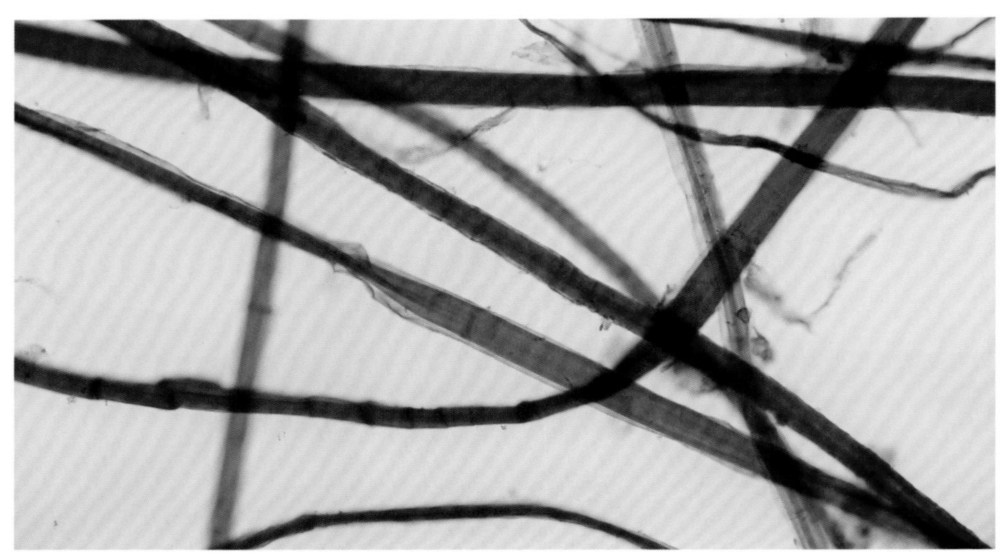

图7　桑皮纤维表面胶质膜形态（物镜20×，Herzberg染色剂）

图8　桑皮纤维尖细状端部（物镜20×，Herzberg染色剂）

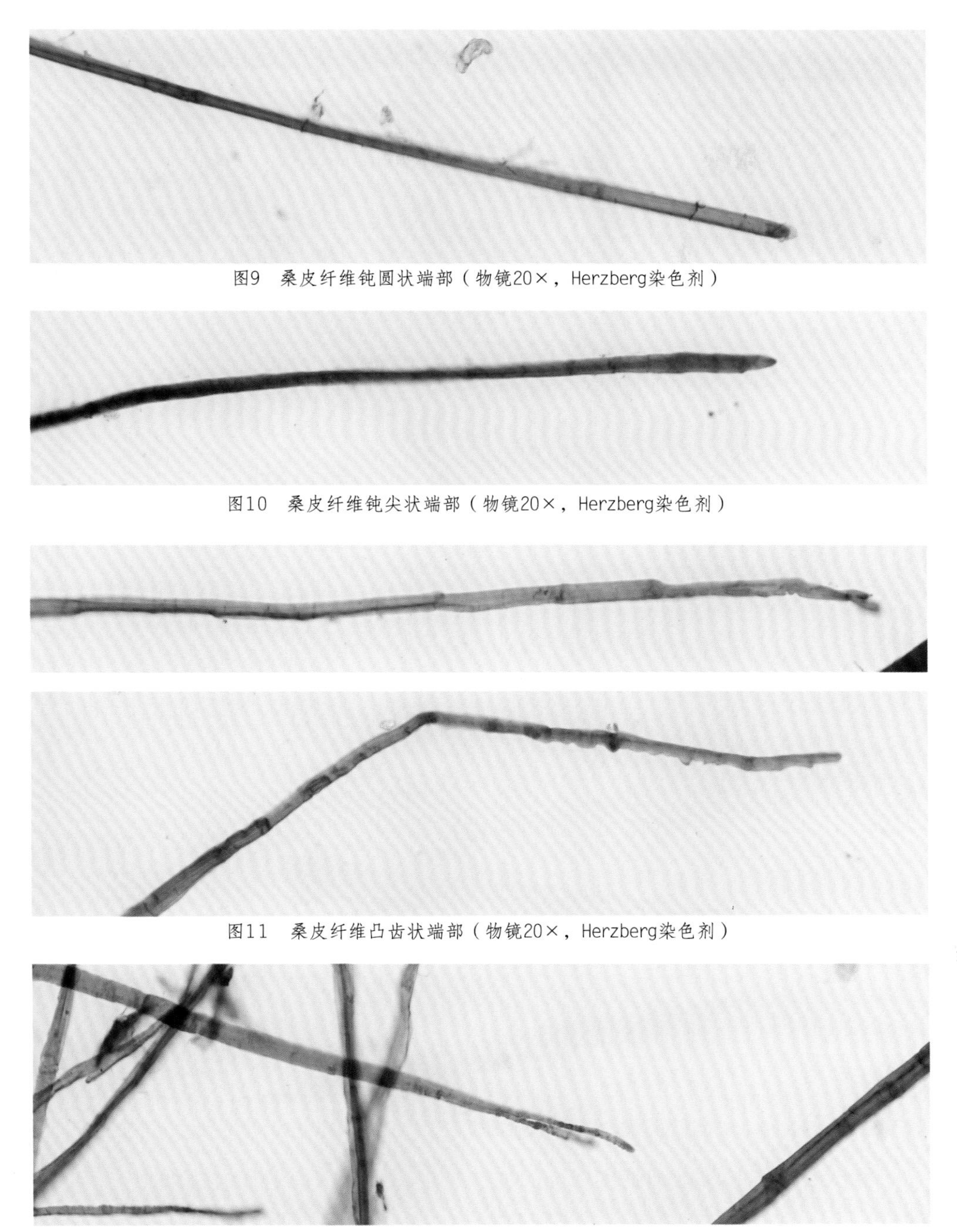

图9　桑皮纤维钝圆状端部（物镜20×，Herzberg染色剂）

图10　桑皮纤维钝尖状端部（物镜20×，Herzberg染色剂）

图11　桑皮纤维凸齿状端部（物镜20×，Herzberg染色剂）

图12　桑皮纤维分枝状端部（物镜20×，Herzberg染色剂）

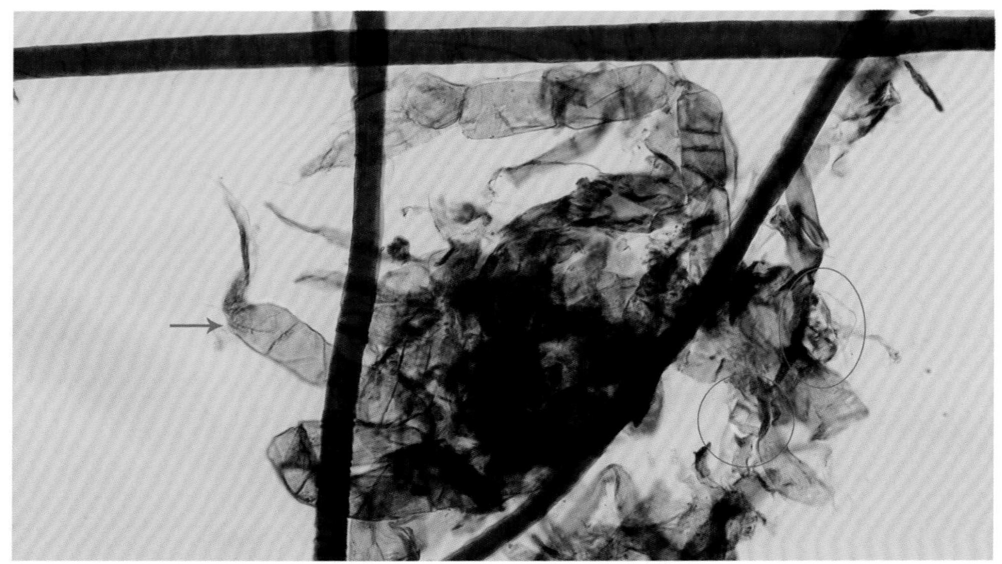

图13 桑皮中的乳汁管（箭头所示）、薄壁组织碎片和草酸钙晶体（圆圈所示）
（物镜20×，Herzberg染色剂）

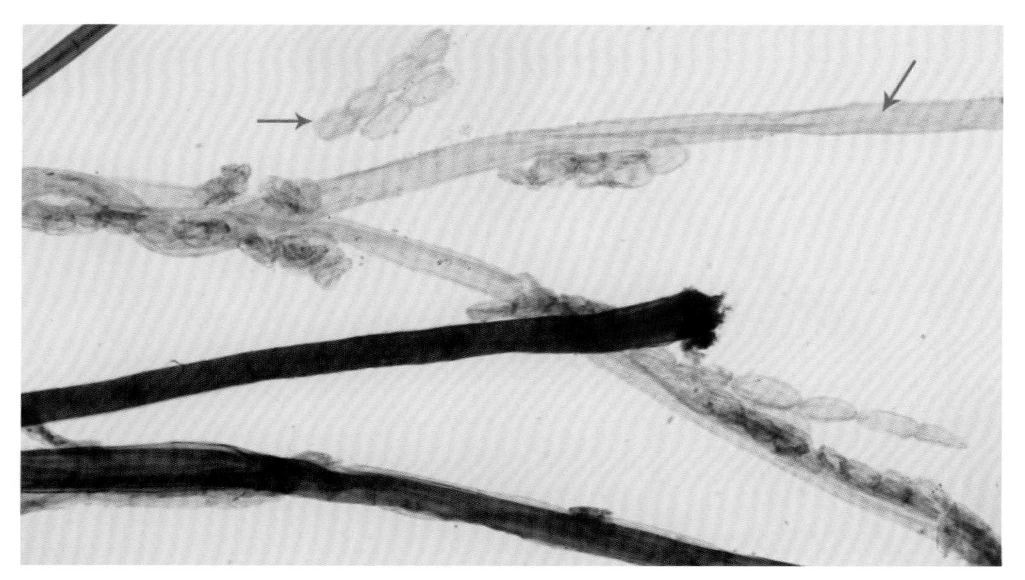

图14 桑皮中的飘带状乳汁管、枕状薄壁细胞群（箭头所示）（物镜20×，Herzberg染色剂）

桑皮的筛管和薄壁细胞比构皮的尺寸更小。筛管常混杂在薄壁细胞中，非常细小，不太容易发现，宽度仅20~30 μm，两端开口，无喇叭口，有小尾尖，表面有横向不规则的纹孔，呈阶梯状（图15）。薄壁细胞为方枕形或长方枕形，多为群聚状、串状或散落于纤维之间，形如米粒（图14、16）。韧皮射线细胞也比较细长，宽度不超过20 μm，单节长度在50~70 μm，多呈串状排列，形如修长的藕节（图17、18）。筛管、薄壁细胞和韧皮射线细胞都属于薄壁组织，打浆过程极易使其破碎，成纸纤维中往往难以观察到清晰完整的形态，多以碎片状散落在纤维间（图13、20）。

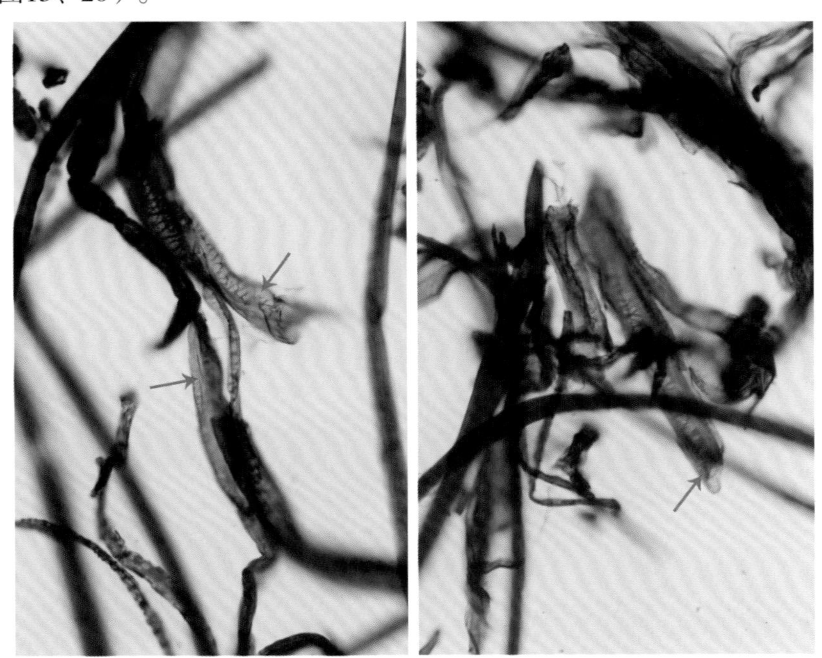

图15　桑皮筛管形态（箭头所示）（物镜20×，Herzberg染色剂）

图16　桑皮薄壁细胞群（物镜20×，Herzberg染色剂）

图17　桑皮韧皮射线细胞群（物镜10×，Herzberg染色剂）

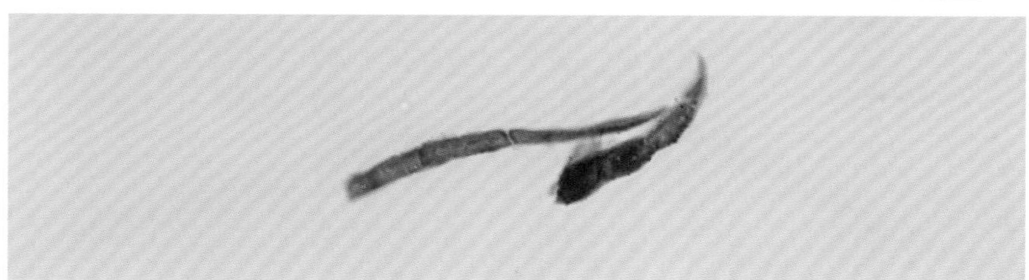

图18　桑皮藕节状的韧皮射线细胞（箭头所示）（物镜20×，Herzberg染色剂）

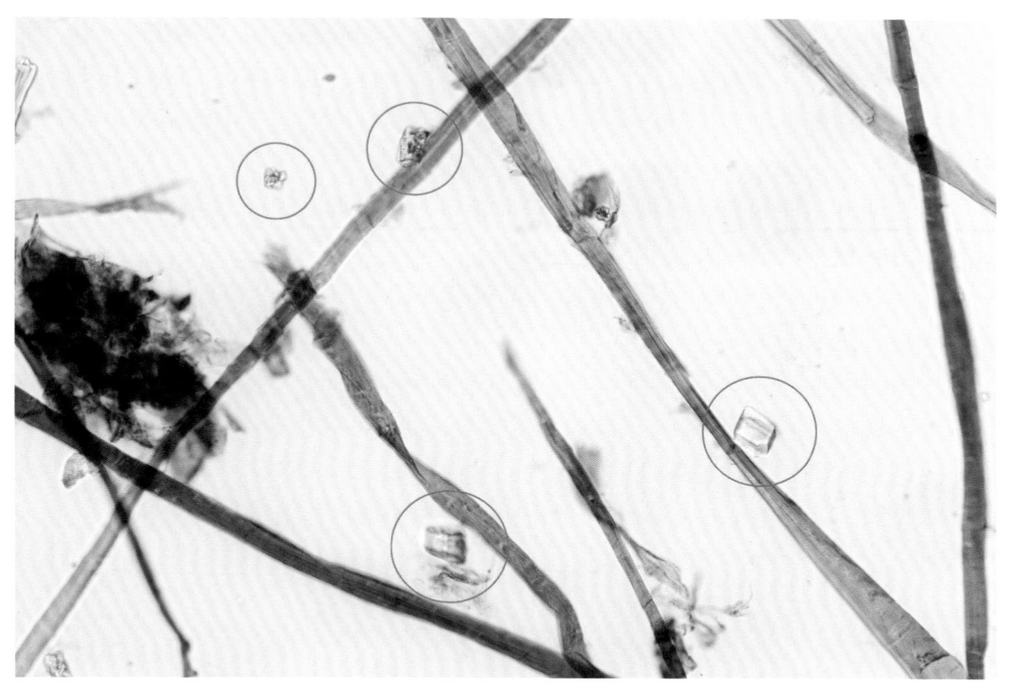

图19 桑皮草酸钙晶体形态（圆圈所示）（物镜20×，Herzberg染色剂）

图20 桑皮无定形蜡状物及碎晶群（物镜20×，Herzberg染色剂）

草酸钙晶体有菱形、方形的单晶，亦有碎花形的簇晶（图19、20），相较而言，簇晶稍多，晶体数量总体比构皮少，多零星出现，有时亦可见到群聚状的小碎晶或包裹在薄壁细胞中的单晶串。在纤维上或在纤维细胞腔中常附着一些无定形的蜡状物（图20），经Herzberg试剂染色后显黄色。

由于桑和构同属桑科，纤维形态非常相似，常常难以区分。将两种纤维的微观特征进行详细比对，发现其区别主要如下：

（1）桑皮纤维较构皮纤维更加匀直平滑，横节纹比构皮纤维浅细，节纹间距比构皮纤维略大。

（2）构皮的筛管比桑皮更长、更宽，常有喇叭口，桑皮的筛管常混杂在薄壁细胞中不易观察；构皮的薄壁细胞比桑皮略大，桑皮的韧皮射线细胞更加修长。

这两点区别主要通过典型的桑、构品种总结而来，考虑到不同品种间特征的差异和交叉，实际鉴别中可能不完全适用，还需根据具体情况综合分析。

桑皮古纸纤维显微形态（图21、22、23、24）

图21　明代宝钞残片纸样（物镜10×，Herzberg染色剂）

图22　明代宝钞残片纸样（物镜20×，Herzberg染色剂）

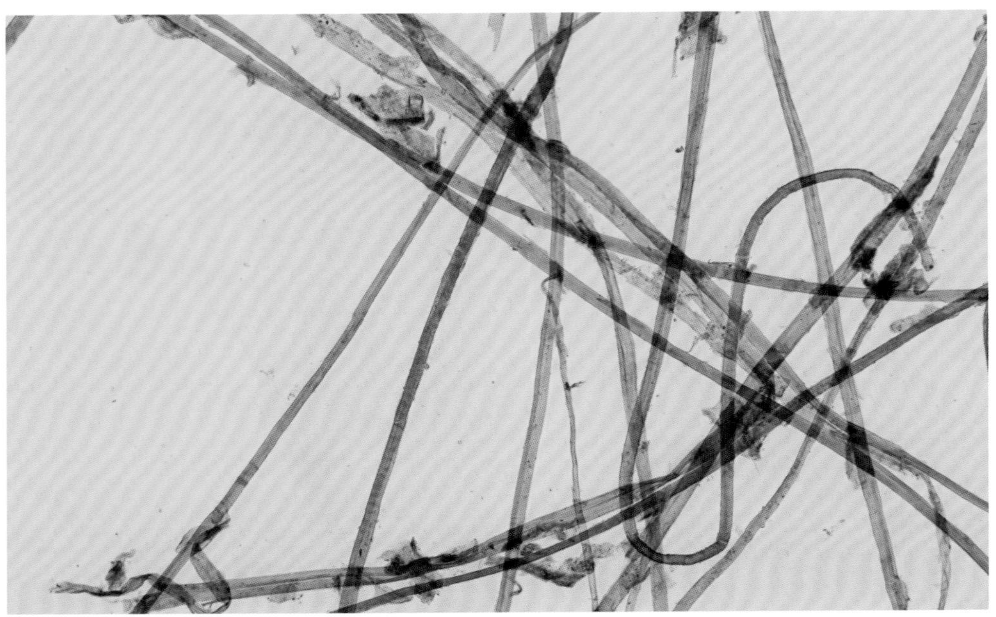

图23　清代户部官票纸样（物镜10×，Herzberg染色剂）

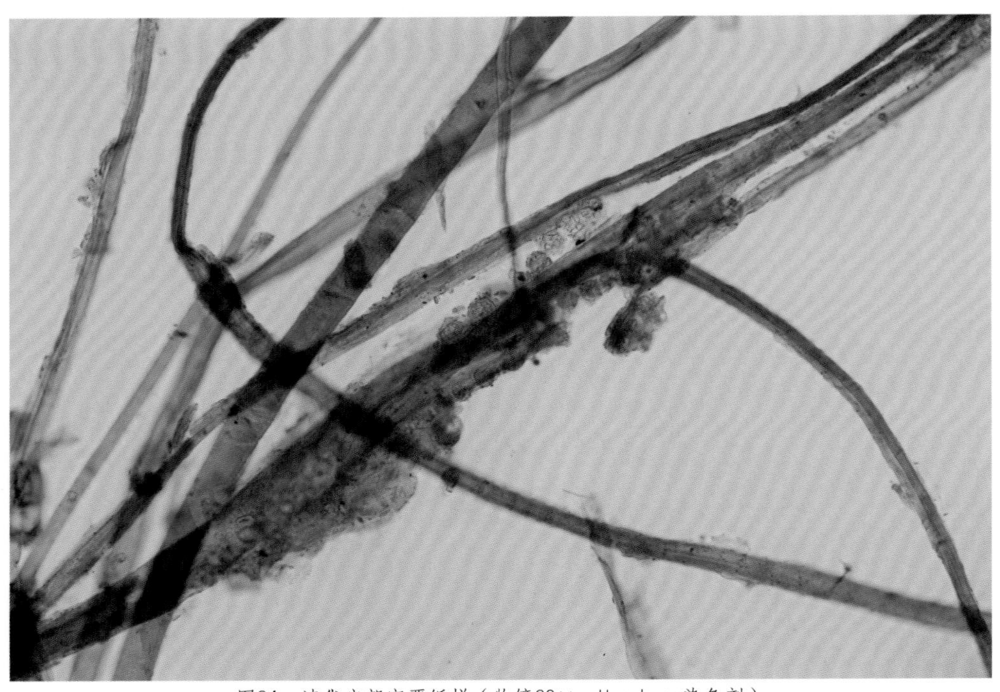

图24　清代户部官票纸样（物镜20×，Herzberg染色剂）

青檀

学　名：*Pteroceltis tatarinowii* Maxim.
英文名：Wingceltis Bark

青檀为榆科青檀属落叶乔木，又称翼朴、纸檀、檀树等，跟桑、构等桑科原料同属蔷薇目植物。青檀为我国特产，在我国大部分地区都有分布。造纸所用青檀皮主要产于皖南一带，是宣纸的主要原料。

青檀皮亦称檀皮，为青檀树干和枝条表皮中的韧皮纤维层。通常是将主干砍成2 m左右的桩，使桩顶丛生枝条。新发的枝条第二年或第三年即可砍枝剥皮。砍枝时期长，一般为霜降后到第二年2—3月。砍下的枝条去除小枝丫，扎成捆后经水蒸，剥下韧皮。青檀皮纤维丰富，容易成浆和漂白，为造纸的优良原料。

从目前的研究结论来看，青檀皮造纸技术起源于元末明初曹大三迁居小岭以后。据《泾川小岭曹氏宗谱》所载，曹大三于宋末争攘之际，由南陵之虬川避乱迁至泾县小岭，并以造纸为生计。经过世代革新技术，创制了以青檀皮为主要原料的宣纸。

据现存纸质文物的分析结果，青檀皮纸从明代开始大规模出现。至明末时，以纯檀皮制作的“泾县连四纸”已成为纸中翘楚。周嘉胄在《装潢志》中称“用（泾县）连四如美人衣罗绮”[①]，文震亨在《长物志》中也称“泾县连四最佳”[②]。清代康乾时期内府刻书大量使用纯青檀皮制作的“泾县连四纸”，其纸质洁白莹润、细密绵软，后世将其讹称为“开化纸”“开化榜纸”，是一种顶级的刻书和书写用纸。清中期以后开始以其产地宣城之名将其统称为“宣纸”。青檀皮还可与稻草制成混料纸，因其墨色黑亮、有层次感，洇墨均匀，独有的墨韵能够呈现中国水墨画的韵味和意境，自清代以来逐渐成为书画创作的主流用纸，是我国书画用纸领域最为著名的传统手工纸品种，有“纸中瑰宝”的美誉。

---

① 〔明〕周嘉胄著，杨正旗注译：《〈装潢志〉标点注译》，山东美术出版社，1987年，第41页。
② 〔明〕文震亨著，陈植校注，杨超伯校订：《长物志校注》，江苏科学技术出版社，1984年，第307页。

纤维尺寸

表1 显微镜法测定青檀皮纤维尺寸

<table>
<tr><th>项目</th><th>平均值</th><th>最大值</th><th>最小值</th><th>长宽比</th></tr>
<tr><td>纤维长度/mm</td><td>3.81</td><td>7.93</td><td>0.97</td><td rowspan="2">298</td></tr>
<tr><td>纤维宽度/μm</td><td>12.8</td><td>27.1</td><td>7.3</td></tr>
</table>

纤维显微形态

青檀虽为榆科，但跟桑、构同属于蔷薇目，算得上近亲，因此青檀皮纤维的显微形态跟桑、构有一些相似之处。整体来看，青檀皮纤维较桑皮、构皮纤维都更加短而且细，纤维平均长度约为3.6 mm，宽度仅13 μm左右，是韧皮纤维中较纤细和柔软的。纤维整体形态纤长、柔软平滑（图1、2），纤维一般呈柱状，粗细整体比较均匀。

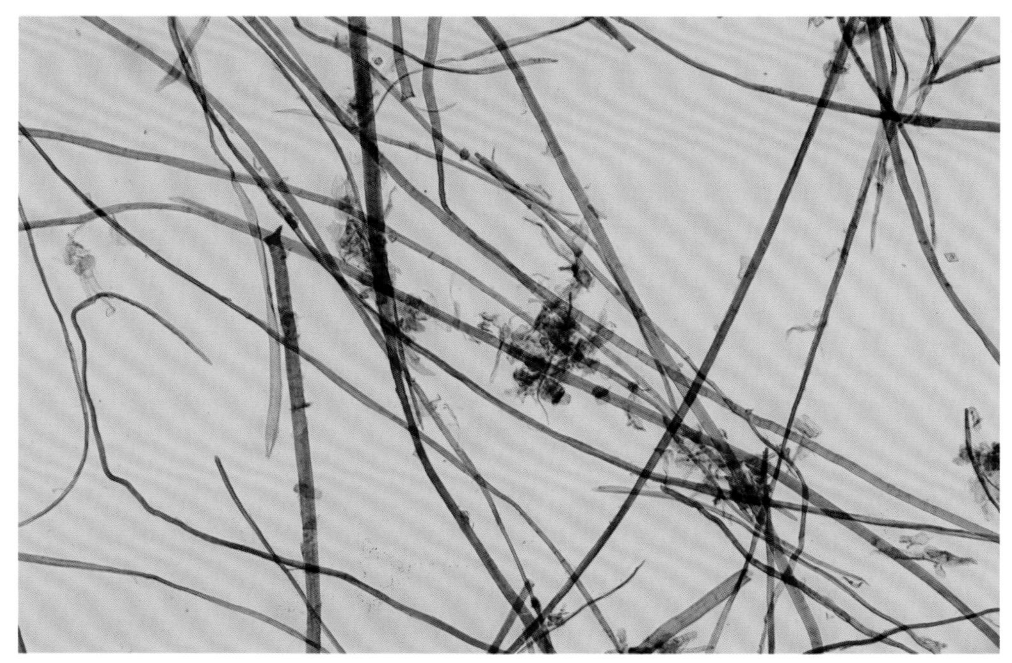

图1 青檀皮纤维形态（物镜10×，Herzberg染色剂）

图2　青檀皮纤维形态（物镜10×，Herzberg染色剂）

图3　青檀皮纤维纹理形态（物镜20×，Herzberg染色剂）

青檀皮纤维经Herzberg染色剂染色后呈酒红色、红紫色或蓝紫色（图1、2、3、4）。纤维整体比较光滑，纤维壁上有比较稀疏的横节纹，横节纹状态跟桑皮比较相似，多为较浅疏的斜向横节纹（图3、4、5）。由于青檀皮纤维比较细，一般要在200倍显微镜下才能观察到比较清晰的纹理特征。

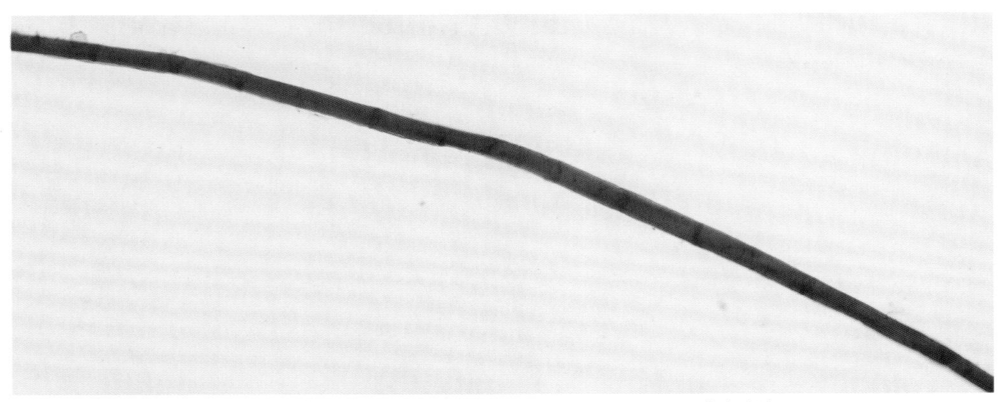

图4　青檀皮纤维表面横节纹（物镜20×，Herzberg染色剂）

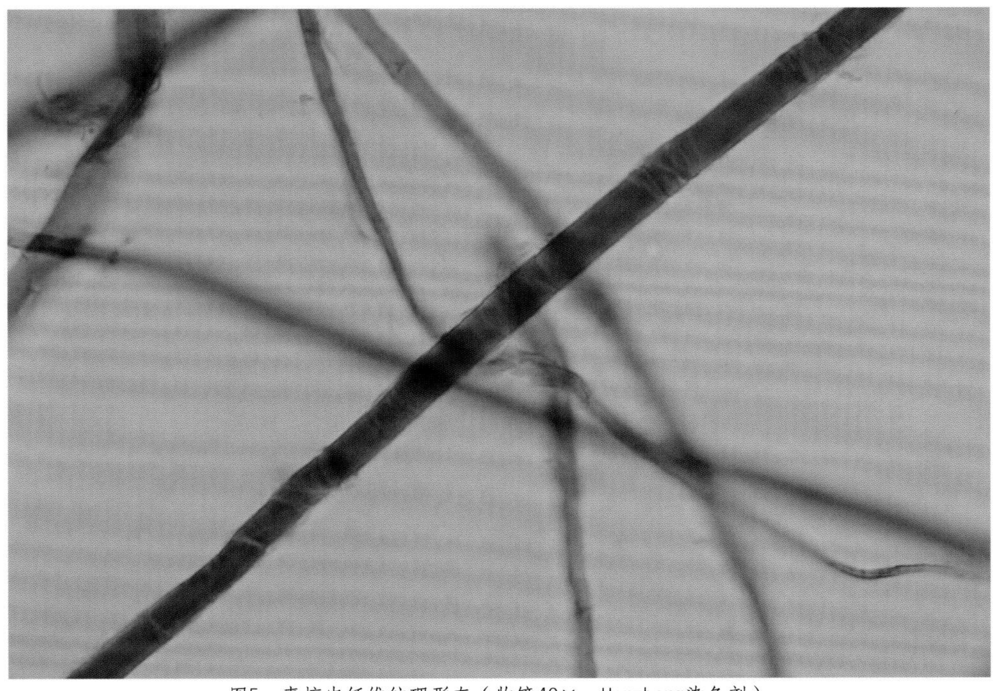

图5　青檀皮纤维纹理形态（物镜40×，Herzberg染色剂）

青檀皮还有一个比较明显的特征，即在大多数粗细均匀的纤维中，常能观察到若干加粗的纤维（图6、7），宽度约为普通纤维的两倍多，呈饱满的圆柱形，横节纹明显，混杂在细纤维中非常醒目，容易被误判为混入的桑、构纤维，但其长度不及桑、构纤维，一般在3~5 mm，跟普通青檀纤维长度一致。粗纤维的数量一般不到纤维总数的十分之一。通过分析青檀皮原料不同部位的纤维形态，可发现这种粗纤维在靠近主干的枝条韧皮中较常见，但在梢尖韧皮中则较少，一般认为是韧皮纤维成熟后加粗的表现。

图6　青檀皮中的粗纤维形态（物镜10×，Herzberg染色剂）

部分青檀皮纤维可见较为明显的细胞腔，常呈一条浅色带，与桑、构纤维的细胞腔相似（图8）。纤维外壁上有透明的薄胶质膜（图9），打浆过程中易脱落，常不易发现。过去曾有“青檀皮纤维无胶质膜”的说法，如今在较高倍数的显微镜下，青檀皮纤维也可观察到胶质膜，尽管需要仔细观察才能找到，但是也可作为青檀皮纤维鉴别的一项重要特征。

青檀皮纤维端部与桑、构纤维相似，多渐细而尖，但也有钝尖、钝圆或分枝状，部分纤维端部出现较为集中的结节，使纤维轮廓呈波浪状或疙瘩串状（图10）。

图7　青檀皮中的粗纤维形态（物镜10×，Herzberg染色剂）

图8　青檀皮纤维细胞腔形态（箭头所示）（物镜20×，Herzberg染色剂）

青檀皮中的杂细胞有筛管、薄壁细胞和韧皮射线细胞（图11）。杂细胞含量随浆料的净化程度而不同。筛管呈长条形，表面有横向长方形纹孔，呈阶梯状（图12）。筛管两端呈斜口，略尖，无尾，有时在斜口处可观察到明黄色沉积物（图12右）。薄壁细胞比较小，多为方枕形，如米粒状群聚分布（图13）。韧皮射线细胞为长方形或藕节形（图14），表面有细孔，首尾相连成串，宽度略大于纤维。筛管、薄壁细胞和韧皮射线细胞多群聚存在，打浆后成为一团团碎片散落在纤维间（图6），看不出比较清晰完整的形态。

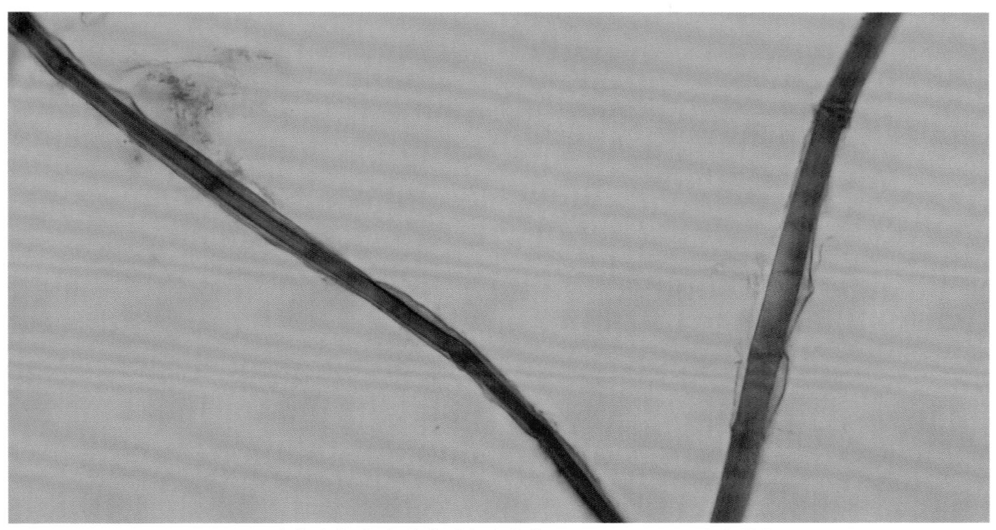

图9 青檀皮纤维胶质膜形态（物镜40×，Herzberg染色剂）

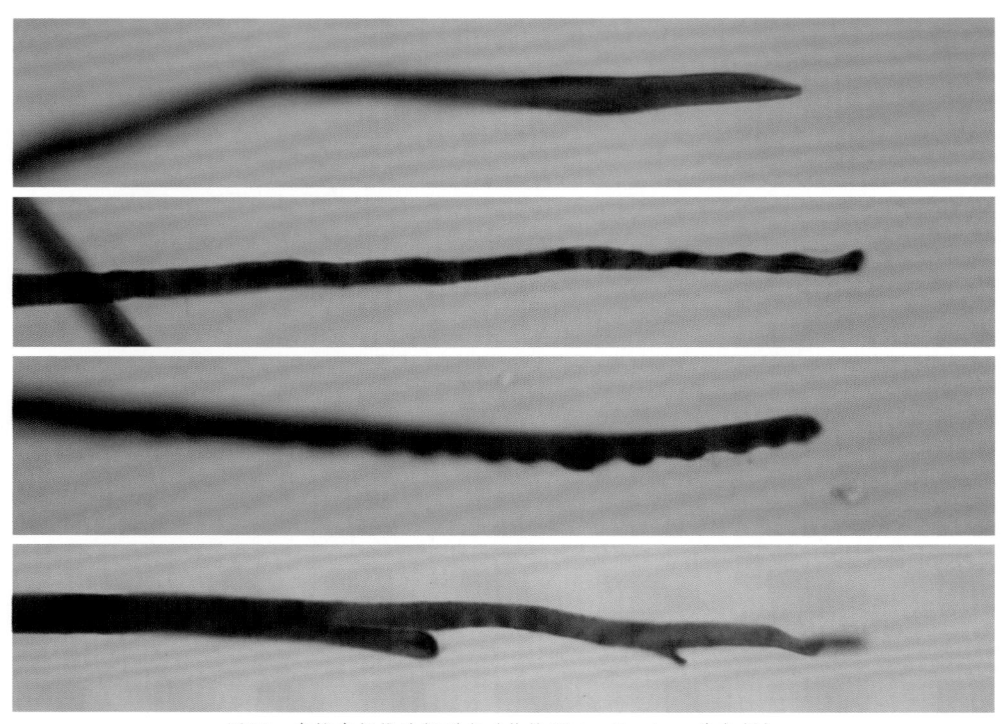

图10　青檀皮纤维端部形态（物镜40×，Herzberg染色剂）

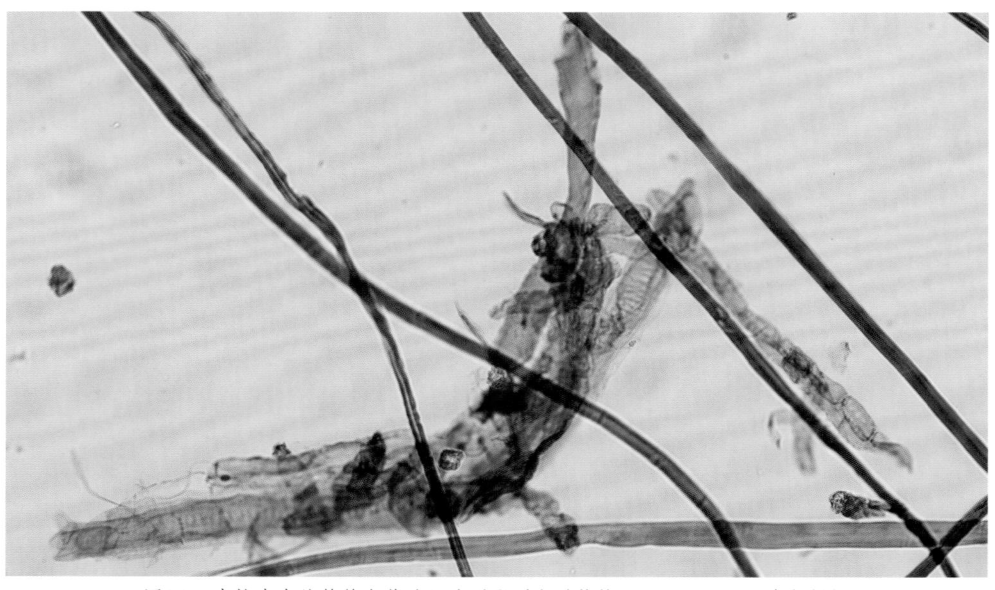

图11　青檀皮中的筛管和薄壁细胞群聚形态（物镜20×，Herzberg染色剂）

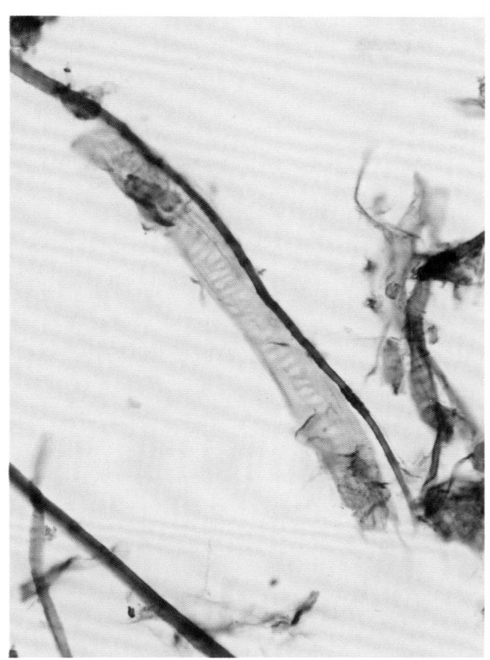
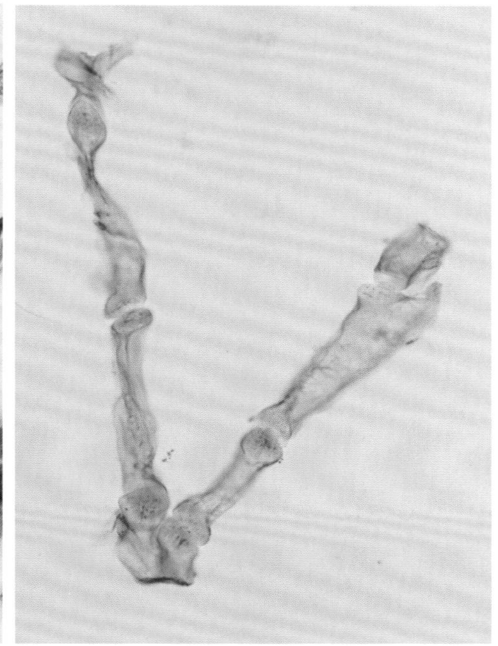

图12　青檀皮中的筛管形态（物镜20×，Herzberg染色剂）

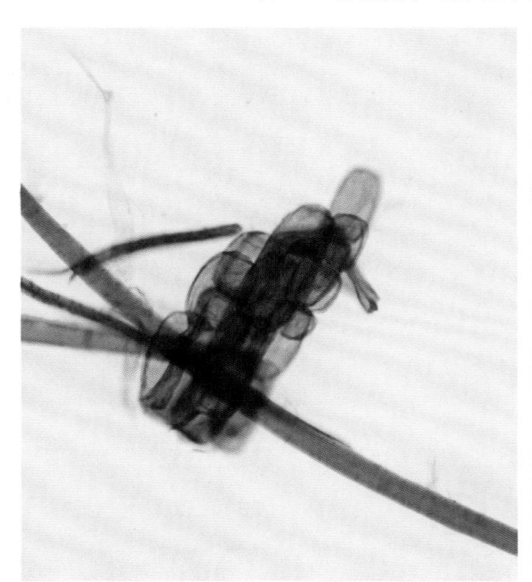
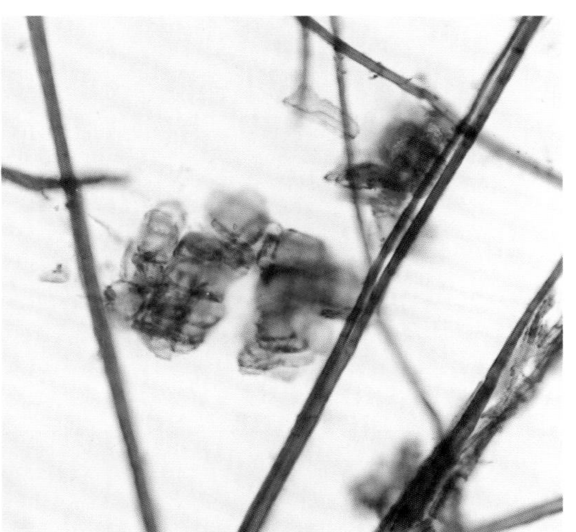

图13　青檀皮中群聚状的薄壁细胞（物镜20×，Herzberg染色剂）

青檀皮中也有草酸钙晶体，形态与桑皮、构皮中的略有区别，大部分为碎花状的簇晶（图15、16），尺寸比较小，也有菱形和方形的单晶，数量较少。青檀皮中的晶体在造纸过程中经打浆和洗涤常被除去，少量残留晶体因尺寸偏小而不易被发现。

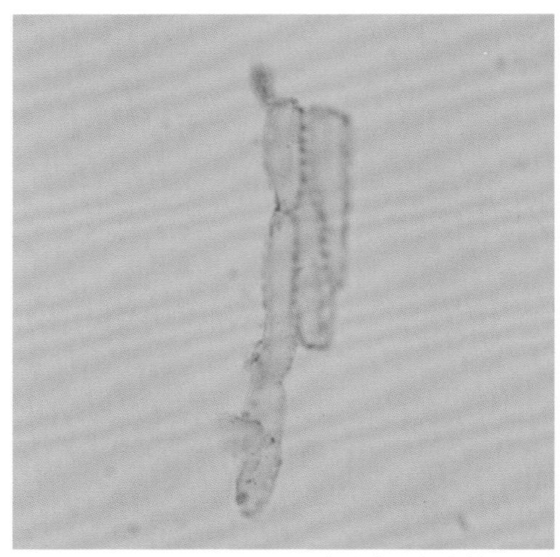
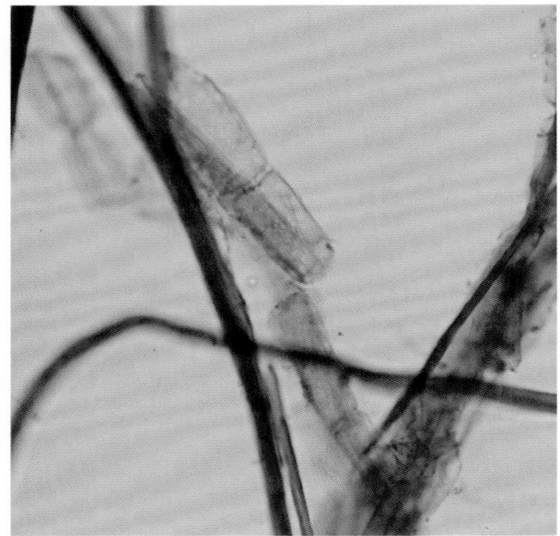

图14　青檀皮的韧皮射线细胞（物镜20×，Herzberg染色剂）

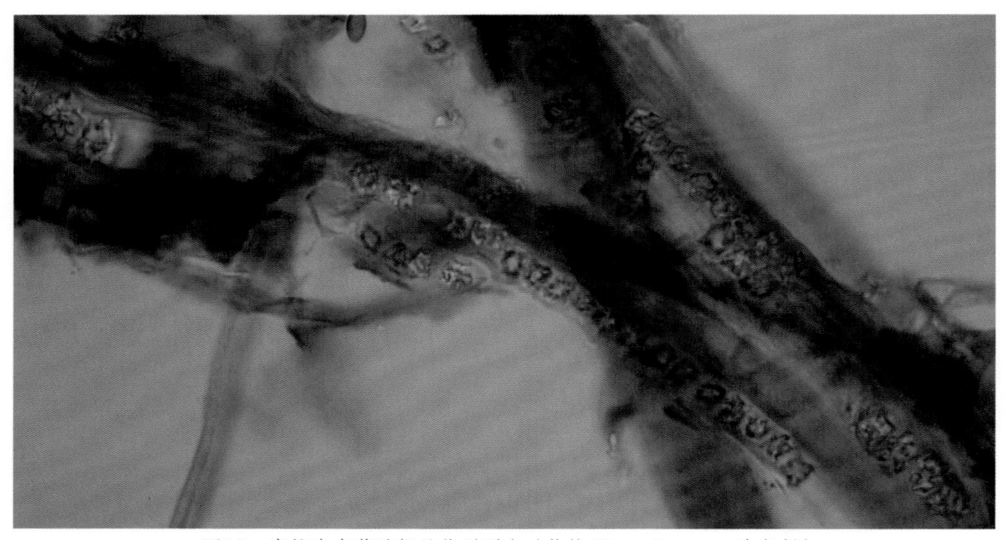

图15　青檀皮中草酸钙晶体群形态（物镜40×，Herzberg染色剂）

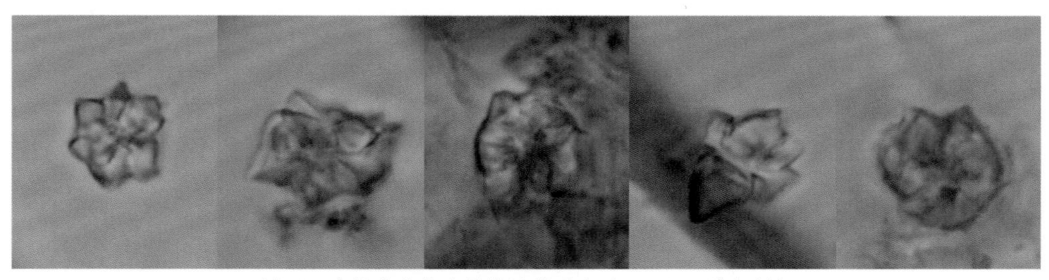

图16　青檀皮中单个晶体显微形态（Herzberg染色剂）

青檀皮古纸样品纤维显微形态（图17、18、19）

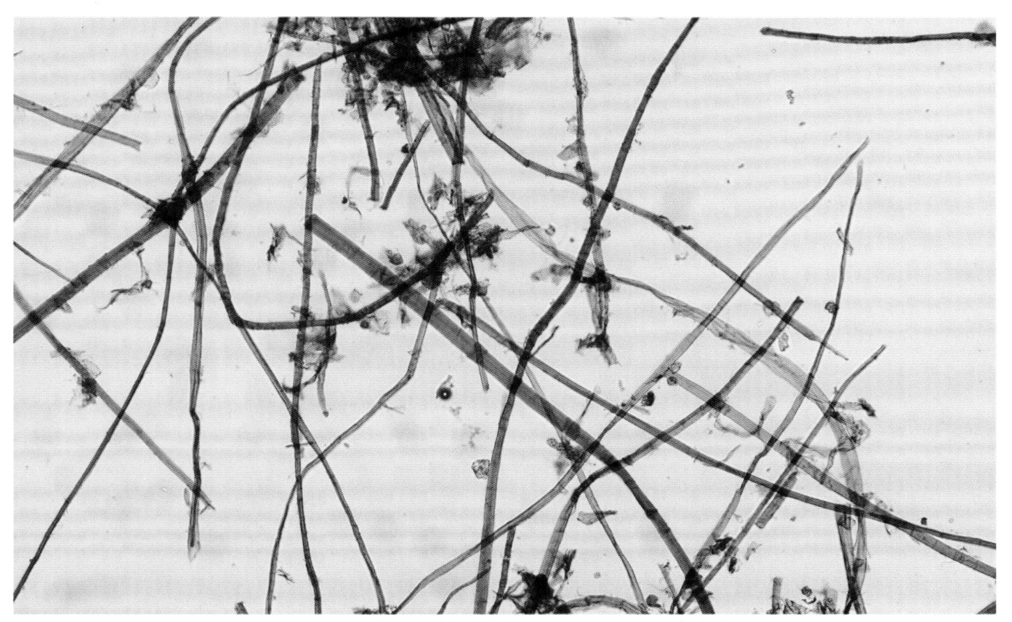

图17　明代书页纸样（物镜10×，Herzberg染色剂）

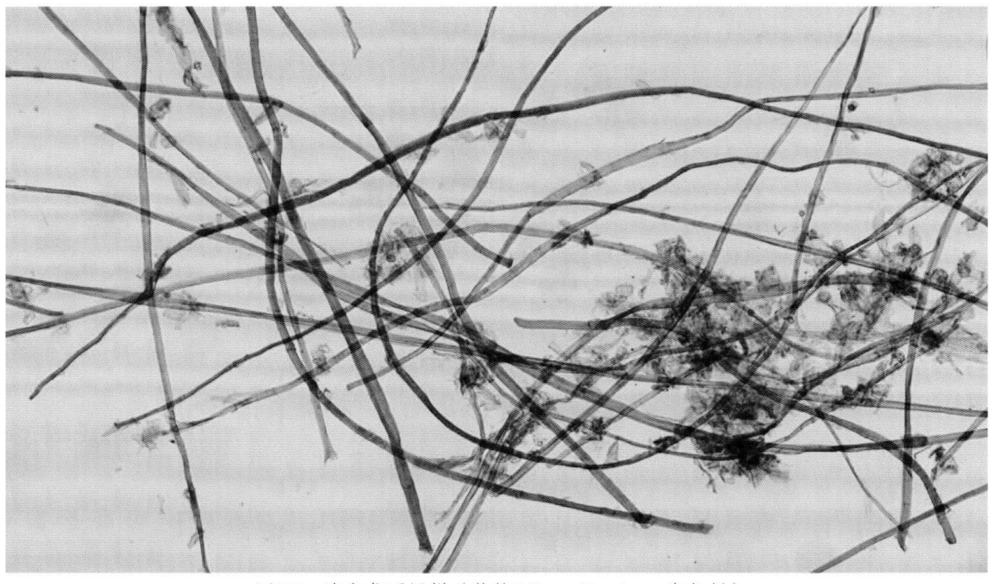

图18　清代书页纸样（物镜10×，Herzberg染色剂）

图19　清代抄本书页纸样（物镜20×，Herzberg染色剂）

第四章　瑞香皮类

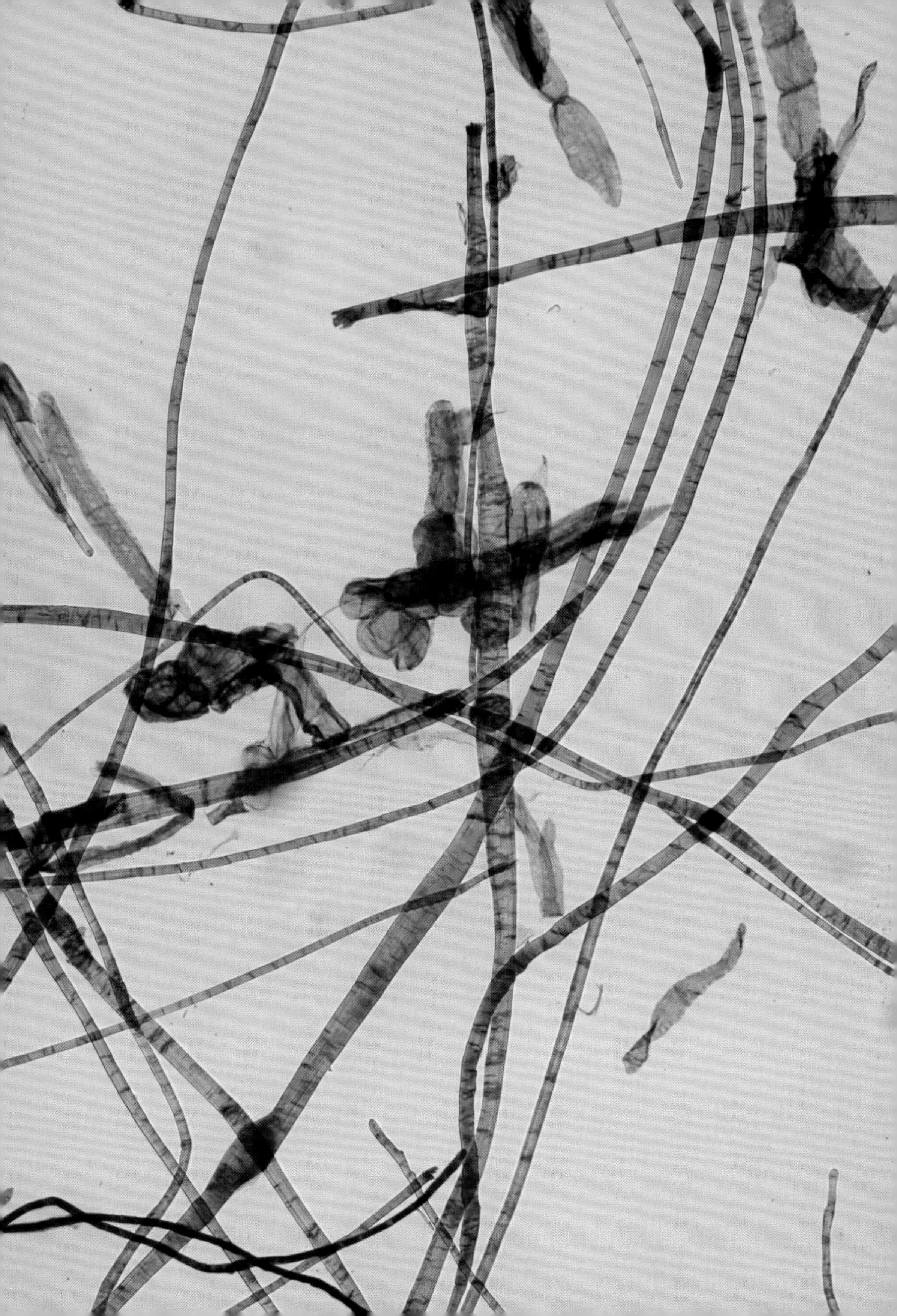

瑞香皮类主要指瑞香科植物的韧皮，既包括常见的枝干韧皮，也有用根部韧皮。瑞香科植物种类非常多，在手工造纸中有代表性的包括沉香属的土沉香，瑞香属的白瑞香、长瓣瑞香、丝毛瑞香，结香属的结香、滇结香，荛花属的荛花、澜沧荛花、披针叶荛花，狼毒属的狼毒，等等。如果将相关文献和调查中涉及的原料按植物分类进行梳理，大致如图1所示：

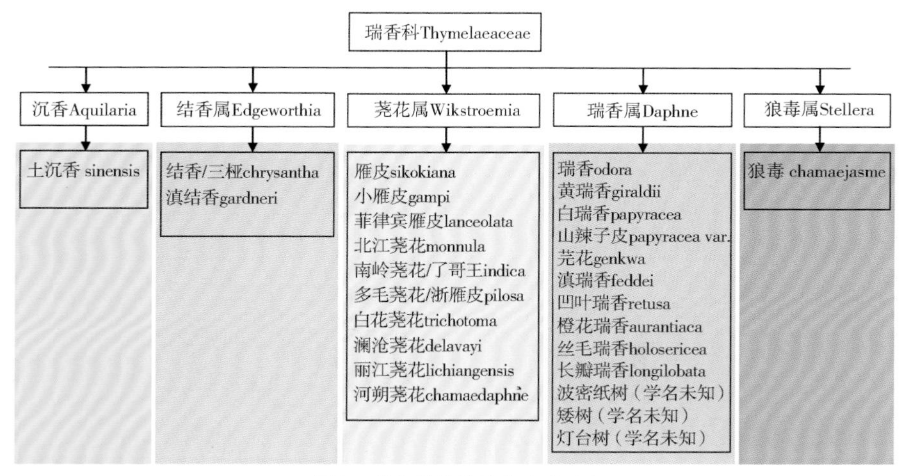

图1　瑞香科原料植物分类示意

瑞香科植物种类丰富，许多都能用来造纸。有些瑞香料植物目前仅有地方俗名，尚无明确学名。因纤维柔软纤长，瑞香皮类纸张质感细腻坚韧、晶莹绵滑，是一类非常优质的纸张。

尽管植物种类巨多，但是瑞香皮类纸张产量在手工纸中比例并不高。除结香、滇结香、雁皮制作的纸张稍容易见到，其他都比较小众，有些仅在个别纸坊使用，甚至早已绝迹，只在记载或传说中曾用于造纸。究其原因，瑞香科的许多植物为高山野生，许多分布在西南滇藏一带的崇山峻岭中，原料采集难度很大，导致批量生产受到限制。

瑞香皮类原料亲缘相近，纤维显微形态的相似度很高，一般通过纤维尺寸、形态及杂细胞特征可大致鉴别到属。属内再进行区分的难度较大，需结合其他方面的信息综合判断。总体而言，瑞香科纤维有以下几个共同特征：纤维整体纤长，杂质少，纯净度高，纤维表面有非常细密的横节纹；纤维中段加宽，加宽段细胞腔清晰；纤维两端细长，端部多为扁棒状（鱼头状）；有少量短粗纤维，与普通纤维加宽段形态相似，名称未知，可能为两端尚未伸长的韧皮纤维；部分原料中可见草酸钙晶体。

结香（三椏）

学　名：*Edgeworthia chrysantha* Lindl.
英文名：Edgeworthia chrysantha，Mitsumata

结香为瑞香科结香属落叶灌木，又称黄瑞香、水菖花、雪花皮、打结花、梦花、梦冬花等。因枝条常分三叉枝，日本称之为三椏，在我国一些地方讹称为山椏。结香植株高1~2 m，春季开花，花鹅黄色或金黄色，有芳香气味，是一种园林观赏植物，在我国南方地区分布广泛。

结香枝条非常柔软，一些地方用其枝条打结许愿，“结香”的名称也由此而来。结香韧皮纤维坚韧细柔，制成绳索经久耐用，还是一种优良的造纸原料，常用来生产书画用纸、地图纸、证券纸等高级纸种。浙江遂昌及周边地区将结香作为经济作物种植，不仅出产大量韧皮，花朵还可入药。“水菖花”即由“遂昌”谐音得名。

结香类韧皮最早何时用于造纸，目前尚无确证。但在宋元以来的一些纸质文物中已发现结香纤维。明清时期结香皮纸在南方地区较为常见，存世的一些古籍及地方文书中常见有结香皮纸，亦有用结香皮与其他原料混合抄纸。因纯结香皮纸质感与桑皮纸、构皮纸有些相似，一般人难以准确区分，常被简单归为白绵纸。史料中对结香皮纸的记载并不多，明末学者方以智所著《物理小识》中曾提到“结香纸”的纸名。

结香皮纸在我国南方多地出产，浙江龙游，湖南隆回、桂东，安徽潜山、泾县等地至今仍有采用传统工艺生产结香皮纸的作坊，产品常被称为白棉纸、龙游皮纸、汉皮纸、雪花皮纸、结香皮纸等。近年也有一些产区受日本的影响，将结香皮纸称为三椏皮纸或山椏皮纸。

三椏皮纸是日本和纸当中一个非常重要的品类，产量仅次于楮皮纸。日本史料中关于三椏制纸已知最早的记载出自1598年，即在我国明末时期三椏已经正式成为和纸原料。三椏皮纸非常适合书写，墨迹不渗不洇，乌黑亮泽，非常有立体感。日本人对三椏皮纸非常钟爱，不仅称其为“书道纸”，甚至还将三椏皮添加到纸币当中，以增强防伪效果。

结香皮纤维洁白柔韧、细软绵长，长度一般多为4~5 mm，短于桑皮和构皮纤维，但长于青檀皮、雁皮及其他竹草类纤维。由结香皮制成的纸张不仅晶莹洁白、紧致绵韧，比桑皮纸和构皮纸更加细腻匀滑、轻薄柔软。结香皮还可与竹子等短纤维原料混合抄纸，提升纸张的韧性。

纤维尺寸

表1　显微镜法测定结香皮纤维尺寸

<table>
<tr><th colspan="2">项目</th><th>平均值</th><th>最大值</th><th>最小值</th><th>长宽比</th></tr>
<tr><td>纤维长度/mm</td><td>全态</td><td>4.6</td><td>6.3</td><td>3.2</td><td rowspan="3">336</td></tr>
<tr><td rowspan="2">纤维宽度/μm</td><td>中部加宽段</td><td>22.3</td><td>32.1</td><td>16.1</td></tr>
<tr><td>两端非加宽段</td><td>13.7</td><td>20.8</td><td>8.7</td></tr>
</table>

纤维显微特征

在显微镜下观察，结香皮纤维具有非常明显的瑞香科纤维形态特征，即密集的横节纹、中段加宽、短粗纤维及鱼头状端部。从整体尺寸上来看，结香皮纤维比其他瑞香科纤维略粗而且更长，整体形态柔直纤长、平滑匀整，纤维比较干净，杂细胞及碎片较少。

结香皮纤维跟C染色剂反应后呈棕黄色或浅蓝绿色（图1），与Herzberg染色剂反应后呈黄棕色或棕偏蓝紫色（图2、3）。使用C染色剂时，杂细胞的染色较浅，不易观察。纤维表面有清晰且密集的横节纹（图4），节纹处一般少有凸起，多呈深浅不一的密集浅线纹。

结香皮纤维在中段呈加宽状态（图5），加宽段的细胞腔宽大而明显，腔内轮廓清晰，纤维壁厚与未加宽段相近。整个加宽段常一端略宽或微呈肩状，另一端稍尖。两端未加宽段纤维细而均匀，细胞腔呈深色细线。表面亦偶见极薄的胶质膜，因常随打浆过程去除而不易发现。由于瑞香类纤维表面的胶质膜极薄且非常稀见，一般不作为结香皮纤维鉴别特征。

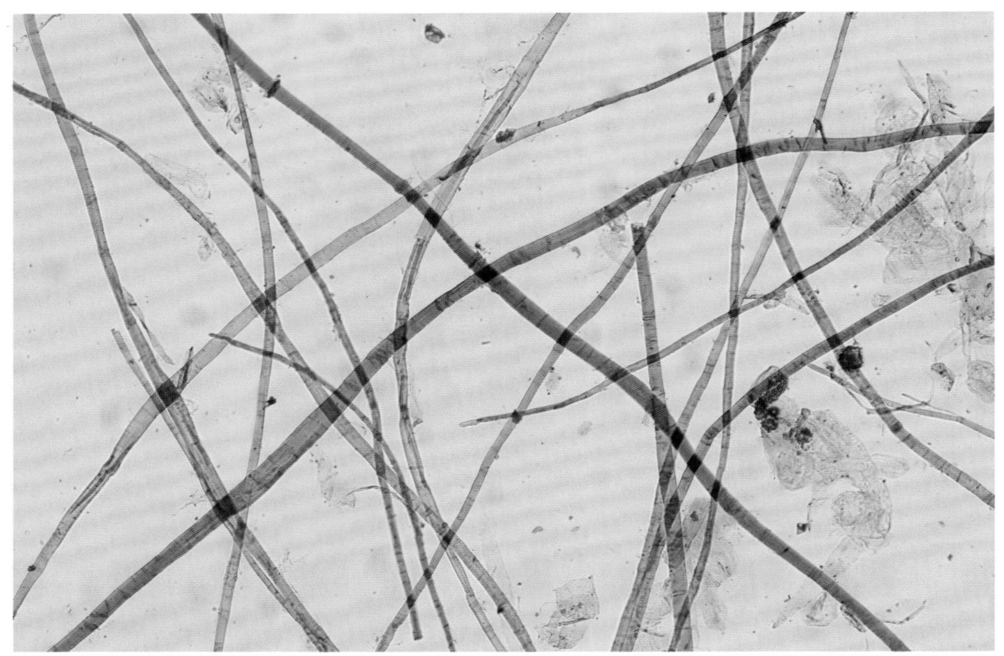

图1　结香皮纤维形态（物镜10×，C染色剂）

图2　结香皮纤维形态（物镜10×，Herzberg染色剂）

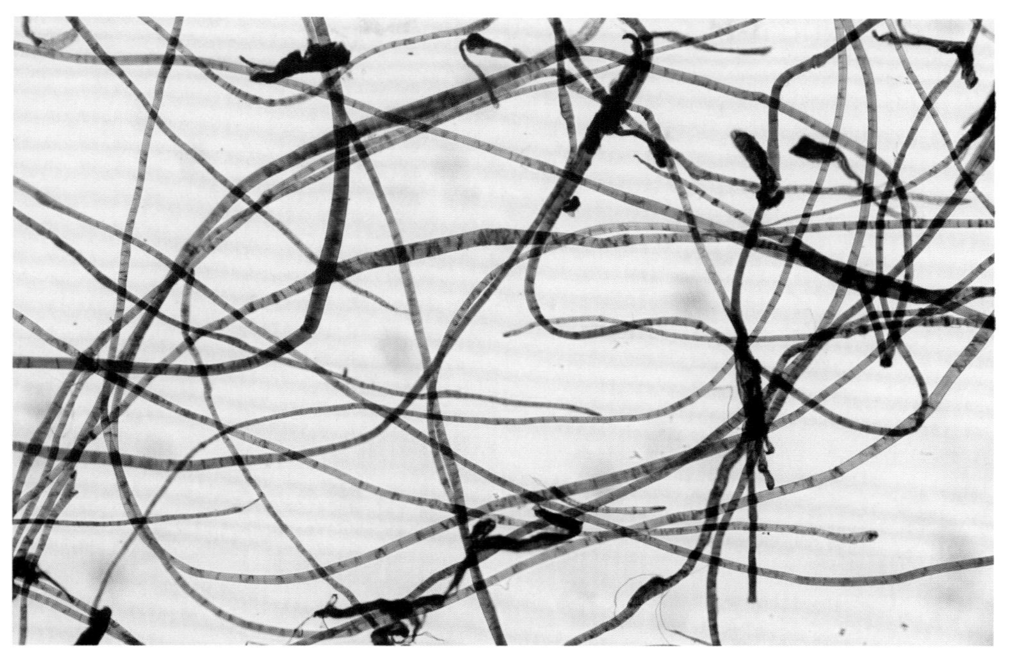

图3　结香皮纤维形态（物镜10×，Herzberg染色剂）

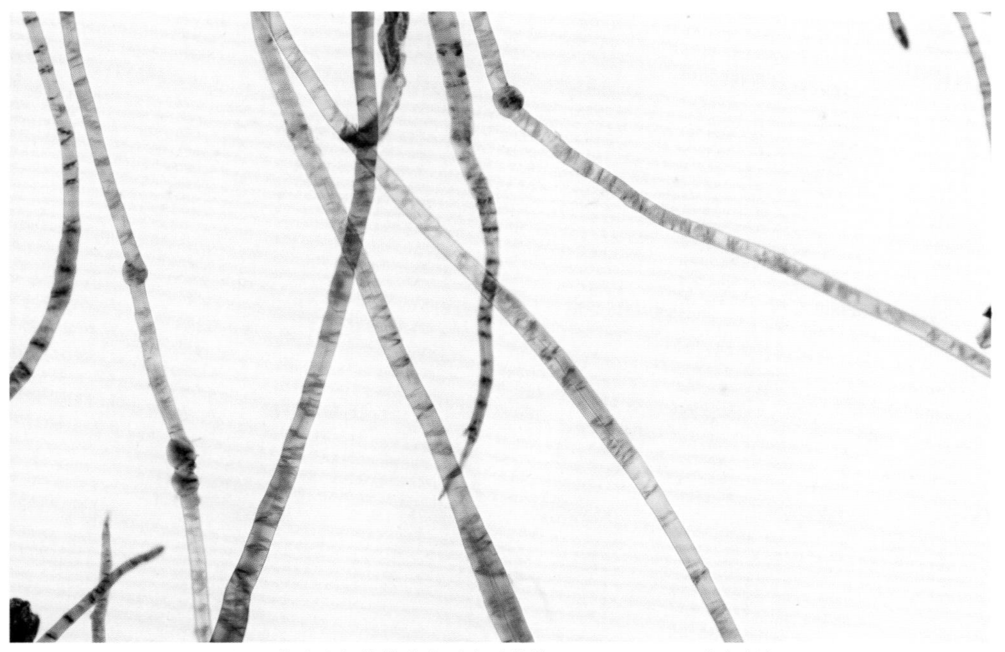

图4　结香皮纤维横节纹形态（物镜20×，Herzberg染色剂）

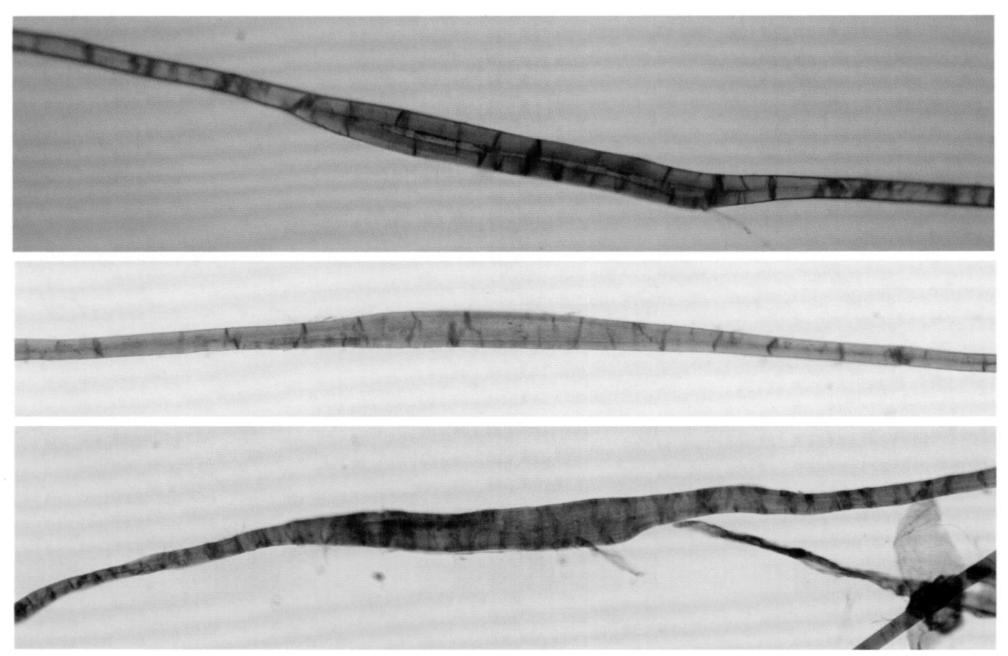

图5 结香皮纤维中段加宽形态（物镜20×，Herzberg染色剂）

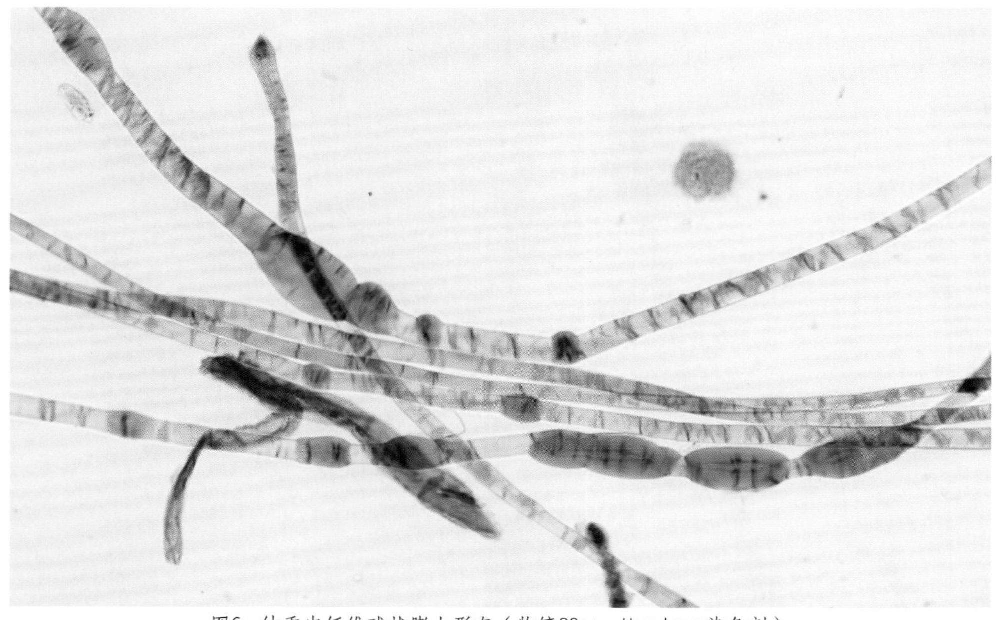

图6 结香皮纤维球状膨大形态（物镜20×，Herzberg染色剂）

结香皮纤维经Herzberg染色剂润胀，有时还会产生鼓泡状的结节（图6），称之为“球状膨大”，偶呈串珠状。发生这种现象的原因是纤维次生壁润胀后撑破了外层初生壁（图7）。这一特征在结香属和瑞香属韧皮纤维中较多见，尤其是染色剂经过稀释后，更容易出现球状膨大现象。

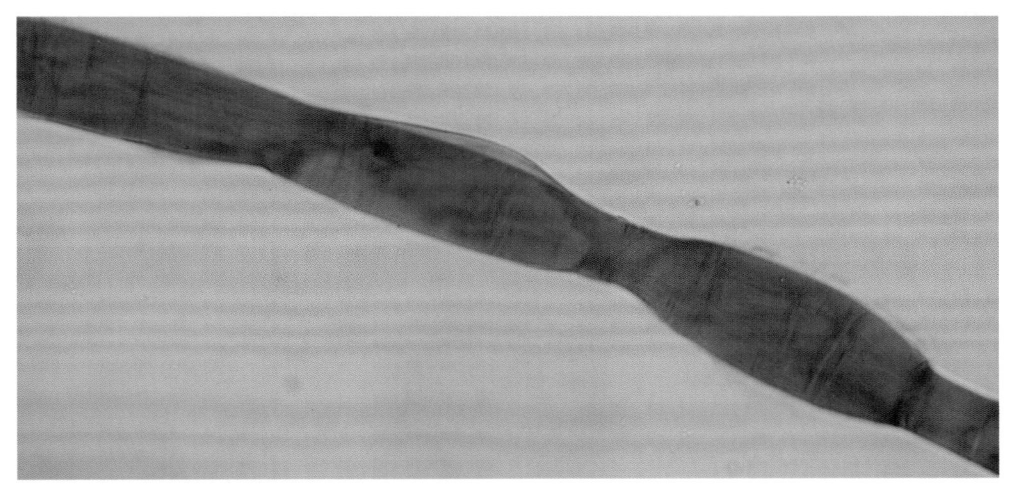

图7 结香皮纤维外层初生壁被胀破（物镜40×，Herzberg染色剂）

结香皮纤维端部渐细，至顶端常稍微膨大，呈扁槌状（图8），且端头可见颜色加深的小圆点，状如鱼头，亦有端部呈尖细形、刮刀形或分枝状（图9、10、11、12）。

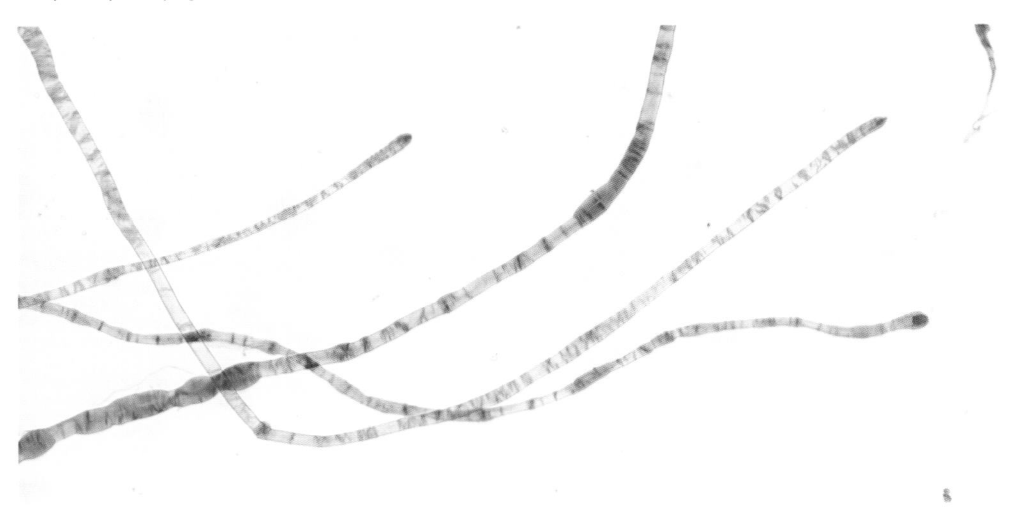

图8 结香皮纤维端部形态（物镜10×，Herzberg染色剂）

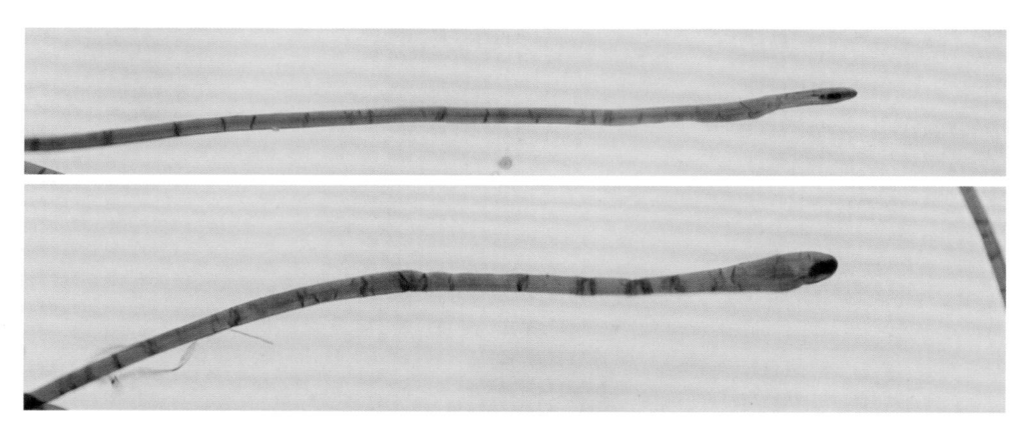

图9　结香皮纤维扁槌状（鱼头状）端部形态（物镜20×，Herzberg染色剂）

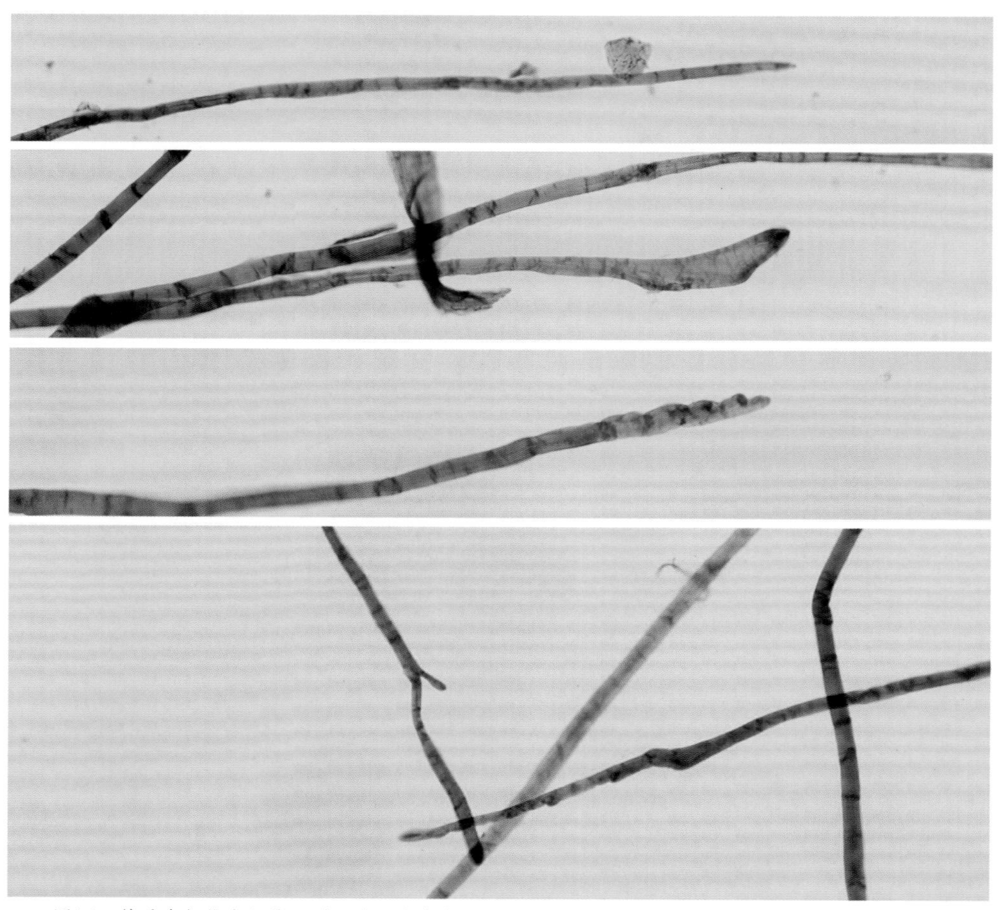

图10　结香皮纤维尖细状、刮刀状、疙瘩串状及分枝状端部形态（物镜20×，Herzberg染色剂）

结香皮纤维中还可见瑞香科特有的短粗纤维（图6），但结香皮的短粗纤维偏短，并不太粗，整体为狭长的披针形。其形态与普通细胞有些相似，细胞壁略厚，表面有横节纹，细胞腔较明显。短粗纤维的宽度跟普通纤维中段加宽部分的宽度接近或略宽，两端渐细而尖，长度一般在1~1.5 mm。

结香皮中的杂细胞主要为筛管、薄壁细胞和韧皮射线细胞。筛管比较小，呈长条形，端部多斜口，宽度为纤维的2~3倍，壁上有纵向呈串状排列的纹孔（图13）。薄壁细胞为方形或不规则球形，常聚集成团或串状排列（图14），表面有细小的纹孔。韧皮射线细胞呈藕节状（图15），常有2~3节首尾相连散落于纤维间。由于打浆的剪切力，筛管、薄壁细胞和韧皮射线细胞常破碎成无规则的碎片。

结香皮纤维中也有草酸钙晶体（图16），一般为碎花状的簇晶，散落于纤维之间，偶呈串状排列。

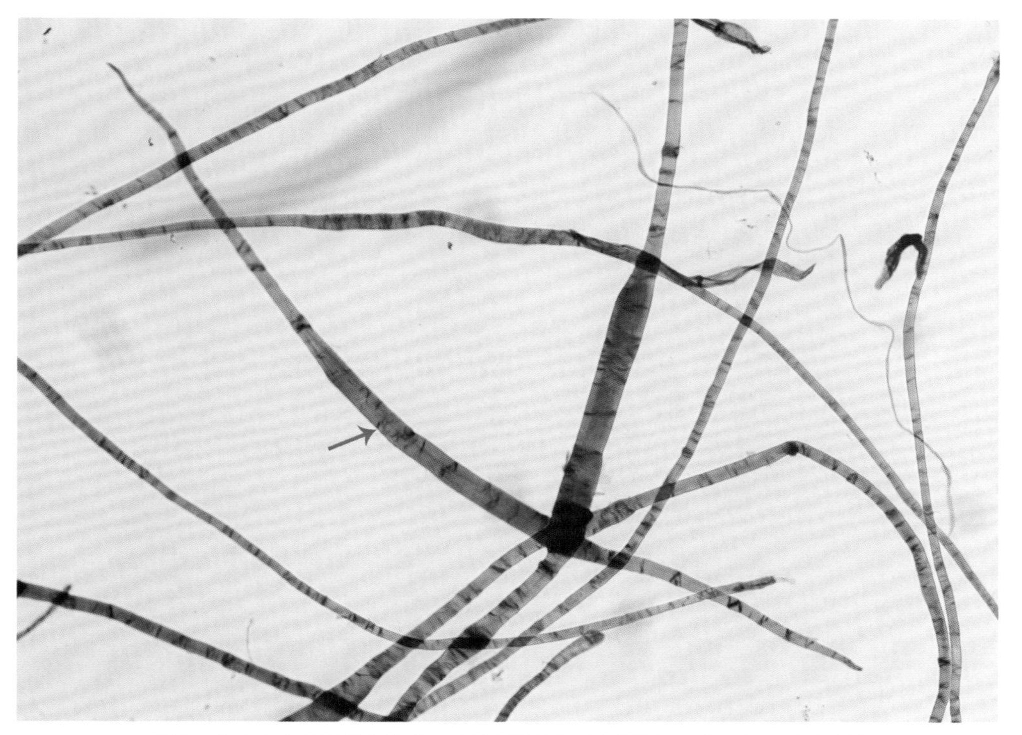

图11　结香皮中的短粗纤维形态（箭头所示）（物镜10×，Herzberg染色剂）

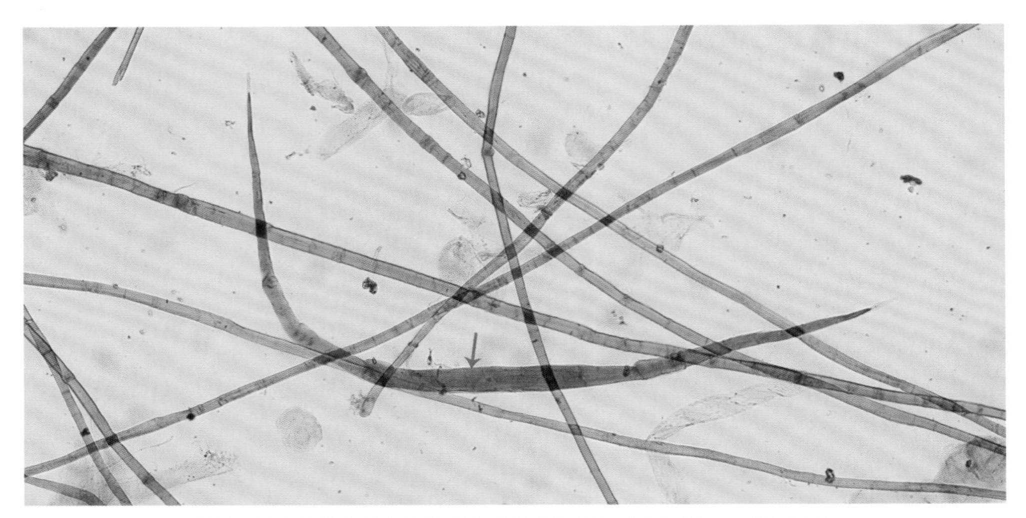

图12 结香皮中的短粗纤维形态（箭头所示）（物镜10×，C染色剂）

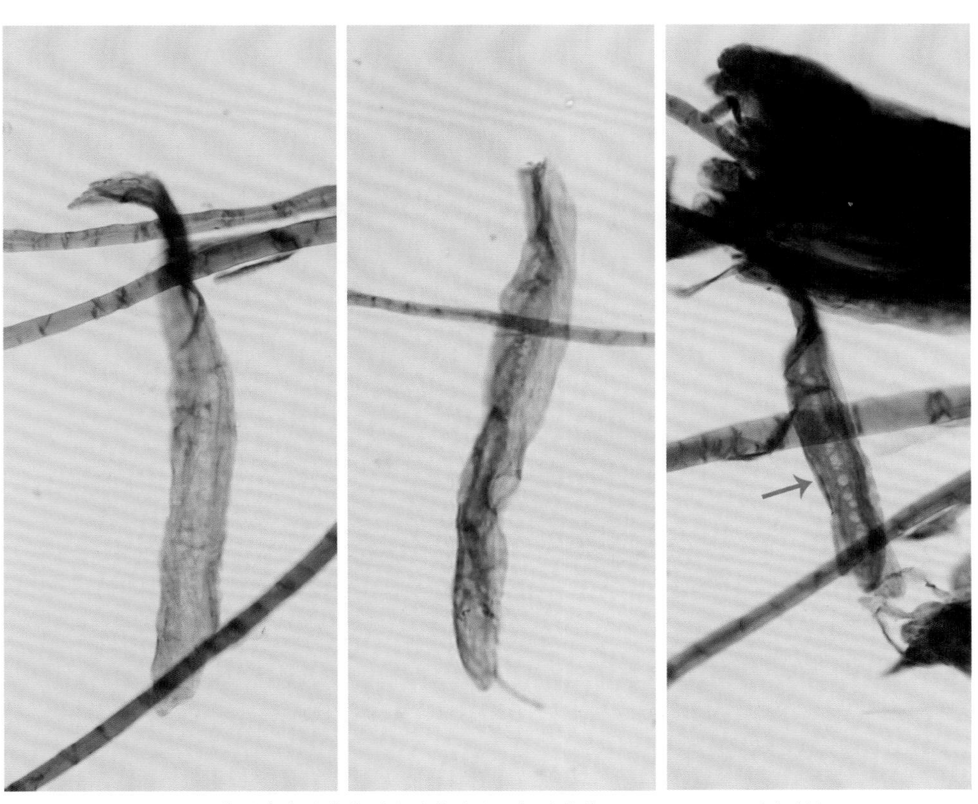

图13 结香皮中的筛管形态（箭头所示）（物镜20×，Herzberg染色剂）

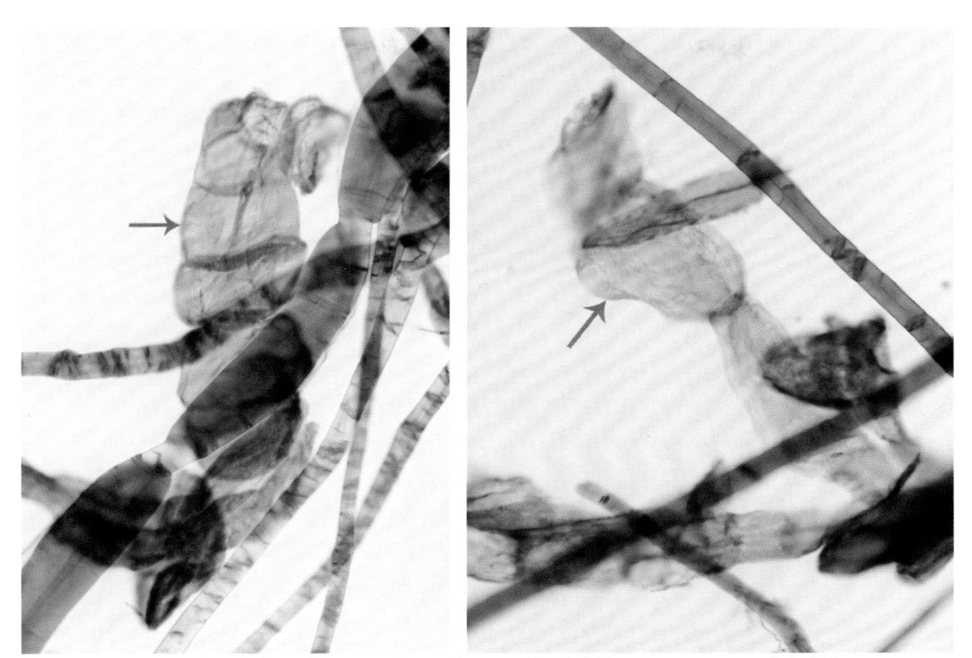

图14 结香皮中的薄壁细胞形态（箭头所示）（物镜20×，Herzberg染色剂）

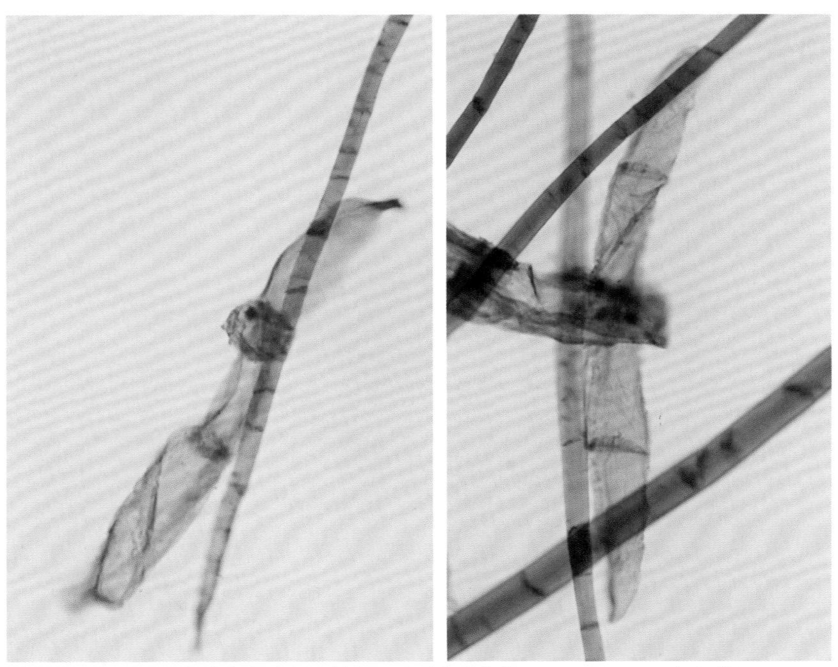

图15 结香皮中的韧皮射线细胞形态（物镜20×，Herzberg染色剂）

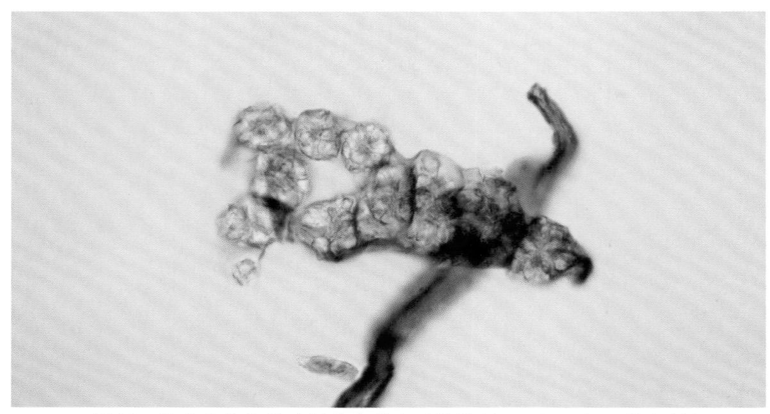

图15 结香皮中的草酸钙晶体形态（物镜40×，Herzberg染色剂）

日本三椏皮纸的纤维显微形态（图17）

日本三椏皮纤维与中国结香皮纤维在显微形态上有一定差异，其中段加宽的幅度稍小，加宽段与两端细长段过渡比较平缓，加宽部分的细胞腔比较明显，纤维壁薄，内腔宽大。

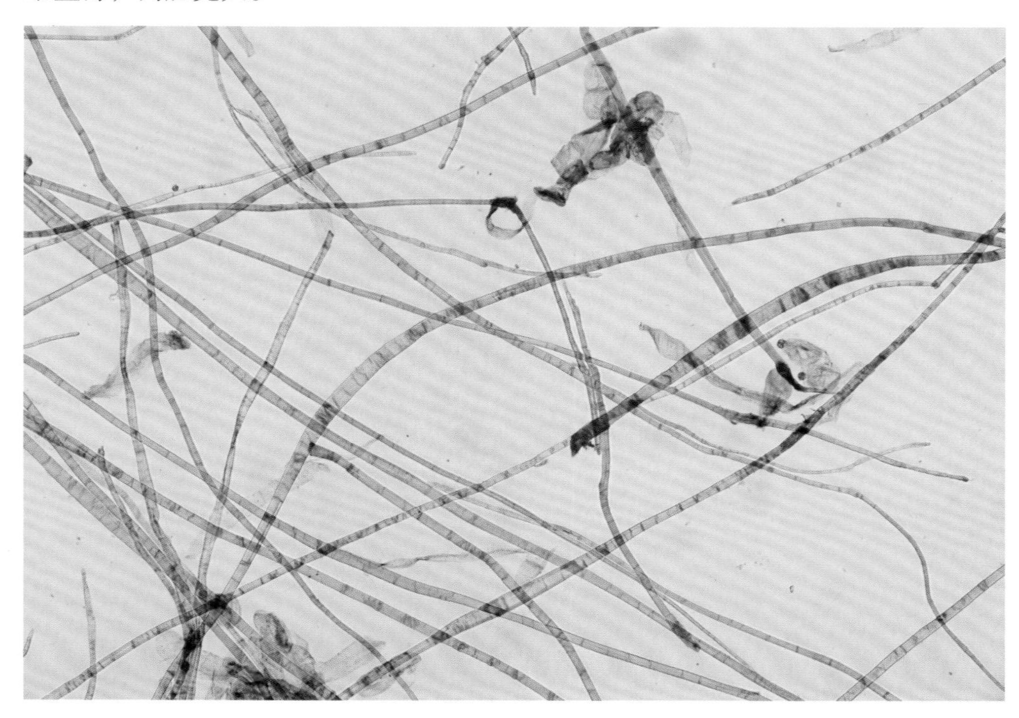

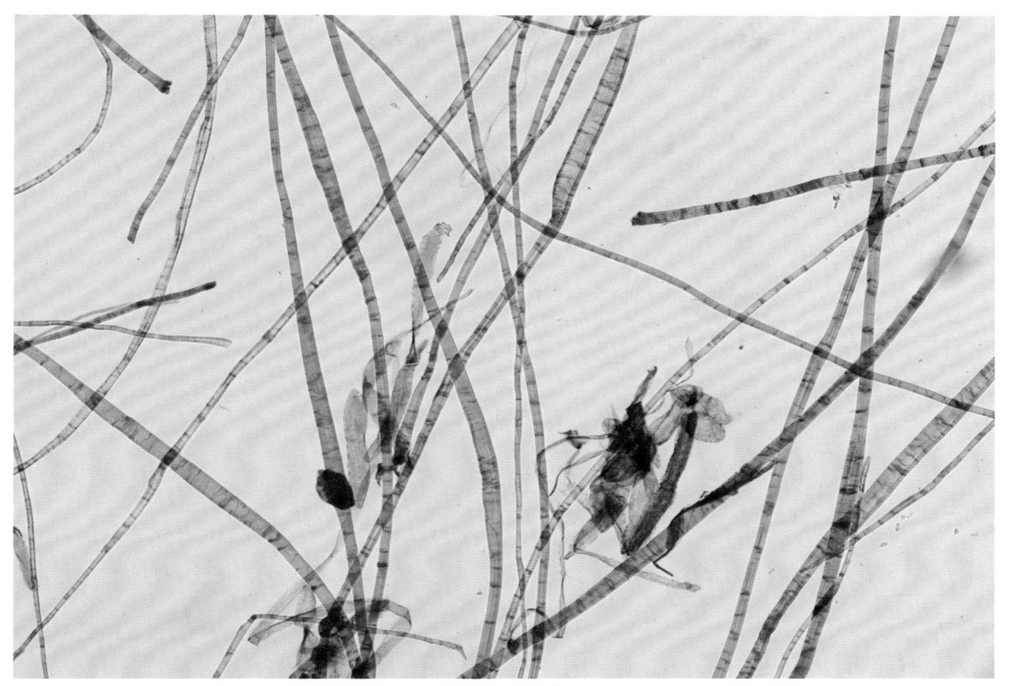

图17　日本冈山三桠皮纤维形态（物镜10×，Herzberg染色剂）

结香皮古纸样品纤维显微形态（图18、19、20）

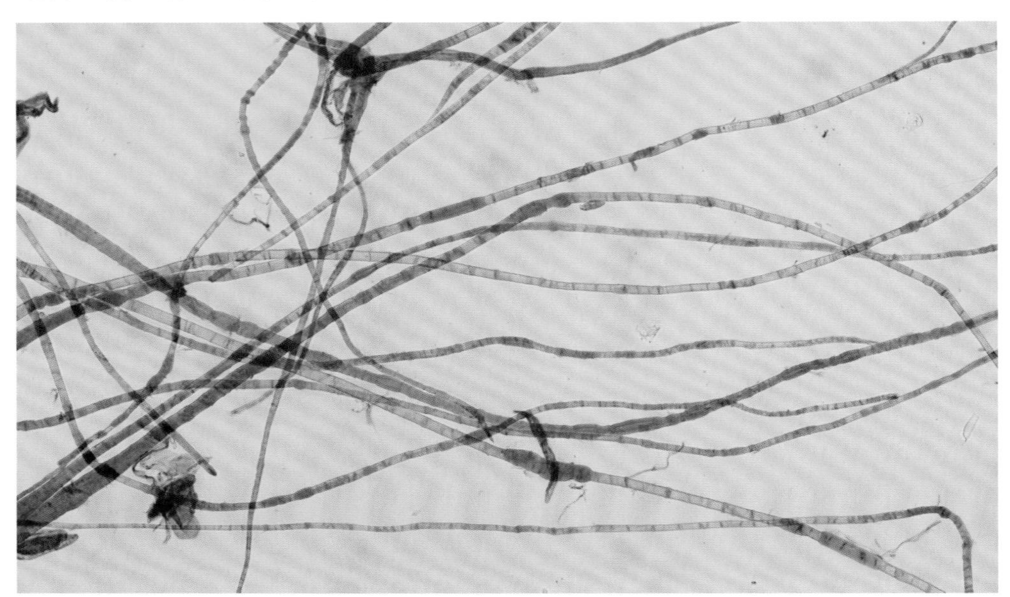

图18　明万历文书纸样（物镜10×，Herzberg染色剂）

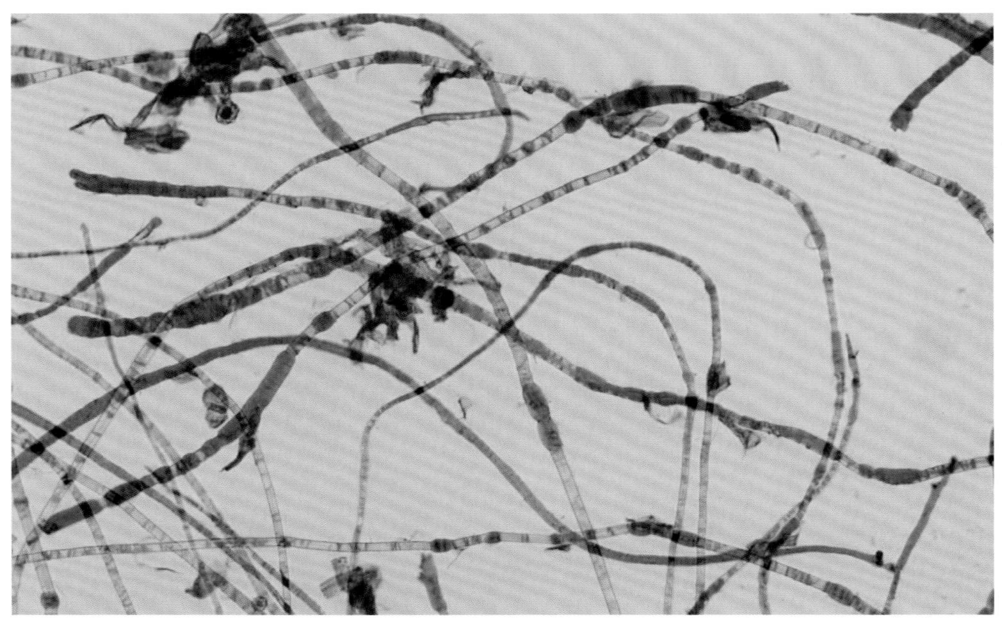

图19　清咸丰残片纸样（物镜10×，Herzberg染色剂）

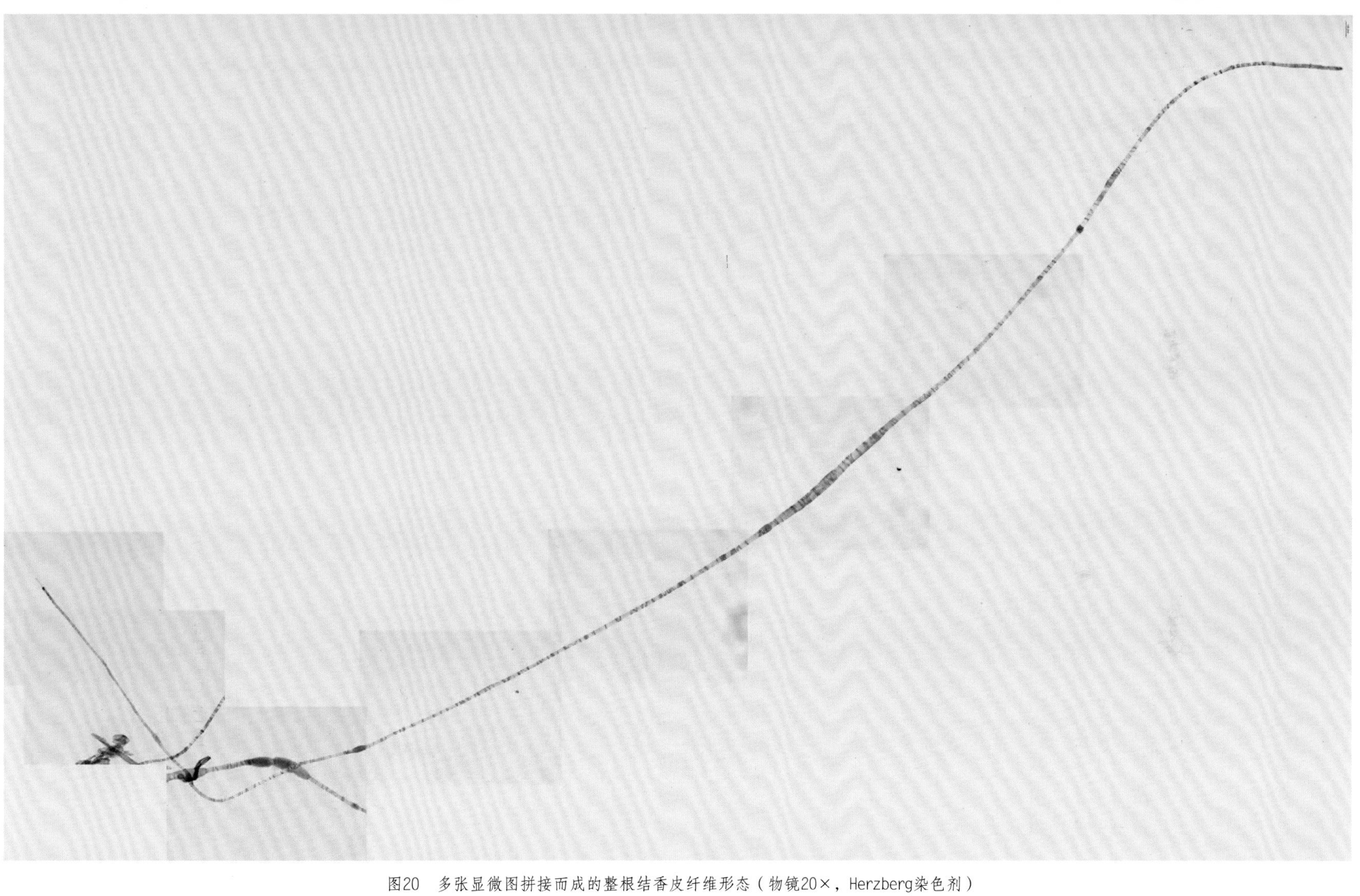

图20　多张显微图拼接而成的整根结香皮纤维形态（物镜20×，Herzberg染色剂）

滇结香

学　名：*Edgeworthia gardneri* (Wall.) Meisn.
英文名：Edgeworthia gardneri

滇结香为瑞香科结香属常绿灌木或小乔木，又称长梗结香、柳构、小构树等。植株高3~4 m。生长于西南地区的高山之上，在海拔1000~2500 m的江边、林缘及疏林湿润处或常绿阔叶林中较为多见。主要分布于我国西藏东部及云南西部至西北部，周边的尼泊尔、不丹、印度及缅甸北部也有分布。

滇结香跟结香同为结香属植物，叶、花及植株形态都非常相似，主要区别为：结香秋冬落叶，初春时先开花，然后萌发新叶；而滇结香冬季不落叶，四季常绿。滇结香植株比结香更加高大；结香则较低矮，一般只有1~2 m高。

云南腾冲出产的腾冲纸即以滇结香韧皮为主要原料，部分藏纸以及尼泊尔、不丹等地的手工纸亦有使用滇结香皮制成。在腾冲及周边地区，当地人称滇结香为柳构、小构树或构树，制成的纸张常被称为柳构皮纸，甚至是构皮纸，以至于在一些文献资料中腾冲纸常被误称为构皮纸。实际上这只是当地语言习惯造成的讹误，并非真由构皮制作。类似的讹误在其他地方也并不鲜见，这种习惯性称谓上的错位，很可能暗示该地区的造纸技术源自某个构皮纸产区。

滇结香皮造纸始于何时，目前尚无确切史料记载。但据腾冲当地家谱记载，明朝洪武年间湖南军户入滇戍边时，将造纸术传入腾冲，并就地取材用滇结香皮制纸。湖南的郴东、隆回等地确为结香皮纸产区，家谱中的说法存在很大可能性。

腾冲在旧时曾一度为西南地区的手工造纸重镇，鼎盛时几乎家家户户都设有纸坊。20世纪50年代以后纸坊逐渐由家庭作坊转为联营社，到1974年联营社更名为腾冲县宣纸厂，1980年国家工商局正式批准命名腾冲宣纸厂所产书画用纸为“雪花牌”宣纸。彼时腾冲手工造纸颇具规模，产品远销海内外。到20世纪90年代以后，腾冲手工造纸开始衰落，各大纸厂和纸坊相继倒闭，仅有部分村寨的少数家庭纸坊保留下来。

时至今日，随着非遗保护相关政策的推动和支持，腾冲纸又逐步恢复生产。

龙上寨还建了高黎贡手工造纸博物馆，当地出产的腾冲纸不仅用于书画制品，开发成文创产品，还被用于修复西南地区的古籍，纸张质量也日渐提升。

纤维尺寸

表1　显微镜法测定滇结香皮纤维尺寸

项目		平均值	最大值	最小值	长宽比
纤维长度/mm	全态	4.8	6.7	3.9	340
纤维宽度/μm	中部加宽段	20.6	29.9	15.2	
	两端非加宽段	14.1	20.2	7.8	

纤维显微特征

由于跟结香同属，滇结香皮的纤维显微特征跟结香皮纤维非常相似，许多特征点都几近相同，仅从微观形态特征上难以将二者准确区分。

在显微镜下观察，滇结香皮纤维柔软细长（图1），根根分明，整体比较干净疏朗。跟C染色剂作用呈棕黄色或蓝绿色（图1），与Herzberg染色剂作用呈黄棕色或棕偏蓝紫色（图2）。使用C染色剂时，杂细胞的着色较浅，不易观察（图1）。

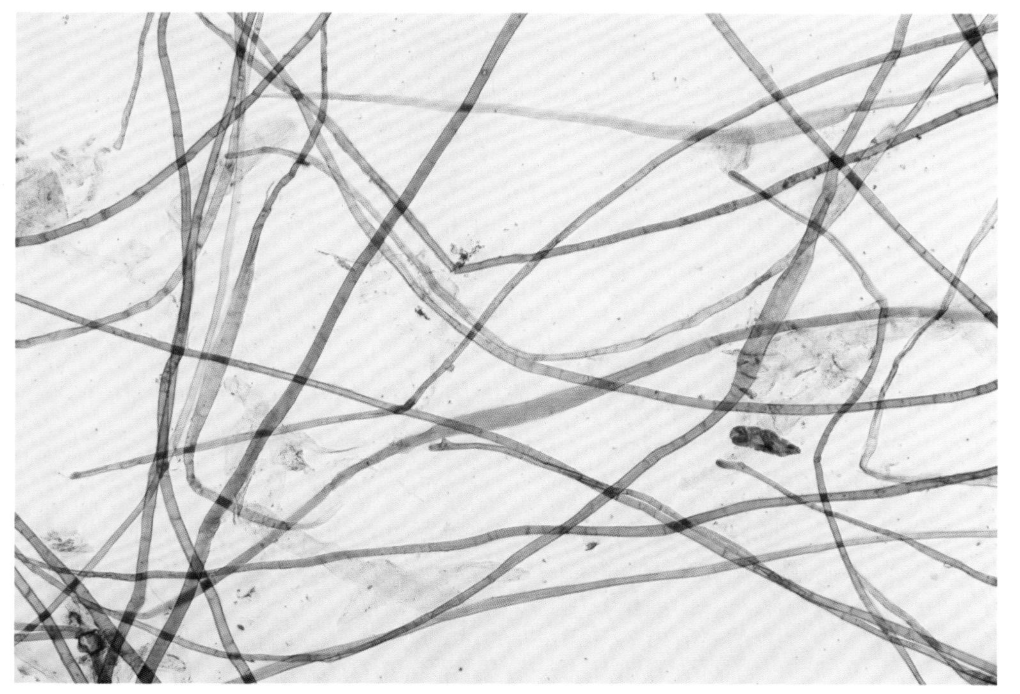

图1　滇结香皮纤维形态（物镜10×，C染色剂）

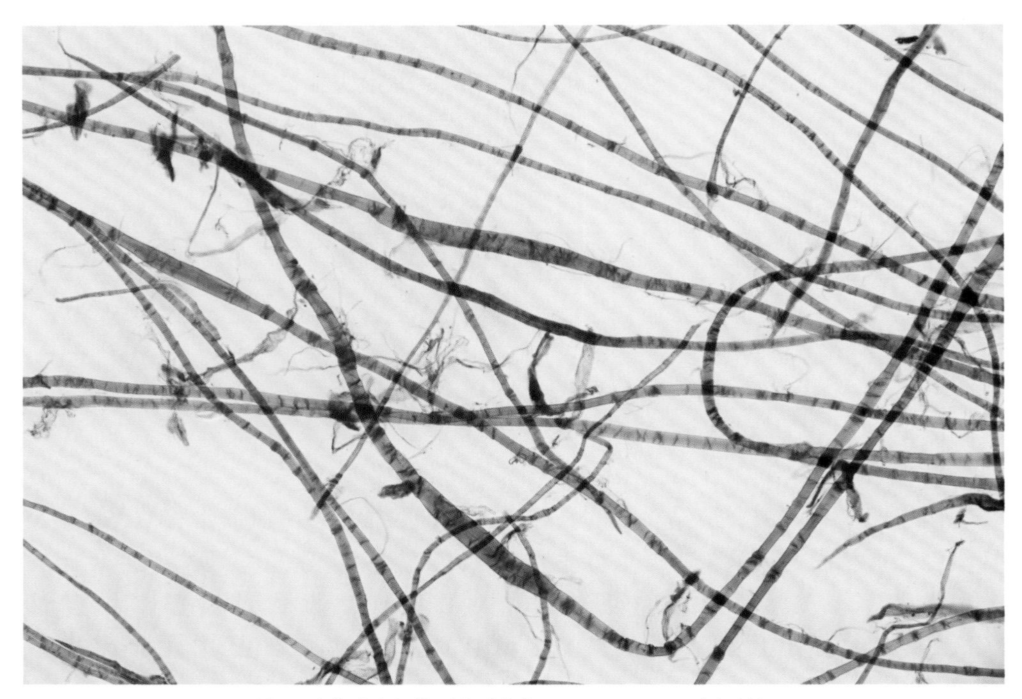

图2　滇结香皮纤维形态（物镜10×，Herzberg染色剂）

滇结香皮纤维表面有清晰而密集的横节纹（图2、3），部分纤维在润胀后会有球状膨大的现象（图4）。纤维表面亦偶见极薄的胶质膜（图5），因常随打浆过程去除而非常稀见。纤维中段加宽，两端渐细而长。加宽段明显鼓起，状如细长的纺锤形（图6、7），加宽段的两端大小常略有差异，一端稍宽，一端略尖，加宽段的细胞腔宽大而明显。跟结香皮纤维相比，滇结香皮纤维的加宽段略短，这是二者稍明显的一个特征区别点。

滇结香皮纤维端部与结香的基本相似，主要为扁槌状端部，顶端稍膨大并有一黑点，亦有尖细状、分枝状等端部特征（图8）。

滇结香皮纤维间可见短粗的纤维，长度一般多在1~1.5 mm，中部稍宽，两端渐细而尖，整体形态如狭长的披针形（图9、10），与结香皮的短粗纤维形态接近。

滇结香皮中的杂细胞主要为筛管、薄壁细胞和韧皮射线细胞。筛管尺寸较小，呈长条形，端部多为斜口，为纤维的2~3倍宽，筛管壁上可见纵向呈串状排列的纹孔（图11）。薄壁细胞呈方形或不规则球形，常聚集成团或串状排列（图12），表面有细小的纹孔。韧皮射线细胞2~3节首尾相连，呈藕节状（图13）。

经过打浆后，筛管、薄壁细胞和韧皮射线细胞常破碎成无规则碎片，散落于纤维间。纤维之间可见碎花状的草酸钙簇晶（图7、14）。

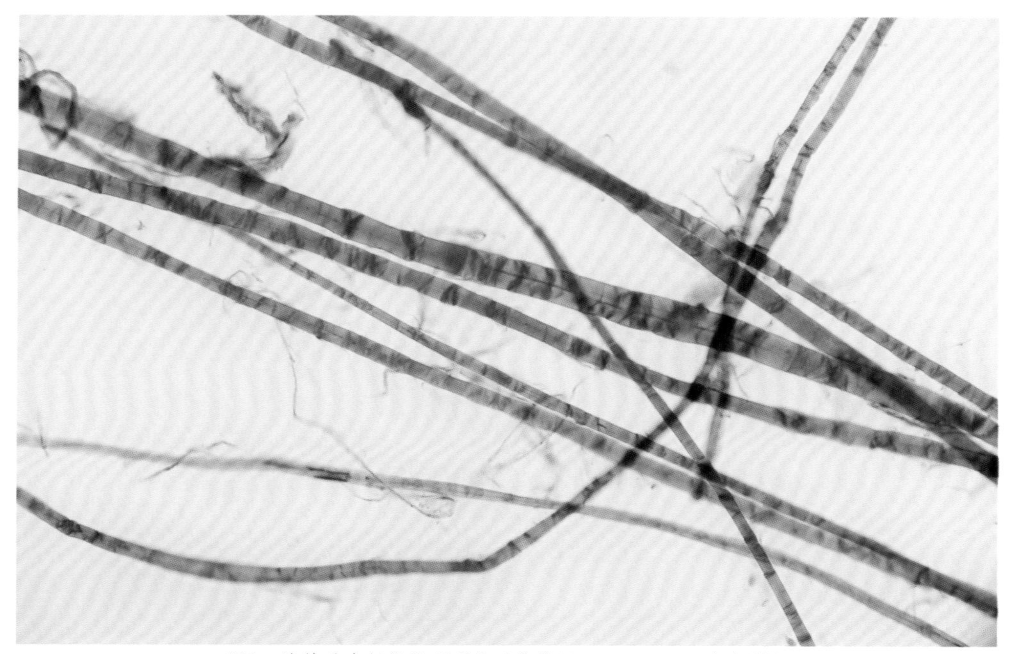

图3　滇结香皮纤维纹理形态（物镜20×，Herzberg染色剂）

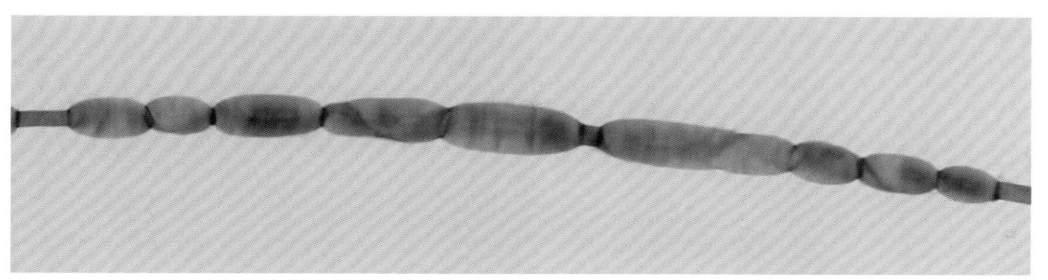

图4　滇结香皮纤维球状膨大形态（物镜20×，Herzberg染色剂）

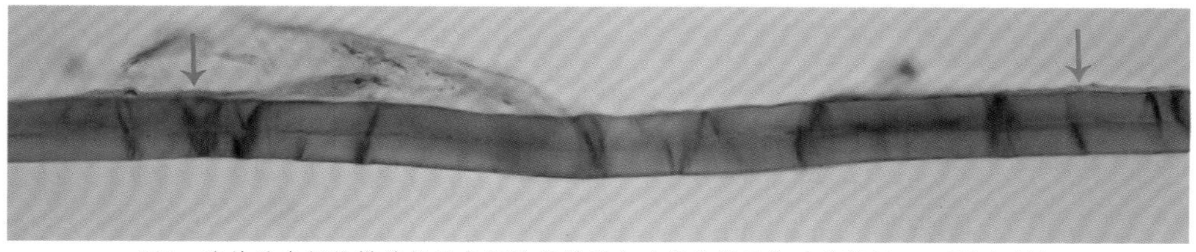

图5　滇结香皮纤维横节纹及表面胶质膜形态（箭头所示）（物镜40×，C染色剂）

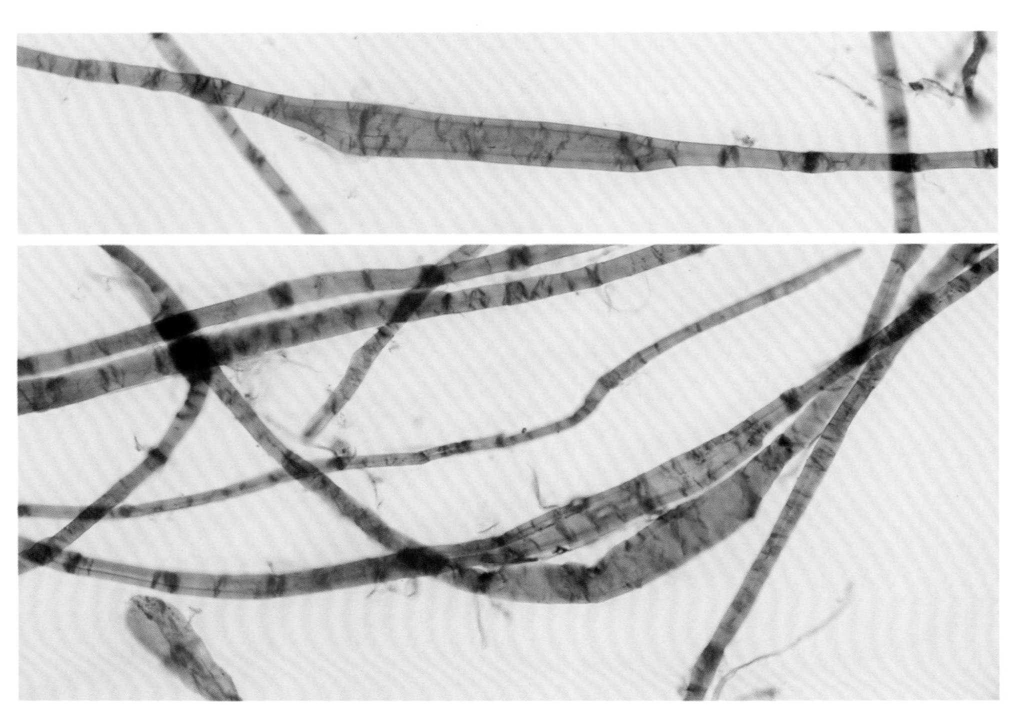

图6　滇结香皮纤维中段加宽及细胞腔形态（物镜20×，Herzberg染色剂）

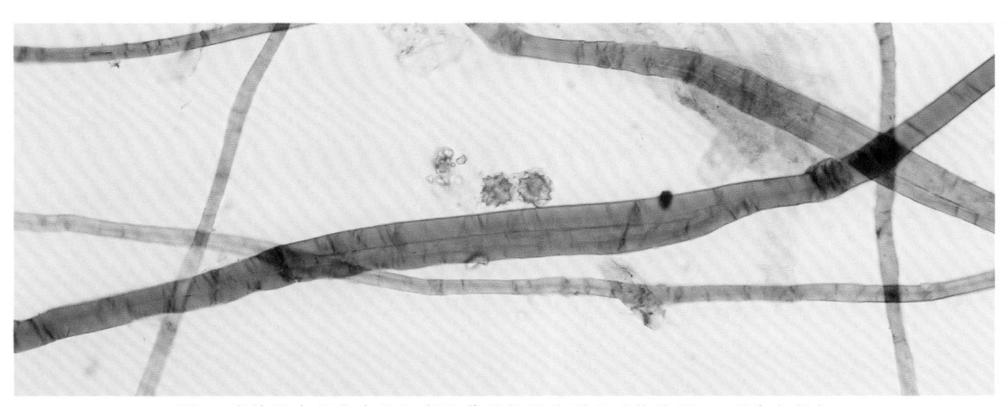

图7　滇结香皮纤维中段加宽及草酸钙晶体形态（物镜20×，C染色剂）

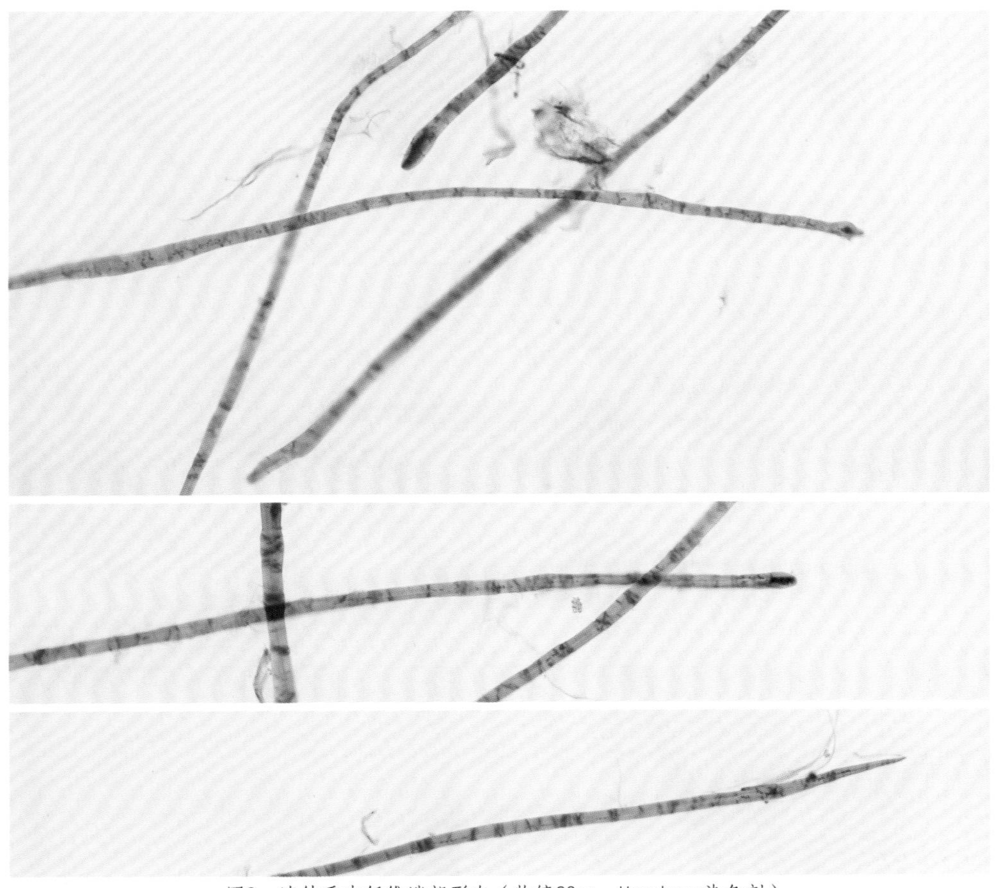

图8　滇结香皮纤维端部形态（物镜20×，Herzberg染色剂）

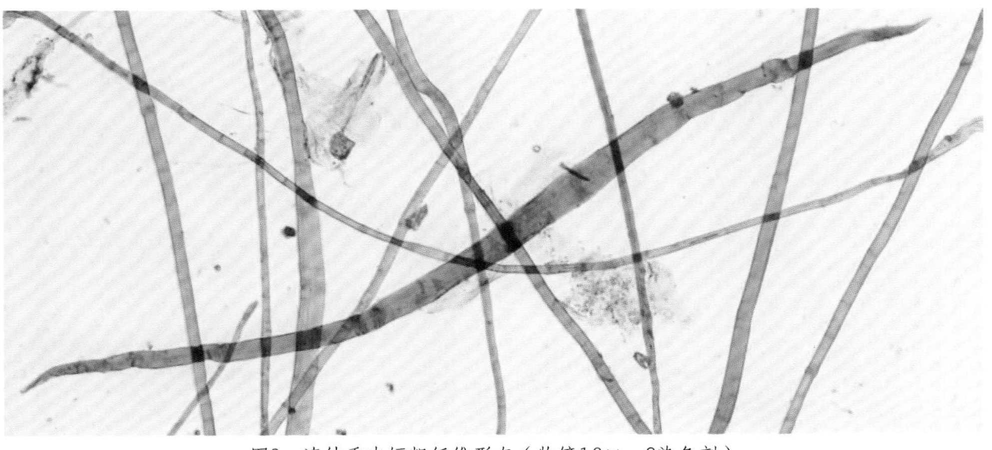

图9　滇结香皮短粗纤维形态（物镜10×，C染色剂）

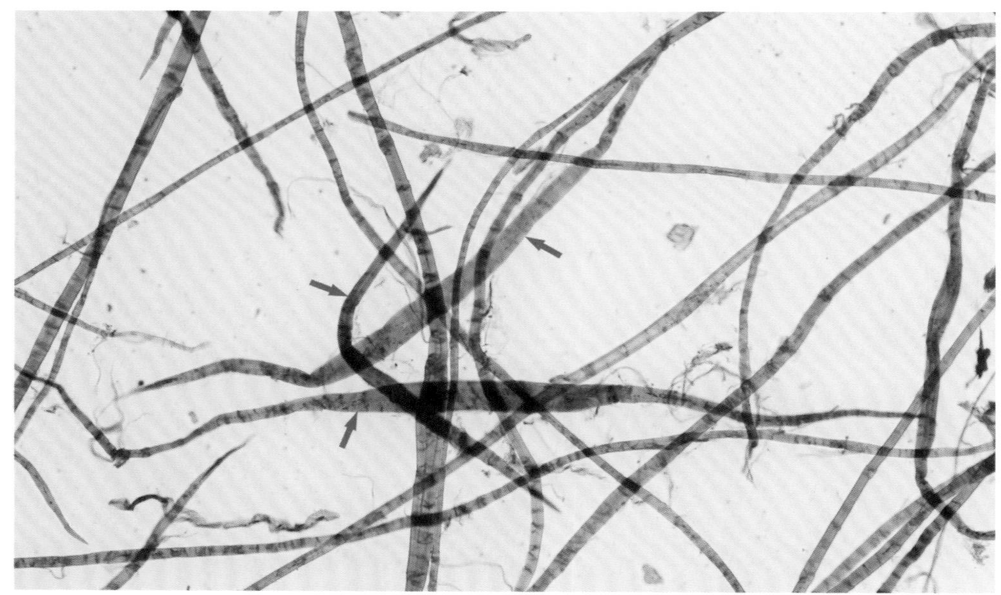

图10　滇结香皮短粗纤维形态（箭头所示）（物镜10×，Herzberg染色剂）

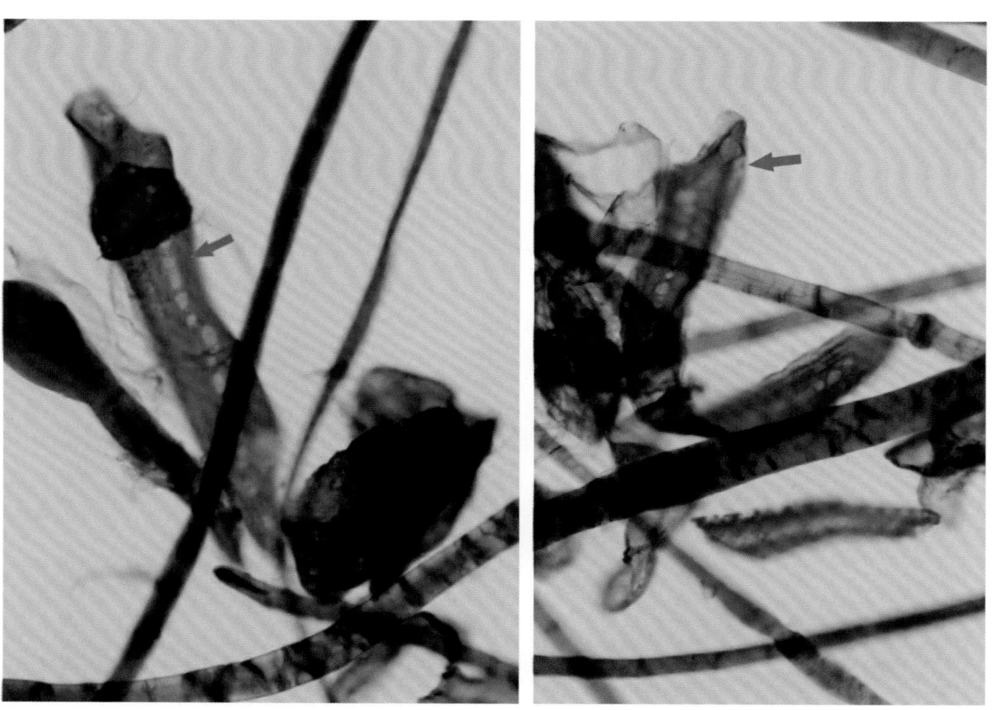

图11　滇结香皮中的筛管形态（箭头所示）（物镜20×，Herzberg染色剂）

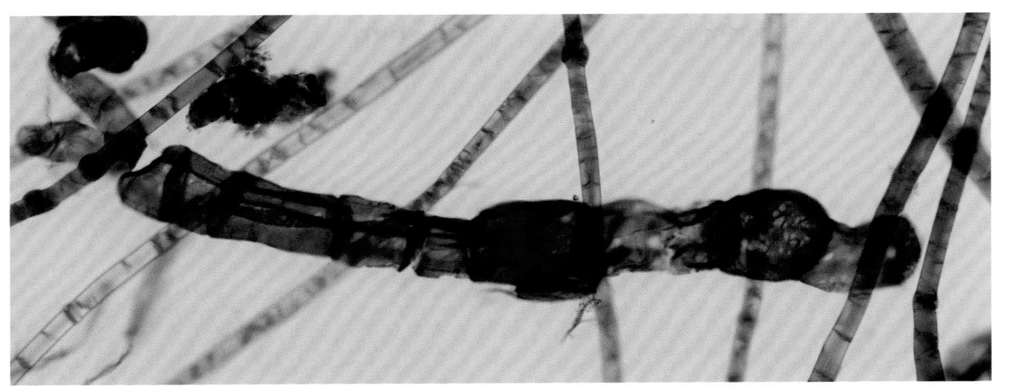

图12　滇结香皮中的薄壁细胞形态（物镜20×，Herzberg染色剂）

图13　滇结香皮中的韧皮射线细胞形态（箭头所示）（物镜20×，Herzberg染色剂）

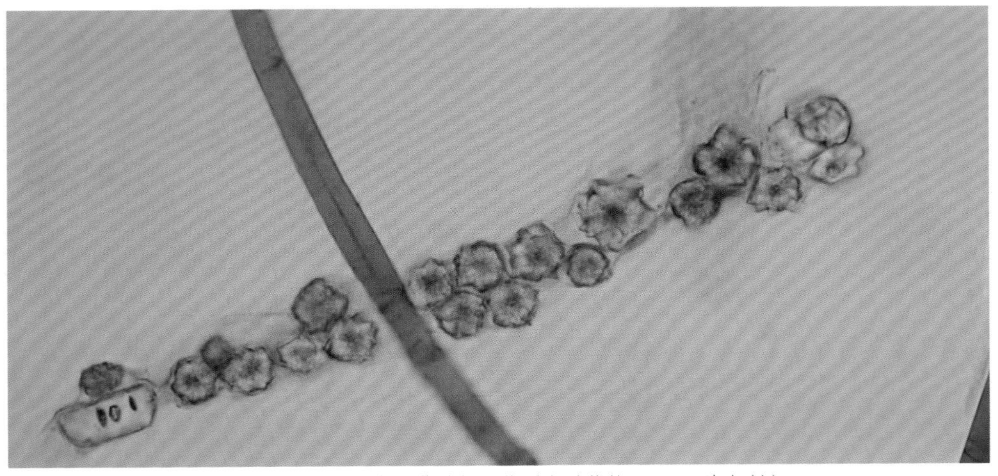

图14　滇结香皮中的草酸钙晶体形态（物镜40×，C染色剂）

土沉香

学　名：*Aquilaria sinensis* (Lour.) Spreng.
英文名：Chinese Eaglewood

土沉香为瑞香科沉香属乔木，又称栈香树、香皮树、牙香树、白木香、莞香、芫香、青桂香等，出产于我国广东、海南、广西、福建、台湾等热带及亚热带沿海地区。其树脂芳香，老茎受伤后所积得的树脂即为沉香，是名贵的香料。与其他瑞香科植物类似，土沉香的韧皮也可用来造纸，制成的纸张常称为蜜香纸、香皮纸或栈香纸。据史料记载，我国岭南、海南及周边的越南部分地区曾有出产。

蜜香纸历史悠久，魏晋时就已非常著名。据晋代嵇含《南方草木状》记载："蜜香纸：以蜜香树皮叶作之，微褐色，有纹如鱼子，极香而坚韧，水渍之不溃烂。太康五年，大秦献三万幅。"[①]这段史料不仅详细描述了蜜香纸的原料和特征，还提到了西晋太康五年（284）大秦国献纸的故事。

据《晋书》记载，太康五年，"林邑、大秦国各遣使来献（纸）"[②]。这里的"大秦"指的是东罗马。西晋太康五年东罗马人来中国通商，途经越南买下蜜香纸向西晋进贡。其中提到蜜香皮纸的产地在越南林邑，也就是现在的占城一带。

另据唐代刘恂《岭表录异》记载："广管罗州多栈香树，身如柜柳，其花白而繁；其叶如橘皮，堪作纸，名为香皮纸，灰白色，有纹如鱼子笺。"[③]这里提到的"罗州"为如今的广东廉江一带。历史上我国岭南及海南等地也曾是蜜香纸产区。

蜜香纸至清代仍有出产。据清代屈大均在《广东新语》中的记载："东莞出蜜香纸。以蜜香木皮为之。色微褐。有点如鱼子。……南浙书壳。皆用栗色竹纸。易生粉蠹。至粤中必以蜜香纸易之。始不蠹。最坚厚者曰纯皮。过于桑料。细者曰纱纸，染以红黄。以帷灯。恍若空縠。以有细点如沙。亦曰沙纸。晋武帝

① 〔晋〕嵇含撰，张宗子辑注：《嵇含文辑注》，中国农业科技出版社，1992年，第39页。
② 〔唐〕房玄龄等：《晋书》，中华书局，1974年，第75页。
③ 〔唐〕刘恂著，鲁迅校：《岭表录异》，广东人民出版社，1983年，第20页。

赐杜预蜜香纸万番。”[①]可以看出蜜香纸在当地应用广泛，不仅用于书写，还可染色制作灯罩等生活用品。

一些地方文献亦有提到广东东莞出蜜香纸，称“莞香的树皮色白质细，纤维柔韧，自古以来就是制造高级纸张的原料，用莞香树做原料制成的纸统称蜜香纸、香皮纸”[②]。从南方地区传世的部分古籍和民国文献中也曾发现蜜香纸的实物，一般以抄纸法制成，纸质绵软细腻，韧性好，跟常见的结香皮纸质感有些类似。近年也有纸坊尝试复原蜜香纸，但多属试验性质，规模不大。

一些资料中提到蜜香纸、香皮纸具有沉香的香味，但含有香气的树脂在经过碱的蒸煮后是否能保留下来仍需研究证实。从古纸实物和复原的蜜香纸来看，蜜香纸并没有明显的香气。

纤维尺寸

表1　显微镜法测定土沉香皮纤维尺寸

<table>
<tr><th colspan="2">项目</th><th>平均值</th><th>最大值</th><th>最小值</th><th>长宽比</th></tr>
<tr><td>纤维长度/mm</td><td>全态</td><td>3.40</td><td>4.32</td><td>2.19</td><td rowspan="3">354</td></tr>
<tr><td rowspan="2">纤维宽度/μm</td><td>中部加宽段</td><td>23.3</td><td>29.5</td><td>17.1</td></tr>
<tr><td>两端非加宽段</td><td>9.6</td><td>13.2</td><td>6.9</td></tr>
</table>

纤维显微特征

在显微镜下观察，土沉香的韧皮纤维具有非常明显的瑞香科特征，纤维尺寸大致介于结香属和荛花属之间，纤维比较干净，有少量杂细胞碎片，整体形态舒展，中段加宽比较明显，两端柔软细长、平滑匀整（图1、2）。

土沉香皮纤维与Herzberg染色剂作用后呈棕黄色或棕蓝色，杂细胞呈蓝紫色（图1、2）。纤维表面有非常清晰且细密的横节纹，节纹处一般少有凸起，多呈深浅不一的密集浅线纹。纤维长时间润胀后会出现球状膨大现象。

① 〔清〕屈大均：《广东新语》，中华书局，1985年，第427~428页。

② 冯海波：《香茶陶珠——广东特产及其文化交流之路》，广东经济出版社，2015年，第8页。

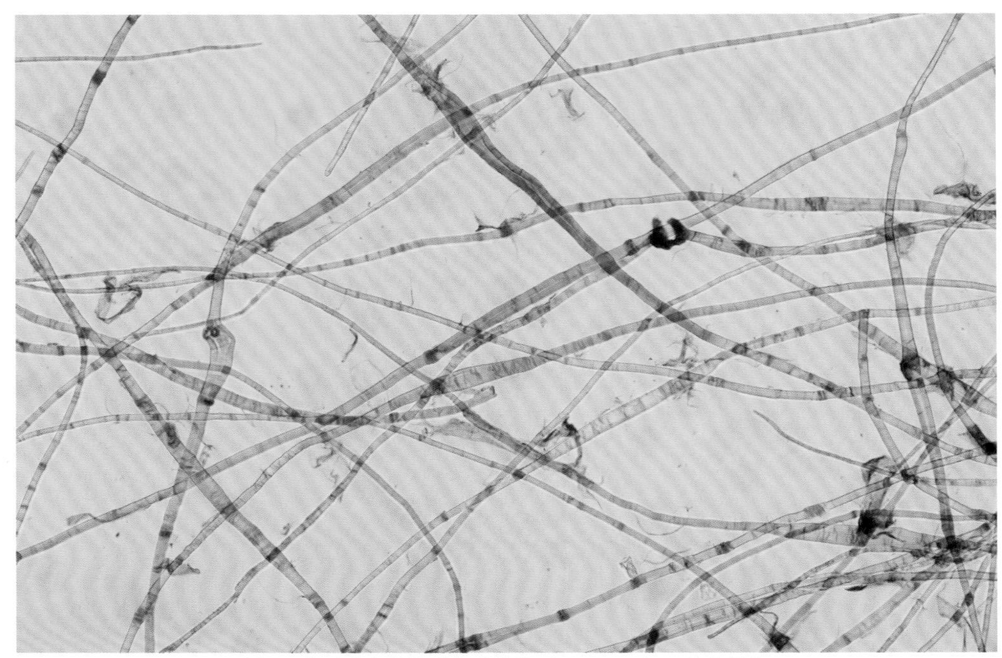

图1　土沉香皮纤维形态（物镜10×，Herzberg染色剂）

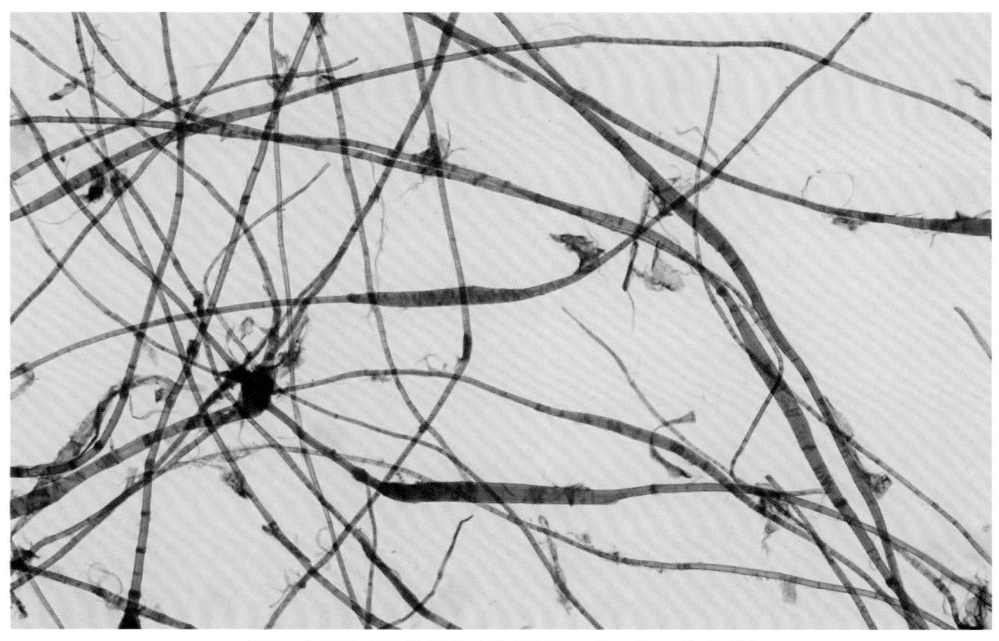

图2　土沉香皮纤维形态（物镜10×，Herzberg染色剂）

土沉香皮纤维在中段有非常明显的加宽现象（图3、4），加宽部分显著宽于两端的细长部分，是两端纤维宽度的2~4倍。加宽段可见非常清晰的纤维壁和细胞腔，整体为细长的纺锤形，一端稍尖，另一端稍宽，宽端常从一侧略凸起呈肩状或凸出伸长为小分枝状（图4）。两端纤维比较细。整体粗细反差比较大。

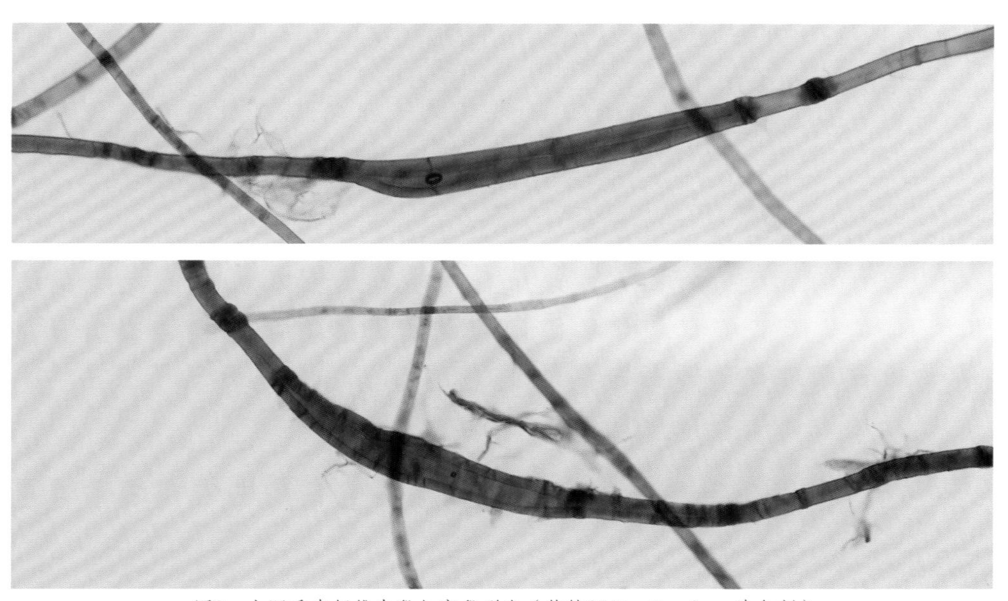

图3　土沉香皮纤维中段加宽段形态（物镜20×，Herzberg染色剂）

图4　土沉香皮纤维中段加宽段带分枝（物镜20×，Herzberg染色剂）

土沉香皮纤维中有少量的短粗形纤维，数量比较少，其宽度与普通纤维加宽段相当，两端渐细而短尖，表面有横节纹，细胞腔明显，外形呈狭长的披针形（图5），混杂在纤维中不太容易被发现。

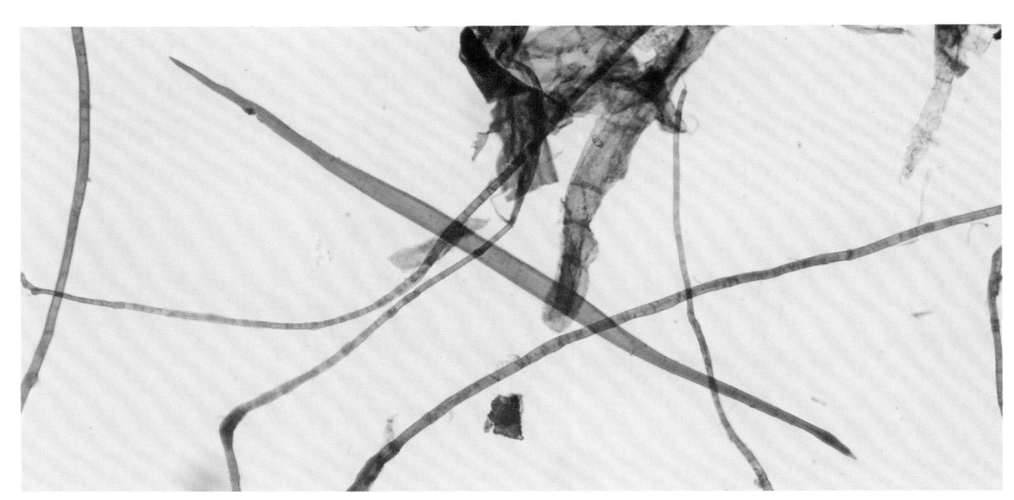

图5 土沉香皮短粗纤维形态（物镜10×，Herzberg染色剂）

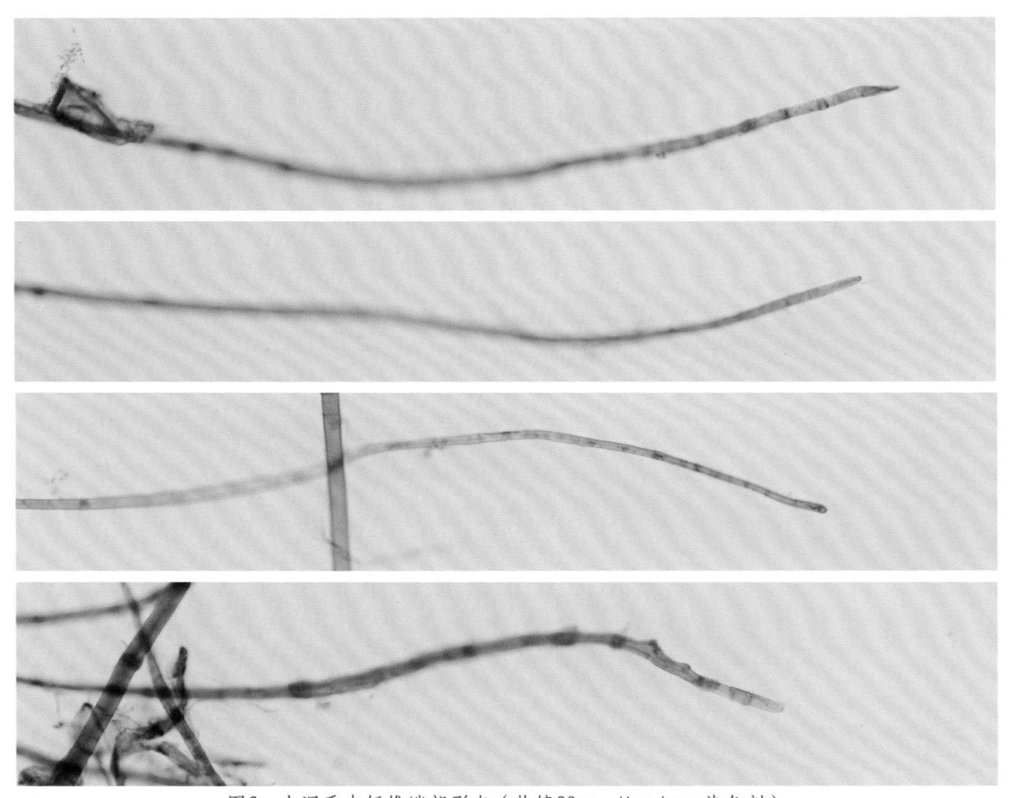

图6 土沉香皮纤维端部形态（物镜20×，Herzberg染色剂）

土沉香皮纤维端部渐细。大部分纤维顶端为尖细状，少数呈钝圆形、扁棒状或分枝状（图6）。

土沉香皮中的杂细胞主要有筛管、薄壁细胞和韧皮射线细胞。筛管短而宽，宽度大多为30~40 μm，大致为椭圆形或圆纺锤形，侧面有纵向排列的纹孔，部分带小尖尾，常首尾相连，呈串状排列（图7）。薄壁细胞为圆形或方形，多为群聚状或串状（图8）。韧皮射线细胞比较少，为细长的藕节状（图9）。由于打浆的剪切力，筛管、薄壁细胞和韧皮射线细胞常破碎成无规则的碎片。

从目前分析过的样品来看，暂未在土沉香皮中发现草酸钙晶体。

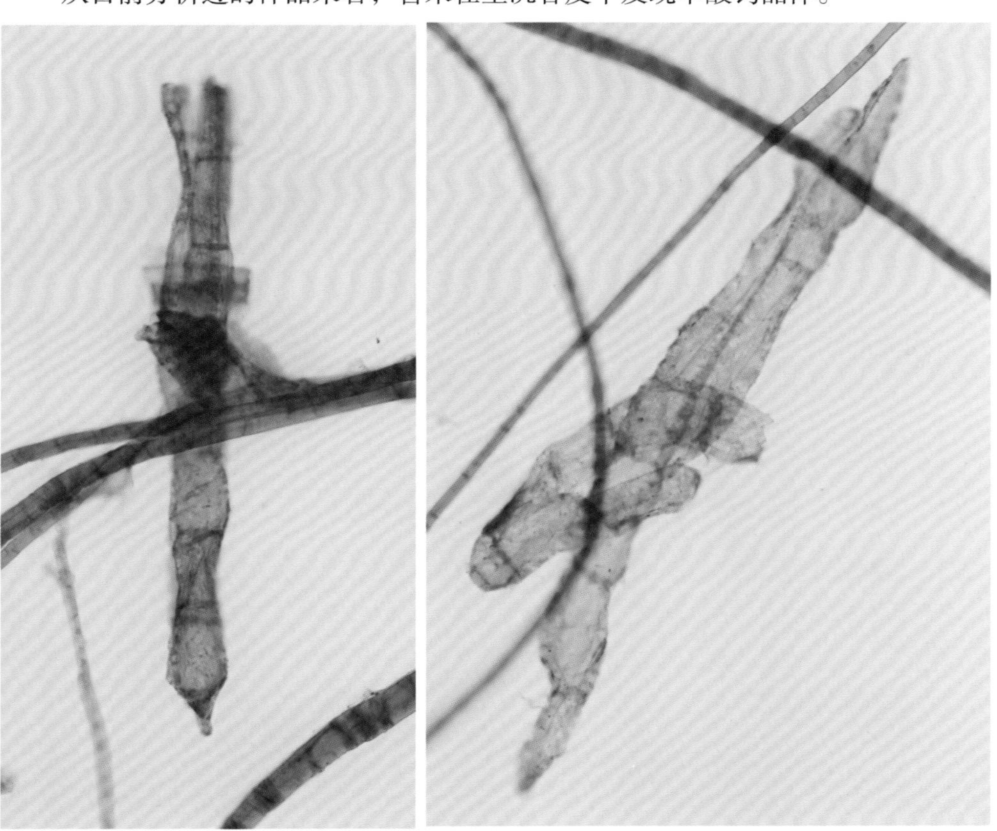

图7　土沉香皮中的筛管形态（物镜20×，Herzberg染色剂）

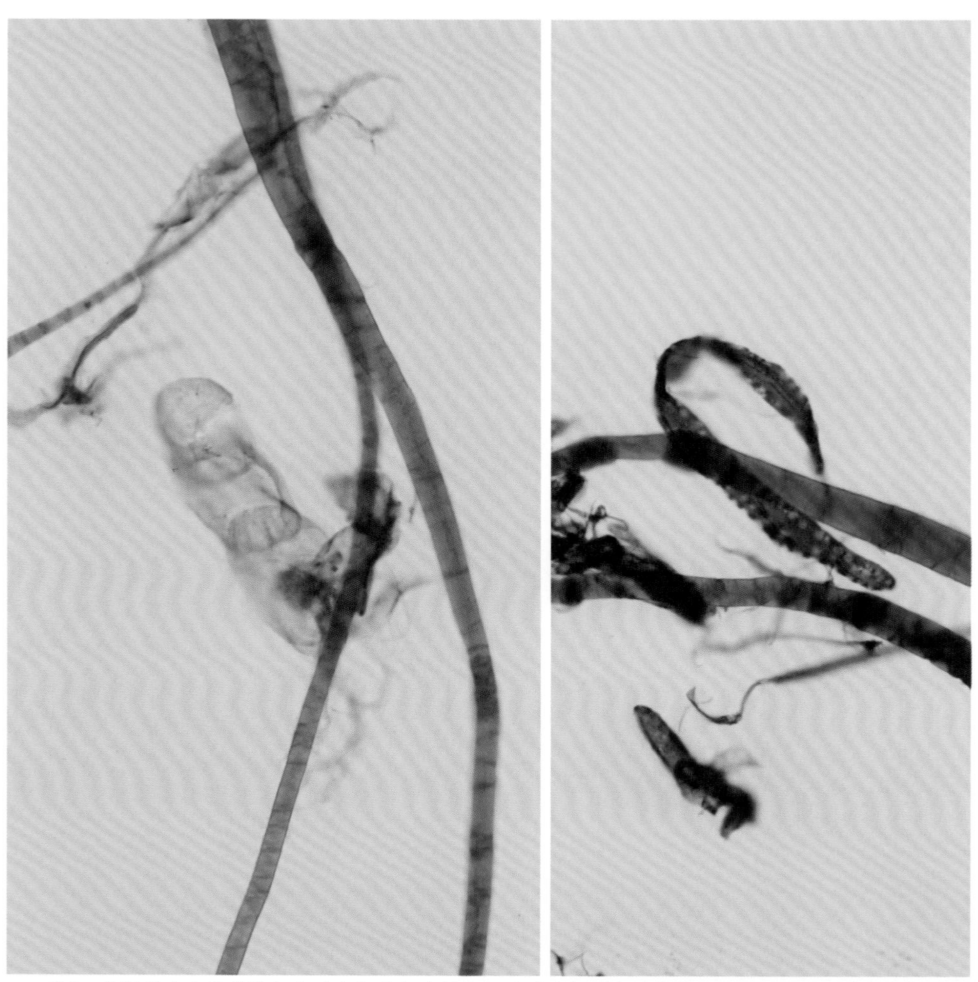

图8　土沉香皮中的薄壁细胞（左）和韧皮射线细胞（右）形态（物镜20×，Herzberg染色剂）

土沉香古纸样品纤维显微形态展示（图9、10）

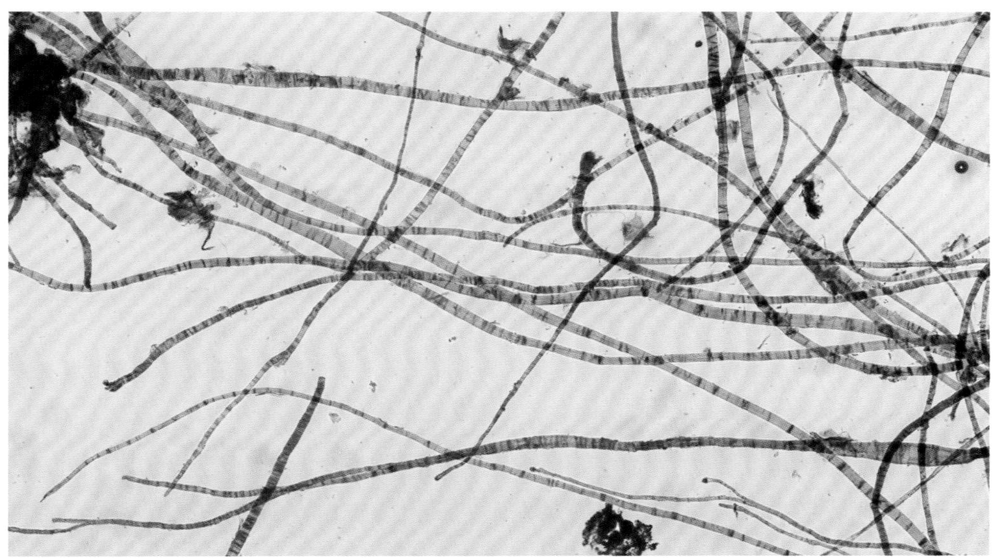

图9　清代书页样品（物镜10×，Herzberg染色剂）

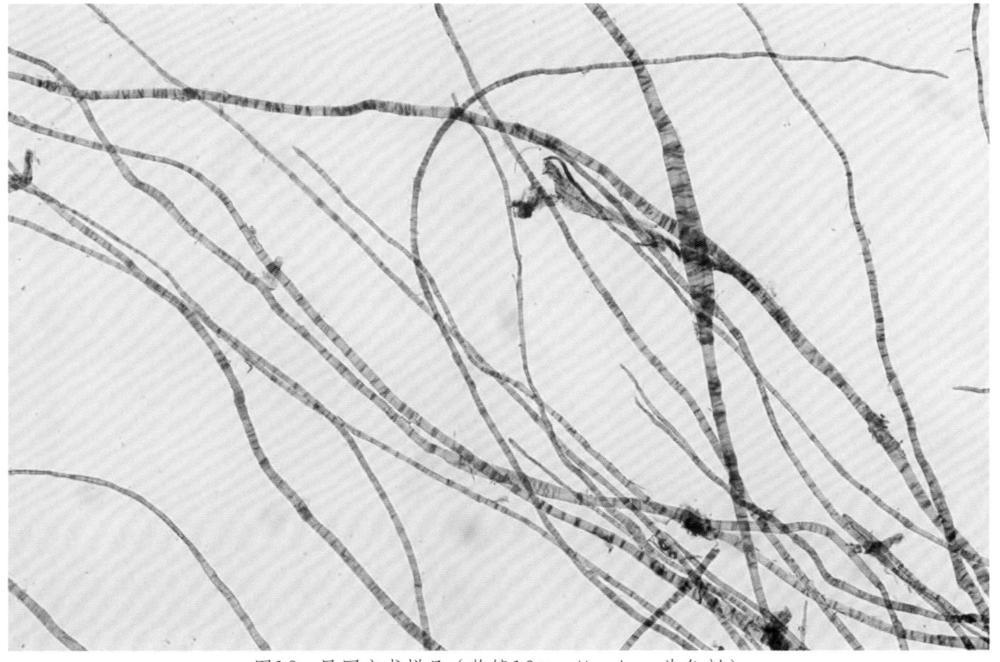

图10　民国文书样品（物镜10×，Herzberg染色剂）

澜沧荛花

学　名：*Wikstroemia delavayi* Lecomte
英文名：Wikstroemia delavayi

澜沧荛花为瑞香科荛花属灌木，主要分布在澜沧江流域及周边的云南、西藏、四川交界的横断山脉地区，生长于海拔2000~2700 m的山林、河谷、山坡灌木丛中。常为野生，生长速度缓慢，是纳西族制作东巴纸的主要原料。

在云南迪庆香格里拉、丽江玉龙等地，当地纳西族人将澜沧荛花称为“阿当达”“阿株”“弯呆”“阁弯呆”，也有人称其为“构树”“山棉树”。传统东巴纸的制作技术主要由纳西族的大东巴掌握，原料为澜沧荛花的韧皮。砍下的枝干剥取韧皮后，仔细将外层黑皮刮去，只保留内层白皮，晒干备用。造纸时将白皮泡软，裹上草木灰碱置于大锅中煮至软烂，再用木槌捶打成纸浆。将纸浆投入酥油桶加水均匀分散后，倒入带有活动竹帘的成型木框中滤去水分，形成湿纸片。取出竹帘和湿纸片，将湿纸反贴在木板上自然晒干，经研光打磨平滑之后即成一张东巴纸。

东巴纸一般为长方形，纸质厚实挺韧，表面紧致坚滑，呈浅灰黄色或土黄色。在纳西族文化中，东巴纸常用于抄写东巴经和绘制东巴画，是保存东巴经和东巴文化的重要载体。

由于澜沧荛花的韧皮中含有毒性或刺激性物质，造纸人长期接触，会引发皮肤红肿，鼻黏膜、眼结膜过敏不适，需要服用特殊的草药解毒，因此有人认为东巴纸或具有一定的防虫蛀效果。但高寒地区不适于蠹虫生长，东巴纸的抗虫性能尚需科学研究证实。

近年有学者在西藏林芝朗县的金东乡调研时，发现有纸坊用澜沧荛花制作藏纸，其造纸工序与传统的金东藏纸制作流程类似，纸浆处理得非常细匀，采用浇纸法成型，纸质洁白细腻、紧致匀滑，纸声清脆响亮。

纤维尺寸

表1　显微镜法测定澜沧荛花皮纤维尺寸

项目		平均值	最大值	最小值	长宽比
纤维长度/mm	全态	3.23	4.67	1.18	351
纤维宽度/μm	中部加宽段	20.2	30.8	16.3	
	两端非加宽段	9.2	11.8	6.3	

纤维显微特征

澜沧荛花皮纤维的显微形态也具有比较明显的瑞香科特征，纤维整体比较细软，形态光滑匀整，比结香皮类纤维更加纤细。纤维表面布满横节纹，纤维间散落有一些细碎的杂细胞。

图1　澜沧荛花皮纤维形态（物镜10×，Herzberg染色剂）

澜沧荛花皮纤维与Herzberg染色剂作用后呈棕黄色到蓝紫色，杂细胞呈蓝紫色（图1、2）。纤维表面的横节纹非常细密（图1、2、3），纹理清晰，节纹处少见明显凸起，一般为深浅不一的细密浅线纹。纤维经Herzberg染色剂润胀后比较容易出现球状膨大现象（图4），使纤维表面出现不连续的断续状鼓包，一些打浆度较高的样品更容易出现球状膨大现象。

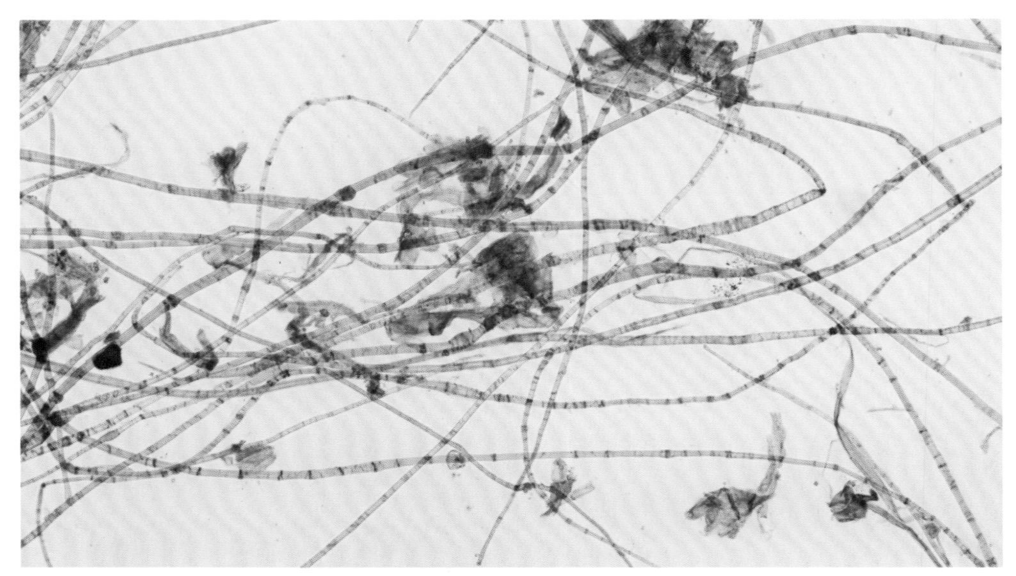

图2 澜沧荛花皮纤维形态（物镜10×，Herzberg染色剂）

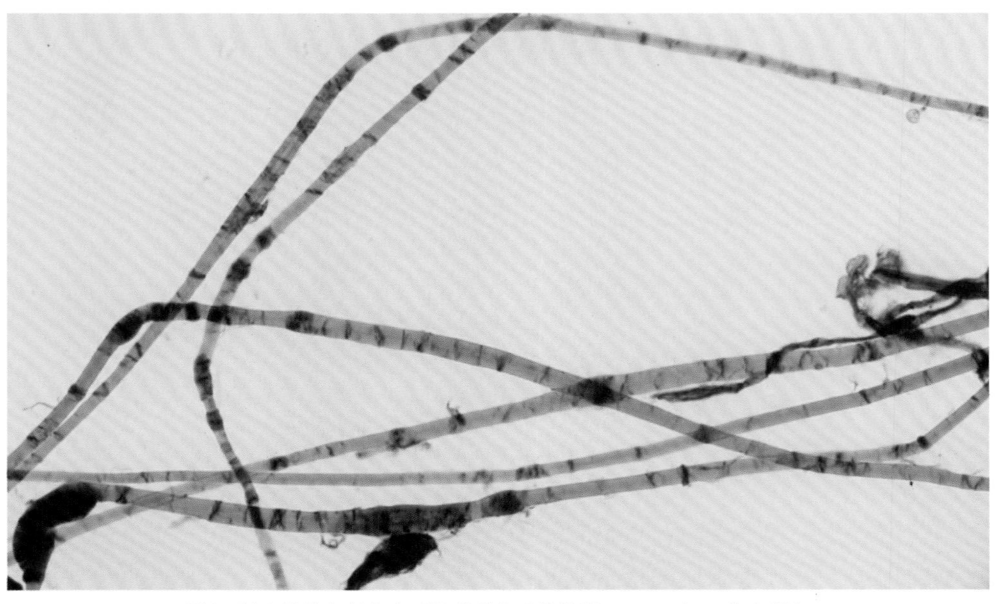

图3 澜沧荛花皮纤维表面纹理形态（物镜20×，Herzberg染色剂）

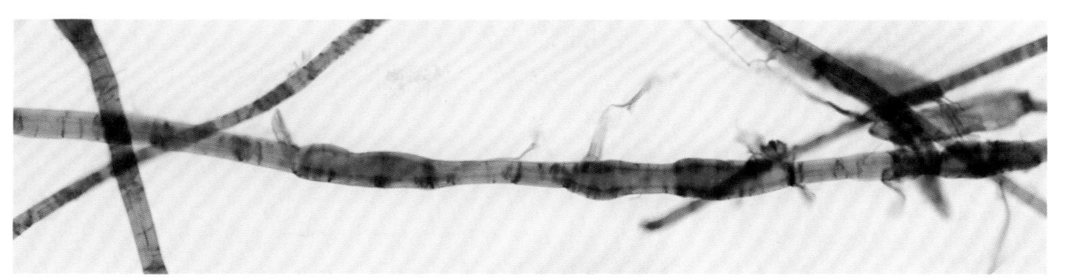

图4　澜沧荛花皮纤维润胀后膨大形态（物镜20×，Herzberg染色剂）

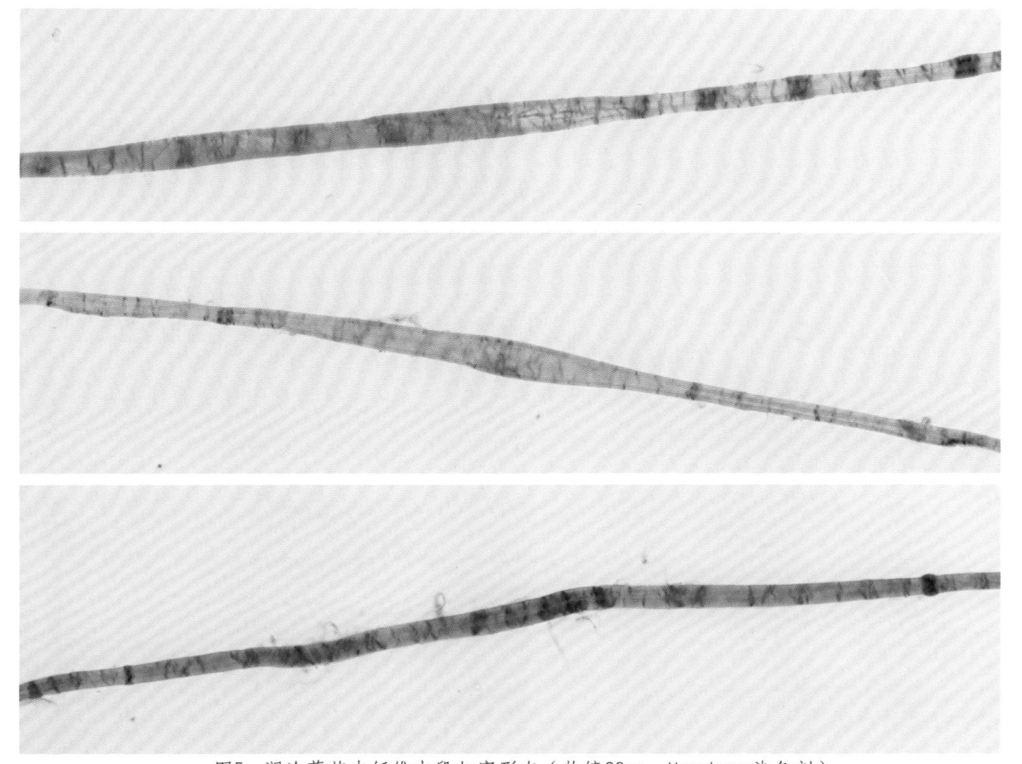

图5　澜沧荛花皮纤维中段加宽形态（物镜20×，Herzberg染色剂）

澜沧荛花皮纤维中段有一定程度的加宽现象（图5），但加宽幅度不大。加宽段隆起比较平缓，纤维宽度略宽于两端，细胞腔可见明显的扩大，与纤维壁区分明显。两端纤维纤细，细胞腔窄细清晰。纤维端部渐细，常呈尖细状、扁棒状或钝圆形，亦有少量呈分枝状（图6、7）。

澜沧荛花皮中有少量短纤维（图8），宽度与普通纤维加宽段相当，两端渐尖；表面有横节纹，外形如牙签。

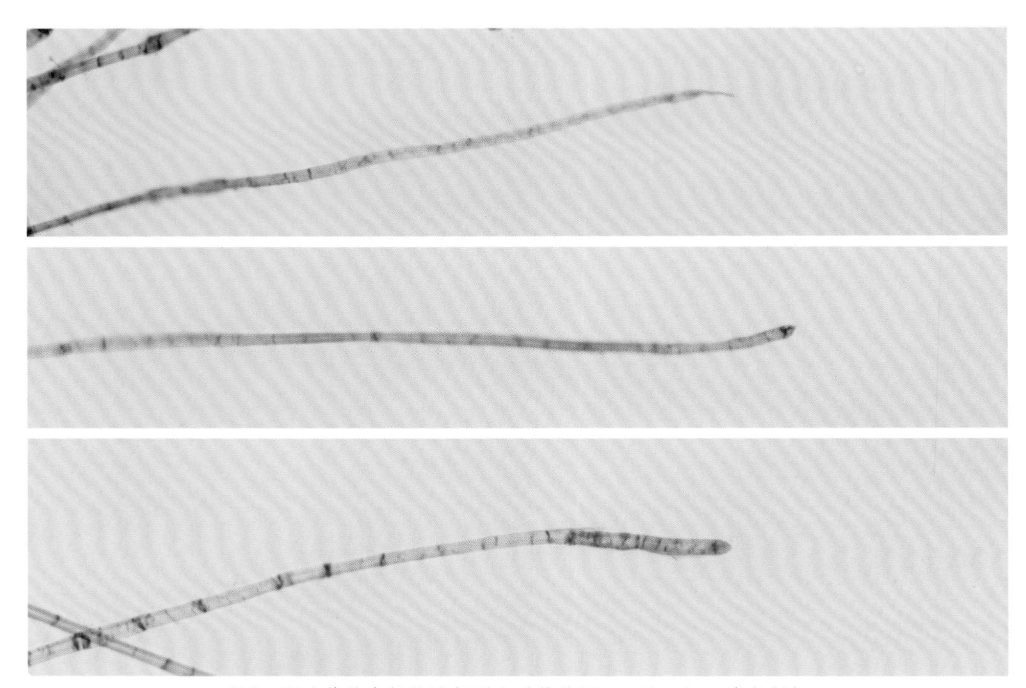

图6 澜沧荛花皮纤维端部形态（物镜20×，Herzberg染色剂）

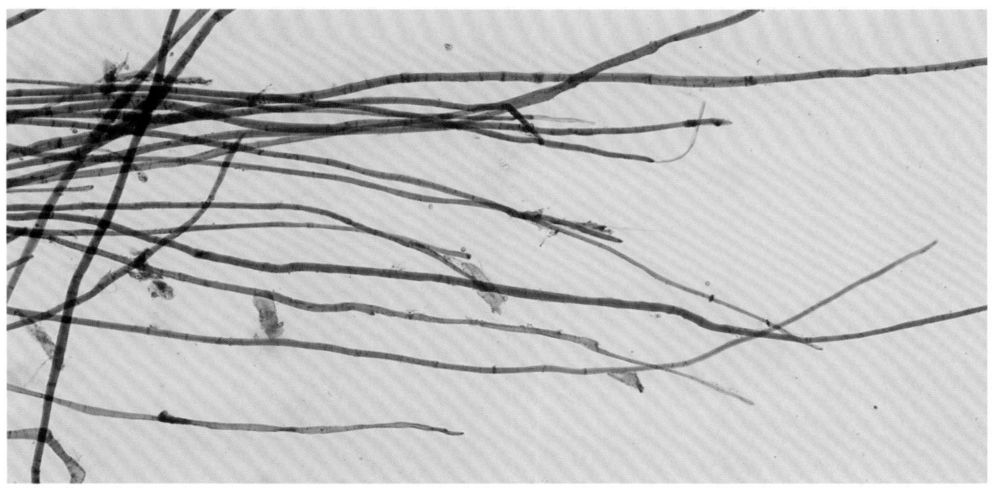

图7 澜沧荛花皮纤维端部形态（物镜10×，Herzberg染色剂）

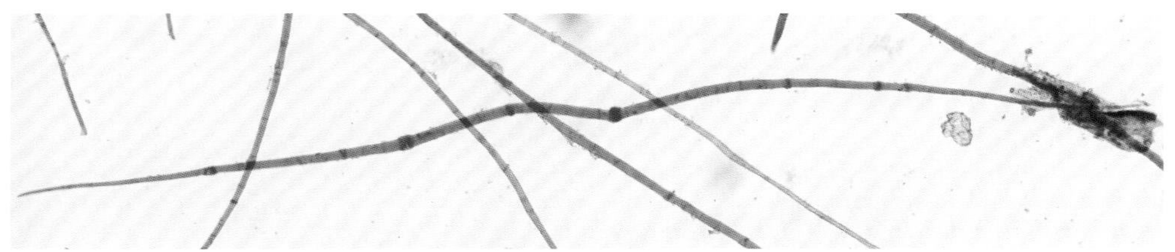

图8 澜沧荛花皮中的短纤维形态（物镜10×，Herzberg染色剂）

澜沧荛花皮中的杂细胞主要有筛管、薄壁细胞和韧皮射线细胞。筛管呈藕节形或纺锤形，宽度为30~40 μm，侧面可见纵向排列的纹孔，端部略尖（图9）。薄壁细胞呈方形或球形，多为群聚状或串状（图10）。韧皮射线细胞数量较多，为细长的藕节状，常2~3节首尾相连（图11）。由于打浆的剪切力，筛管、薄壁细胞和韧皮射线细胞常破碎成无规则的碎片。

从目前分析过的样品来看，暂未在澜沧荛花皮纤维中发现草酸钙晶体。

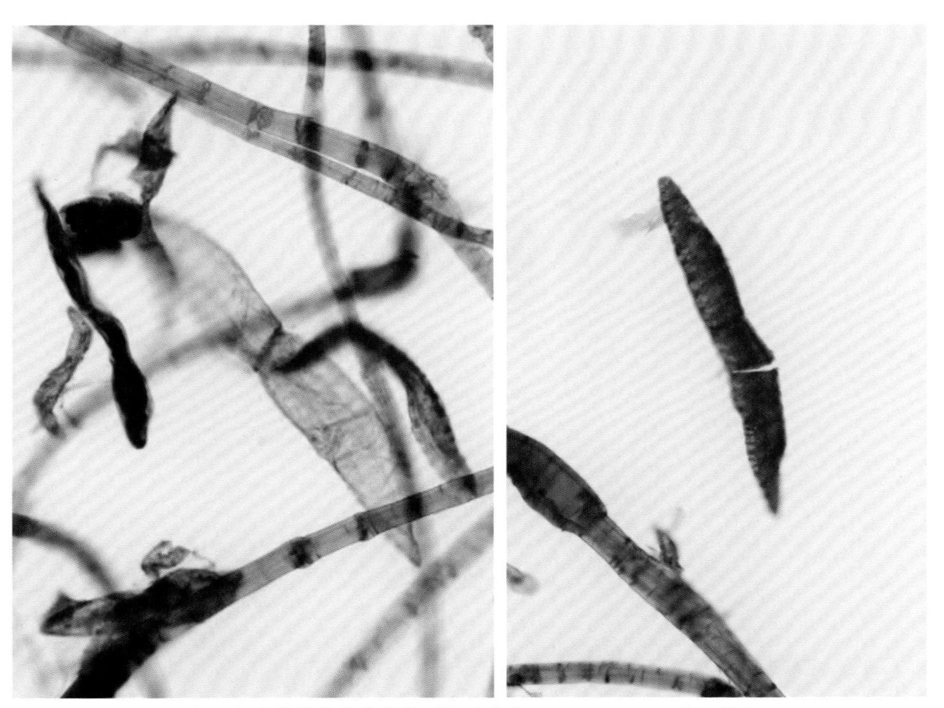

图9 澜沧荛花皮中的筛管形态（物镜20×，Herzberg染色剂）

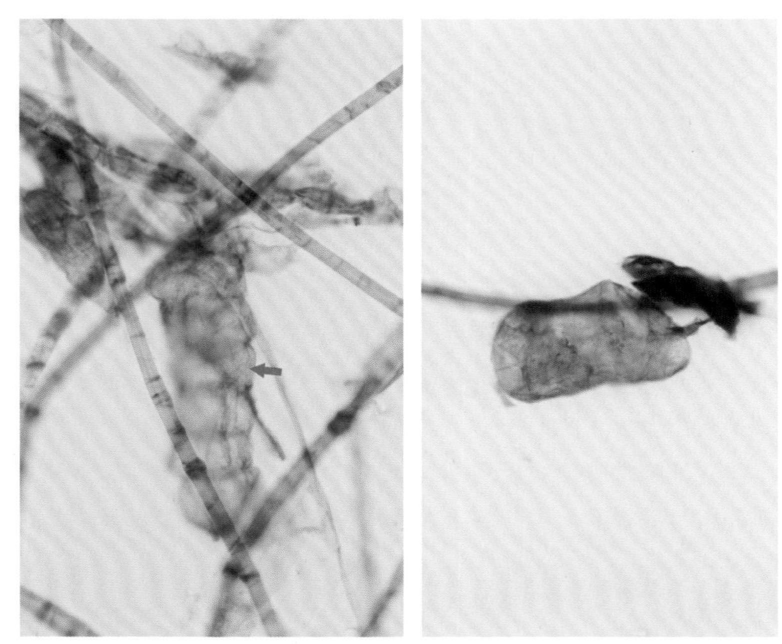

图10　澜沧荛花皮中的薄壁细胞形态（箭头所示）（物镜20×，Herzberg染色剂）

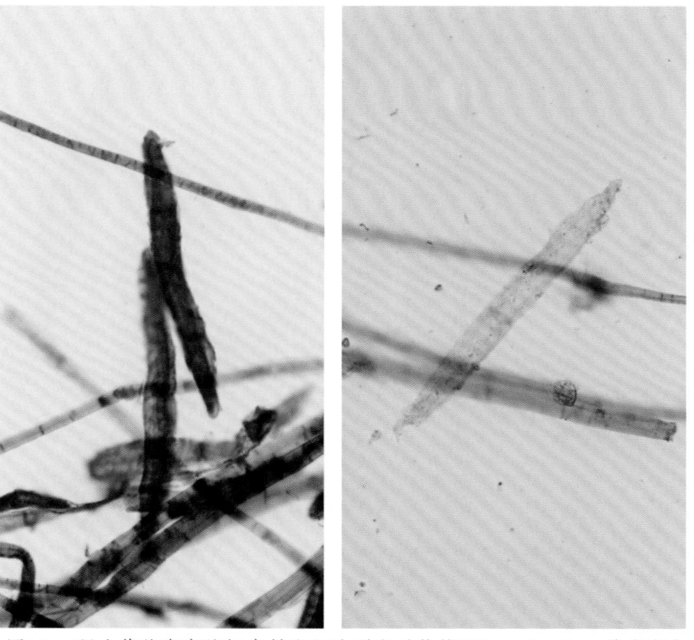

图11　澜沧荛花皮中的韧皮射线细胞形态（物镜20×，Herzberg染色剂）

披针叶荛花（菲律宾荛花）

学　名：*Wikstroemia lanceolata* Merr.
英文名：Salago

瑞香科荛花属常绿灌木，在我国南方大部分省份均有分布，其中在台湾的台东地区及南部中海拔山区较多见，多生长在山坡疏林及灌丛中。商品化的披针叶荛花韧皮主要出自菲律宾，因此又被称为菲律宾荛花或菲律宾雁皮，英文为salago，是目前国内制作书画用雁皮纸的主要原料。

手工造纸所用荛花类植物在我国大多为高山野生，资源总量有限，采收难度较大，同时植株也较矮小，枝条细碎，能够获取的韧皮量不大。尽管荛花类植物的韧皮具有优良的造纸性能，但是原料的来源受此制约，相关纸品的产量也都不高。

仅有披针叶荛花在菲律宾成功实现了中低海拔地区规模化的人工种植，不仅产量较为充足，价格经济，而且韧皮质量也比较好。目前浙江、安徽、台湾等地手工纸坊生产书画用的雁皮纸，原料主要都是由菲律宾进口，甚至日本生产的雁皮纸，也因本土的雁皮产量有限，有相当部分由菲律宾荛花替代。

披针叶荛花与日本雁皮、澜沧荛花相比，尽管都属于瑞香科荛花属，披针叶荛花与日本雁皮也常被混称为雁皮，但是从纤维形态和特性上来看，不同的荛花品种也存在一定差异。相较而言，披针叶荛花的纤维更为短细，制成纸张的质感较细匀软韧，但光泽感不及日本雁皮纸。

纤维尺寸

表1　显微镜法测定披针叶荛花皮纤维尺寸

<table>
<tr><th colspan="2">项目</th><th>平均值</th><th>最大值</th><th>最小值</th><th>长宽比</th></tr>
<tr><td>纤维长度/mm</td><td>全态</td><td>3.87</td><td>5.67</td><td>1.79</td><td rowspan="3">490</td></tr>
<tr><td rowspan="2">纤维宽度/μm</td><td>中部加宽段</td><td>16.5</td><td>26.53</td><td>11.27</td></tr>
<tr><td>两端非加宽段</td><td>7.9</td><td>13.61</td><td>4.36</td></tr>
</table>

纤维显微特征

披针叶荛花皮纤维是韧皮纤维中较为短细的一种，较瑞香科结香属、瑞香属及其他荛花属的纤维都明显短细。在显微镜下观察，披针叶荛花皮纤维有明显的瑞香科皮纤维特征，整体形态纤细柔长，常有扭曲现象，纤维两端显著细于其他韧皮纤维。

披针叶荛花皮纤维经Herzberg染色剂染色后呈棕黄色、棕蓝色到蓝紫色。纤维表面有明显的横节纹，横节纹间距比较均匀（图1、2、3）。部分纤维在横节纹处稍加粗膨大成为结节。

披针叶荛花皮纤维中段有加宽现象，但加宽段较短，加宽幅度不大，不如结香皮纤维明显。加宽段可见细胞腔（图4、5），但细胞腔较窄细，壁略偏厚，与其他瑞香科皮纤维有一定差异，个别纤维在加宽段有小分枝（图6）。两端的细纤维细胞腔不太明显，较为窄细，呈浅线状（图3）。纤维端部略微收缩，多呈扁棒状，顶端有一黑点，形如鱼头，部分端部为疙瘩串状或钝尖状（图4、7）。

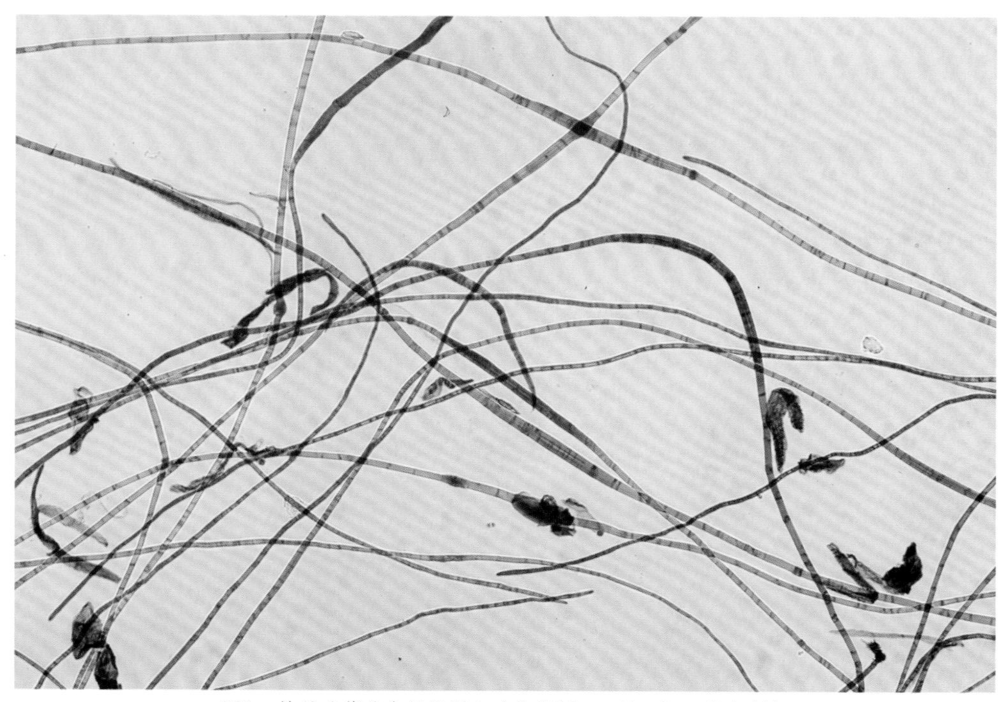

图1　披针叶荛花皮纤维形态（物镜10×，Herzberg染色剂）

图2　披针叶荛花皮纤维形态（物镜10×，Herzberg染色剂）

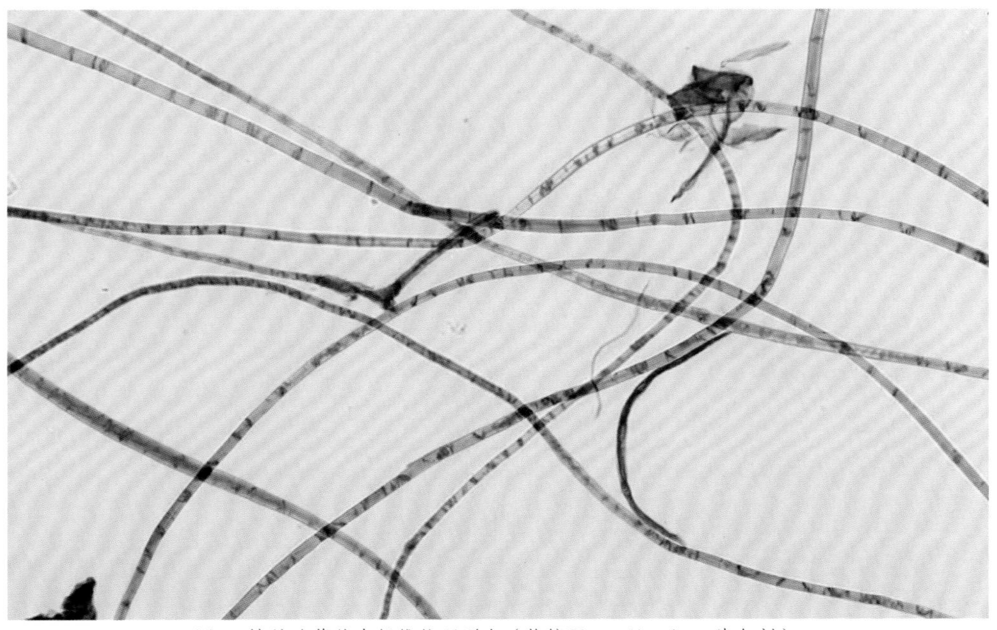

图3　披针叶荛花皮纤维纹理形态（物镜20×，Herzberg染色剂）

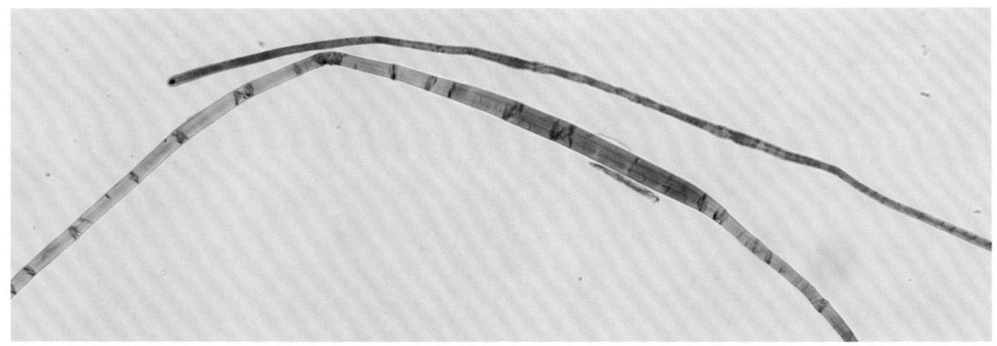

图4 披针叶荛花皮纤维中段加宽及端部形态（物镜20×，Herzberg染色剂）

图5 披针叶荛花皮纤维中段加宽形态（物镜20×，Herzberg染色剂）

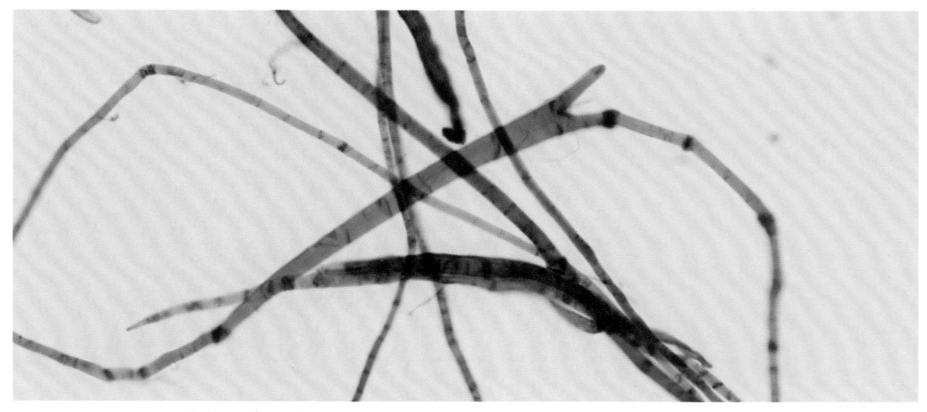

图6 披针叶荛花皮纤维加宽段分枝形态（物镜20×，Herzberg染色剂）

披针叶荛花皮纤维中混杂有少量短粗纤维，整体如狭长的柳叶形（图8），长度0.2~0.5 mm，有横节纹和细胞腔，两端渐细而钝尖。

披针叶荛花皮中的杂细胞主要有筛管、薄壁细胞和韧皮射线细胞，整体数量较多，常聚成一团，不易观察单个细胞的微观形态。筛管为长条形，壁上有成列的纹孔，端部略尖（图9）。薄壁细胞为椭圆形，常呈团聚状或串状排列（图10），韧皮射线细胞为藕节状（图11）。杂细胞常因打浆时的剪切力而破碎成无定形的碎片，一团团分布于纤维之间。

披针叶荛花皮中可见草酸钙晶体，常散落在纤维间或包裹在薄壁细胞内，多呈长方形或菱形，少数呈不规则的碎花形（图12），在较高倍数的物镜下可见。长方形晶体也是披针叶荛花纤维独特的晶体特征。

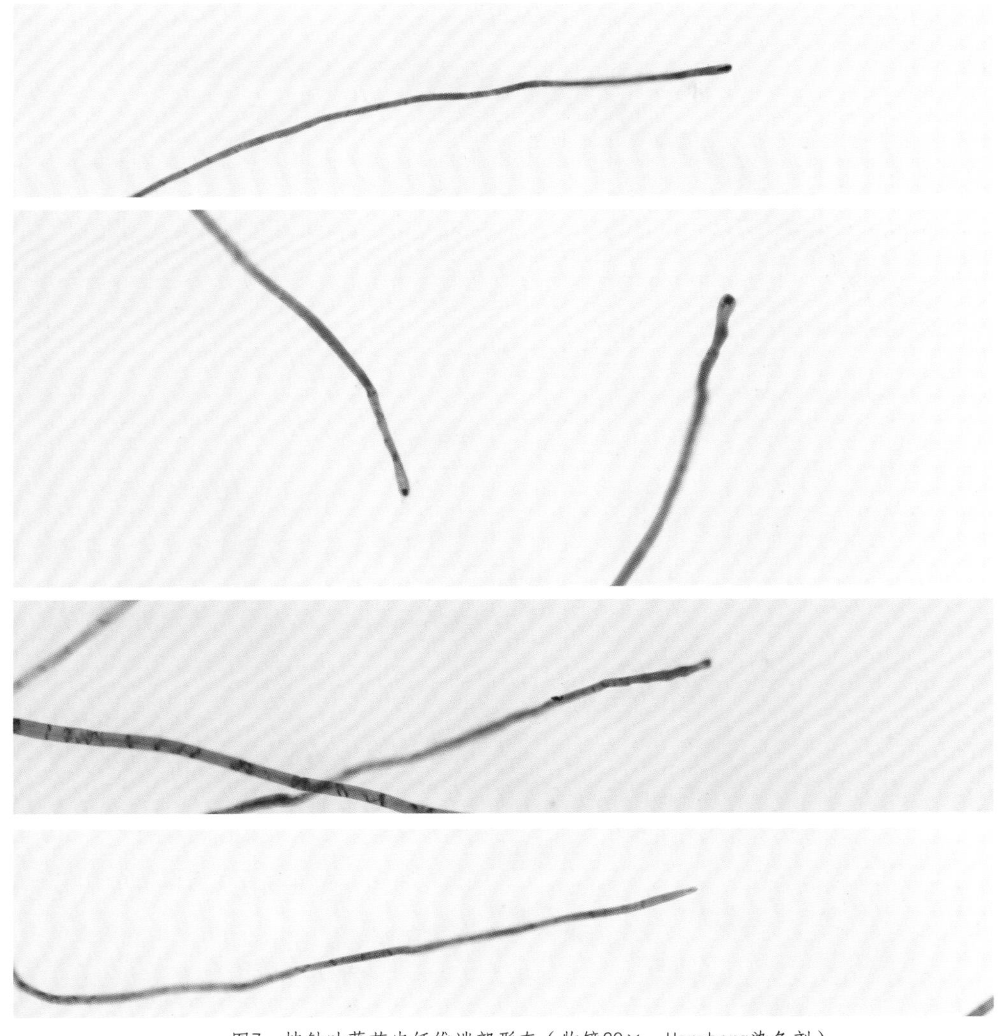

图7 披针叶荛花皮纤维端部形态（物镜20×，Herzberg染色剂）

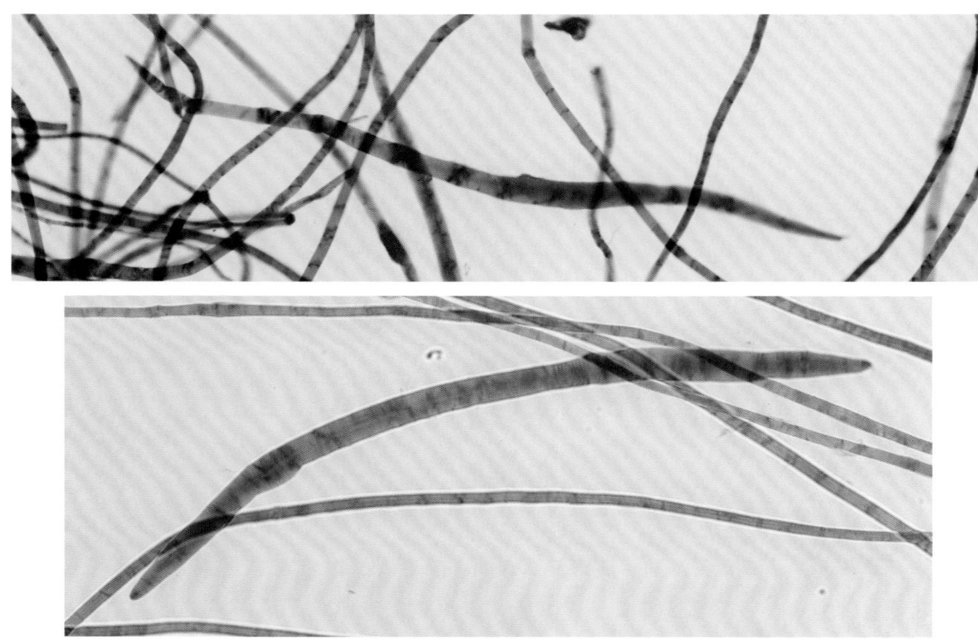

图8　披针叶荛花皮中的短粗纤维形态（物镜20×，Herzberg染色剂）

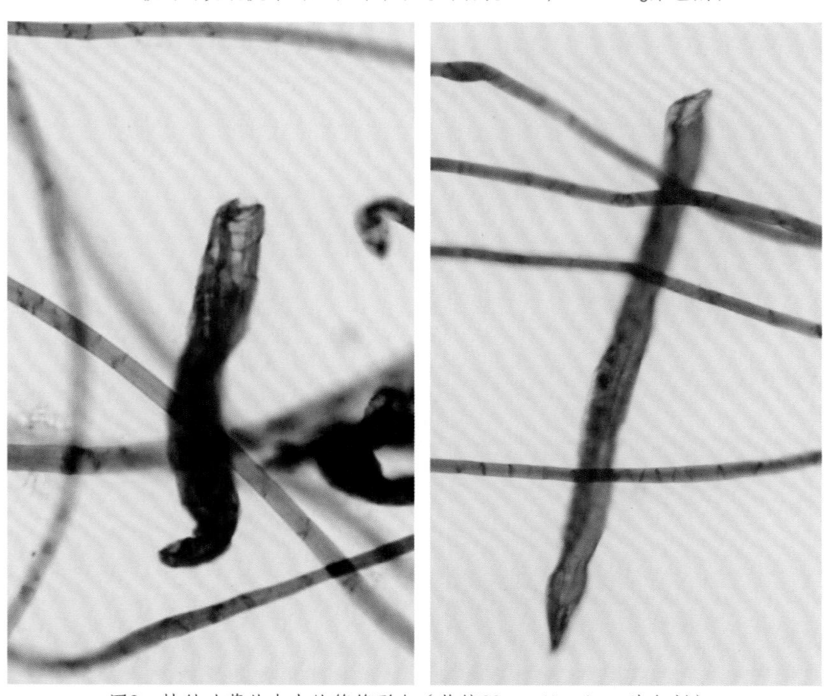

图9　披针叶荛花皮中的筛管形态（物镜20×，Herzberg染色剂）

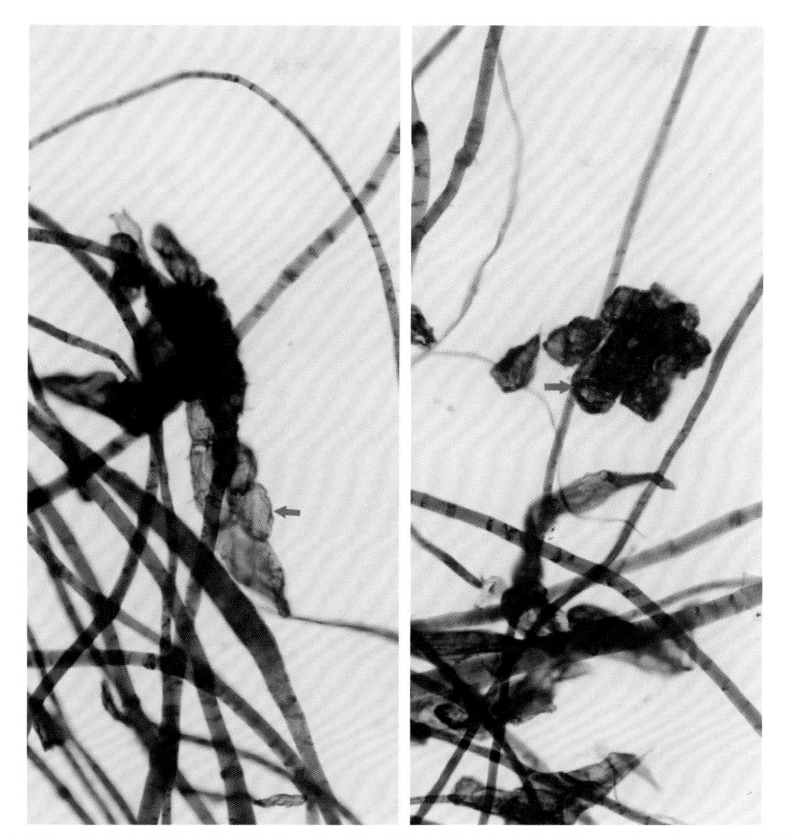

图10 披针叶荛花皮中的薄壁细胞形态（箭头所示）（物镜20×，Herzberg染色剂）

图11 披针叶荛花皮中的韧皮射线细胞形态（物镜20×，Herzberg染色剂）

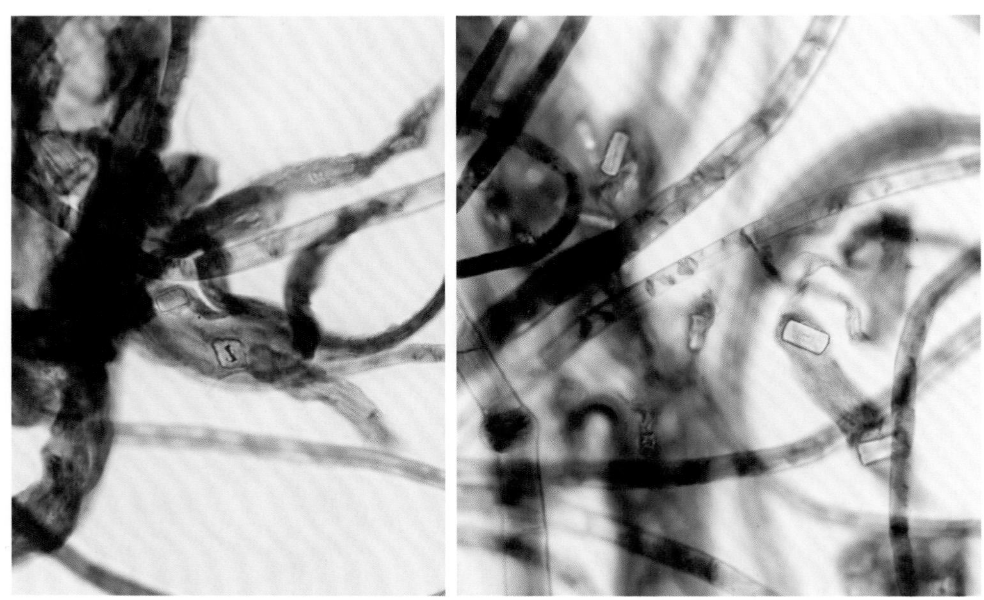

图12 披针叶荛花皮中的草酸钙晶体形态（物镜40×，Herzberg染色剂）

雁皮（日本雁皮）

学　名：*Wikstroemia sikokiana* Fr. et Sav.
英文名：Gampi

“雁皮”一词出自日本，是日语中荛花属造纸植物“がんぴ”（gampi）的音译。国内通常将瑞香科荛花属植物的韧皮统称为雁皮，为表区分，也常将菲律宾产的披针叶荛花叫作菲律宾雁皮，日本所产称为日本雁皮。本节以产自日本名盐的日本雁皮为标本进行讨论，造纸原料来自当地所产荛花属植物韧皮。

日本雁皮纸在和纸中较常见，是传统和纸中的高端品种。雁皮纸既结实又美观，纸质细腻柔美有光泽，漂亮清秀，在日本古代曾作为优质的公文和书画用纸。雁皮纸还被称作斐纸，平安时代（794—1192）为贵族女子专用的“怀纸”（类似于纸手帕）。许多特种用途的纸张非雁皮纸不能胜任，如名盐、中岛的箔打纸，津山的箔合纸，还有一些木版画纸也必须用雁皮纸才能印出细致微妙的艺术效果。和纸中著名的“鸟の子纸”便为雁皮制作，形容纸质如鸡蛋内膜一般细腻。该纸名的由来据说出自室町时代（1336—1573）的《下学集》：“纸色，有如鸟卵，故称之鸟子。”

由于产区所限，使用日本雁皮制作的雁皮纸仅在日本部分地区生产，而且产量非常小，仅在传统的优质纸种中应用。比较常见的普通雁皮纸目前大多以菲律宾雁皮为原料进行生产。由于纤维原料植物的种间差异，日本雁皮、菲律宾雁皮等不同的原料制作的纸张在纸质上存在一定差别。

纤维尺寸

表1　显微镜法测定雁皮纤维尺寸

<table>
<tr><th colspan="2">项目</th><th>平均值</th><th>最大值</th><th>最小值</th><th>长宽比</th></tr>
<tr><td>纤维长度/mm</td><td>全态</td><td>4.30</td><td>6.58</td><td>2.17</td><td rowspan="3">283</td></tr>
<tr><td rowspan="2">纤维宽度/μm</td><td>中部加宽段</td><td>28.4</td><td>41.4</td><td>22.6</td></tr>
<tr><td>两端非加宽段</td><td>15.2</td><td>8.6</td><td>23.6</td></tr>
</table>

纤维显微特征

在显微镜下观察，日本雁皮纤维有非常明显的瑞香科韧皮纤维特征，纤维形态柔软，多弯曲扭结，纹理清晰。与常见的菲律宾雁皮纤维相比，日本雁皮纤维更宽且更长，细胞腔宽大而细胞壁较薄，形态差异非常明显。

日本雁皮纤维经Herzberg染色剂染色后呈棕黄色、棕蓝色到蓝紫色。纤维表面有明显的横节纹，纹理浅细密集，清晰通透，间距均匀，很少有加粗凸起状节纹（图1、2、3、4）。纤维整体比菲律宾荛花、澜沧荛花的韧皮纤维都更宽大。整段纤维的细胞腔都比较明显，且细胞腔较宽，纤维壁非常薄，是典型的“腔大壁薄”型纤维（图4）。打浆度较高时，纤维会有明显弯曲扭结（图5）。

日本雁皮纤维整体较宽（图6），所以中段加宽并不明显，通常仅在中间部分稍稍变宽，加宽段的横节纹略稀于两端，细胞腔明显，纤维壁非常薄。两端纤维渐细，细胞腔清晰，端部为尖头状、钝圆状、扁棒状或分枝状（图7、8）。

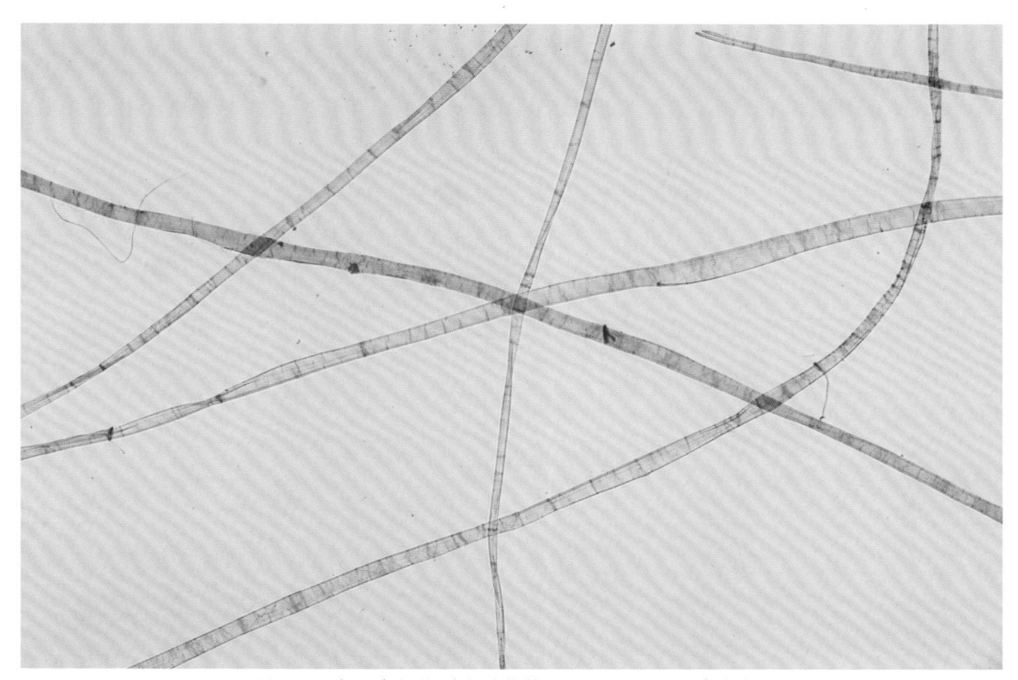

图1　日本雁皮纤维形态（物镜10×，Herzberg染色剂）

图2 日本雁皮纤维形态（物镜10×，Herzberg染色剂）

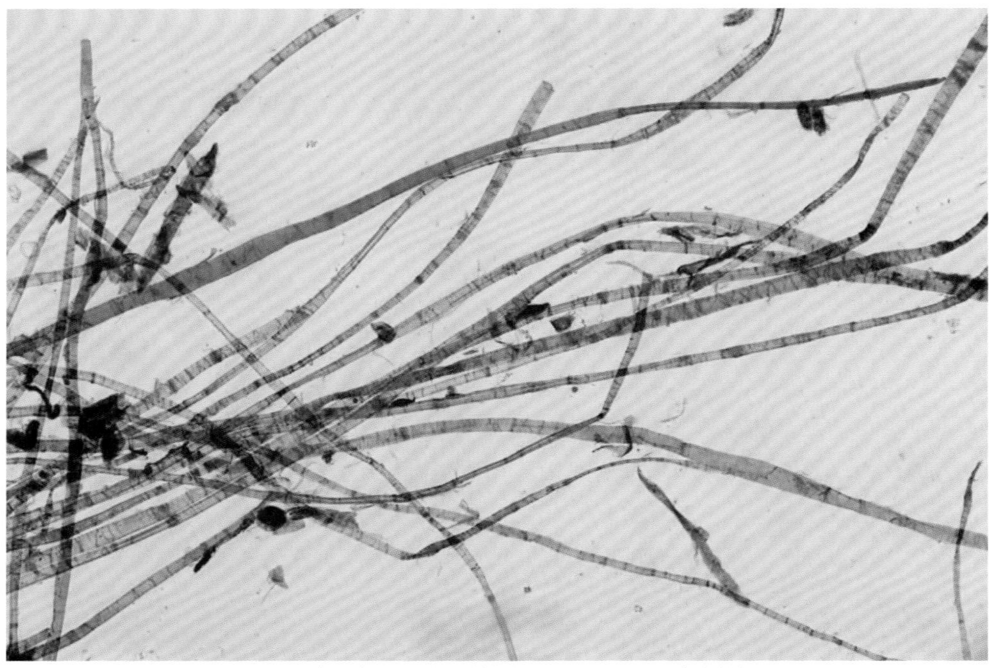

图3 日本雁皮纤维形态（物镜10×，Herzberg染色剂）

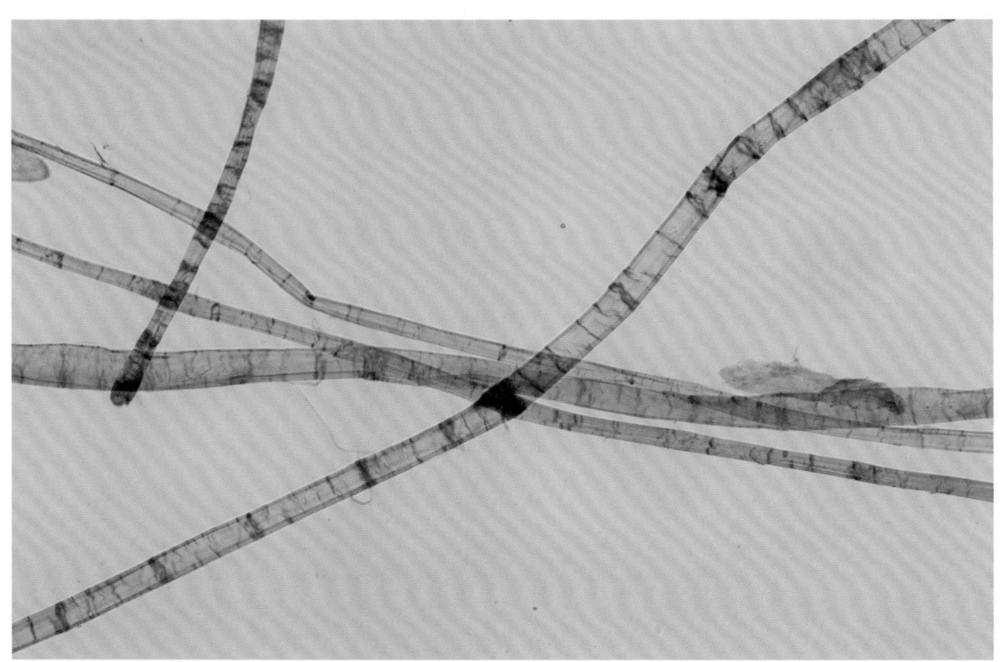

图4　日本雁皮纤维细胞腔形态（物镜20×，Herzberg染色剂）

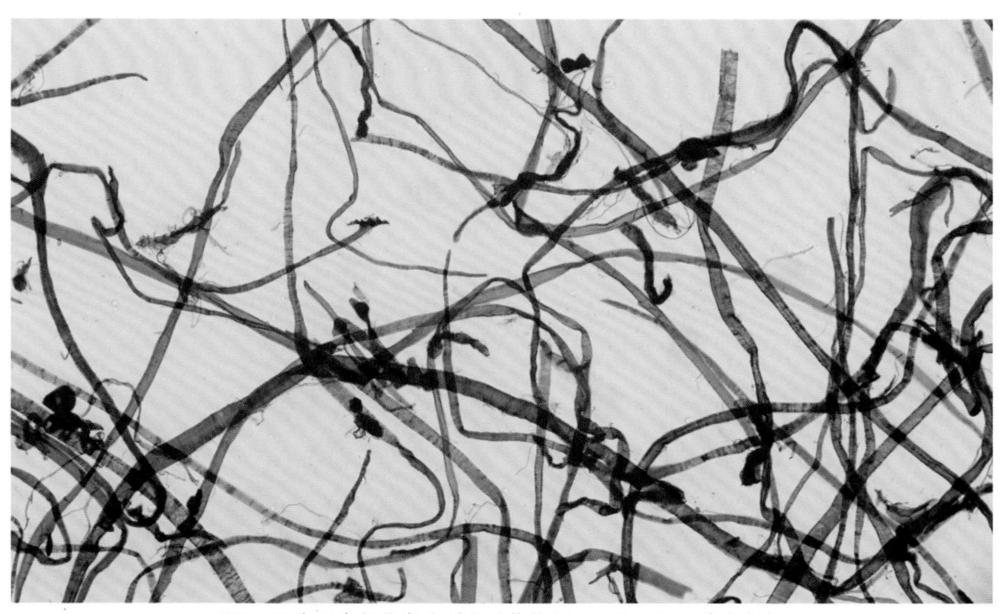

图5　日本雁皮纤维弯曲形态（物镜10×，Herzberg染色剂）

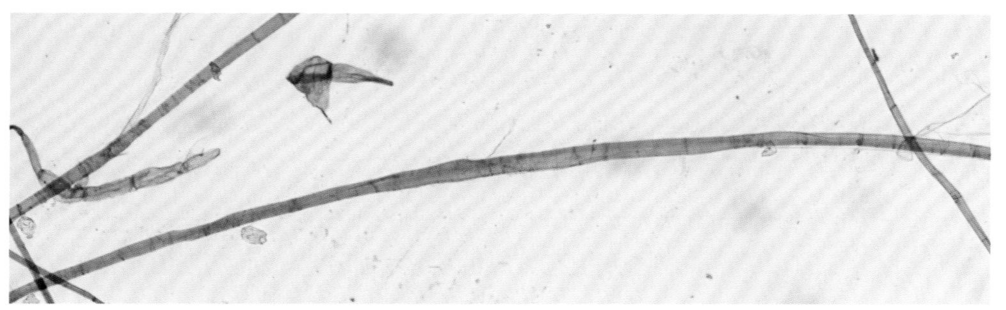

图6　日本雁皮纤维中段加宽形态（物镜10×，Herzberg染色剂）

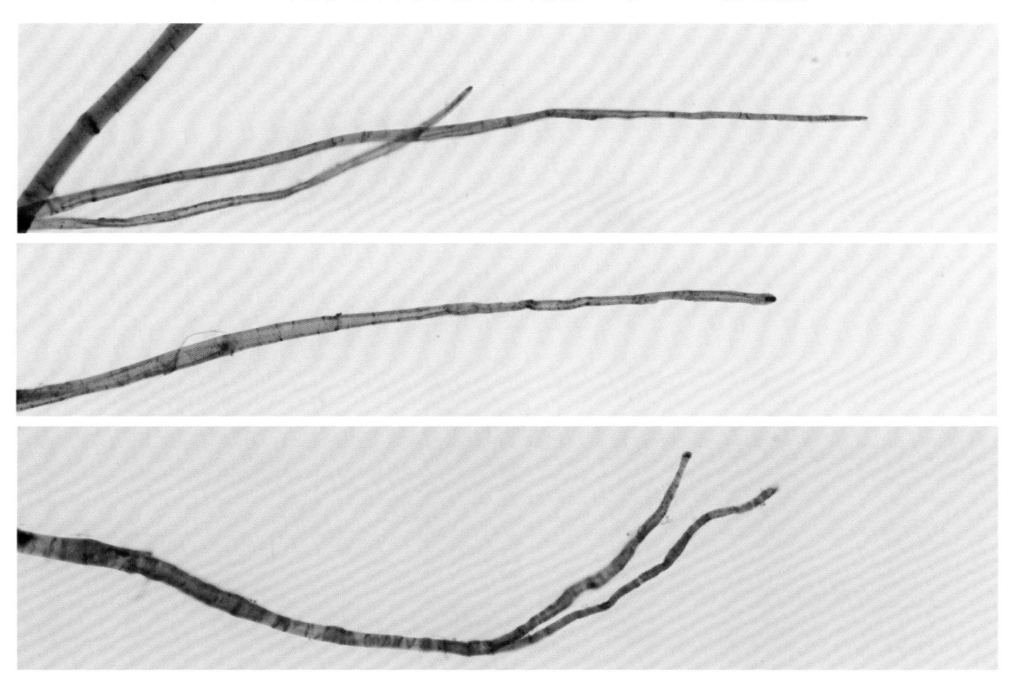

图7　日本雁皮纤维端部形态（物镜20×，Herzberg染色剂）

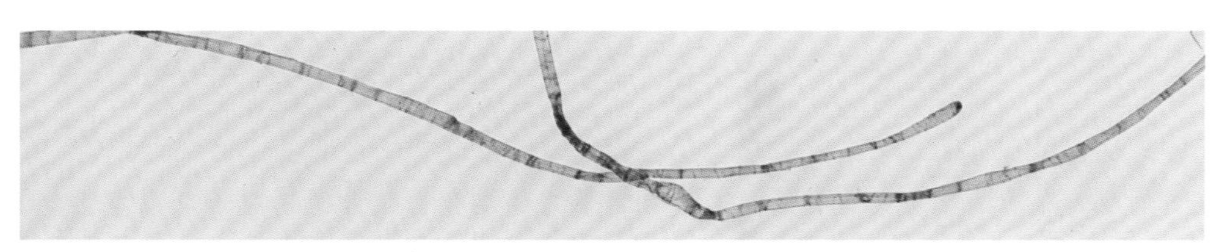

图8　日本雁皮扁棒状端部形态（物镜10×，Herzberg染色剂）

日本雁皮纤维中可观察到少量的短粗纤维（图9），长度1~2 mm，宽度与普通纤维的加宽段相近，两端渐尖，表面横节纹特征与纤维一致。

日本雁皮中的杂细胞主要有筛管、薄壁细胞和韧皮射线细胞，整体数量较少，常散落在纤维间。筛管为长条形或胖藕节形，壁上有成列的纹孔，端部略尖（图10）。薄壁细胞为椭圆形（图11）。韧皮射线细胞为长条形或藕节形，宽度与纤维相近（图12）。杂细胞常因打浆时的剪切力而破碎成无定形的碎片，散落于纤维间。

目前所观察到的日本雁皮纤维中暂未发现草酸钙晶体。

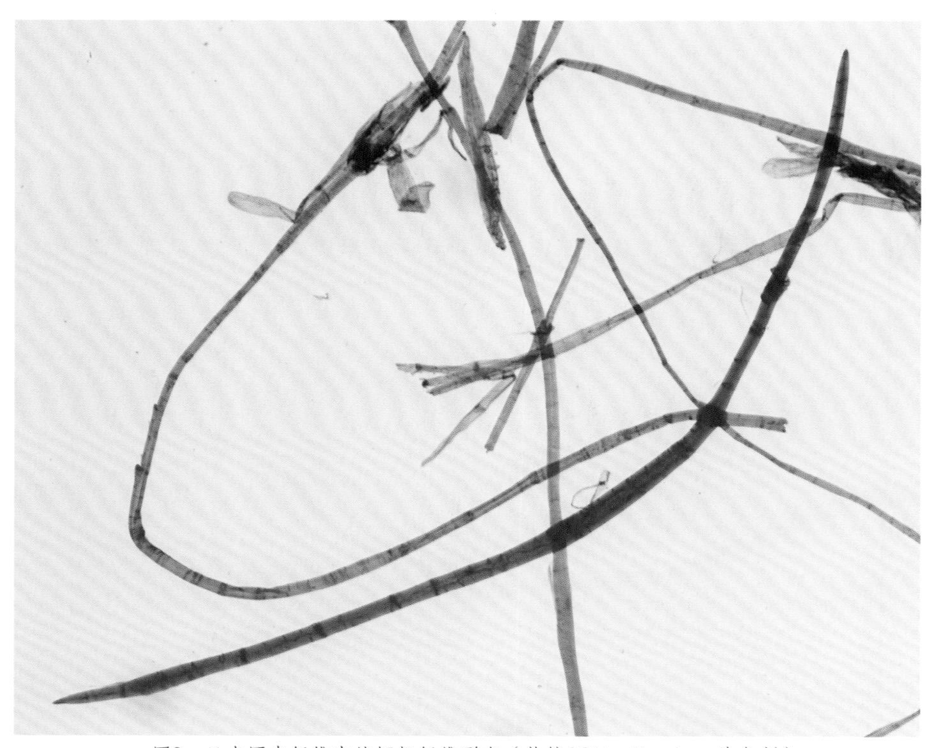

图9　日本雁皮纤维中的短粗纤维形态（物镜10×，Herzberg染色剂）

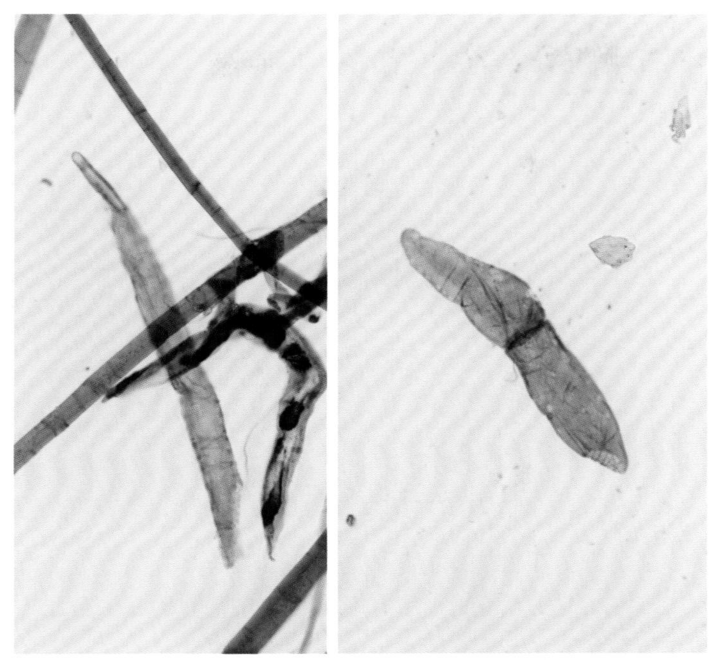

图10　日本雁皮中的筛管形态（物镜20×，Herzberg染色剂）

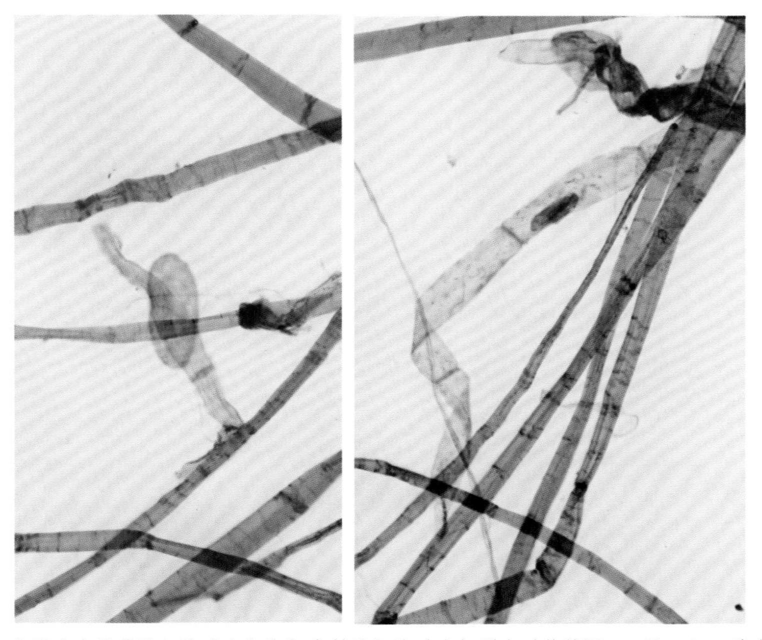

图11　日本雁皮中的薄壁细胞（左）和韧皮射线细胞（右）形态（物镜20×，Herzberg染色剂）

古纸样品中的日本雁皮纤维形态（图12、13）

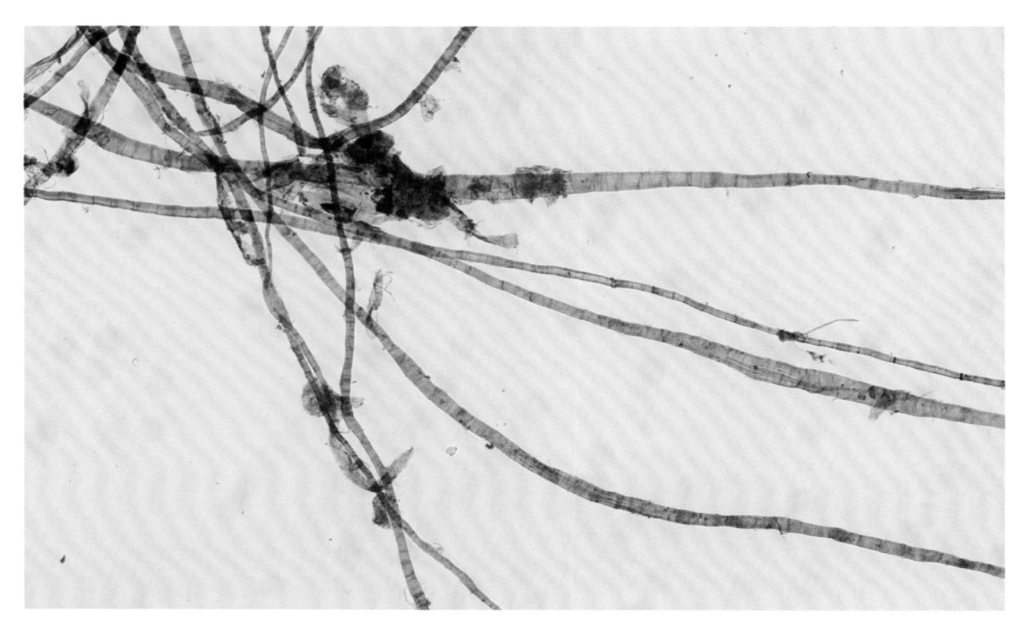

图12　镰仓时代（1185—1333）纸样（物镜10×，Herzberg染色剂）

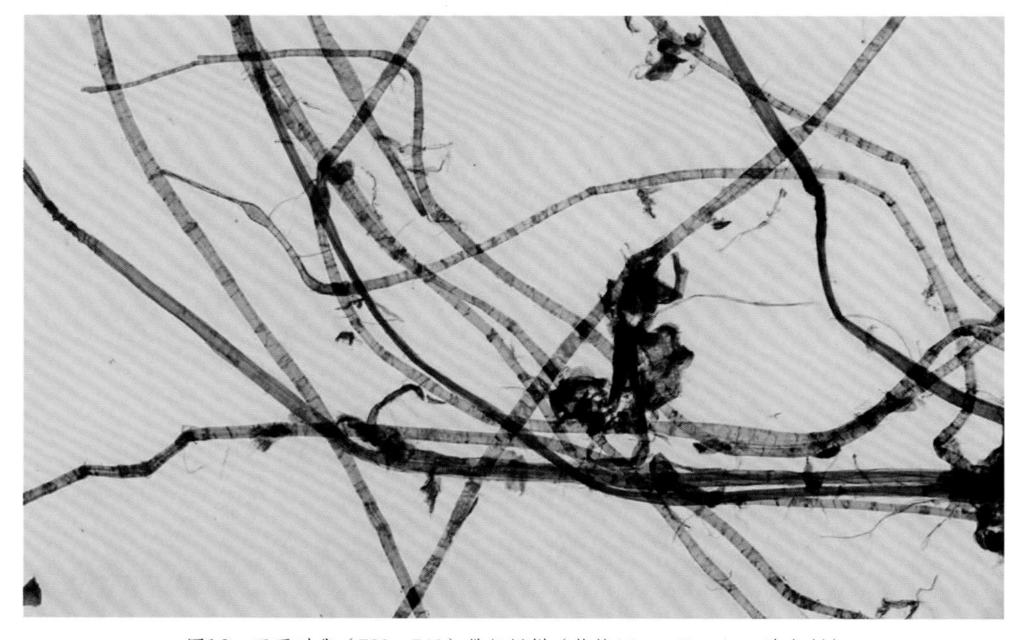

图13　天平时代（729—749）佛经纸样（物镜10×，Herzberg染色剂）

白瑞香（辣构）

学　名：*Daphne papyracea* Wall. ex Steud.
英文名：Daphne

白瑞香为瑞香科瑞香属常绿灌木，又名雪花皮、臭皮、麻树皮等。白瑞香还有一变种，即山辣子皮，又称辣构、小构皮、纸用瑞香。这两种植物非常相似，皆可用于造纸。白瑞香常生于海拔1000~3000 m的密林下、山坡灌木丛及肥沃湿润的山地。主要分布于湖南、湖北、广东、广西、贵州、四川、云南等省、自治区。邻近的尼泊尔、不丹一带也有分布。

白瑞香以枝干的韧皮纤维制纸。在云南腾冲、普洱、景东和丽江，以及川西南、藏东南等地一些村寨，白瑞香曾是当地传统皮纸的制作原料。景东当地至今仍有纸坊采白瑞香制纸；丽江的东巴纸，近年也发现个别纸坊是以白瑞香韧皮为原料进行制作；腾冲纸除用滇结香，也曾用到白瑞香，民国时期的《腾冲县志稿》中还有相关记载："三练各地多产之。其皮为造纸原料，韧性极佳，纤维尤细。其干可供燃烧，分大、小两种。大者为落叶亚乔木，……斫时留树四五尺高，使其丛发嫩枝。小者为常绿丛生灌木，斫时须擦土。两者均旋伐旋生，久收其利。"[①]文中提到的"小者"，经当地人比对考证，即为山间野生的白瑞香。有学者调查后发现，在腾冲以白瑞香制纸的历史可能比以滇结香制纸的历史更早，只因白瑞香植株稍矮小，产皮量低，逐渐为滇结香所替代。

纤维尺寸

表1　显微镜法测定白瑞香纤维尺寸

项目		平均值	最大值	最小值	长宽比
纤维长度/mm	全态	5.3	6.8	3.7	465
纤维宽度/μm	中部加宽段	17.4	27.1	13.3	
	两端非加宽段	11.4	16.8	7.8	

① 李根源、刘楚湘纂，许秋芳等点校：《民国腾冲县志稿》（点校本），云南美术出版社，2004年，第398页。

纤维显微特征

在显微镜下观察，白瑞香皮纤维柔软纤长，具有非常明显的瑞香科特征，有密集的横节纹，总体形态跟结香皮纤维非常相似，在尺寸上略细，表面纹理也比结香皮纤维更加清晰通透。

白瑞香皮纤维与C染色剂作用后多呈浅蓝色或黄绿色，纤维整体比较平滑，横节纹着色不明显，杂细胞也不够清楚（图1）；与Herzberg染色剂反应后则呈棕黄色到蓝紫色，能看到纤维表面有非常明显且密集、细碎的横节纹（图2、3），节纹处少有加粗呈节状。过度润胀的纤维也会出现球状膨大的现象。

白瑞香皮纤维中段有加宽现象，但不像结香皮纤维那样明显，纤维宽度在中段增幅较小，过渡较平滑。中段的细胞腔有明显的加宽现象（图4），此段的腔占比明显增大，细胞腔与纤维壁的分界也非常清晰。纤维两端渐细，端部多为钝圆形、扁棒状、尖细状、分枝状或膨大呈球形（图5），部分带有深色点，状如鱼头。

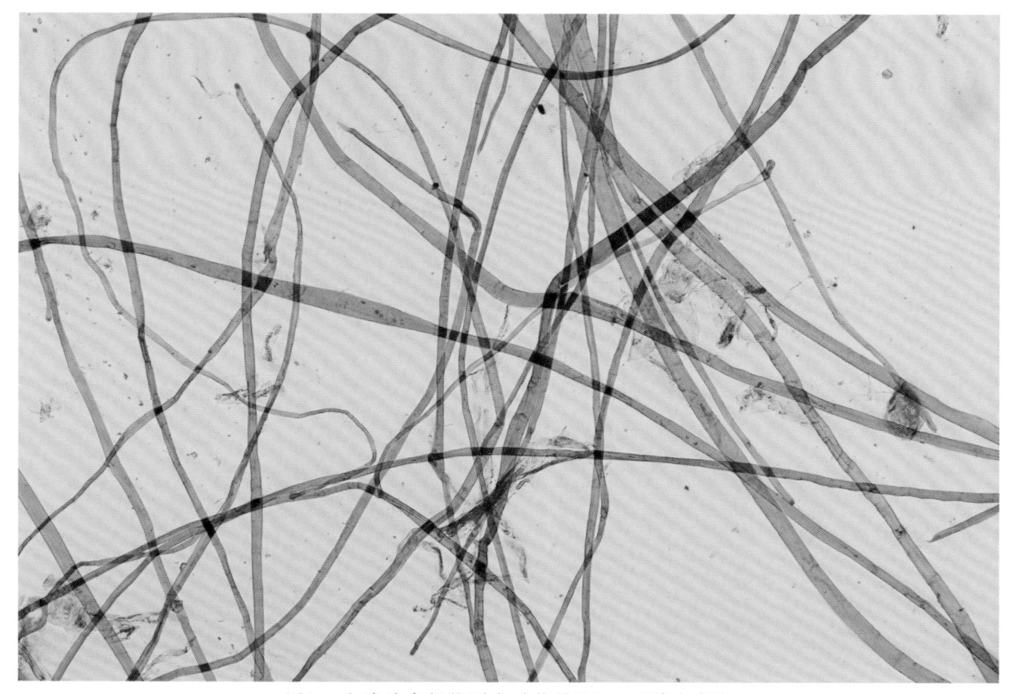

图1　白瑞香皮纤维形态（物镜10×，C染色剂）

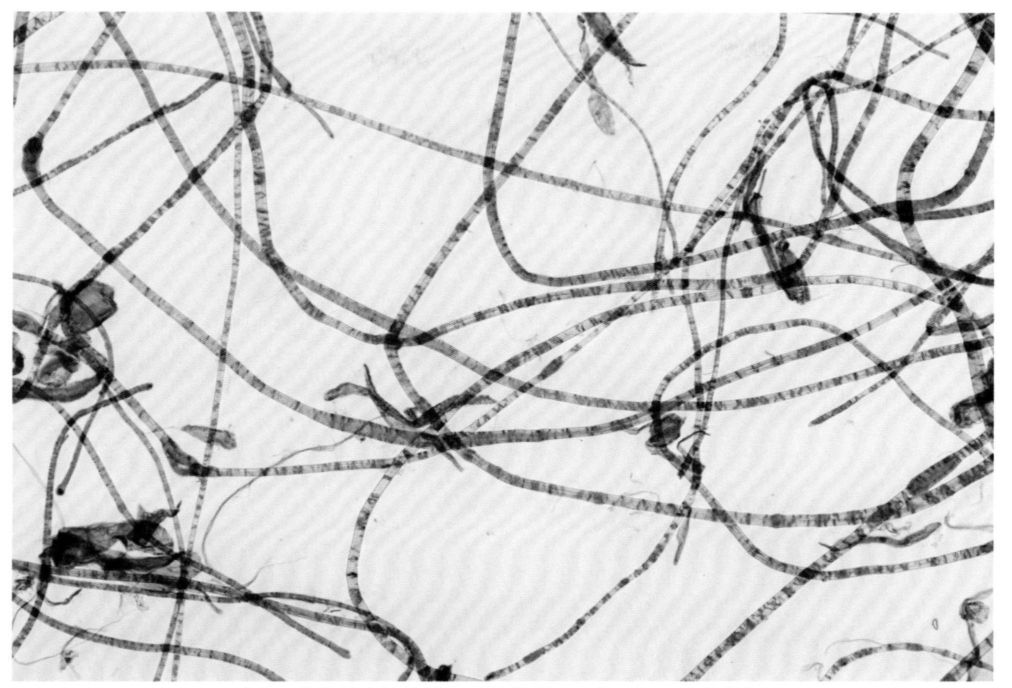

图2　白瑞香皮纤维形态（物镜10×，Herzberg染色剂）

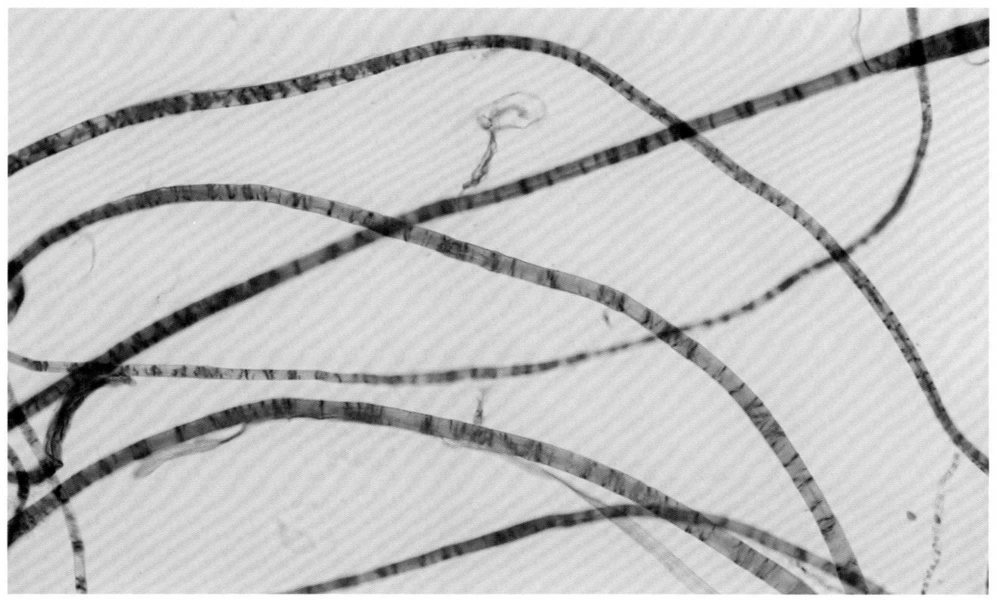

图3　白瑞香皮纤维纹理形态（物镜20×，Herzberg染色剂）

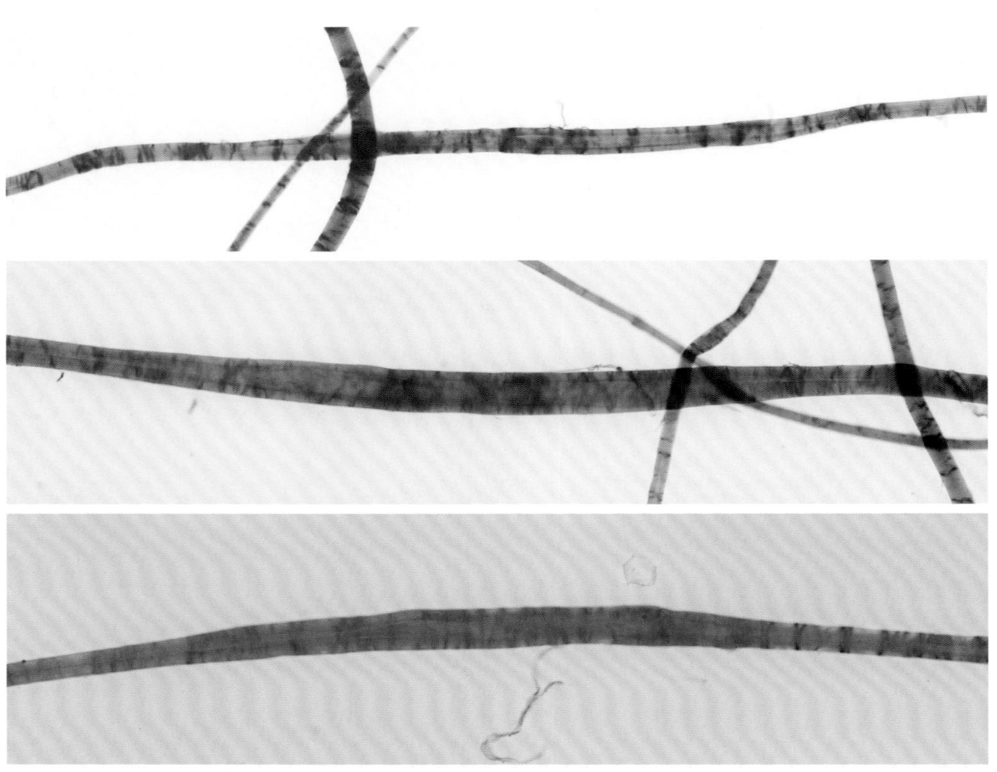

图4 白瑞香皮纤维中段加宽形态（物镜20×，Herzberg染色剂）

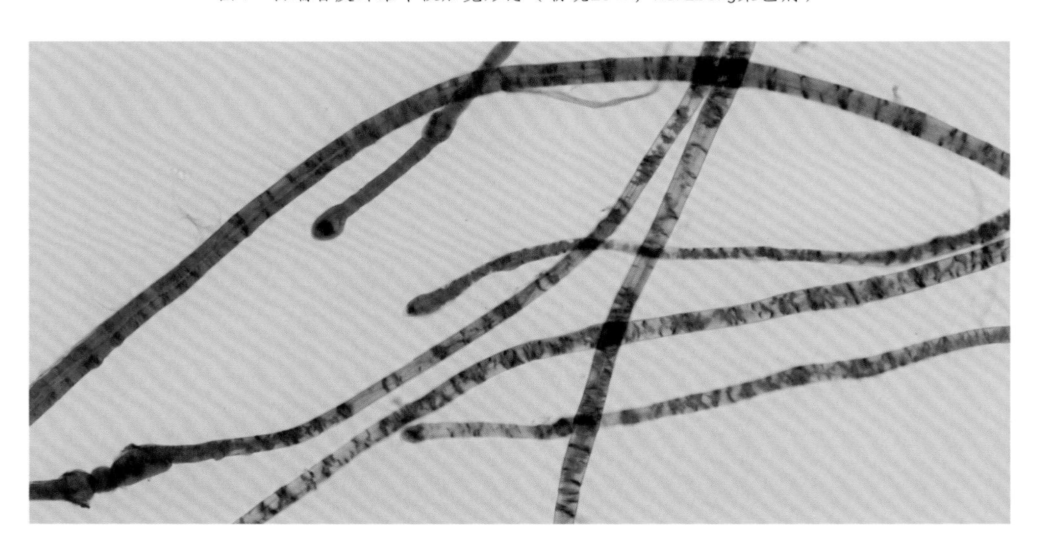

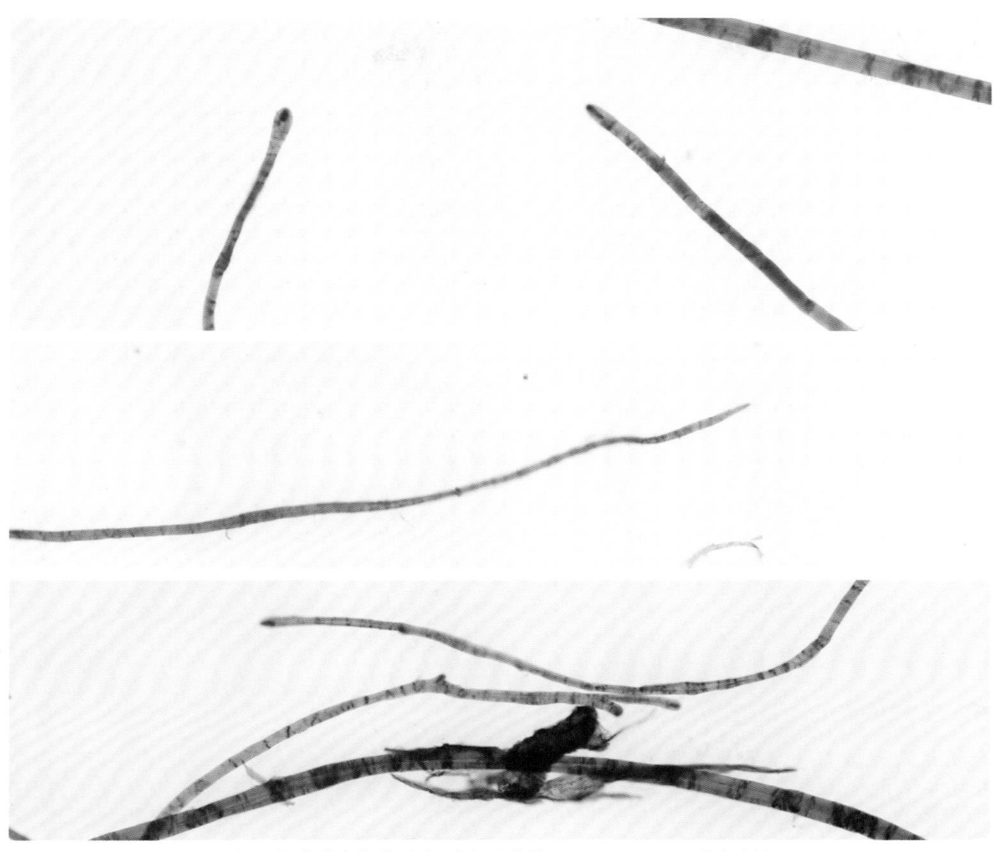

图5　白瑞香皮纤维端部形态（物镜20×，Herzberg染色剂）

白瑞香皮中也可观察到短粗纤维，染色偏黄，长度在1.5 mm左右，形态较结香的更加巨大，整体呈狭长的柳叶形，端部为尖刀状，壁厚且可见细胞腔，表面亦有横节纹（图6）。

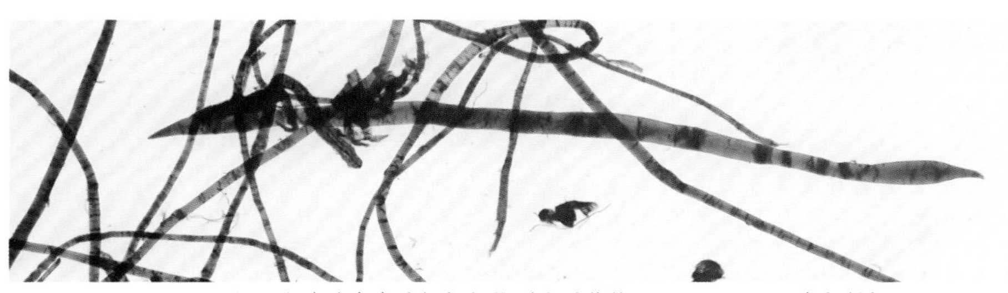

图6　白瑞香皮中的短粗纤维形态（物镜20×，Herzberg染色剂）

白瑞香皮中的杂细胞主要为筛管、薄壁细胞和韧皮射线细胞，筛管呈长条形，多首尾相接，部分筛管带尾尖，筛管壁上可见纵向排列的纹孔（图7）。薄壁细胞呈不规则的方形或球形（图8），常三五成群地散落在纤维间。韧皮射线细胞呈细长的藕节状，常若干个首尾相连（图9）。打浆度较高的纸样中的筛管、薄壁细胞和韧皮射线细胞常破裂成无定型的碎片状。

白瑞香皮中暂未发现草酸钙晶体。

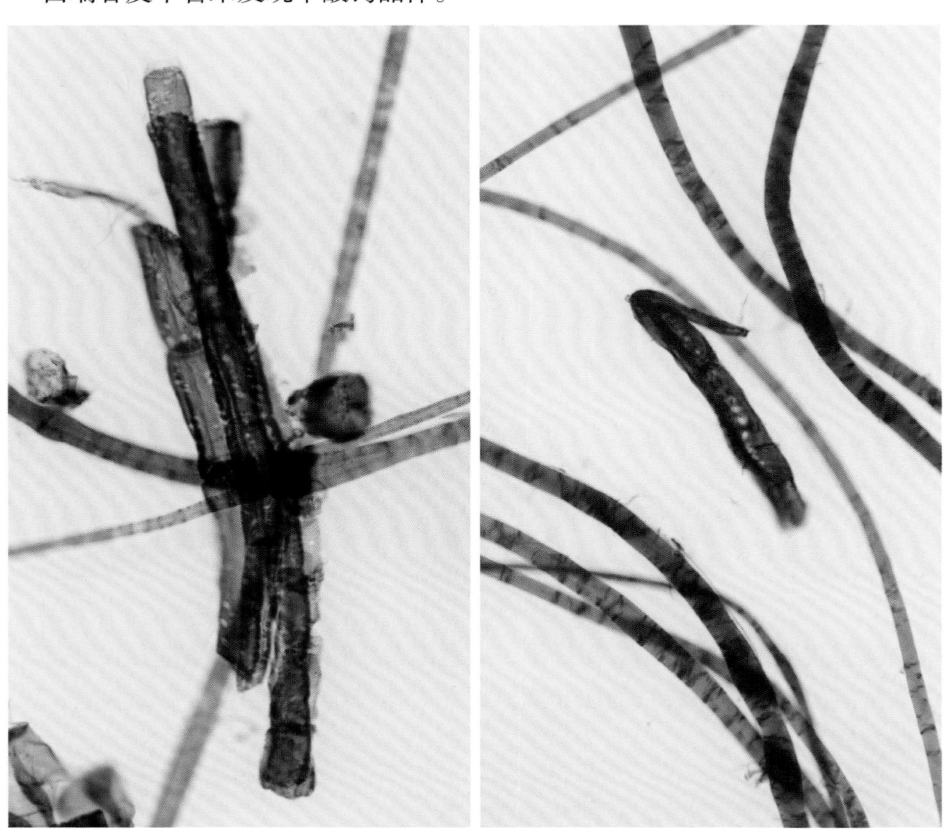

图7 白瑞香皮中的筛管形态（物镜20×，Herzberg染色剂）

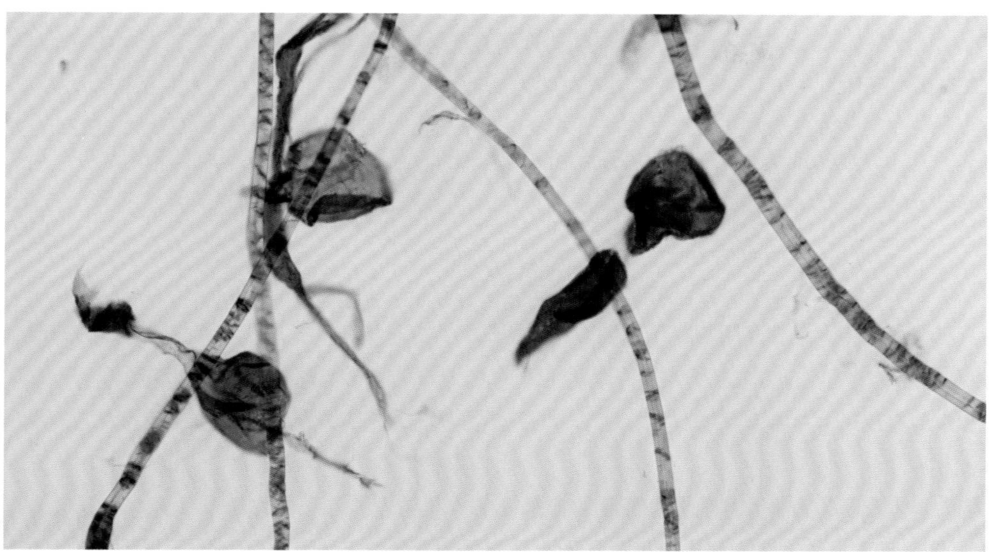

图8 白瑞香皮中的薄壁细胞形态（物镜20×，Herzberg染色剂）

图9 白瑞香皮中的韧皮射线细胞形态（物镜20×，Herzberg染色剂）

长瓣瑞香

学　名：*Daphne longilobata* (Lecomte) Turrill
英文名：Daphne longilobata

长瓣瑞香为瑞香科瑞香属常绿灌木，又名山地瑞香，主要分布于西藏东部、四川西南部、云南西北部的横断山区与喜马拉雅山脉东端，常野生于海拔2000~3100 m的林下灌木丛中。其韧皮纤维为传统藏纸的优良原料。长瓣瑞香的藏文名为“དུང་ཤོ་དཀར་པོ།”，常音译成“东螺尕布”或“童螺嘎布”，有“白色的海螺”之意，形容用其制成的纸张洁白匀净。

在西藏林芝地区的波密县、米林县都有使用长瓣瑞香制作藏纸的传统。夏秋时采收韧皮后，刮去表层的黑皮，留下内层白皮晾干。制纸时将皮料和土碱一起置于锅中蒸煮，煮软后取出捶烂，再均匀分散在水中制成纸浆。纸张成型使用浇纸法，让绷有纱网的木框漂浮于水上，将稀释的纸浆轻轻倒入木框中，浇匀整后再轻轻端起滤水，晒干或烘干后即成一张精美的童螺嘎布藏纸。

长瓣瑞香皮纤维细软白净，胶质含量高，制成的纸张细腻匀滑、洁白晶莹、密实坚韧，纸声清脆响亮，简单研光后即光泽可鉴，非常适于书写。

纤维尺寸

表1　显微镜法测定长瓣瑞香皮纤维尺寸

项目		平均值	最大值	最小值	长宽比
纤维长度/mm	全态	4.5	5.8	3.2	441
纤维宽度/μm	中部加宽段	20.9	28.1	15.9	
	两端非加宽段	10.2	14.9	5.1	

纤维显微特征

在显微镜下观察，长瓣瑞香皮纤维形态呈现非常明显的瑞香科特征，与白瑞香等瑞香属韧皮纤维比较相似，比结香皮纤维略细。整体上来看，纤维比较纤细均匀、匀滑纤长，有明显且细密的横节纹，纤维间的杂细胞比较多。

长瓣瑞香皮纤维与Herzberg染色剂作用后呈棕黄色到蓝紫色，纤维表面的横节纹清晰细密，多为间距相近的浅线纹，少有节纹呈凸起状（图1、2、3、4）。纤维充分润胀后会有球状膨大的现象。

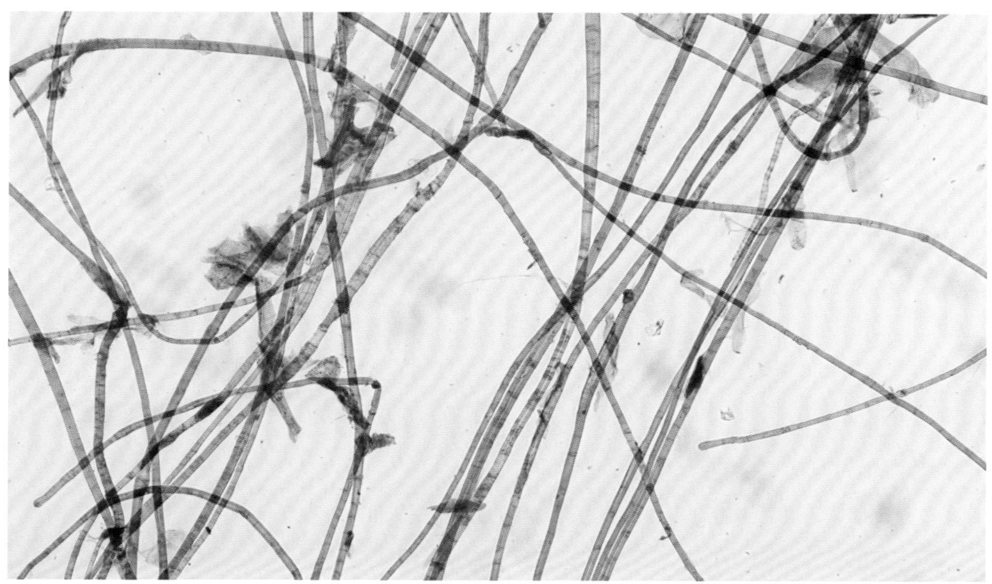

图1　长瓣瑞香皮纤维形态（物镜10×，Herzberg染色剂）

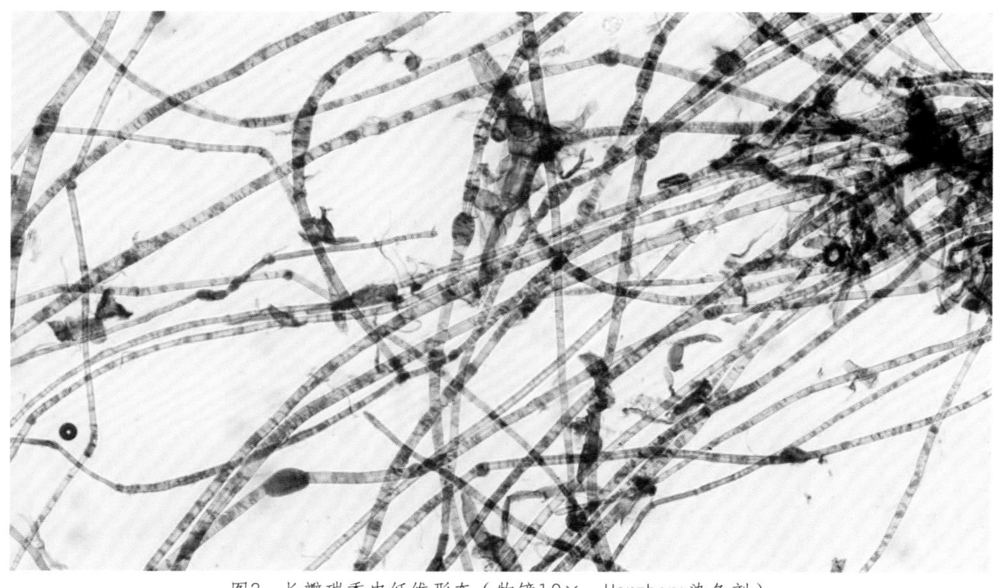

图2　长瓣瑞香皮纤维形态（物镜10×，Herzberg染色剂）

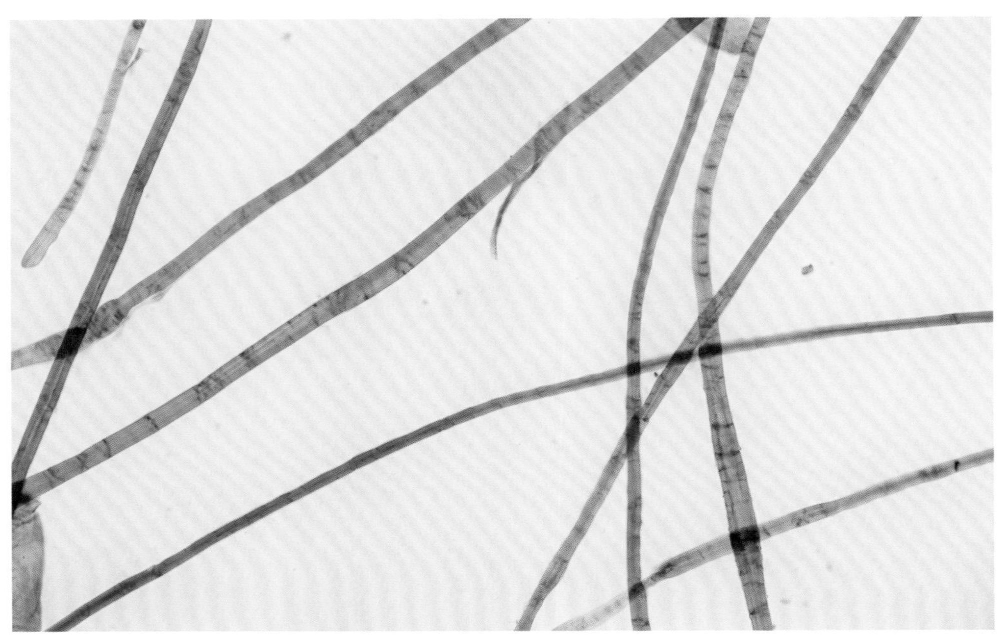

图3　长瓣瑞香皮纤维纹理形态（物镜20×，Herzberg染色剂）

图4　长瓣瑞香皮纤维纹理形态（物镜20×，Herzberg染色剂）

长瓣瑞香皮纤维中段能观察到不太明显的加宽现象（图5），加宽的幅度比较小，仅稍稍宽于两端，部分纤维甚至看不出明显加宽。加宽部分的细胞腔较清晰，且明显宽于两端，细胞腔与纤维壁的分界较明显。两端纤维渐细，端部呈尖细状、扁棒状（鱼头状）、球状或分枝状（图6）。

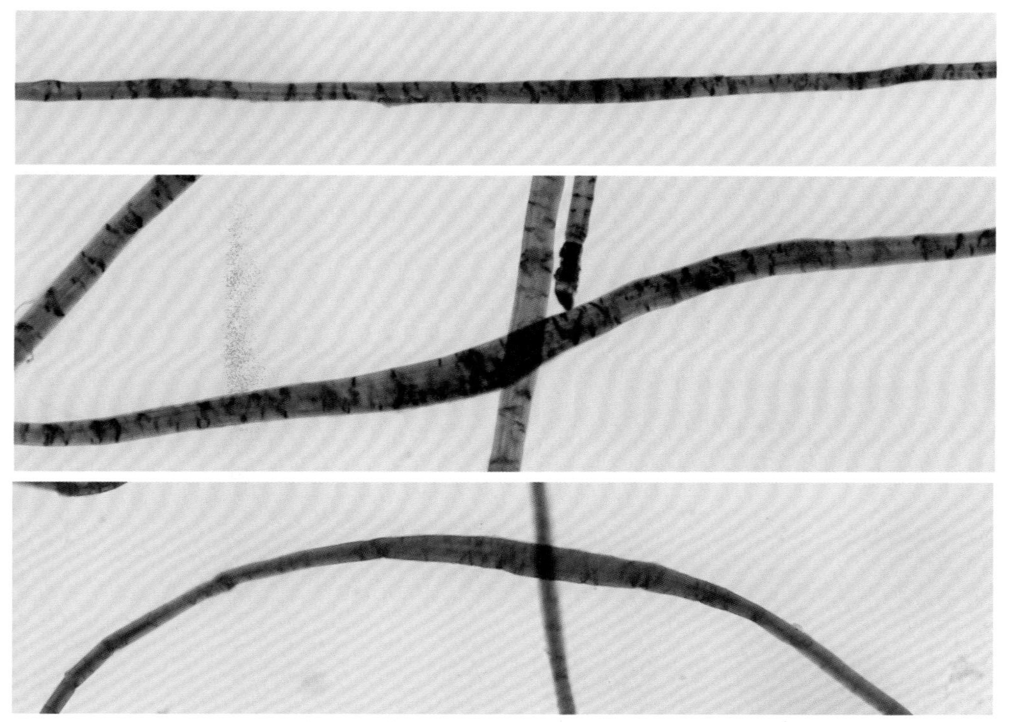

图5　长瓣瑞香纤维中段加宽形态（物镜20×，Herzberg染色剂）

长瓣瑞香皮中多见短粗纤维（图7），长度0.5~1 mm。这种短粗纤维在打浆之后比较容易被Herzberg染色剂润胀，变得十分粗大，呈比较显眼的黄绿色或棕蓝色，明显宽于普通纤维，常呈柳叶形，中部肥宽，两端渐尖。

长瓣瑞香皮中的杂细胞常见的有筛管、薄壁细胞和韧皮射线细胞，染色后呈蓝紫色或深蓝色，内部有时可观察到少量黄色的原生质附着。筛管为长椭圆形，整体稍宽，侧面有排列整齐的纹孔，多首尾相连，如短胖的藕节（图8）。薄壁细胞近似球形或不规则球形，尺寸稍小，常群聚状散落在纤维间（图9）。韧皮射线细胞为细长条状，多为群聚状，首尾相连（图10）。经过打浆后，这些薄壁的筛管、薄壁细胞和韧皮射线细胞很容易破碎成无定形的碎片。

长瓣瑞香皮纤维样品中暂未发现草酸钙晶体。

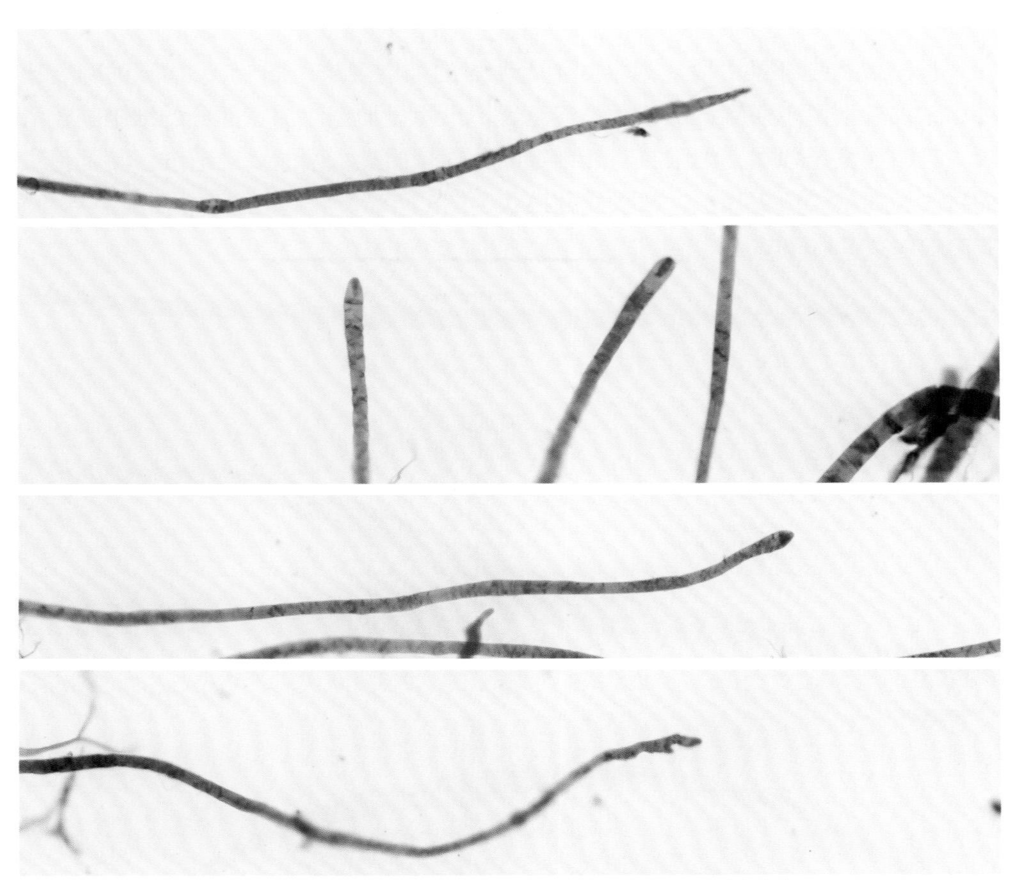

图6 长瓣瑞香皮纤维端部形态（物镜20×，Herzberg染色剂）

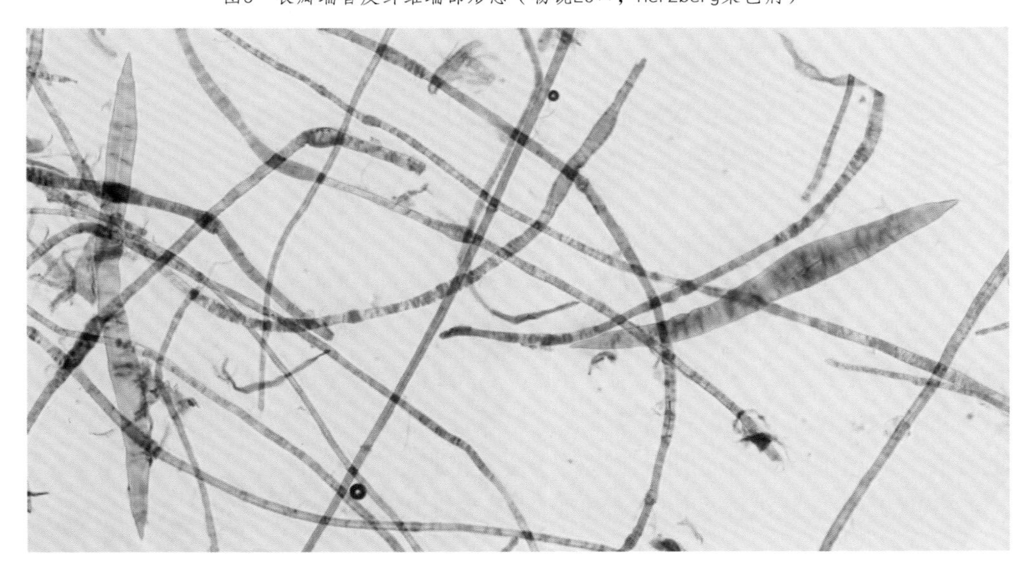

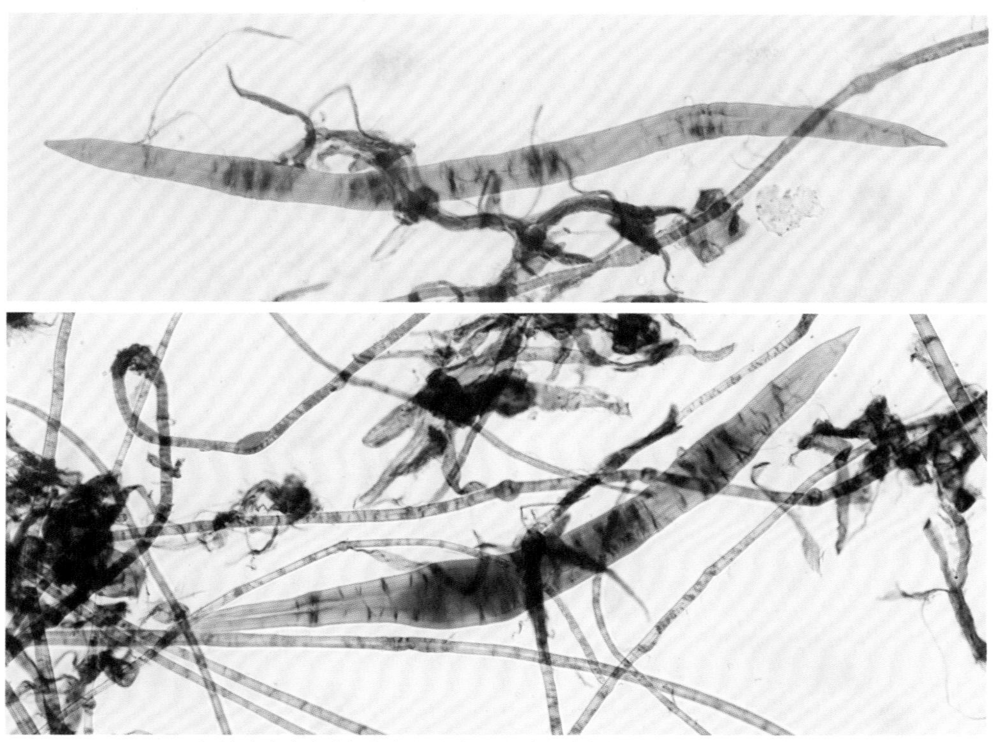

图7　长瓣瑞香皮中的短粗纤维润胀后的形态（物镜10×，Herzberg染色剂）

图8　长瓣瑞香皮中的筛管形态（物镜20×，Herzberg染色剂）

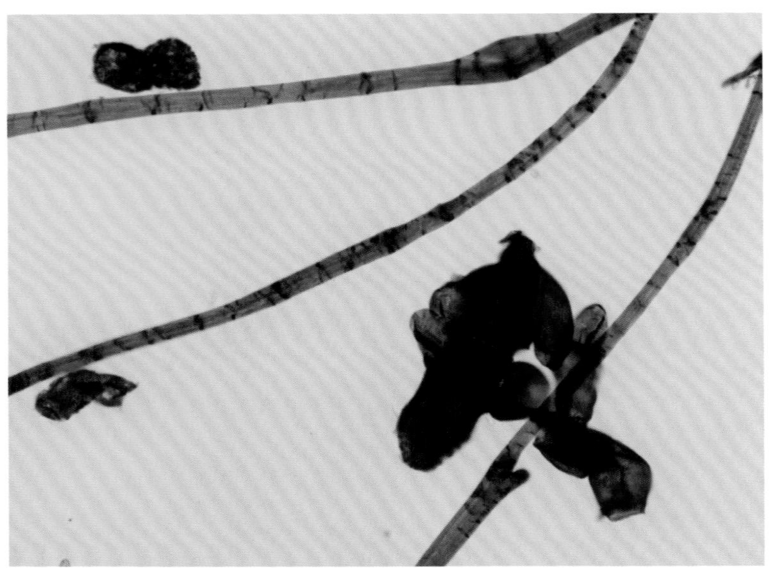

图9 长瓣瑞香皮中的薄壁细胞形态（物镜20×，Herzberg染色剂）

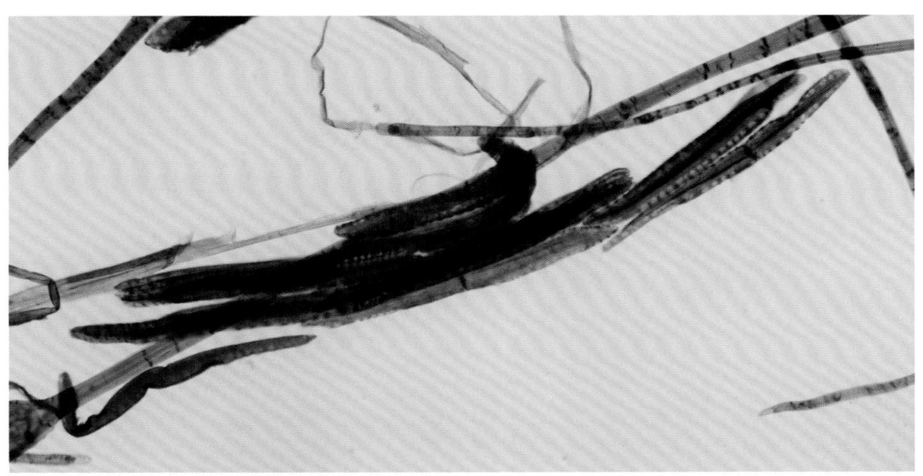

图10 长瓣瑞香皮中的韧皮射线细胞形态（物镜10×，Herzberg染色剂）

狼毒

学　名：*Stellera chamaejasme* Linn.
英文名：Chinese Stellera Root

狼毒为瑞香科狼毒属多年生宿根草本植物，常被称为狼毒草，俗称馒头花、断肠草、瑞香狼毒、白狼毒、闷头花、羊见愁等。狼毒在我国分布非常广泛，除了西南的青藏高原，在东北大兴安岭、内蒙古草原、黄土高原、西北戈壁以及云贵高寒山地的崇山峻岭之中都能见到，甚至在俄罗斯西伯利亚地区也有分布。狼毒多生长于海拔2500 m以上干燥向阳的高山草坡或河滩台地。狼毒的全株均有毒性，可做杀虫剂，亦可入药，还是制作藏纸的非常著名的纤维原料。

狼毒地上部分的茎叶为一年生，秋冬季节枯萎；地下粗壮的根部则为多年生，形如萝卜，能够储存大量养分。狼毒是一种宿根的草本植物，习惯上虽被称为狼毒草，但与常见的禾草类草本原料有本质区别。狼毒属于双子叶植物，与瑞香科木本的结香、荛花为近亲，同样是韧皮类造纸原料。

除了瑞香科的狼毒，大戟科的“狼毒大戟”和“大狼毒”也常俗称为狼毒，同样具有粗壮的根部，亦具有一定毒性。但后两种狼毒无法用于造纸，为避免混淆，也有一些文献中将造纸用的狼毒称为瑞香狼毒。

狼毒造纸取材部位为粗壮根部的韧皮。将剥取的根皮捶散，刮去外层黑皮后，加土碱（也有用纯碱）煮烂。在各种植物韧皮中，狼毒的根皮是比较容易蒸煮的，在高原地区一般三四个小时即可煮软，拿到平原地区甚至一两小时就能煮软。煮好的韧皮以石块捶打，分散成纸浆。造纸时将纸浆在容器中加水搅散成稀浆，取一张浇纸网漂浮在水面上，舀取纸浆倒在浇纸网中，分布均匀后轻轻地水平端起，滤水形成湿纸页，再经日晒或烘干成为一张狼毒藏纸。

狼毒的生长速度比较缓慢，用来造纸的狼毒过去常选择10年以上较为粗壮的根部。近些年因滥挖严重，大棵的狼毒明显减少，不得不用10年以下的狼毒造纸。一些地方也逐渐开始尝试人工种植狼毒，以提供稳定的原料来源。

生长于不同环境的狼毒，其花色和品种也略有差异，根皮的质量也不尽相同。开黄花和开红花的狼毒，其纤维形态稍有区别。本节所参照的样本来自西藏尼木县。

纤维尺寸

表1 显微镜法测定狼毒根皮纤维尺寸

项目		平均值	最大值	最小值	长宽比
纤维长度/mm	全态	3.0	3.9	1.8	303
纤维宽度/μm	中部加宽段	17.9	22.4	14.2	
	两端非加宽段	9.9	12.5	5.1	

纤维显微特征

在显微镜下观察，狼毒皮纤维可能会呈现两种截然不同的状态。未进行充分打浆时，纤维形态非常清晰，有明显的瑞香科特征，纤维纤细柔长，比结香属、瑞香属的韧皮纤维更纤细。但在经过充分打浆后，由于狼毒皮纤维极易润胀，原来的瑞香科特征被完全破坏，膨大为粗细不均、弯弯曲曲的飘带状纤维，与未打浆时形态差距明显。

狼毒皮纤维与Herzberg染色剂作用后呈棕蓝色到蓝紫色。未充分打浆时（图1、2、3），纤维细长，表面有清晰而密集的横节纹，节纹间距均匀。充分打浆后（图4、5、6），纤维发生明显的润胀，宽度增大，纤维表面的纹理形态因润胀而破坏，变成有浅纹理或无纹理的管状或飘带状纤维，而且充分打浆后的纤维非常柔软，极易扭曲打结，常扭成一团，不易观察到清晰的纤维形态特征。

狼毒皮纤维也有非常明显的中段加宽现象（图2、3、7、8），加宽幅度较明显，但加宽段稍短，整体呈纺锤形。加宽段的细胞腔有明显的扩大现象，细胞腔轮廓也非常清晰。两端未加宽段细胞腔窄细或仅为一条细线。纤维端部为瑞香科韧皮纤维中常见的尖细状、钝圆状、扁棒状（鱼头状）或分枝状（图9），扁棒状和分枝状稍多。

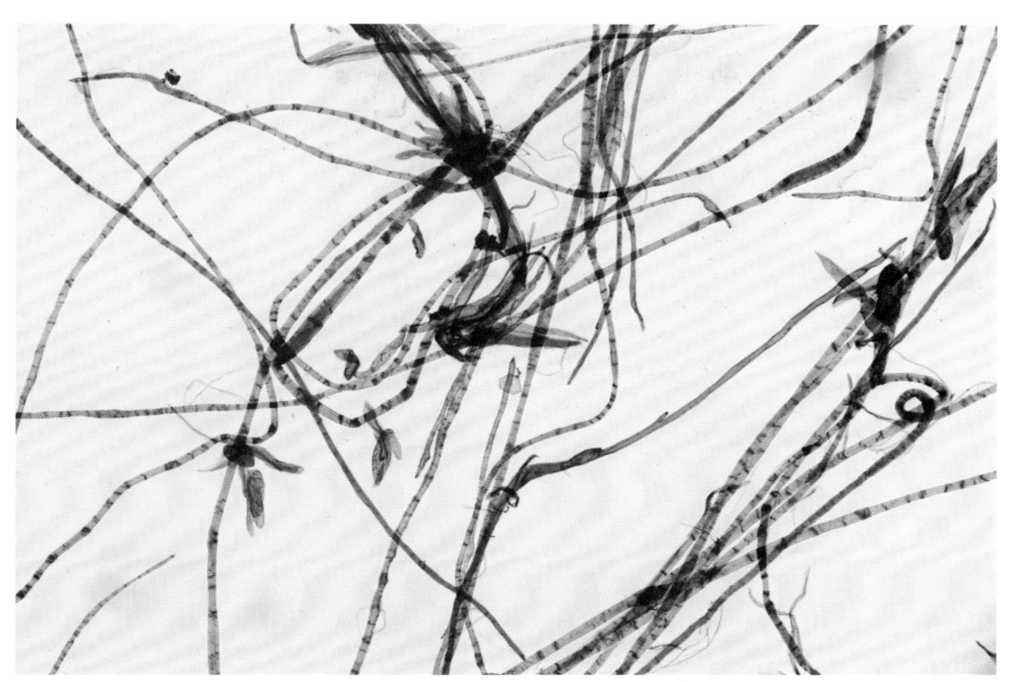

图1　狼毒皮纤维形态（未打浆，物镜10×，Herzberg染色剂）

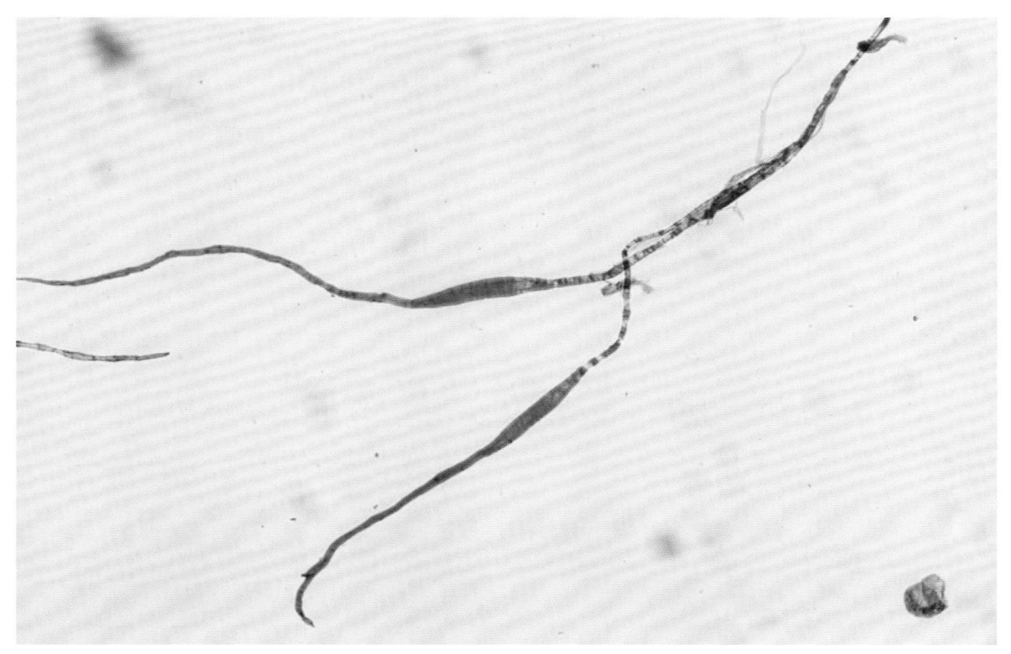

图2　狼毒皮纤维形态（未打浆，物镜10×，Herzberg染色剂）

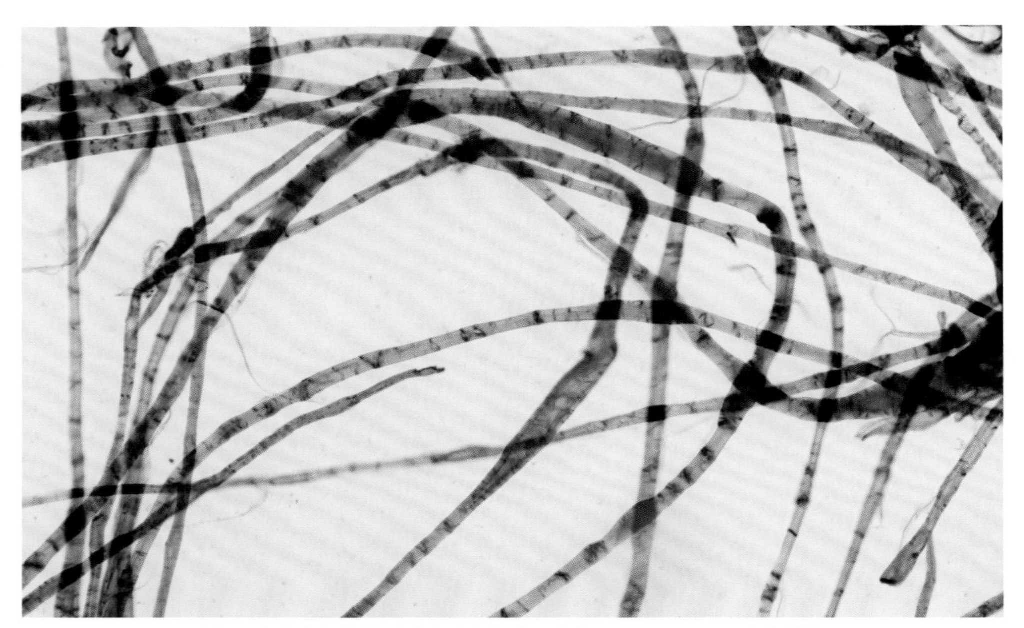

图3　狼毒皮纤维纹理形态（未打浆，物镜20×，Herzberg染色剂）

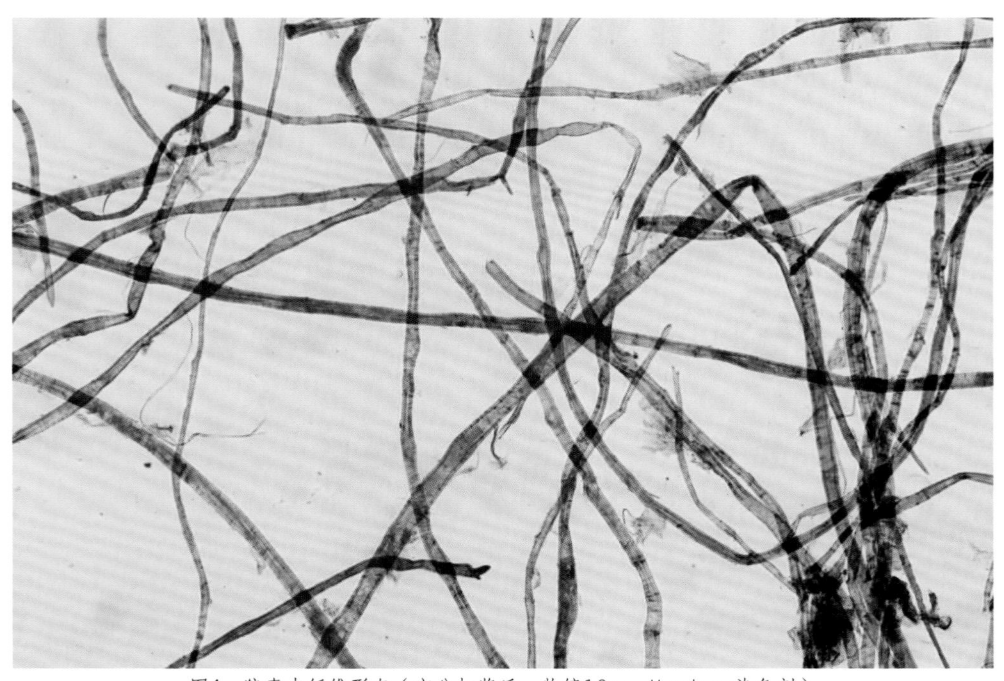

图4　狼毒皮纤维形态（充分打浆后，物镜10×，Herzberg染色剂）

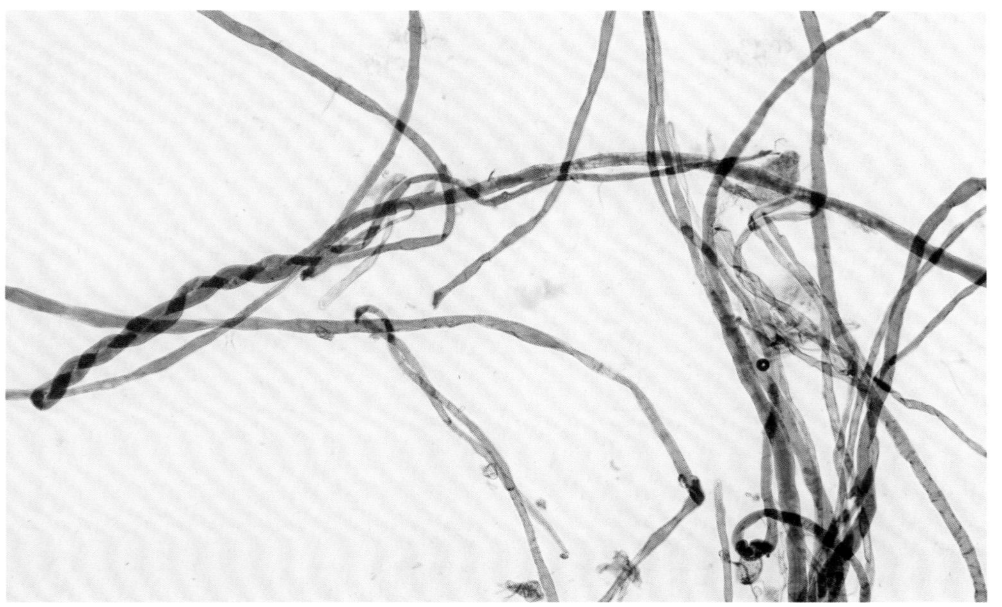

图5　狼毒皮纤维形态（充分打浆后，物镜10×，Herzberg染色剂）

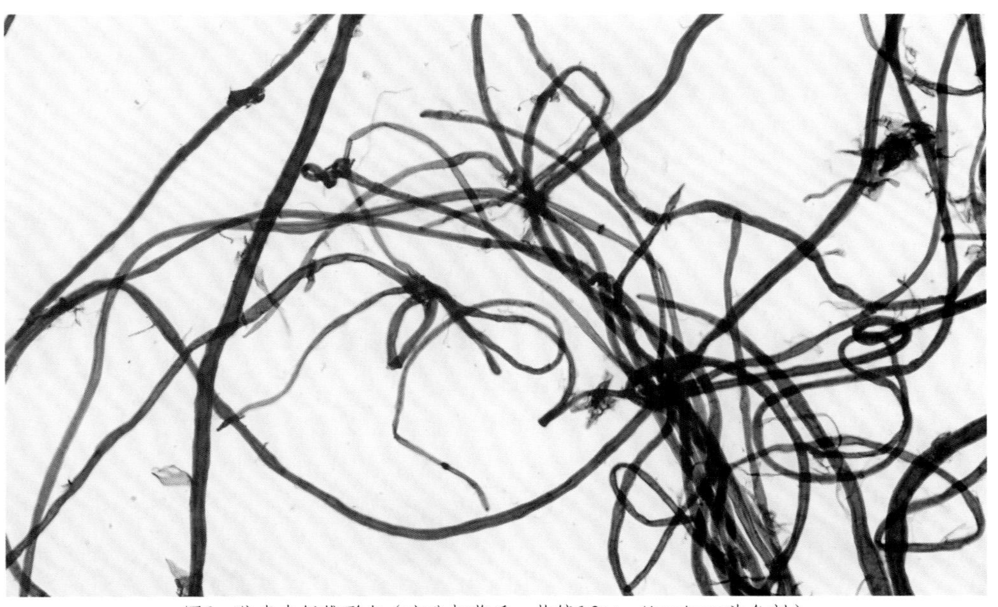

图6　狼毒皮纤维形态（充分打浆后，物镜10×，Herzberg染色剂）

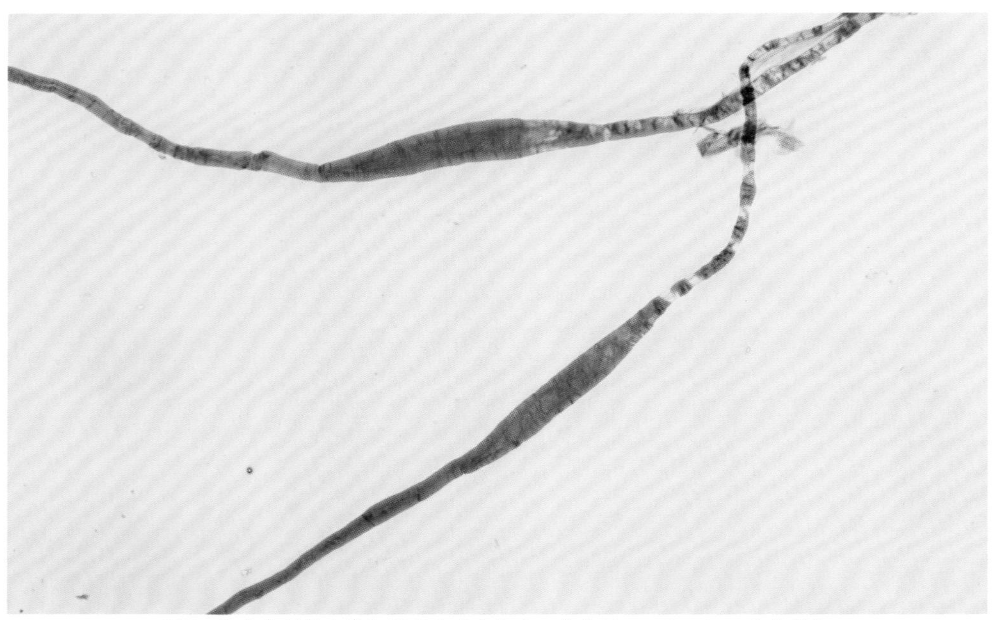

图7 狼毒皮纤维中段加宽形态（未打浆，物镜20×，Herzberg染色剂）

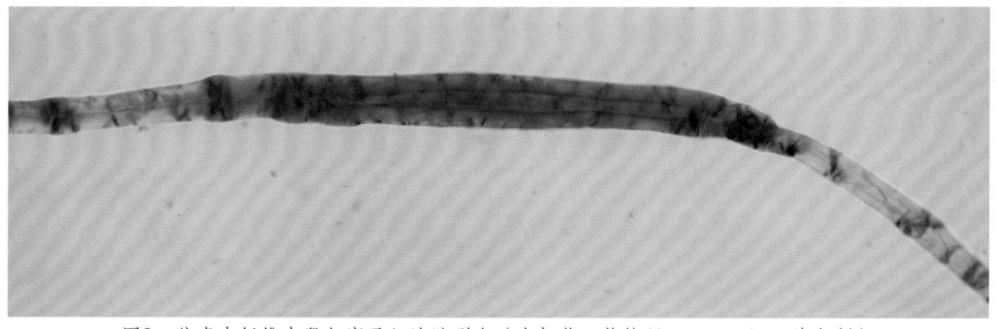

图8 狼毒皮纤维中段加宽及细胞腔形态（未打浆，物镜40×，Herzberg染色剂）

狼毒皮中的短粗纤维不太容易发现，其形态与正常纤维非常相似，宽度接近，有中部的宽段，两端伸长较短（图10）。

狼毒皮中的杂细胞数量较多的为薄壁细胞和韧皮射线细胞。筛管较少见，为长条状，比纤维略宽，为筒状结构，两端平齐或呈斜尖形，侧壁上有纵向排列的纹孔（图11）。薄壁细胞呈圆形、椭圆形或纺锤形（图12、13），表面有许多颗粒状的棕色斑，常三五成群地散落在纤维间。韧皮射线细胞为细长条形（图14），细而柔软，多为群聚状。打浆之后，大量薄壁细胞和韧皮射线细胞破碎成碎片状散落在纤维间。

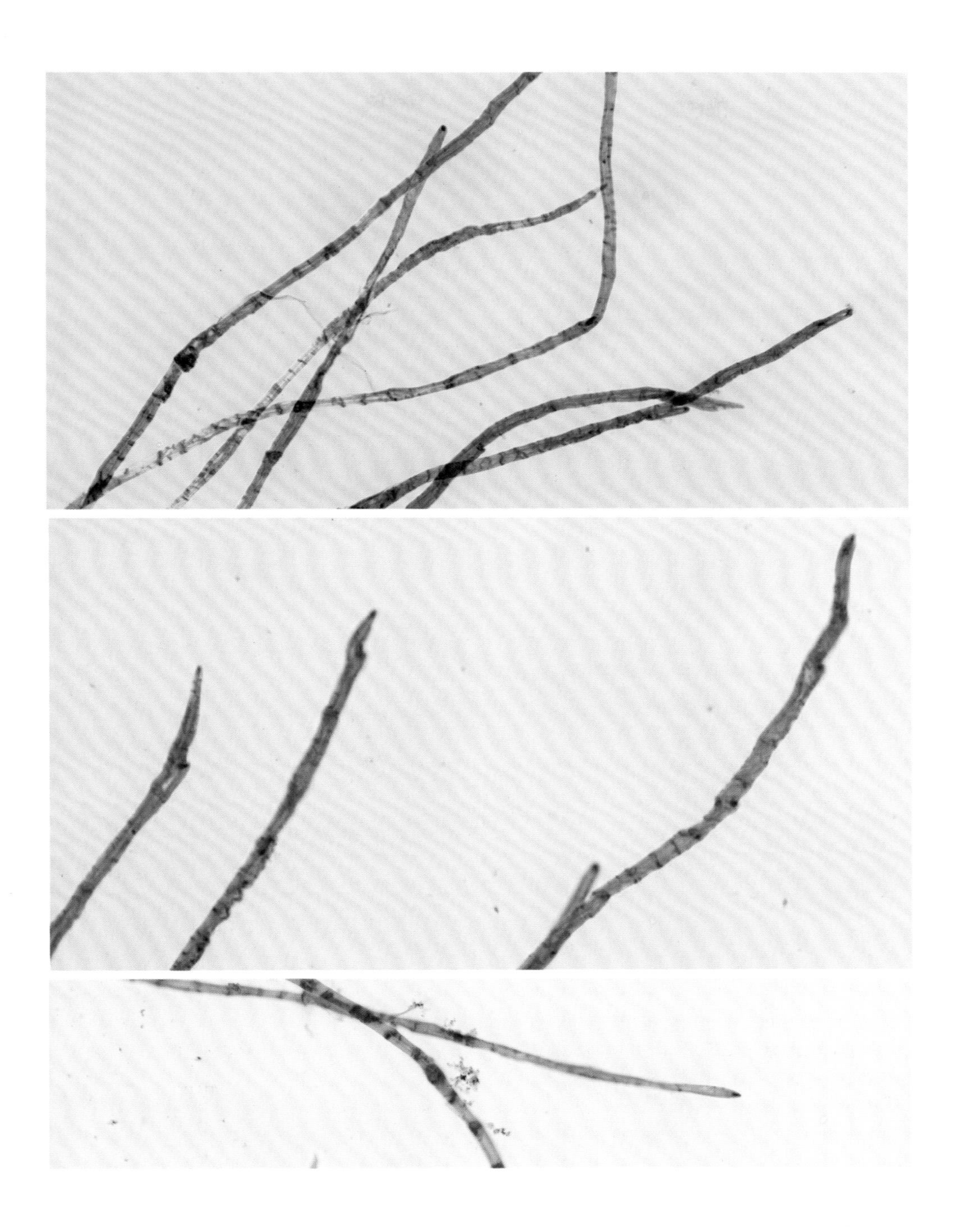

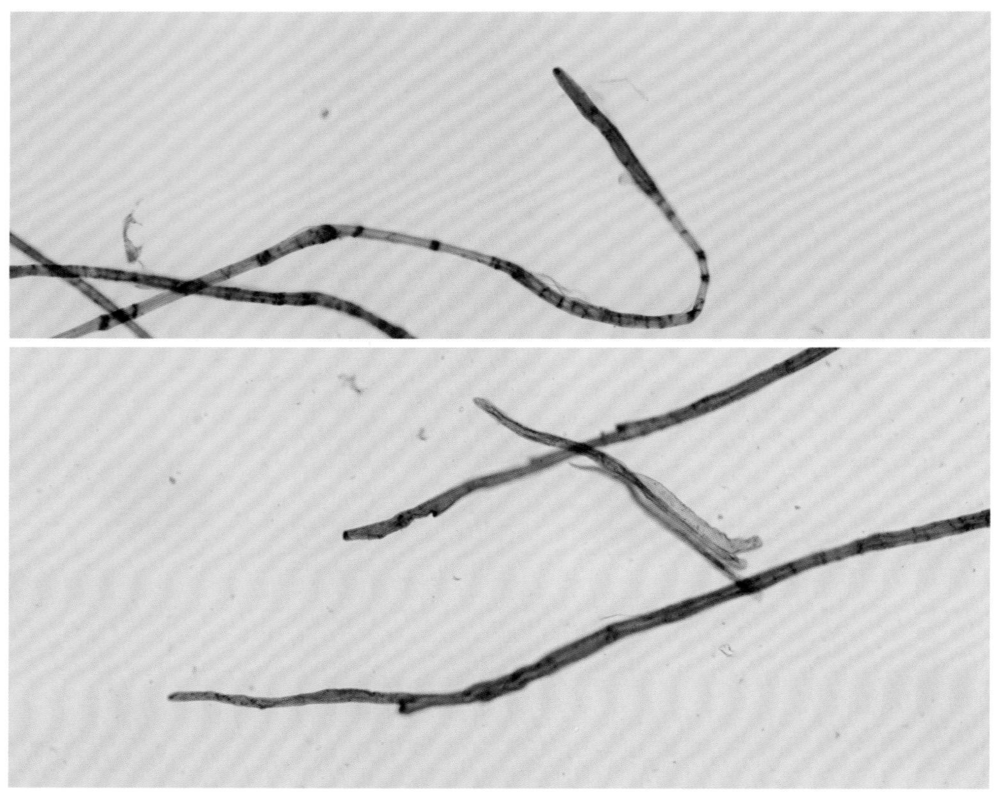

图9 狼毒皮纤维端部形态（未打浆，物镜20×，Herzberg染色剂）

图10 狼毒皮中的短粗纤维形态（未打浆，物镜10×，Herzberg染色剂）

图11　狼毒皮中的筛管形态（箭头所示）（物镜40×，Herzberg染色剂）

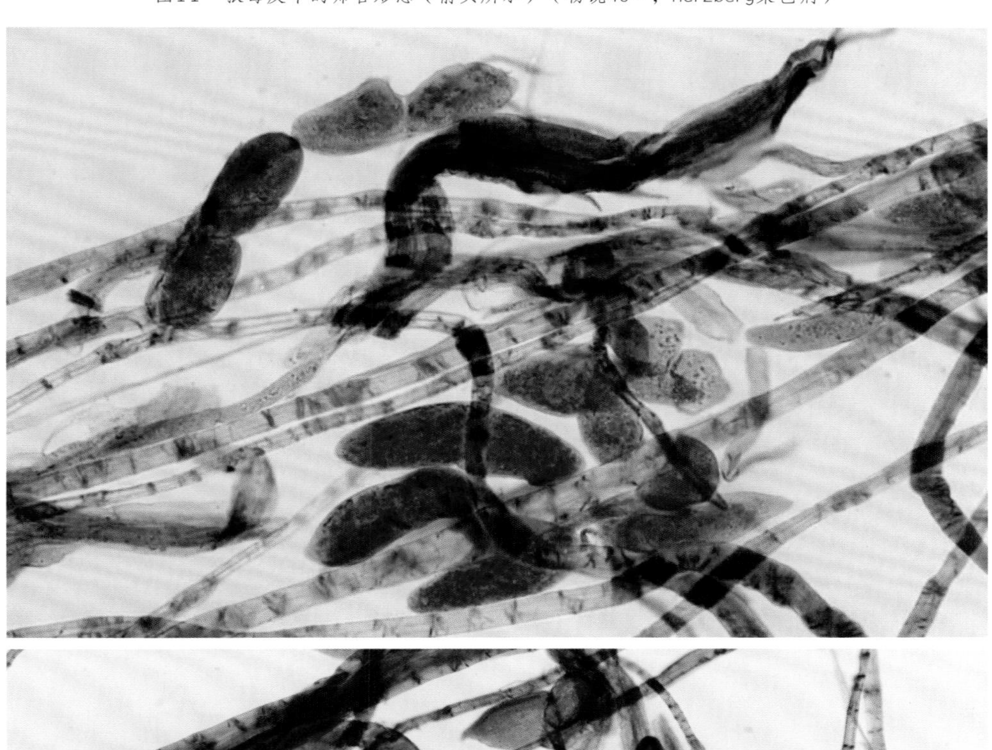

图12　狼毒皮中的薄壁细胞形态（物镜20×，Herzberg染色剂）

图13 狼毒皮中的薄壁细胞形态（物镜40×，Herzberg染色剂）

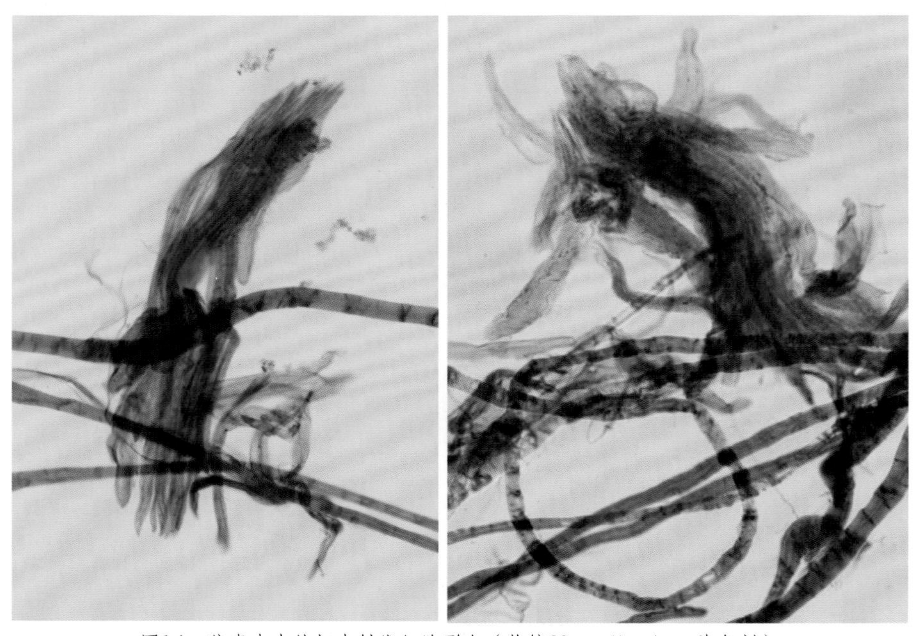

图14 狼毒皮中的韧皮射线细胞形态（物镜20×，Herzberg染色剂）

第五章　藤皮类

藤皮类原料主要指藤蔓类植物的韧皮。据文献记载，藤皮类原料在晋代开始用于造纸，所造纸张以剡溪藤纸最为著名，西晋张华在《博物志》中最早记载了剡溪古藤可以造纸。此后剡溪藤纸一直因纸质光洁绵韧，广受文人赞誉。至宋代时因过度砍伐，藤纸已然绝迹。因此古时制作藤纸究竟用过哪些藤蔓类植物，只能从一些不太确切的描述中推测。

据学者考证，用于造纸的藤蔓类植物可能包括豆科的紫藤、葛藤、鸡血藤，卫矛科的雷公藤，以及防己科的青藤。许多原料只见零星记载，尚无实物确证。如史料记载的"青藤"，若按中文学名可能为防己科的青藤，但豆科的紫藤在南方也常被俗称为青藤，古时造纸究竟用的是哪种青藤，还需要进一步考证才能确认。

藤纸早已绝迹，民间虽偶有纸坊小量制作，但皆不成规模。古纸实物更是凤毛麟角，亦难得遇到。在古藤纸的著名产地——浙江剡溪一带，两岸山林中仍有大量野生紫藤，古人很有可能就是用这些紫藤造纸。此外古代曾广泛使用葛麻，以旧麻布引入造纸似乎也顺理成章。为呈现传统造纸原料之全貌，本书仅选可能性较大的紫藤和葛藤，简单展示藤皮类原料纤维的显微形态。

从微观形态来看，豆科的紫藤和葛藤的韧皮纤维都比较短细，平滑柔软，比较容易制成细腻绵滑的纸张。与宋之前广泛流行的麻纸、桑皮纸和构皮纸相比，短细纤维赋予的细匀质感或许更容易获得使用者的青睐。

紫藤

学　名：*Wisteria sinensis* (Sims) Sweet

英文名：Chinese wistaria

紫藤为豆科紫藤属落叶攀缘缠绕性藤本植物，又名朱藤、藤萝、招豆藤、青藤等。紫藤为暖温带及温带植物，对生长环境的适应性强，栽培种在很多城市被用作园林美化，野生种则主要分布在华中和华南地区。

紫藤是古代制作藤纸的主要原料之一。根据现有的文献史料，藤纸起源于晋代。唐代虞世南《北堂书钞》中记载东晋范宁这样要求属官："土纸不可以作文书，皆令用藤角纸。"[①]而"藤角纸"据考证即为藤纸。

东晋范宁所处时代距离蔡伦发明造纸术之时不足300年，藤纸出现的时间还是比较早的。古人发现藤皮可以替代麻用于纺织，进而引入造纸。自晋唐繁荣到宋末衰落，藤纸因纸质细腻洁白、平滑绵韧，在历朝历代都广受赞誉。不仅文人喜欢藤纸，连官方文书也要用藤纸。《唐六典》记载："敕旨、论事敕及敕牒用黄藤纸。"[②]唐代李肇在《翰林志》一书里谈到书写文书的规定："凡赐与、征召、宣索、处分曰诏，用白藤纸。……凡太清宫道观荐告文辞，用青藤纸朱书，谓之青辞。"[③]在其《国史补》中也提到"纸之妙者则有越之剡藤"[④]，此处的"剡藤"，即为产自剡溪一带的藤纸。剡溪主要指现在的浙江嵊州一带，此处山林中多野生古藤，适于造纸。藤纸自剡溪起源，后世发展到余杭，以及浙西的衢州、金华，乃至江西上饶等地区。因剡溪藤纸名气较大，史料中多称之为剡藤纸、剡纸，并有"剡溪藤纸甲天下"的美誉。

据调查，嵊州一带的山中有大量野生紫藤。紫藤以枝蔓的韧皮造纸。跟其他韧皮原料相比，紫藤的韧皮部非常发达，主要成分是韧皮纤维，仅伴有少量薄壁细胞及导管。紫藤纤维短细柔软、腔大壁薄，用其造纸无须高度打浆，成纸很容

① 〔清〕严可均校辑：《全上古三代秦汉三国六朝文》，中华书局，1958年，第2177页。

② 〔唐〕李林甫等撰，陈仲夫点校：《唐六典》，中华书局，1992年，第274页。

③ 〔宋〕苏易简等著，朱学博整理校点：《文房四谱》（外十七种），第62页。

④ 陶敏主编：《全唐五代笔记》第一册，三秦出版社，2012年，第849页。

易做到细、平、匀、滑。跟传统的长纤维皮麻纸相比优势明显，这也是晋唐以来藤纸风靡的主要原因。

纤维尺寸

表1　显微镜法测定紫藤皮纤维尺寸

项目	平均值	最大值	最小值	长宽比
纤维长度/mm	1.66	2.41	0.98	109
纤维宽度/μm	15.2	31.1	4.79	

纤维显微特征

紫藤在植物亲缘关系上跟其他韧皮原料有些远，纤维形态与桑檀皮、瑞香皮等韧皮纤维的差距也比较大。整体来看，紫藤皮纤维比较短细，形态平滑柔软、粗细均匀（图1），杂细胞比较少，纤维疏朗纯净。

图1　紫藤皮纤维形态（物镜10×，Herzberg染色剂）

紫藤皮纤维与Herzberg染色剂反应后呈棕色到蓝紫色（图1、2）。大部分纤维表面都比较光滑，10倍物镜观察时横节纹不太明显。在较高倍数下可观察到纤维表面的横节纹非常浅细密集，多呈横斜向缠绕状纹理（图3、4），少数纤维有加粗状的横节纹。

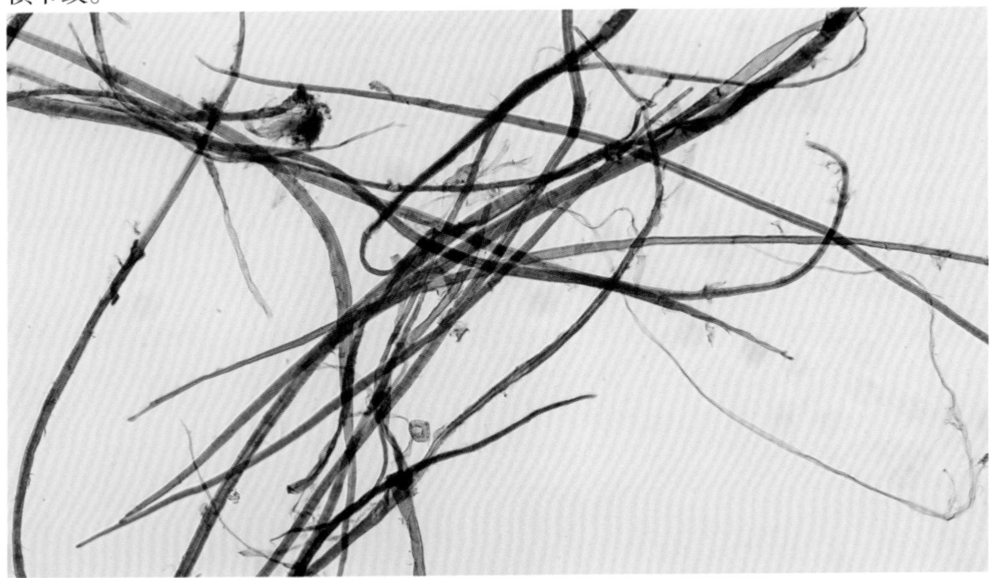

图2　紫藤皮纤维形态（物镜10×，Herzberg染色剂）

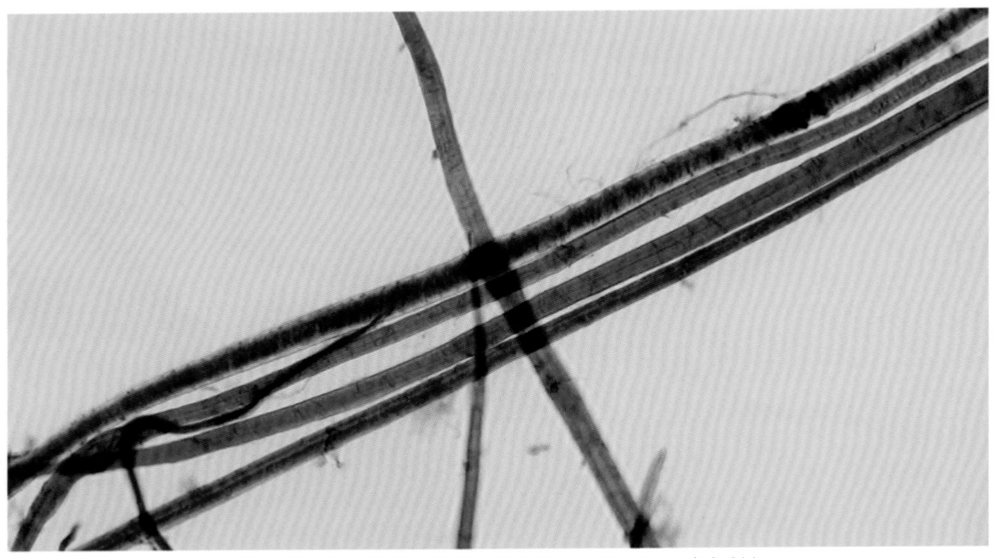

图3　紫藤皮纤维纹理形态（物镜20×，Herzberg染色剂）

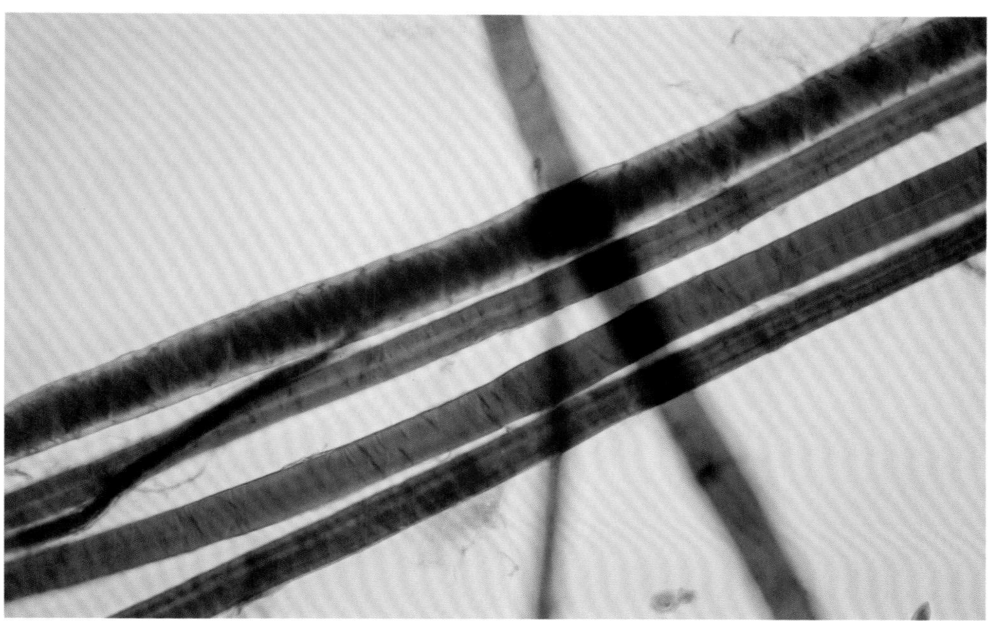

图4 紫藤皮纤维纹理细节（物镜40×，Herzberg染色剂）

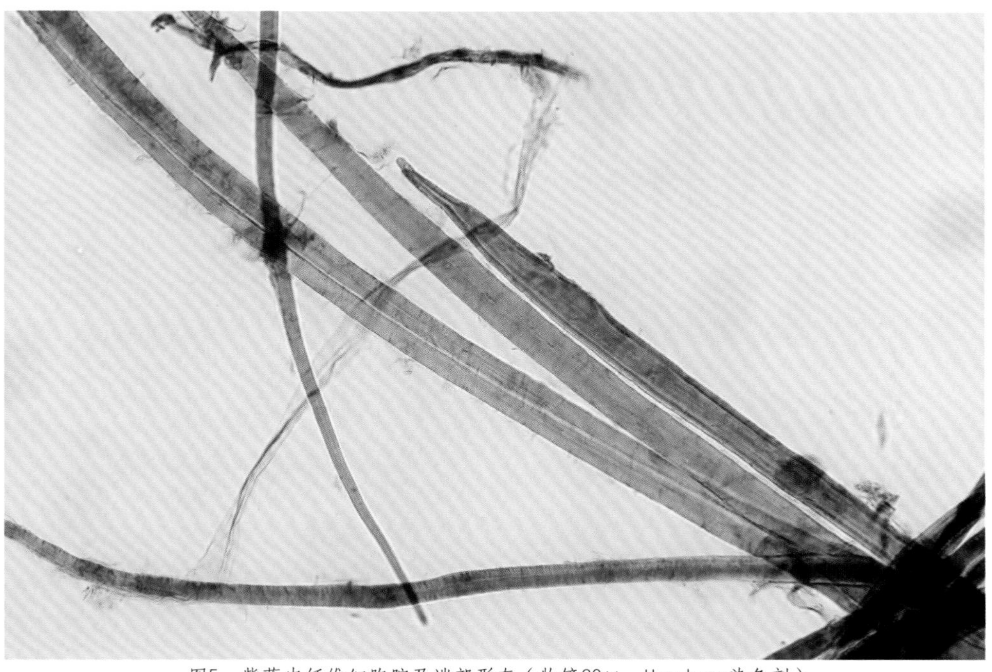

图5 紫藤皮纤维细胞腔及端部形态（物镜20×，Herzberg染色剂）

紫藤皮纤维的细胞腔大小不一，部分纤维的细胞腔宽而明显，呈一条浅色带，轮廓清晰，纤维壁较薄；部分纤维的细胞腔较窄，呈一条细线（图4、5、6）；也有部分纤维观察不到明显的细胞腔。纤维由中间往两端渐细而尖，略呈牙签形，尖端顶部略圆，多为钝圆形（图7）。少数纤维表面零星可见极薄的胶质膜。

紫藤皮纤维中的杂细胞比较少，偶见有方形或长方形的石细胞，细胞壁较厚，常成串附着在纤维两侧（图8）或群聚状散落在纤维间。

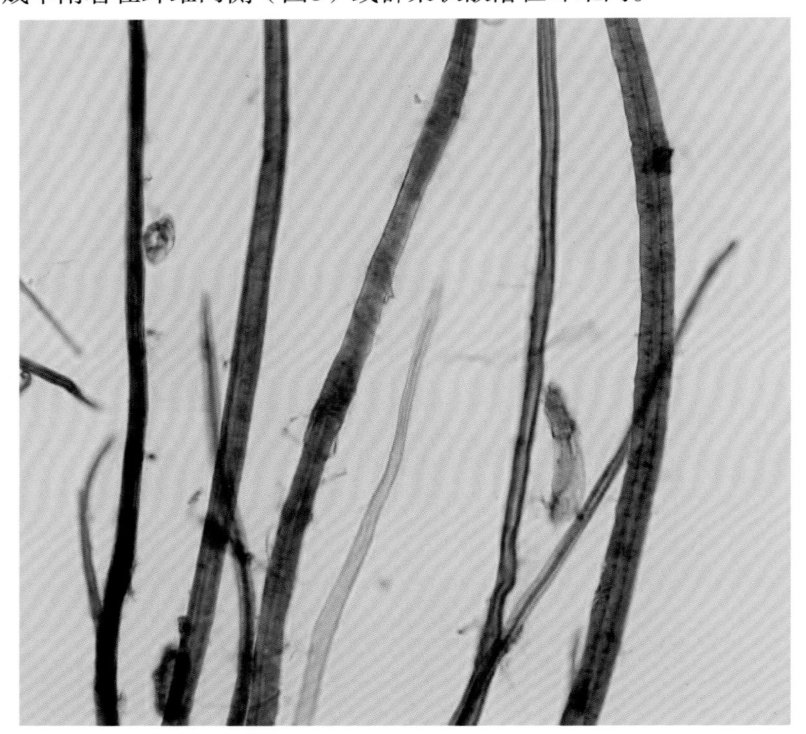

图6 紫藤皮纤维宽窄不一的细胞腔（物镜20×，Herzberg染色剂）

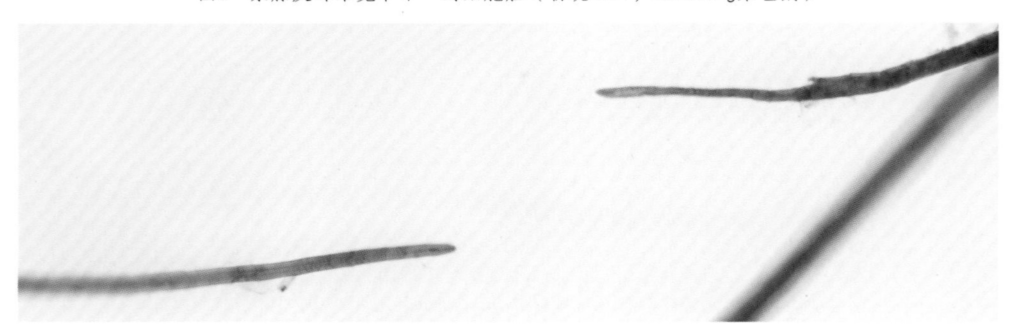

图7　紫藤皮纤维端部形态（物镜20×，Herzberg染色剂）

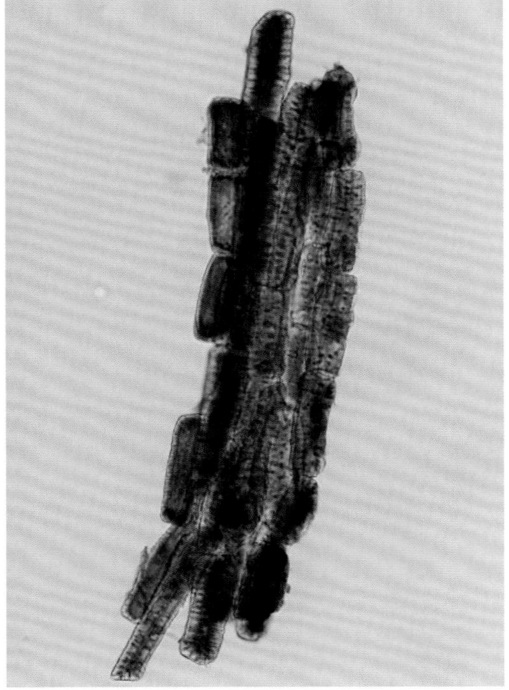

图8　紫藤皮中的石细胞形态（物镜20×，Herzberg染色剂）

葛藤

学　名：*Pueraria lobata* (Willd.) Ohwi
英文名：kudzu vine

葛藤为豆科葛属多年生藤本植物，又名葛、甘葛、野葛、葛麻等。在我国大部分地区广泛分布，主产于中部和南部地区。茎皮纤维可供织布和造纸用，亦可制成绳索。

早在新石器时期，我国的先民就已使用葛藤的纤维做纺织原料，所制葛衣、葛巾均为平民服饰，葛纸、葛绳应用亦久。1973年，江苏吴县草鞋山新石器时代遗址出土的葛布残片，是国内迄今发现最早的纺织品实物，其制作技术已非常先进。据《韩非子·五蠹》记载，尧生活俭朴，“冬日麑裘，夏日葛衣”[①]。《诗经》中也有一篇《葛覃》：“葛之覃兮，施于中谷，维叶莫莫。是刈是濩，为絺为绤，服之无斁。”[②]可见葛藤纤维用于纺织的历史非常悠久。

在我国南方地区，葛藤又称葛麻，历代都为重要的纺织原料，《新唐书·地理志》中多处提到地方郡县上贡“葛”作为布料，与丝、纻、绫同类。将废旧的纺织物引入制纸是许多植物纤维原料再利用的重要途径，葛藤自然亦不例外。生葛麻由于纤维联结非常紧实，难以分散，一般不直接用于造纸。经过纺织和日常使用的废旧布料一般纤维含量较高，经过简单蒸煮便很容易制成纸浆，而且纤维柔软纯净，杂质含量少，是古时用葛藤制纸的主要方式。

晋唐以来藤纸的主要产区位于浙江剡溪、余杭并往西发展至江西上饶一带，这些地方自古都是葛布和藤纸的重要产区，山中有大量野生的紫藤和葛藤。当地人取其纤维制成绳索、葛布，废旧的绳头和破布自然而然成为藤纸的原料。葛藤纤维尺寸与紫藤相近，非常纤细柔软，以废旧葛布制成的纸张细腻平滑有光泽，不过相对比较小众，实物非常稀见。

---

① 梁启雄：《韩子浅解》，中华书局，2009年，第467页。

② 程俊英、姜见元：《诗经注析》，第7页。

纤维尺寸

表1　显微镜法测定葛藤皮纤维尺寸

项目	平均值	最大值	最小值	长宽比
纤维长度/mm	1.79	2.94	1.23	157
纤维宽度/μm	11.40	17.76	5.95	

纤维显微特征

葛藤皮纤维总体上非常纤细柔软，在韧皮类纤维中属于比较短细的一种，杂细胞含量略高，纤维间有大量的晶体，纤维分散的难度较大。

葛藤皮纤维与Herzberg染色剂作用后呈红色到蓝紫色（图1、2、3、4），形态细软，多呈平滑的细线状；表面有明显的细横节纹（图3、4、5），一般略呈斜向，跟纤维横切面有一定夹角。横节纹分布没有桑皮和构皮纤维那么稀疏，也没有瑞香皮纤维那么密集，间距较均匀。

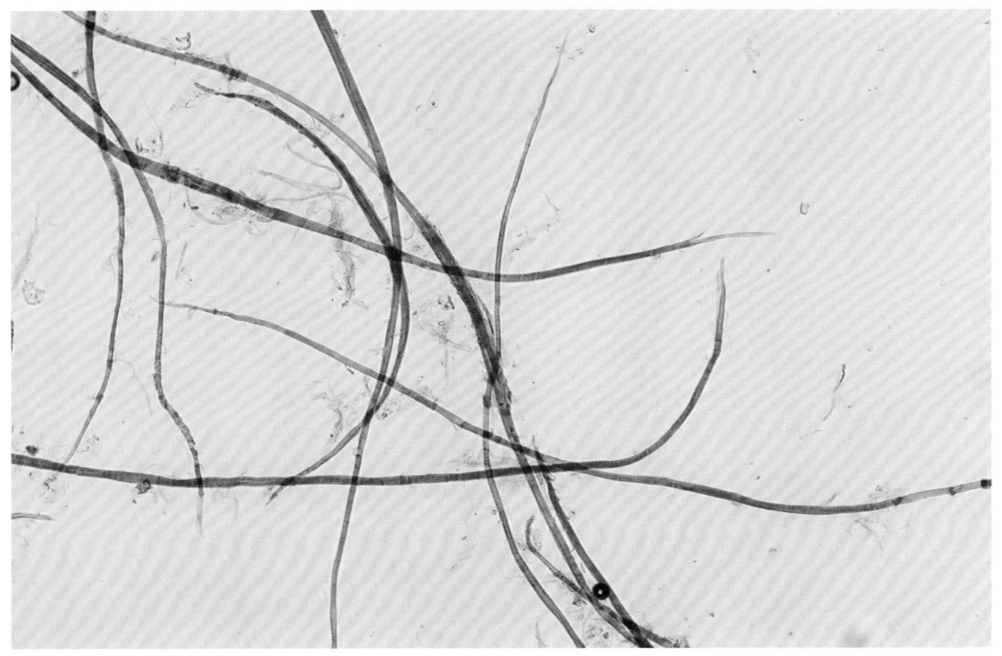

图1　葛藤皮纤维形态（物镜10×，Herzberg染色剂）

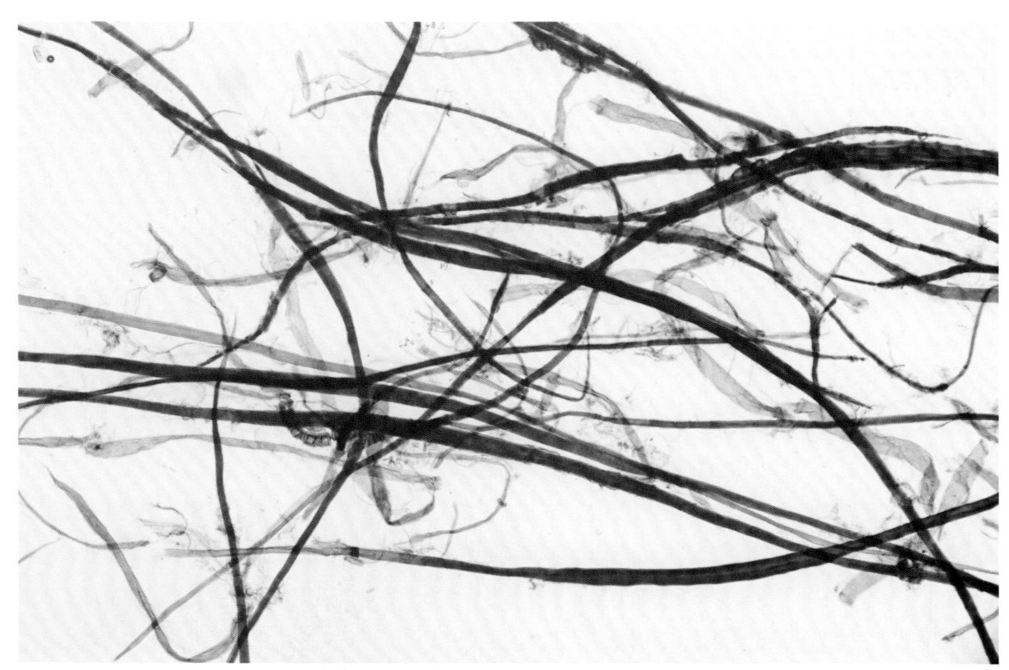

图2 葛藤皮纤维形态（物镜10×，Herzberg染色剂）

图3 葛藤皮纤维形态（物镜20×，Herzberg染色剂）

图4　葛藤皮纤维形态（物镜20×，Herzberg染色剂）

图5　葛藤皮纤维纹理形态（物镜40×，Herzberg染色剂）

葛藤皮纤维细胞腔不太明显，断断续续，常为浅色的细线（图5、6、7）。纤维表面可见明显的胶质膜，染色比较浅，因经过打浆而常为不连续状（图7），脱落后纤维呈酒红色。纤维中部略宽，两端渐细尖长，端部多为尖细状，少部分为钝尖状（图8）。

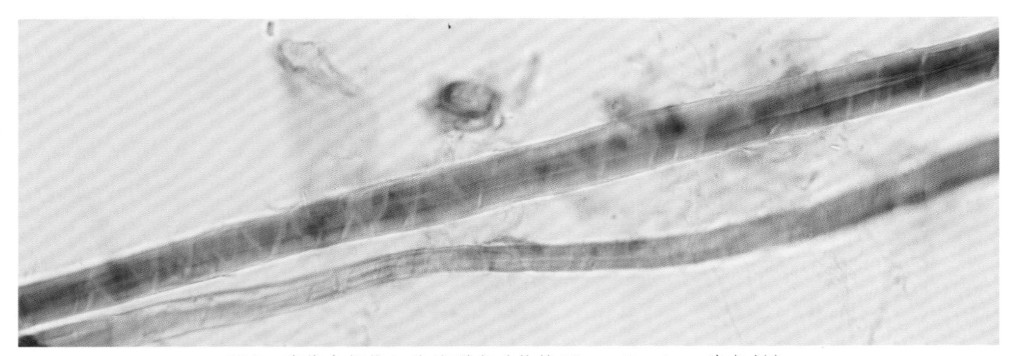

图6　葛藤皮纤维细胞腔形态（物镜40×，Herzberg染色剂）

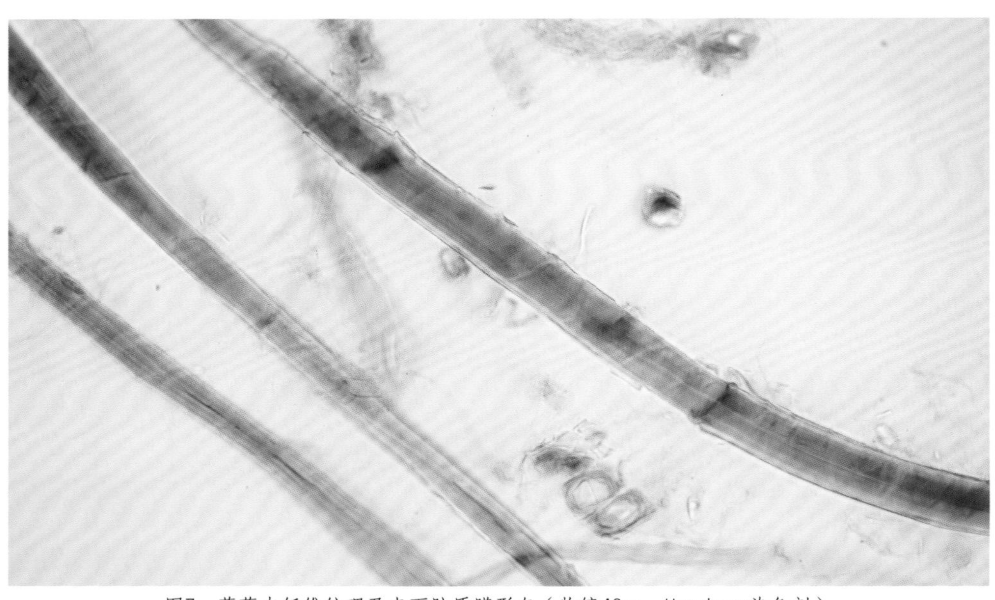

图7　葛藤皮纤维纹理及表面胶质膜形态（物镜40×，Herzberg染色剂）

葛藤皮中的杂细胞以筛管为主，呈柔软的长管状（图9），两端开口，壁上有斜孔，打浆后常呈无定形的碎片状。纤维间有大量草酸钙晶体，原生状态下往往附着在纤维四周或薄壁细胞内部，打浆后分散在纤维间或薄壁细胞团中，多为长方形或中间鼓起为长六边形，少数近似方形（图10、11）。

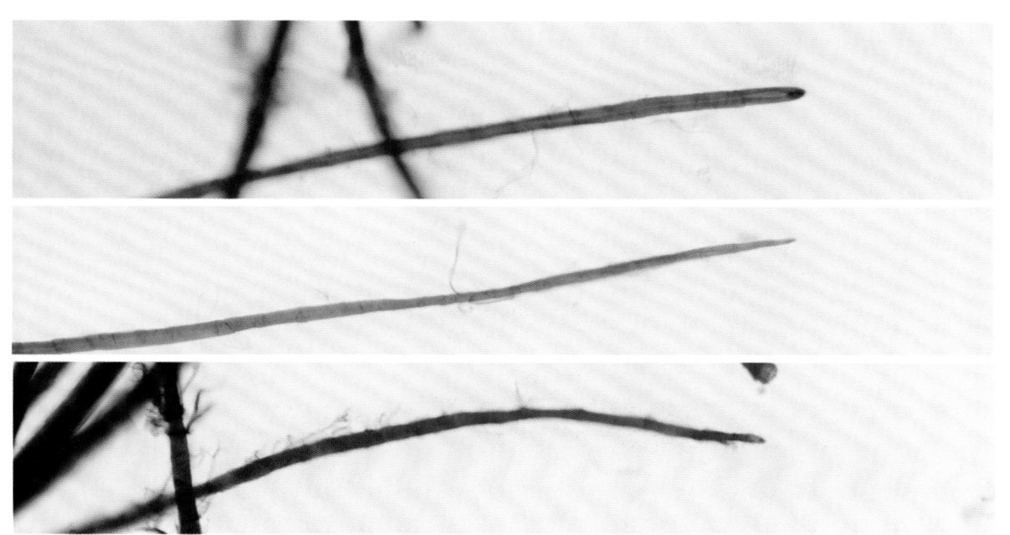

图8　葛藤皮纤维端部形态（物镜20×，Herzberg染色剂）

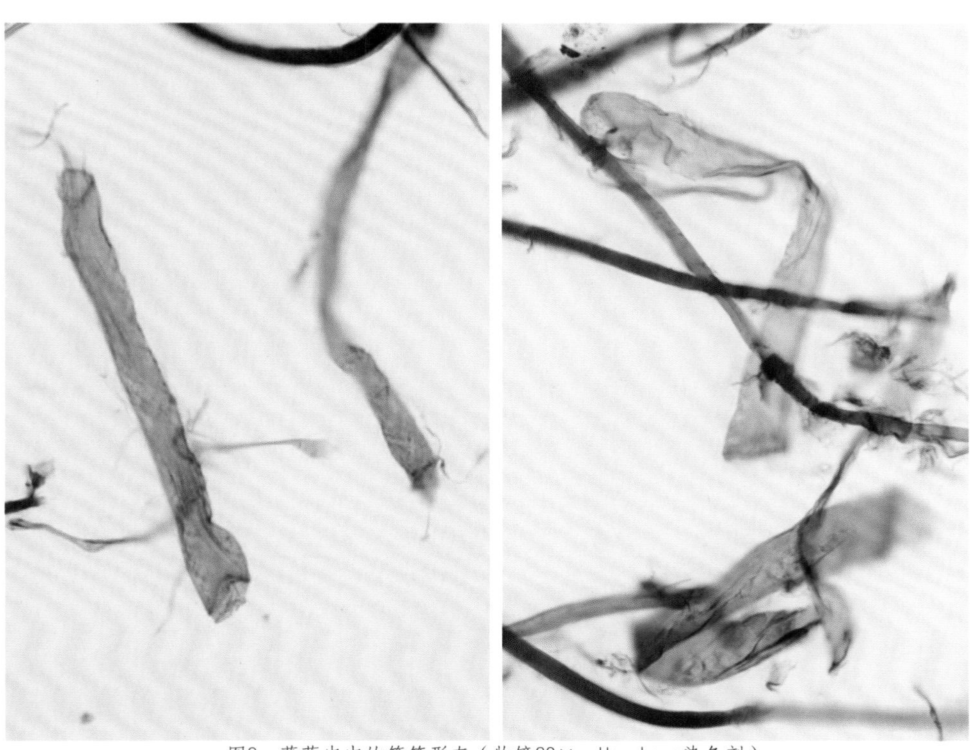

图9　葛藤皮中的筛管形态（物镜20×，Herzberg染色剂）

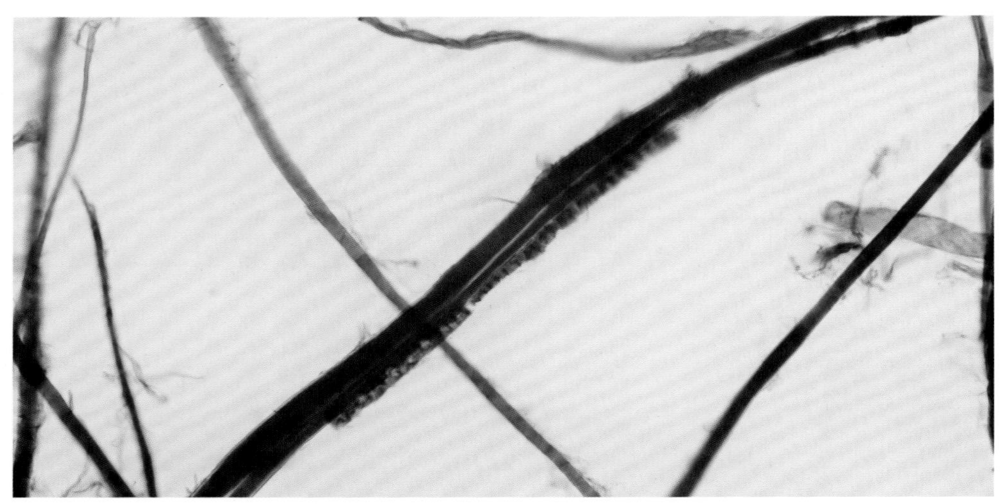

图10　葛藤皮纤维上附着的草酸钙晶体（物镜20×，Herzberg染色剂）

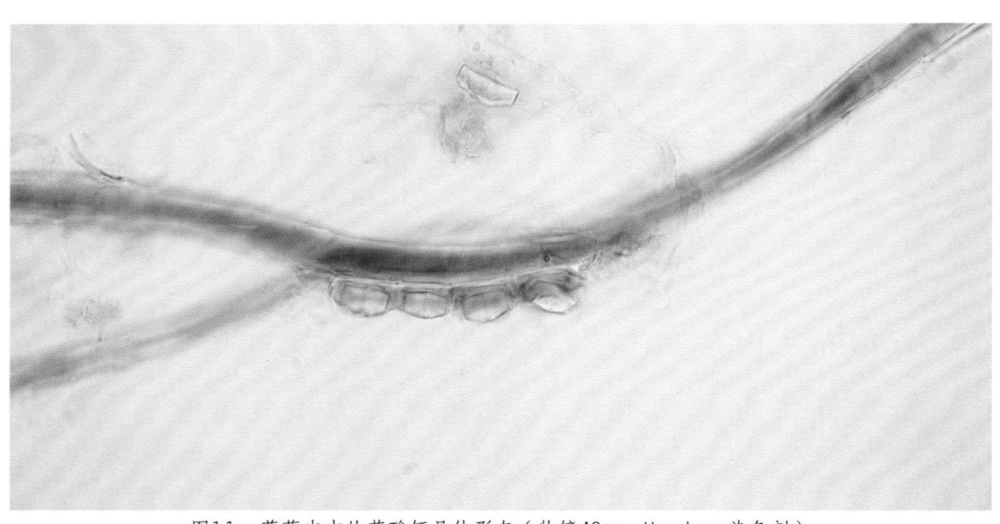

图11　葛藤皮中的草酸钙晶体形态（物镜40×，Herzberg染色剂）

第六章　竹类

竹类即用于造纸的各种竹子。竹子为单子叶植物分支，禾本科，竹亚科，多年生植物。跟双子叶的韧皮类纤维原料不同，单子叶植物没有韧皮，造纸使用的是其茎秆纤维束中的纤维。从韧皮原料拓展到茎秆原料，是造纸术发展史上的一次重要革新和飞跃。茎秆类原料多属速生材，产量比较大，能够满足文化发展对纸张的大量需求。

竹子造纸的技术起源于中国，据说是由晋代的张茂发明。存世最早的竹纸实物为唐代的黄表纸。由于竹子木质素含量高，制浆难度大，早期竹纸质地粗糙，多为生活用纸或民俗用纸。一直到北宋，竹纸制作技艺才逐渐成熟，登上文化用纸的舞台。由于竹纸质地细匀、吸墨适中、质优价廉，非常适合书写和印刷，随着宋代以后雕版印刷的蓬勃发展，竹纸逐步成为写印用纸的主流。

手工造纸所用竹子常因地制宜，选用当地量大易得的竹子种类。从总体产量来看，粗壮、高产的毛竹在南方使用最为普遍，稍微细小的苦竹、慈竹、白夹竹、石竹等在部分产区也常有应用。不同竹子制成的纸张在质感上的差异主要归因于造纸工艺，原料层面虽有一定区别，但并不十分明显。

在微观上，各种竹纸的纤维显微特征也比较相似，其共同特征主要如下：纤维稍短，光滑直挺，分为尖细的韧形纤维和宽滑的竹纤维管胞两种；有比较多的杂细胞，薄壁细胞最多；导管宽大，呈网纹状。

毛竹

学　名：*Phyllostachys edulis*（Carriere）J.Houzeau
英文名：Moso bamboo

毛竹为禾本科竹亚科刚竹属单轴散生型多年生常绿乔木状植物，又称楠竹、孟宗竹、茅竹、大竹、猫头竹等，是我国栽培历史悠久、面积最广、产量最大、经济价值最重要的竹种。毛竹的茎秆粗大结实，含有大量纤维，是优良的造纸原料。

毛竹是地球上生长速度最快的木本植物，一棵20多米高的毛竹从出笋到长成大约只需要不到两个月的时间，生长高峰时一个昼夜能长高1 m多，是一种典型的速生材。我国南方一些山区分布着大量毛竹，漫山遍野，形如竹海。毛竹优良的速生性能和广泛分布，保证了中国古代造纸原料一直都能够充足供应，非常好地降低了纸张和书籍的价格，让普通百姓和读书人能够买得起书、读得起书。

据史料记载，竹类造纸最早或见于晋代。因用竹子造纸的技术难度比用韧皮纤维原料造纸的技术难度要大得多，故早期造纸工艺较为落后，纸质不佳，出产的竹纸主要作为生活及民俗用纸，以烧纸居多。到唐代，竹纸生产在南方逐渐增多，以越州为代表的竹纸产区在当时已有一定名气。宋代时，随着造纸技术的发展和进步，竹纸的质量逐步提升，开始升级为文化用纸，以供书写和书籍印刷。以建阳为代表的民间书坊大量使用廉价的竹纸印刷畅销书籍。因纸质细腻、吸墨适中，一些书画名家也开始使用竹纸创作。米芾曾在《评纸帖》中对越州竹纸大加赞誉，认为它比剡溪的藤纸还要好用。

传统的毛竹纸是以当年新生的嫩竹为原料，砍伐时间随纬度高低略有先后，一般在立夏到芒种前后。最佳的砍伐时间大约仅有一周，此时新竹的主干和一级枝杈刚刚长成，二级枝杈尚未完全展开。如果砍伐过早，纤维还没有完全长成，不仅制浆得率低，成纸的强度还较差；砍伐太晚，纤维会木质化，不容易蒸煮，做成的纸张也比较粗厚。

用毛竹造纸在我国南方地区曾广泛分布，浙江、福建、江西、湖南等省出产大量文化用毛竹纸。各地的造纸技术和工艺不尽相同，比较常见的有生料法、熟料法、漂料法，通过浸沤、蒸煮、漂白等不同的方法制成纸浆，再以手工方法荡帘抄造成纸。福建的毛边纸、玉扣纸、连史纸，浙江富阳的元书纸，江西铅山的连四纸，湖南浏阳的贡纸，大都是以毛竹为原料生产。

纤维尺寸

表1　显微镜法测定毛竹纤维尺寸

<table>
<tr><th>项目</th><th>平均值</th><th>最大值</th><th>最小值</th><th>长宽比</th></tr>
<tr><td>纤维长度/mm</td><td>2.02</td><td>3.87</td><td>0.60</td><td rowspan="2">132</td></tr>
<tr><td>纤维宽度/μm</td><td>15.3</td><td>36.2</td><td>7.7</td></tr>
</table>

纤维显微特征

在竹类纤维中，毛竹的纤维比较长，平均长度约为2 mm，纤维形态平滑直挺，杂细胞较多，导管宽大。

图1　毛竹纸纤维形态（物镜10×，Herzberg染色剂）

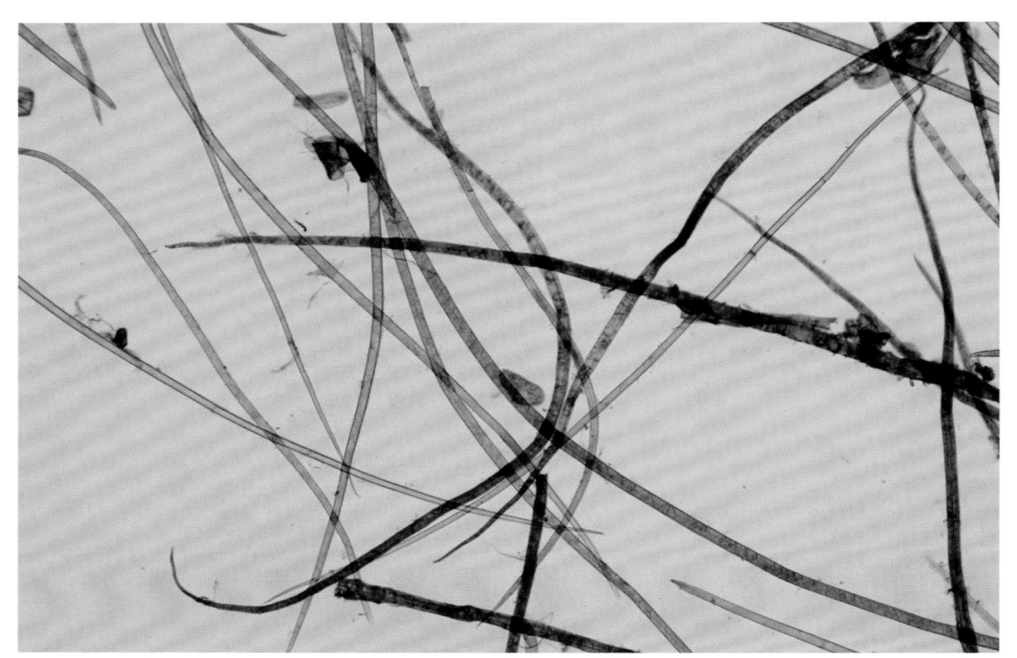

图2　毛竹纸纤维形态（物镜10×，Herzberg染色剂）

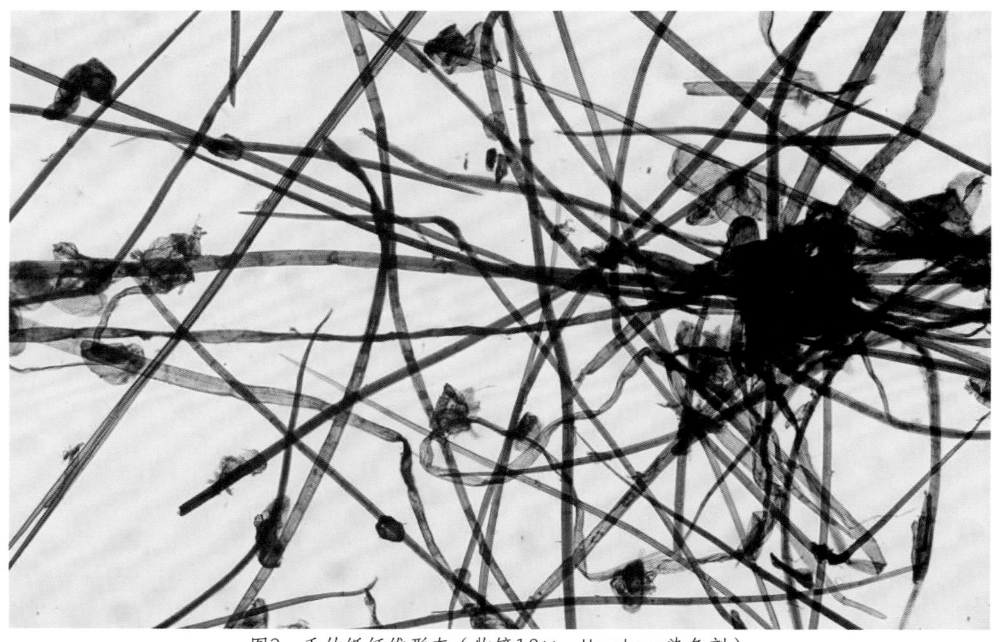

图3　毛竹纸纤维形态（物镜10×，Herzberg染色剂）

毛竹纤维与Herzberg染色剂作用后呈棕黄色到蓝紫色，一般木质素含量较高的生料浆纤维染色后偏黄色，经过多次蒸煮或漂白的纤维染色后偏蓝紫色（图1、2、3、4）。从形态上来看，毛竹纤维主要有两种：

一种染色后常偏黄色，形态纤细挺直，表面平滑，两端尖细，细胞壁比较厚，细胞腔窄细，形如竹签，可见细小的横节纹，略近似韧皮纤维的外形，称为韧形纤维（图5、6、8、9）。

还有一种染色后常偏蓝紫色，形态比较宽大柔软，整体呈带状，部分纤维呈扭转状；纤维壁薄，表面有细横纹、纵向条纹或细网纹，部分区段有勒缩状横纹，细胞腔宽大；端部或尖细，或钝圆，或为平头状，称为竹纤维管胞（图5、7、8、10）。

毛竹纤维形态还与化学处理及打浆的程度有一定关系。处理较轻的本色纸纤维染色后偏黄色，形态较直挺（图1、2、3、5）；处理程度较高的白竹纸染色后偏蓝色，纤维也会变得柔软弯曲（图11、12）。

图4　毛竹纸纤维形态（物镜10×，Herzberg染色剂）

图5 毛竹纸纤维形态（物镜20×，Herzberg染色剂）

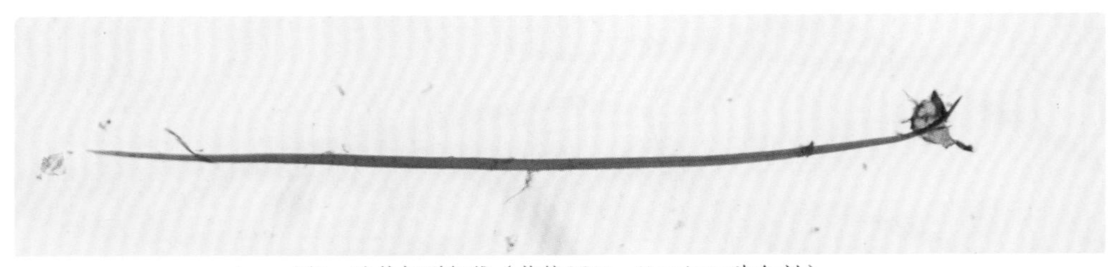

图6 毛竹韧形纤维（物镜10×，Herzberg染色剂）

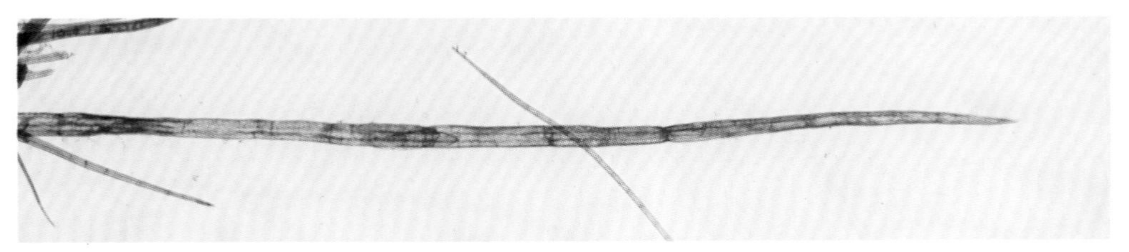

图7 毛竹竹纤维管胞（物镜10×，Herzberg染色剂）

毛竹的杂细胞主要有薄壁细胞、石细胞、导管、网壁细胞和表皮细胞。薄壁细胞多呈不规则的冰块状、长方枕状或球状（图13、14），细胞壁薄而透，整体稍大，一般在30~50 μm，高倍镜下可观察到细胞壁上有一些细孔。

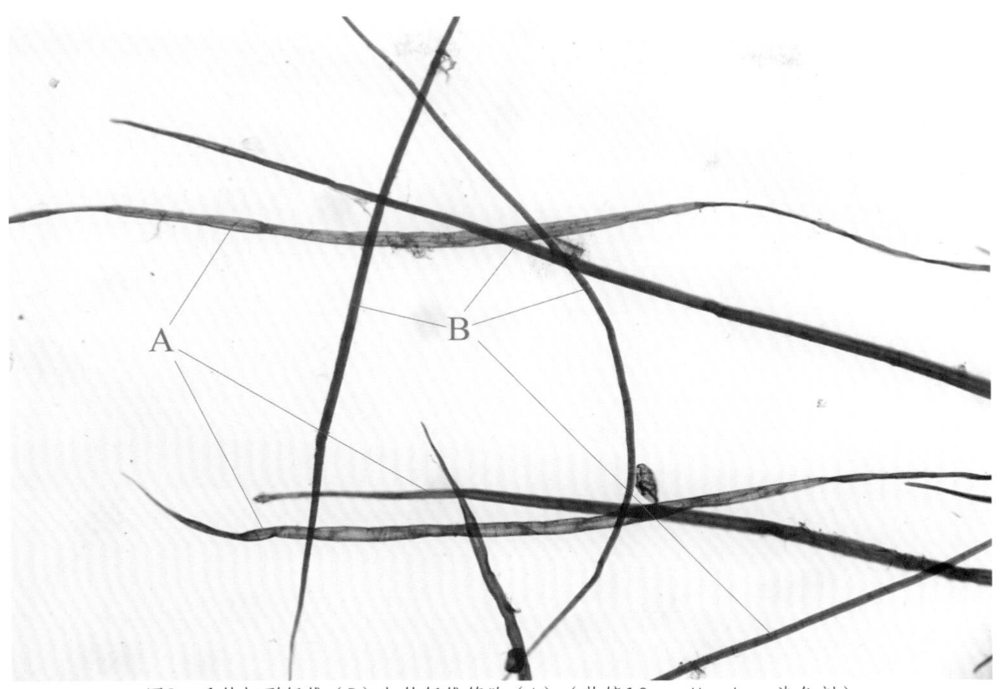

图8　毛竹韧形纤维（B）与竹纤维管胞（A）（物镜10×，Herzberg染色剂）

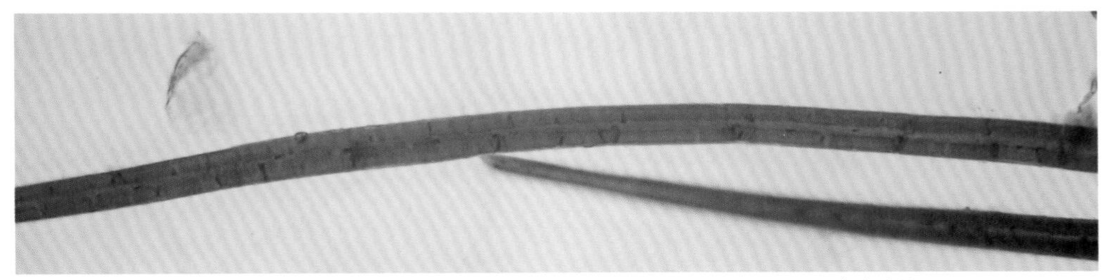

图9　毛竹韧形纤维细胞腔及横节纹形态（物镜40×，Herzberg染色剂）

毛竹的石细胞在竹皮或老竹中较多见，去皮的嫩竹中较少见。石细胞较薄壁细胞小，多为杆状、长方形、方形或多边形，细胞壁极厚，常零星散落在纤维间（图15）。

毛竹的导管比较明显，在显微镜下呈粗大的管状结构（图11、12、16、17、18），表面布满长方形纹孔，宽度可达150~200 μm。导管壁上有几条较明显的轴向筋，长方纹孔在两条轴向筋之间沿轴向整齐排列，孔形稍大，整体比较疏朗。

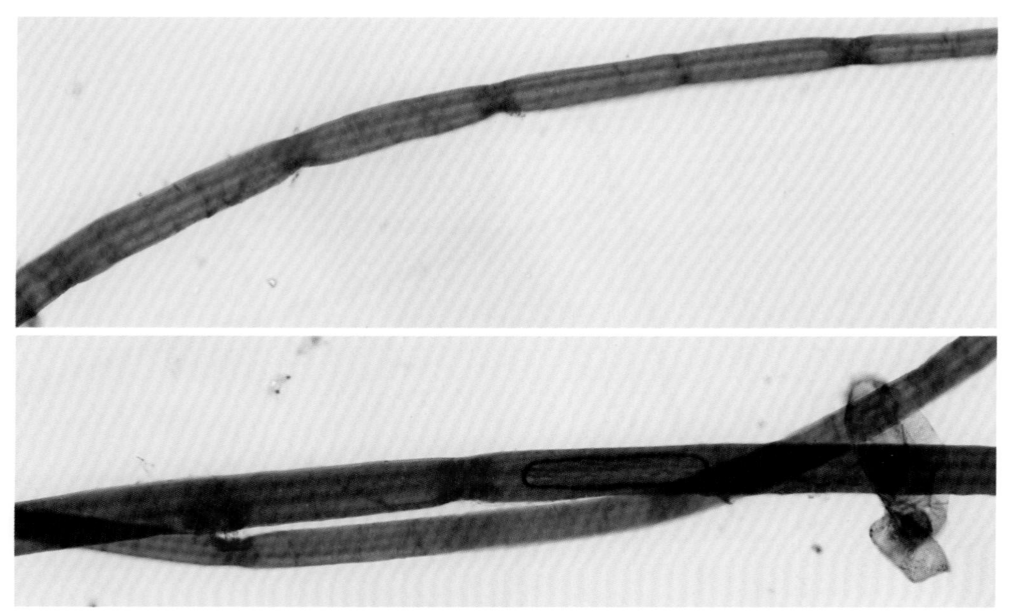

图10 毛竹竹纤维管胞细胞腔及横节纹形态（物镜20×，Herzberg染色剂）

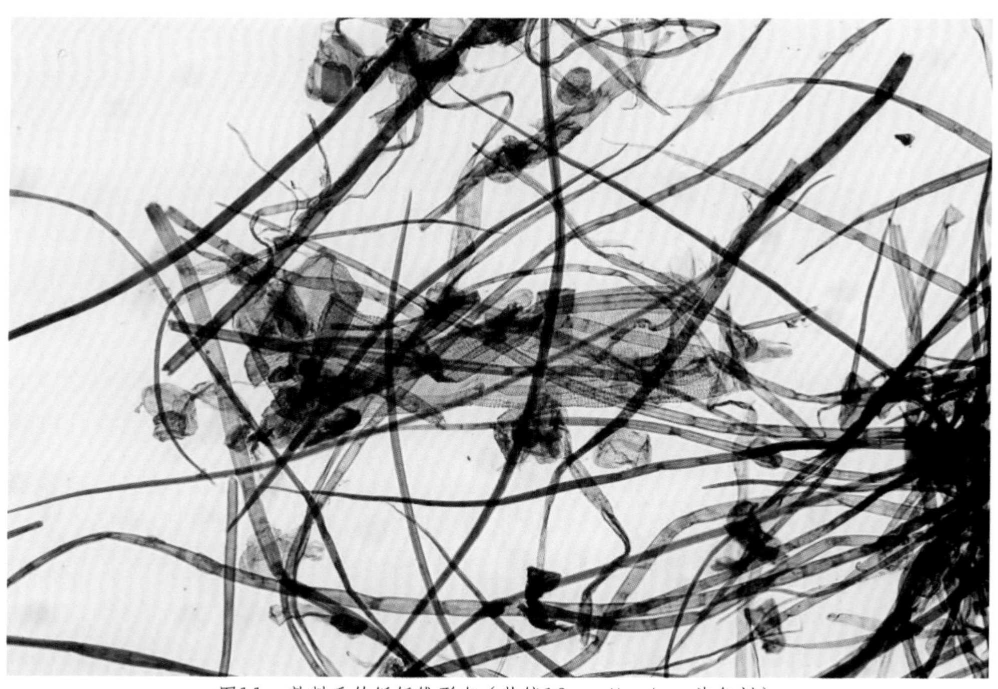

图11 熟料毛竹纸纤维形态（物镜10×，Herzberg染色剂）

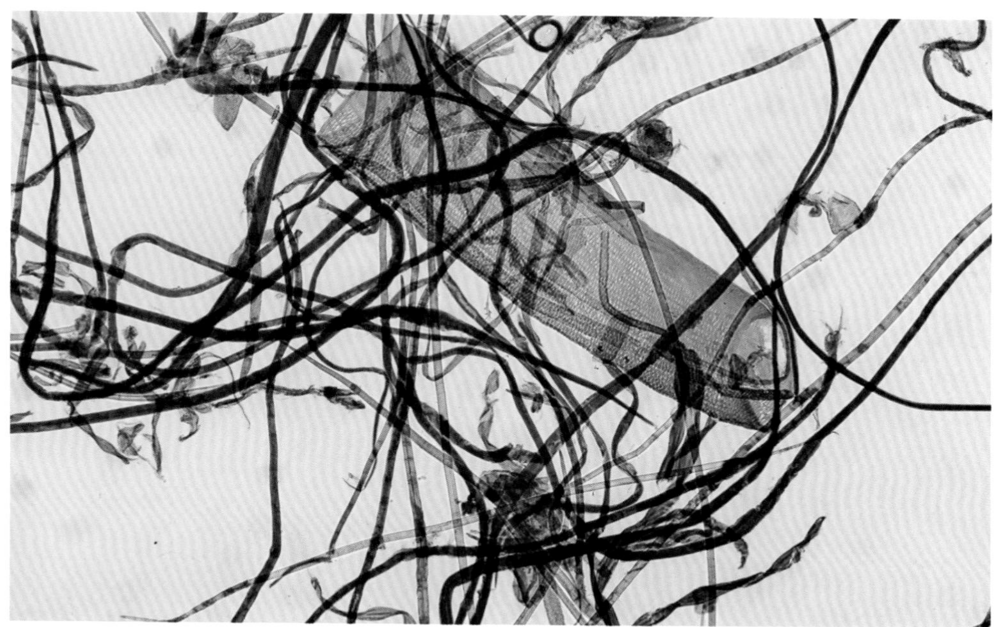

图12 深度处理的毛竹纸纤维形态（清嘉庆纸样，物镜10×，Herzberg染色剂）

图13 毛竹的薄壁细胞形态（物镜10×，Herzberg染色剂）

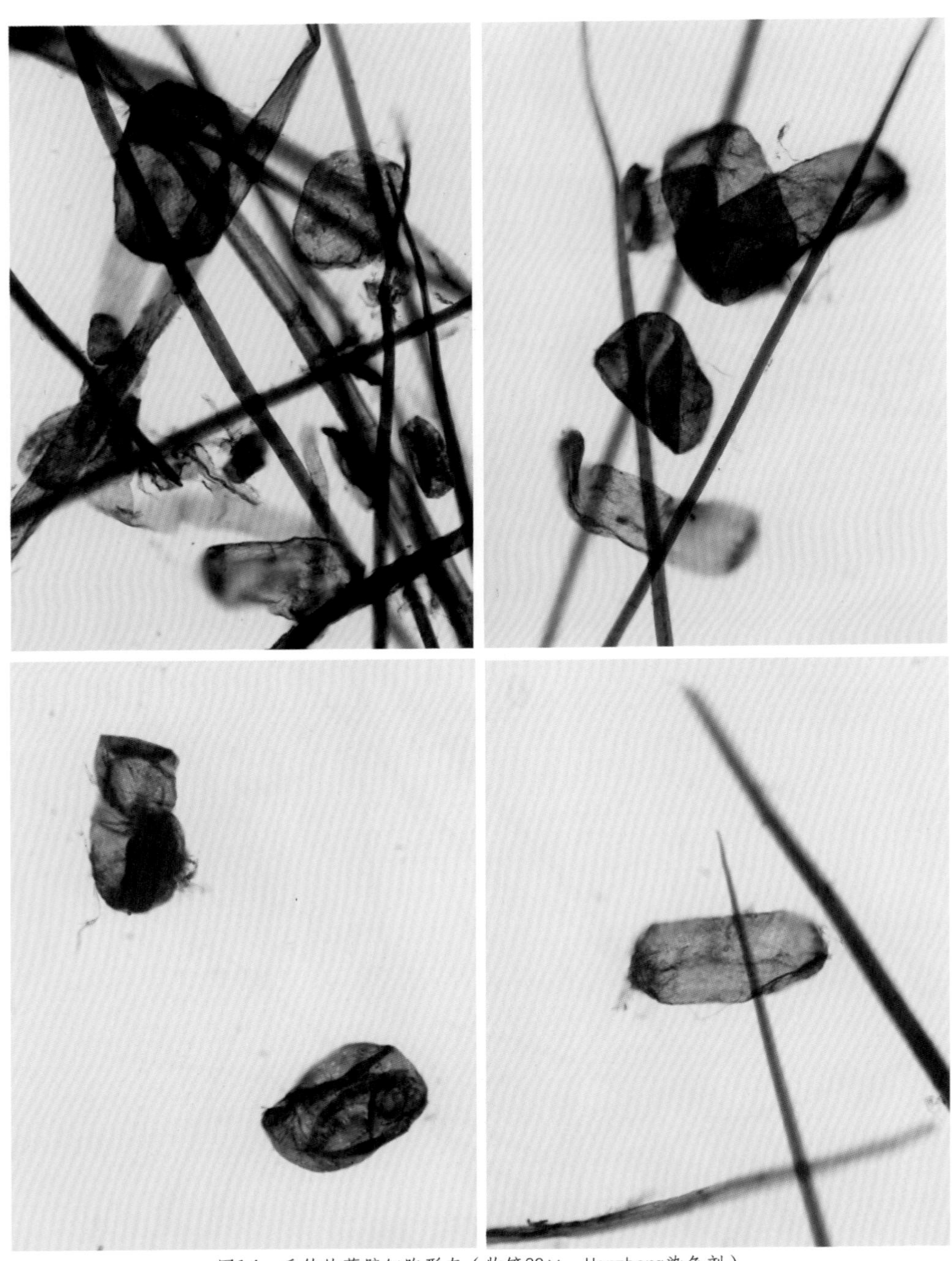

图14　毛竹的薄壁细胞形态（物镜20×，Herzberg染色剂）

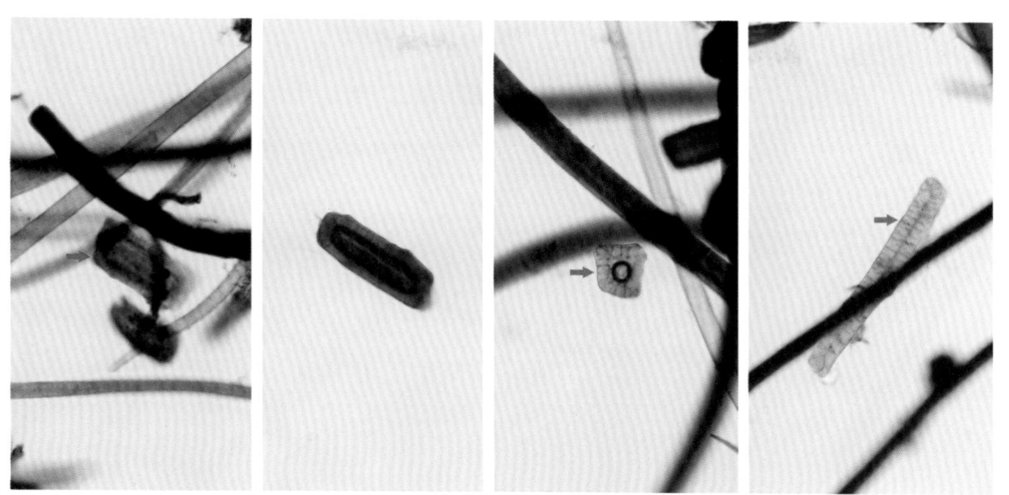

图15 毛竹的石细胞形态（箭头所示）（物镜20×，Herzberg染色剂）

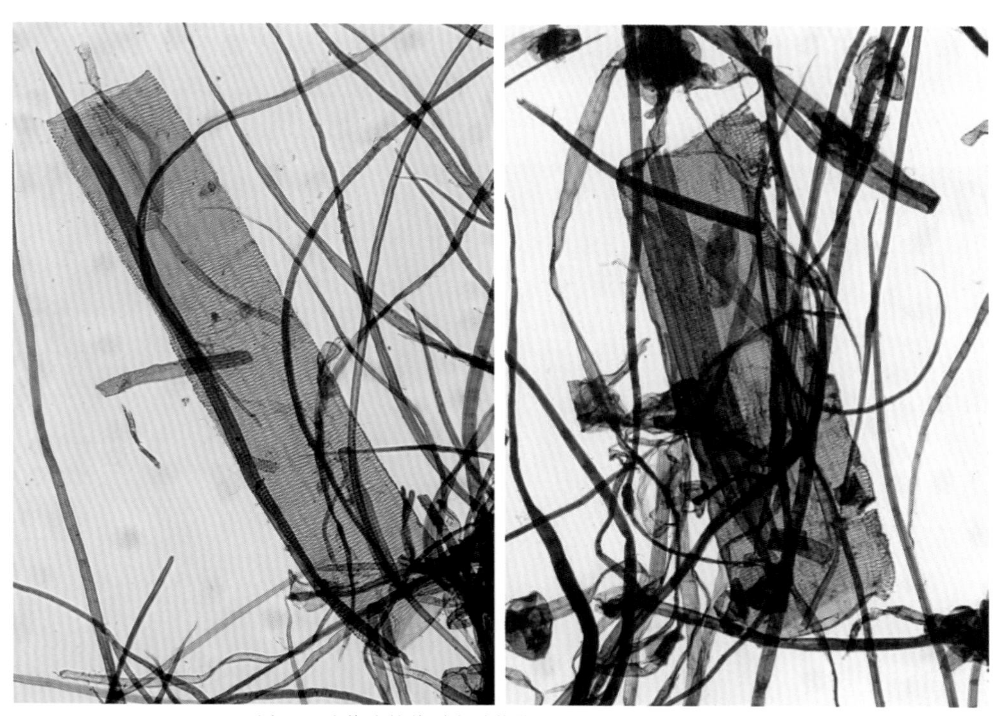

图16 毛竹的导管形态（物镜10×，Herzberg染色剂）

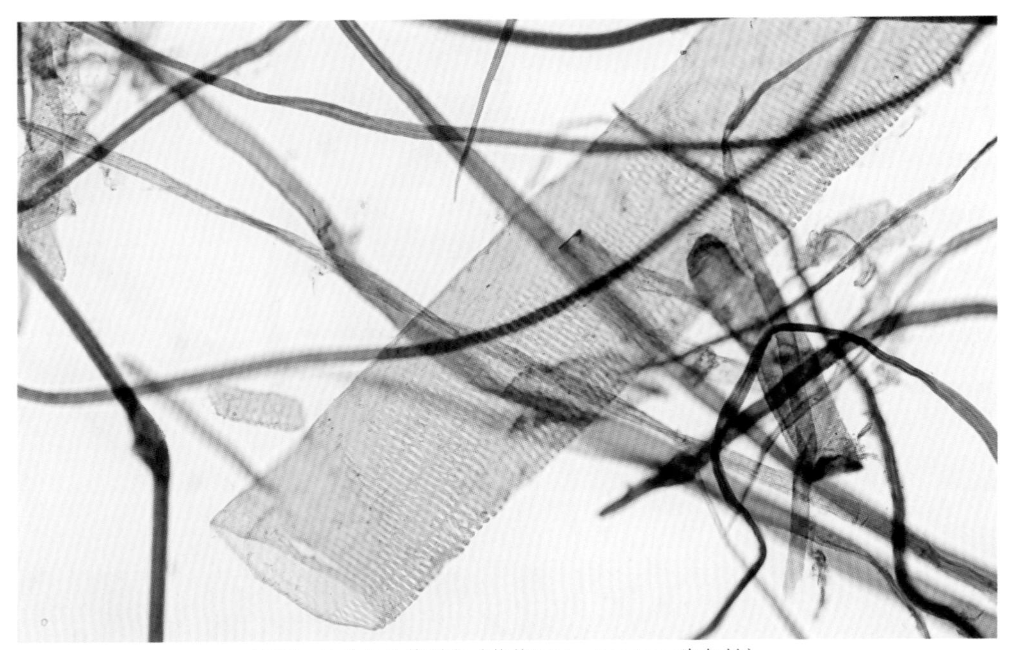

图17 毛竹的导管形态（物镜20×，Herzberg染色剂）

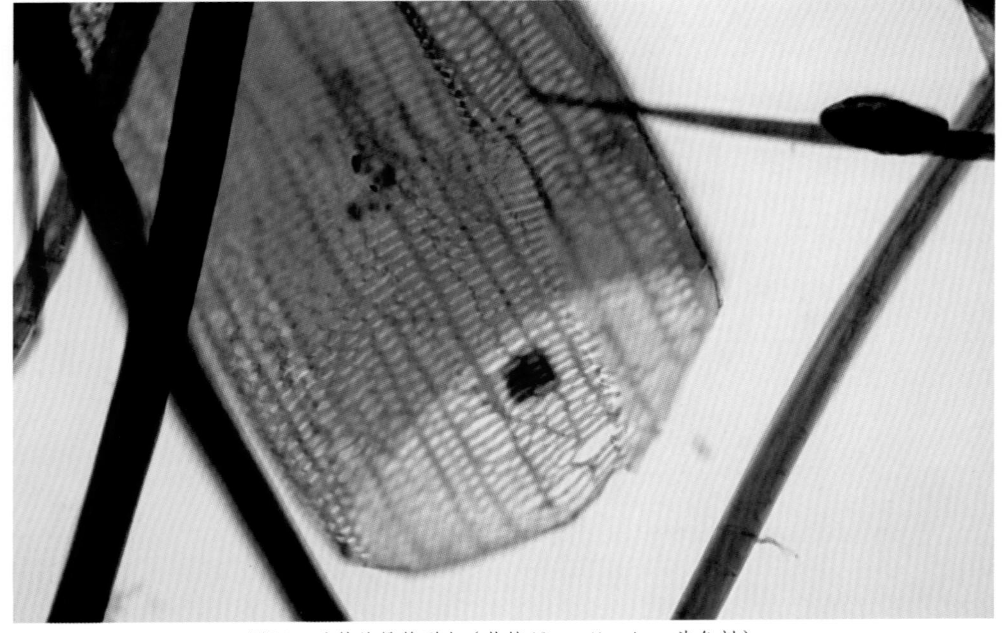

图18 毛竹的导管形态（物镜40×，Herzberg染色剂）

毛竹的导管体积大，壁薄，多纹孔，结构松散，容易在蒸煮及打浆的过程中发生结构性破碎，呈不规则形的导管碎片。同时，导管也较其他细胞更不耐老化，老纸的导管的网状结构易发生老化破碎及其他物理性破碎（图19），从许多老纸中只能观察到一些散碎的导管碎片。

毛竹的网壁细胞是竹浆独有的一种杂细胞，细胞体积不大，宽度跟纤维细胞相似，但比纤维细胞短很多。细胞胞壁布满网状纹孔，排列不规则，形态略似弹簧（图20）。网壁细胞的量比较少，一般不太容易发现。

竹子茎秆外侧原本还有一层表皮细胞，但绝大部分传统竹纸在备料时都要去除竹皮，因此竹纸样品中的表皮细胞非常稀见。偶有未去竹皮的纸样可观察到少量表皮细胞，一般为长方形，两端略内凹，尺寸跟稻麦草的表皮细胞类似，但边缘较平滑。

图19　老纸中破碎的导管形态（物镜10×，Herzberg染色剂，明永乐纸样）

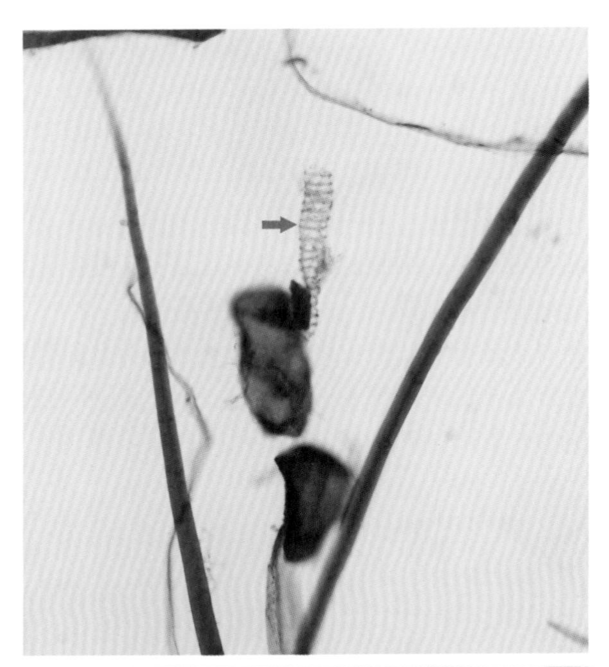

图20 毛竹的网壁细胞形态（箭头所示）（物镜20×，Herzberg染色剂）

毛竹古纸样品纤维显微形态展示（图21、22、23、24）

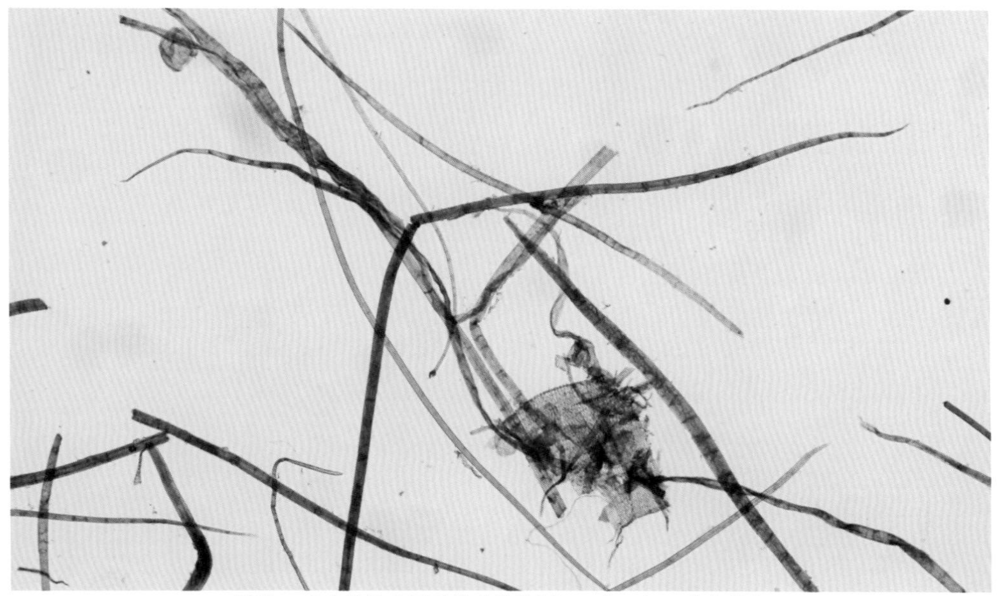

图21　南宋刻经残页纸样（物镜10×，Herzberg染色剂）

图22　宋版古籍残页纸样（物镜10×，Herzberg染色剂）

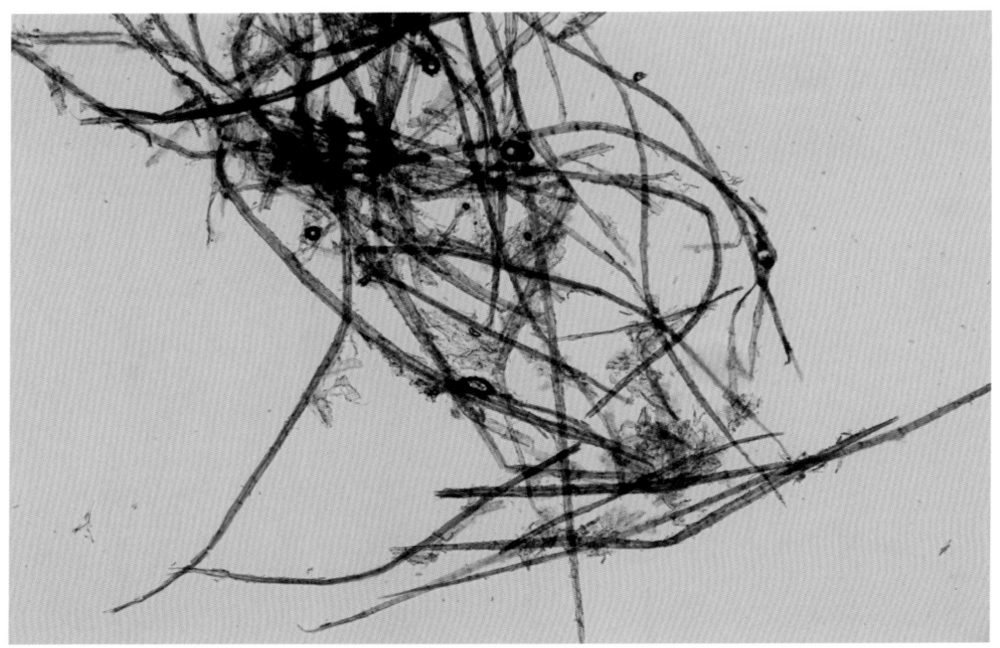

图23　明版古籍糟朽纸样（物镜10×，Herzberg染色剂）

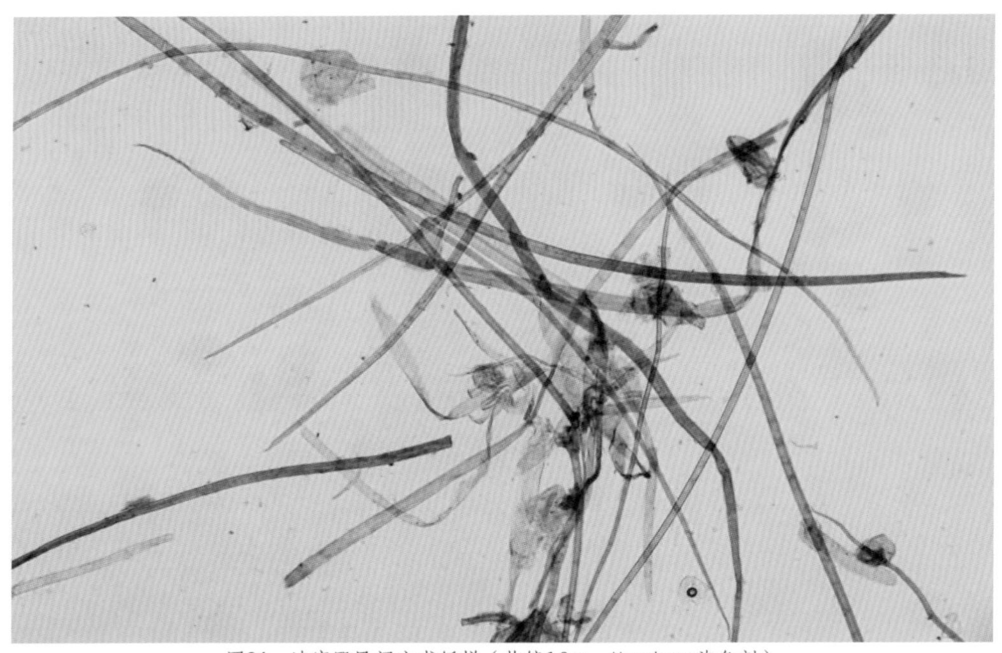

图24　清康熙民间文书纸样（物镜10×，Herzberg染色剂）

苦竹

学　名：*Pleioblastus amarus* (Keng) Keng f.
英文名：Bitter bamboo

苦竹为禾本科竹亚科大明竹属复轴混生型常绿乔木状植物，主要分布于我国长江以南的江苏、浙江、安徽、福建、湖南、湖北、四川、贵州、云南等省。苦竹适应性强、生长快、笋期长，笋味甘苦，脆嫩可口。竹竿管径圆，节长，竹身直，可用于制作竹笛等乐器。苦竹纤维纤细柔软，是造纸的良好材料。

苦竹造纸一般以当年生的嫩竹为原料，在主干刚刚长成而叶子尚未展开时砍下，制浆及造纸过程与毛竹类似。苦竹纤维细软，制成的纸张紧致匀滑有韧性，表面细腻有光泽，抖动时声音紧脆清亮。有一些地方使用老苦竹造黄表纸，纸质较粗厚。

在同等工艺条件下，相较于毛竹纸，苦竹纸更加细致匀薄，韧性也更好。苦竹纸用于雕版印刷时不仅着墨效果好，还更容易从雕版上揭下，不糊版，装订成书后更加轻薄，受到很多印书坊的青睐。由于苦竹纸非常适合印刷书籍，一些地方称苦竹为"太史竹"。清代陈鼎在《竹谱》中记载："土人捣以作纸，极洁，号曰玉版。笋味苦，不堪食。以其可作纸，故名太史。"[①]

苦竹在手工造纸中还有一个非常重要的作用，就是用它制作抄纸帘上的竹丝。因苦竹节间距比较长，质地细密，可以拉成笔直细长的竹丝，编出细密匀整的纸帘。

民间有传说认为苦竹味苦，不易遭致虫蛀，抄纸帘选用苦竹兼有防虫蛀的效果，甚至还传言苦竹制成的纸张，虫子也不吃。这种朴素的推人及蠹的想法并不具有科学性，苦竹纸同样会有虫蛀，与其他纸张的书籍一样都要注意对虫霉病害的防护。

习惯上，与苦竹同属的竹子也常被冠以"苦竹"之名，如青苦竹、绿苦竹、斑苦竹、武夷山苦竹等。苦竹本身也有一些变种和下级品种。各地在造纸时常会

---

① 顾廷龙主编，《续修四库全书》编纂委员会编：《续修四库全书》，上海古籍出版社，2002年，第391页。

因地制宜，选取周边易获取的原料。这就造成不同地区出产的苦竹纸在质感和纤维显微形态上并不完全统一，客观上为纤维鉴别造成一定困难。

纤维尺寸

表1　显微镜测定苦竹纤维尺寸

项目	平均值	最大值	最小值	长宽比
纤维长度/mm	1.78	3.54	0.51	129
纤维宽度/μm	13.8	32.2	6.3	

纤维显微特征

在显微镜下观察，苦竹的纤维形态与毛竹非常相似，纤维都比较平滑直挺，可分为韧形纤维和竹纤维管胞两种，有比较多的杂细胞，导管都比较大。二者的区别主要在纤维及薄壁细胞尺寸、导管纹孔形态等细节特征上。

苦竹纤维与Herzberg染色剂作用后呈棕黄色到蓝紫色，一般生料纸染色后偏黄色，熟料纸和漂白纸染色后偏蓝紫色。从尺寸上看，苦竹纤维较毛竹略短细，整体稍软一点儿（图1、2、3、4）。形态上，苦竹纤维同样分为韧形纤维和竹纤维管胞两种：

图1　苦竹纤维形态（物镜10×，Herzberg染色剂）

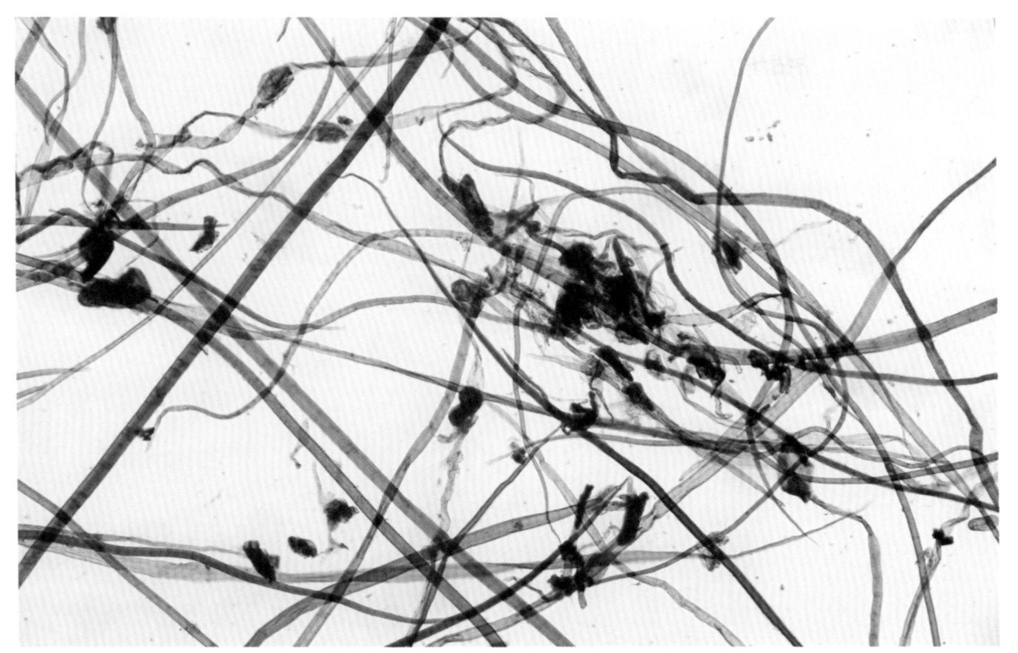

图2　苦竹纤维形态（物镜10×，Herzberg染色剂）

图3　苦竹纤维形态（物镜10×，Herzberg染色剂）

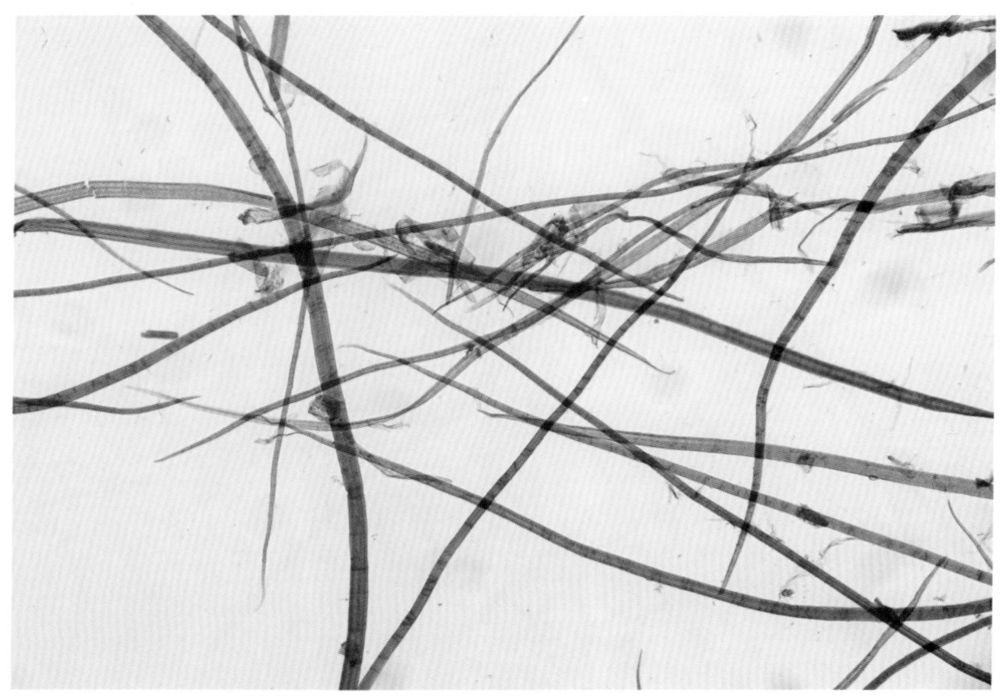

图4 苦竹纤维形态（物镜10×，Herzberg染色剂）

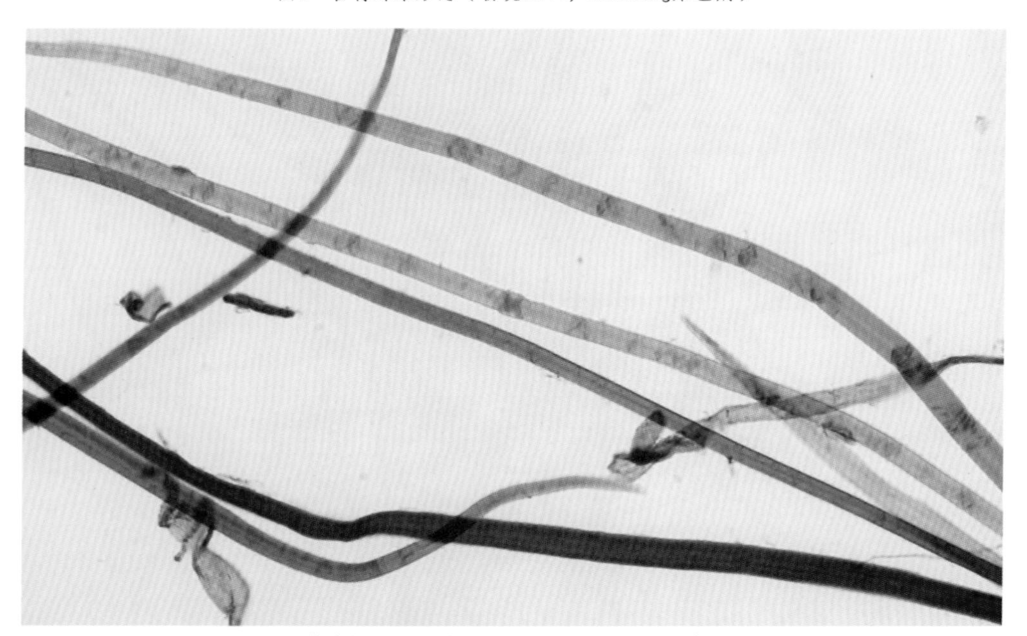

图5 苦竹纤维纹理形态（物镜20×，Herzberg染色剂）

韧形纤维：染色后偏黄色，形态纤细挺直，表面光滑，两端尖细，形如竹签，细胞壁厚，细胞腔窄细；表面有细横节纹，横节纹比毛竹略多（图4、5、7、9）。

竹纤维管胞：染色后偏蓝紫色，形态柔软宽大，呈带状；纤维壁薄细胞腔宽大，纤维表面有细横纹或纵向条纹，部分区段有勒缩状横纹；端部或尖细，或为圆头状，部分竹纤维管胞比较短（图1、2、4、6、7、8）。

苦竹的杂细胞主要有薄壁细胞、石细胞、导管和网壁细胞。薄壁细胞多呈不规则的枕状、长杆状或球状，胞壁薄，尺寸比较小（图2、3、10、11），一般多在20~50 μm，其中20~30 μm的较多，比毛竹薄壁细胞明显小而碎，表面有细孔，是鉴别苦竹的重要特征。

苦竹的石细胞在竹皮或老竹中较多见，较薄壁细胞小，多为长方形或方形，壁厚，但略薄于毛竹石细胞，常零星散落在纤维间（图12、13）。

苦竹的网壁细胞与毛竹的类似，胞壁布满网状纹孔，形态略似弹簧（图14），量少，不太容易发现。

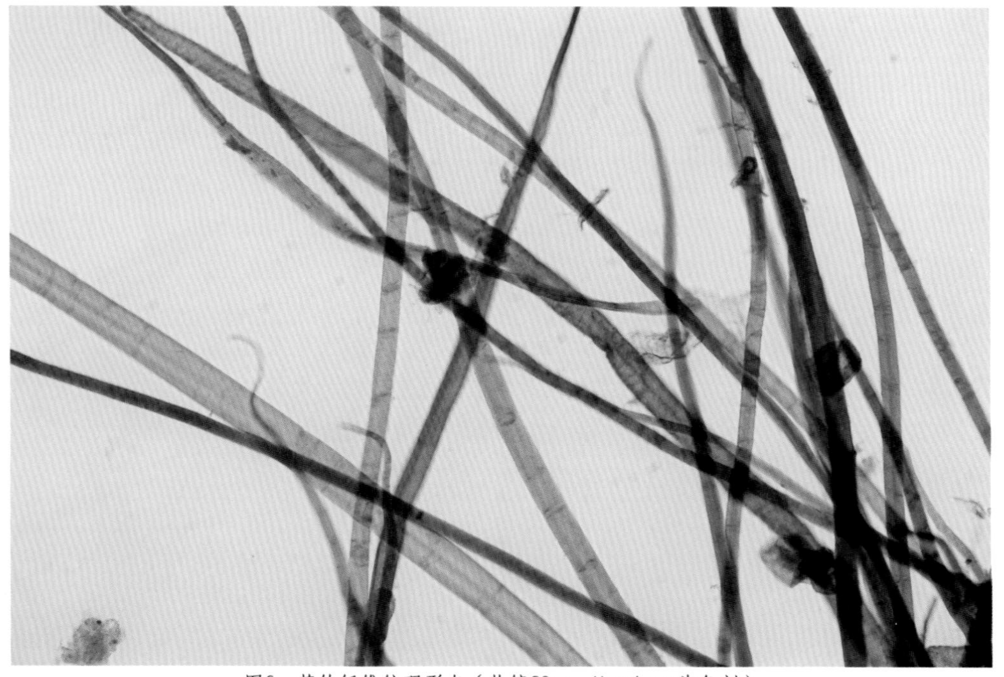

图6　苦竹纤维纹理形态（物镜20×，Herzberg染色剂）

苦竹的导管比较明显，在显微镜下呈粗大的管状结构（图15、16、17），宽度100~150 μm，两端断口齐整，表面布满狭缝状纹孔（图17），导管壁上有几条不十分明显的轴向筋，狭缝状纹孔在两条筋之间沿轴向排列，小部分为长缝状，大部分分成2~3个小缝，排列不如毛竹的整齐，也不如毛竹的疏朗通透。

图7　尖细的韧形纤维与短宽的竹纤维管胞（物镜10×，Herzberg染色剂）

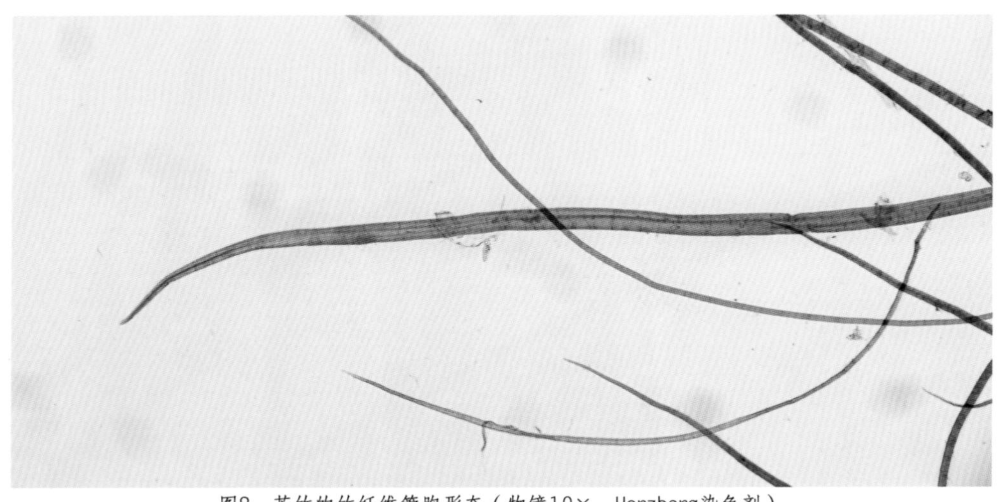

图8　苦竹的竹纤维管胞形态（物镜10×，Herzberg染色剂）

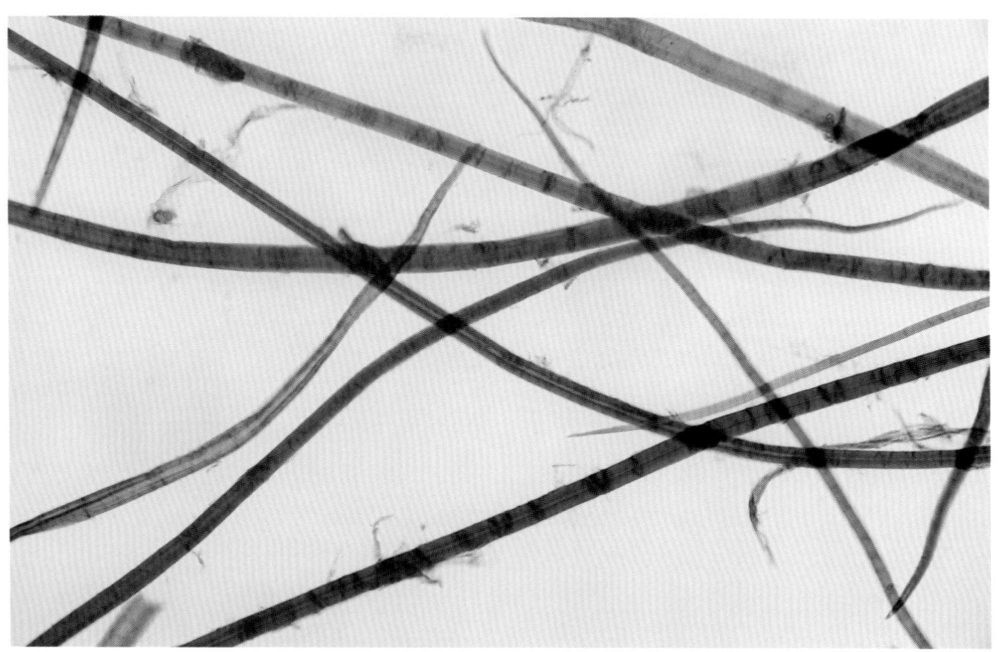

图9　苦竹纤维细胞腔形态（物镜20×，Herzberg染色剂）

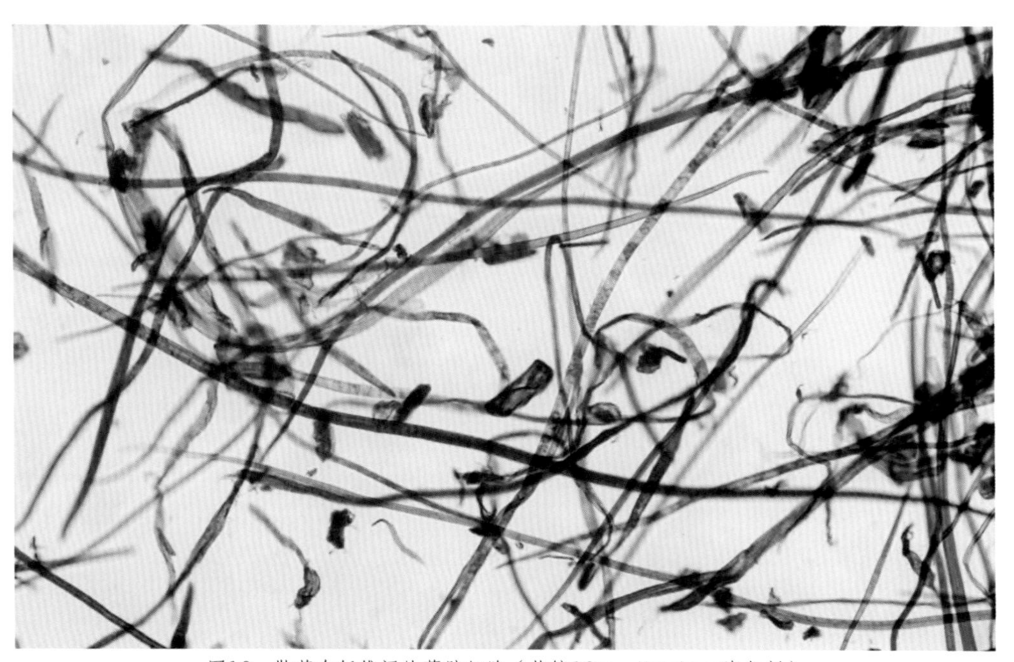

图10　散落在纤维间的薄壁细胞（物镜10×，Herzberg染色剂）

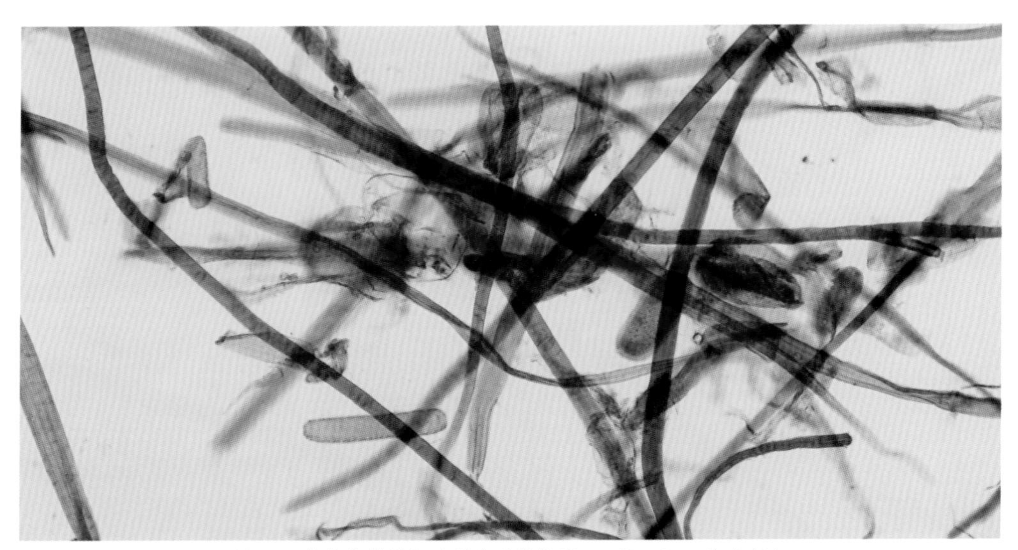

图11　苦竹的薄壁细胞形态（物镜20×，Herzberg染色剂）

图12　苦竹的石细胞形态（箭头所示）（物镜20×，Herzberg染色剂）

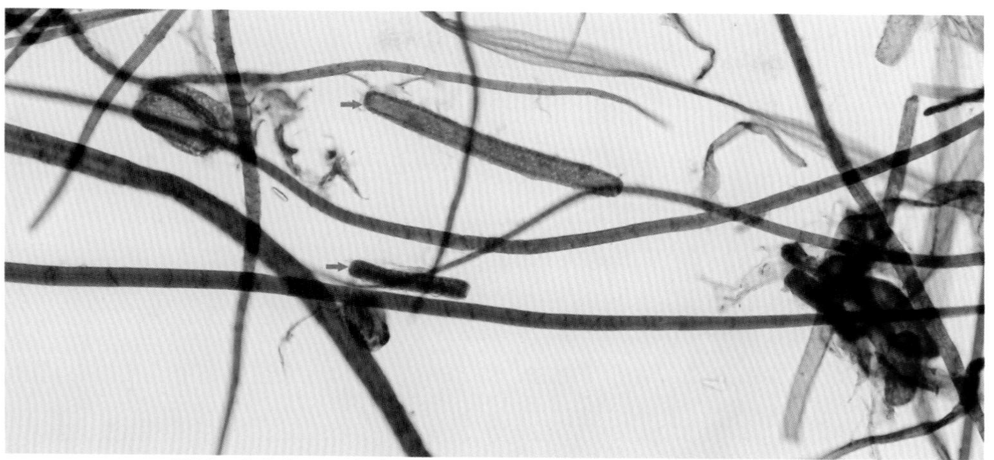

图13　苦竹的石细胞形态（箭头所示）（物镜20×，Herzberg染色剂）

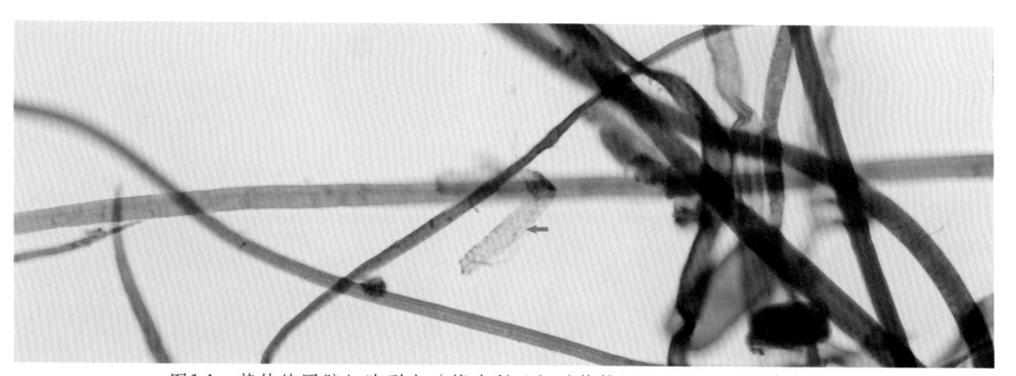

图14　苦竹的网壁细胞形态（箭头所示）（物镜20×，Herzberg染色剂）

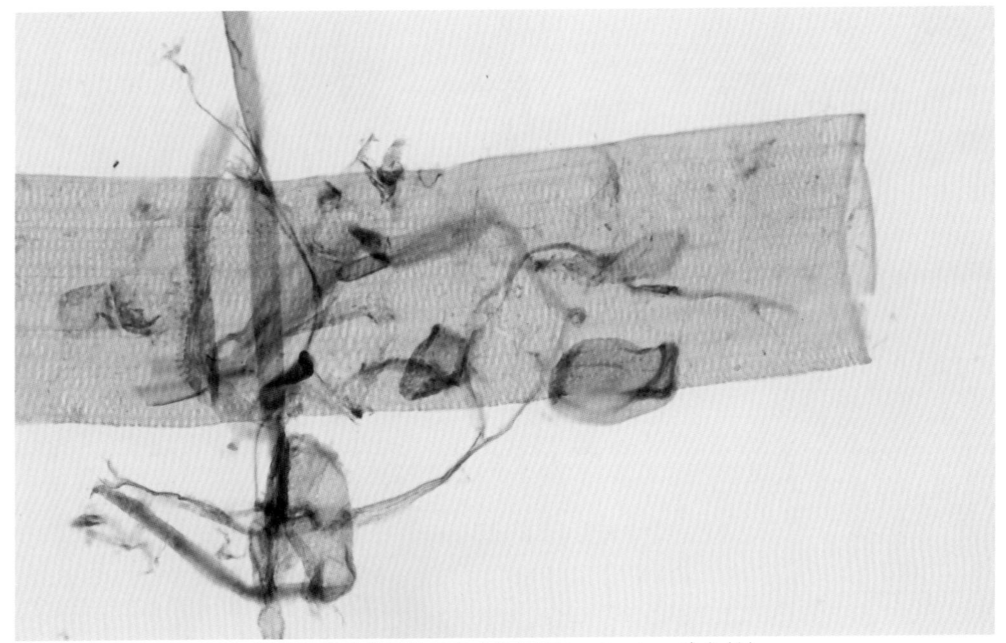

图15 苦竹的导管形态（物镜20×，Herzberg染色剂）

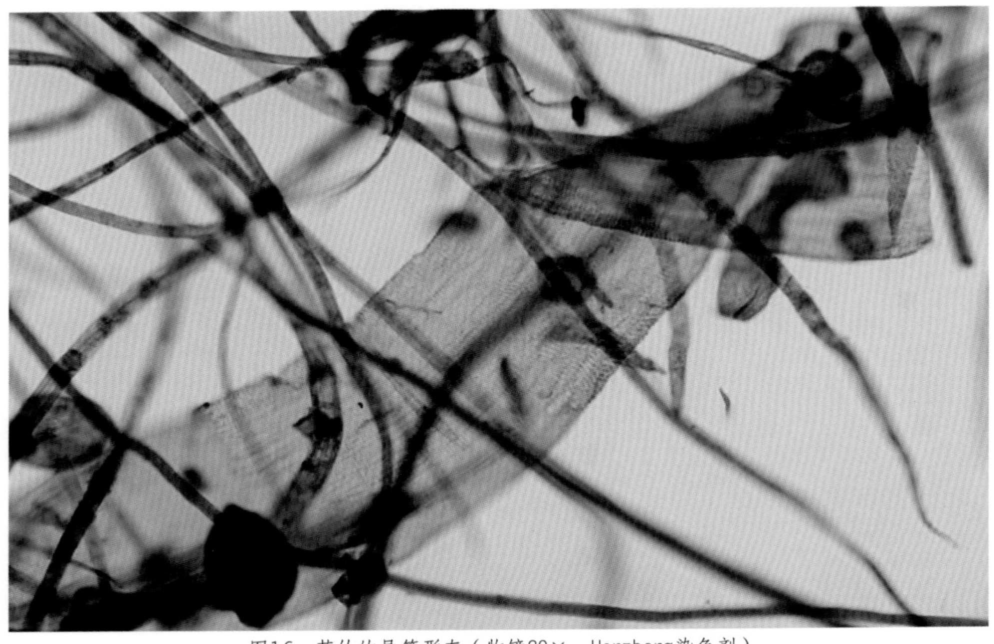

图16 苦竹的导管形态（物镜20×，Herzberg染色剂）

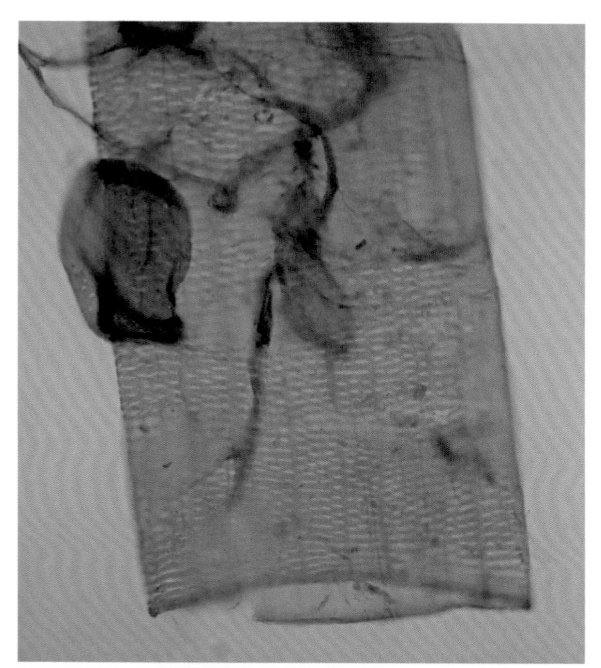

图17 苦竹的导管纹孔形态（物镜40×，Herzberg染色剂）

慈竹

学　名：*Neosinocalamus affinis*（Rendle) Keng f.
英文名：Sinocalamusaffinis

慈竹为禾本科慈竹属合轴丛生型常绿乔木状植物，别名茨竹、甜慈、钓鱼慈、丛竹、吊竹、慈孝竹、子母竹等。在我国南方地区分布广泛，尤以西南地区较多。盛产于湖北、湖南、广西、四川、重庆、贵州、云南、陕西等省，尤其四川产量较大。慈竹节少、竿壁薄，砍伐期长，很适合造纸。

慈竹最明显的特点就是丛生，一丛慈竹最多可达上百竿，根窠盘结。慈竹四季出笋，新竹、老竹紧密簇拥而生，高低相倚，若老少相依，故名“子母竹”“孝顺竹”“慈孝竹”。

用慈竹造纸在西南地区较多见，手工纸中以夹江竹纸为代表。传统制法是将嫩竹砍下后，于石灰水中浸泡数日，去除竹青，浆透石灰，上篁锅蒸煮，煮软后洗净，碓捣成浆，抄造成纸。

近些年，贵州、四川等地兴建现代化竹浆厂，手工纸中也开始广泛使用慈竹浆板，常与龙须草浆、木浆混合抄造书画纸。浆板浸水泡散，简单打浆后即可抄纸，非常方便，不仅节省工序和成本，还降低了污染物的排放。使用这类浆板制成的书画纸价格低廉，非常适合书画练习使用。与传统方法相比，慈竹浆板因制浆过程中保留了大量的杂细胞，成纸后墨色易泛灰。

纤维尺寸

表1　显微镜法测定慈竹纤维尺寸

项目	平均值	最大值	最小值	长宽比
纤维长度/mm	1.93	4.22	0.41	118
纤维宽度/μm	16.4	35.6	6.4	

纤维显微特征

在显微镜下观察，慈竹纤维整体形态与毛竹、苦竹纤维都比较相似，纤维挺直细长，表面平滑，杂细胞较多，主要区别在于纤维宽度、薄壁细胞形态及导管形态。

慈竹纤维与Herzberg染色剂作用后呈深棕色到蓝紫色（图1），与C染色剂作用后呈蓝绿色、浅蓝色或红棕色（图2）。纤维尺寸虽与毛竹纤维相近，但不如毛竹纤维整齐，而是长短粗细不一，短纤维略多，平均长度不及毛竹纤维（图3）。纤维形态较毛竹纤维稍柔软，同样有韧形纤维和竹纤维管胞之分，韧性纤维偏细，竹纤维管胞则较宽，二者反差较明显（图4、10）。

韧形纤维：形态纤细直挺，表面平滑，两端尖细，比毛竹韧形纤维略细；表面有横节纹，细胞腔窄小，呈浅色带或细线状（图5、6）。

竹纤维管胞：形态柔软宽大，多呈带状或长管状，少数纤维呈螺旋状扭转（图7、8、9）；比毛竹、苦竹略宽，纤维壁薄细胞腔宽大，表面有细横纹或纵向条纹，部分区段有勒缩状横纹；端部或尖细、钝尖或为圆头状。

图1　慈竹纤维形态（物镜10×，Herzberg染色剂）

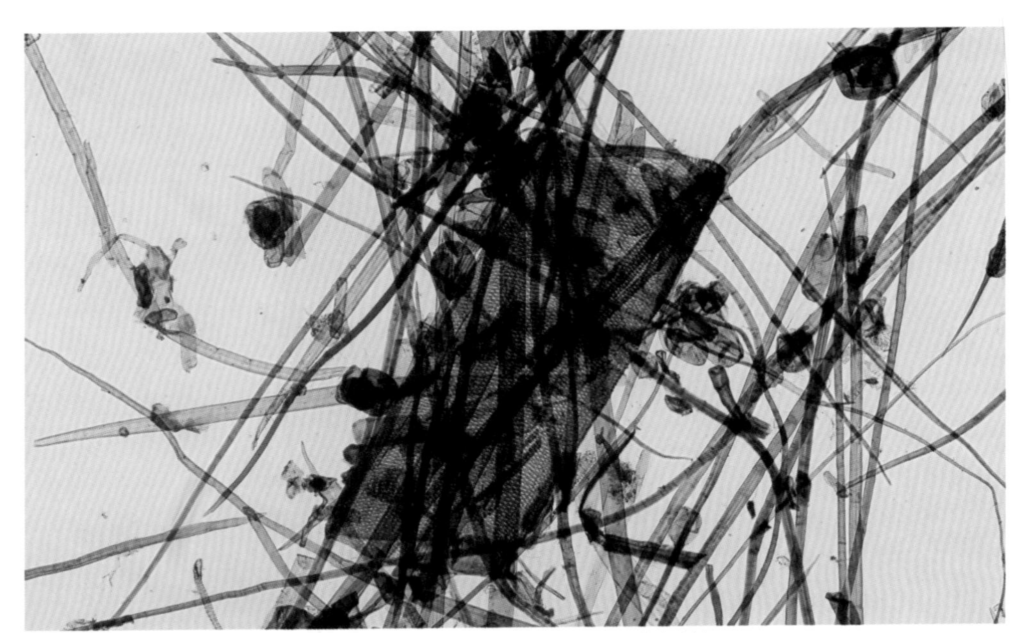

图2 慈竹纤维形态（物镜10×，C染色剂）

图3 慈竹纤维形态（物镜10×，Herzberg染色剂）

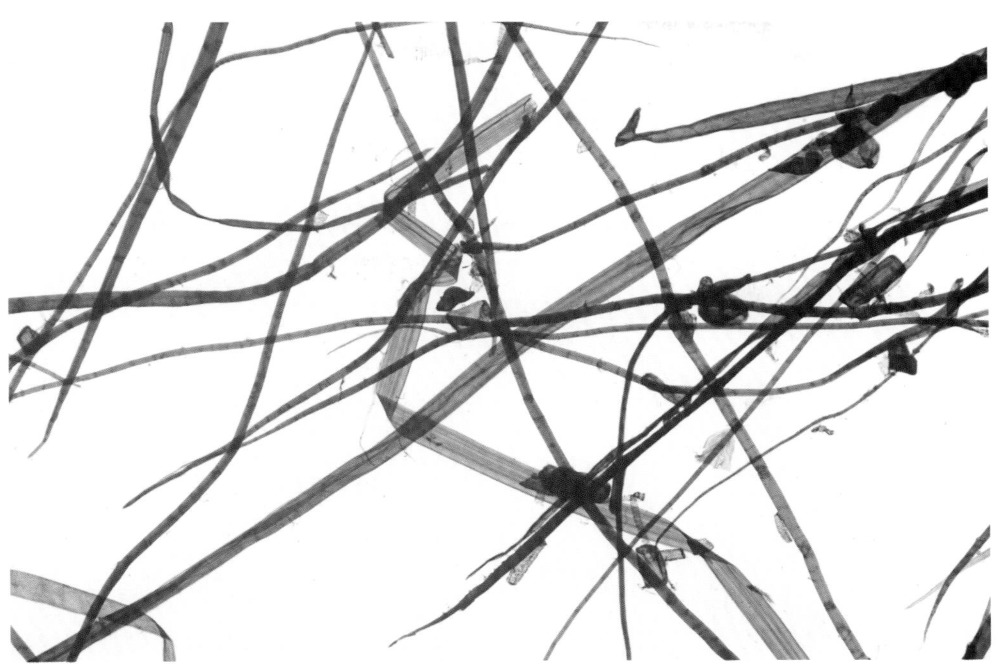

图4　纤细的韧形纤维与宽大的竹纤维管胞（物镜10×，Herzberg染色剂）

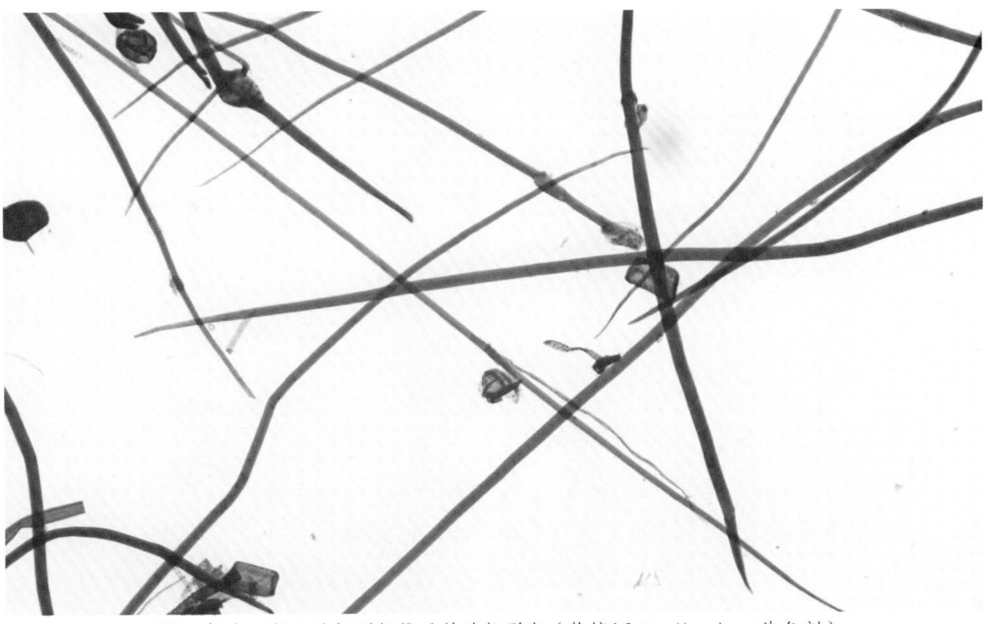

图5　挺直、纤细的韧形纤维及其端部形态（物镜10×，Herzberg染色剂）

图6 慈竹中的维韧形纤维纹理形态（物镜20×，Herzberg染色剂）

图7 慈竹中宽大的竹纤维管胞（箭头所示）（物镜10×，Herzberg染色剂）

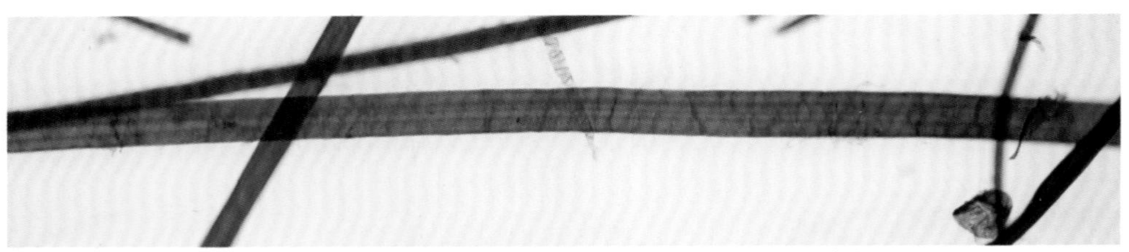

图8 慈竹中的竹纤维管胞纹理形态（物镜20×，Herzberg染色剂）

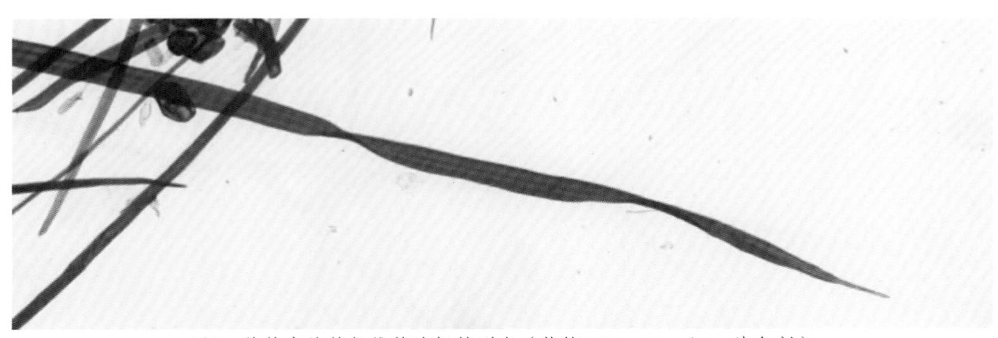

图9 慈竹中的竹纤维管胞扭转形态（物镜10×，Herzberg染色剂）

慈竹的杂细胞主要有薄壁细胞、导管和网壁细胞。薄壁细胞多呈球形、方形、枕形或长杆状，胞壁薄，大小不一，表面有细孔，形态略规整，数量比较大，染色比较深，是鉴别慈竹的重要特征（图1、2、3、10、11、12、13）。

慈竹的网壁细胞比较常见，多为细长条状，表面布满纹孔（图14、15），常与薄壁细胞混杂在一起，散落于纤维间。

图10　纤细的韧形纤维、宽大的竹纤维管胞和群聚的薄壁细胞（物镜10×，Herzberg染色剂）

图11　数量较多的薄壁细胞（物镜10×，Herzberg染色剂）

图12　慈竹的薄壁细胞和网壁细胞形态（物镜20×，Herzberg染色剂）

图13　慈竹的薄壁细胞形态（物镜40×，Herzberg染色剂）

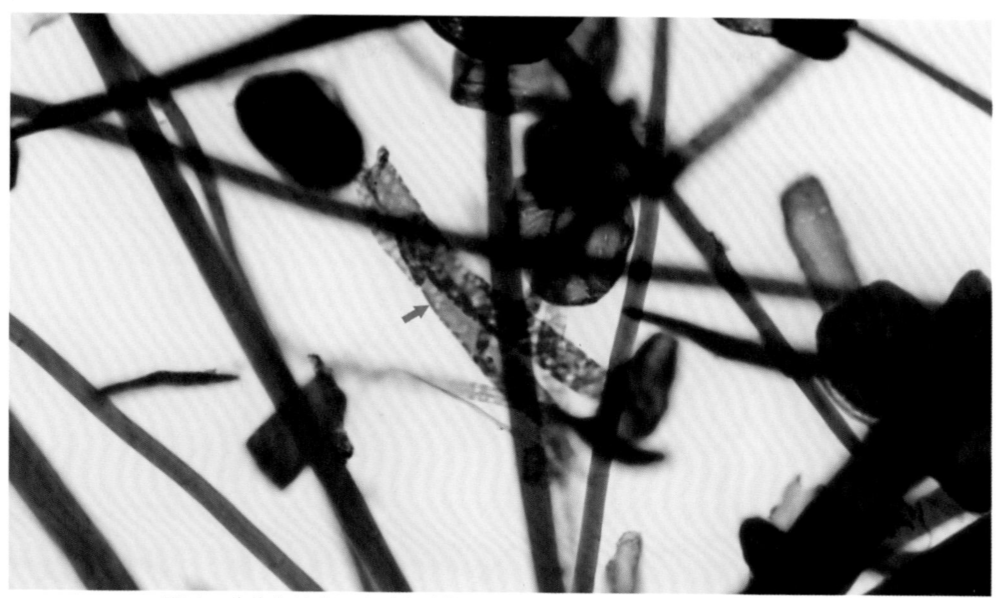

图14　慈竹的网壁细胞形态（箭头所示）（物镜20×，Herzberg染色剂）

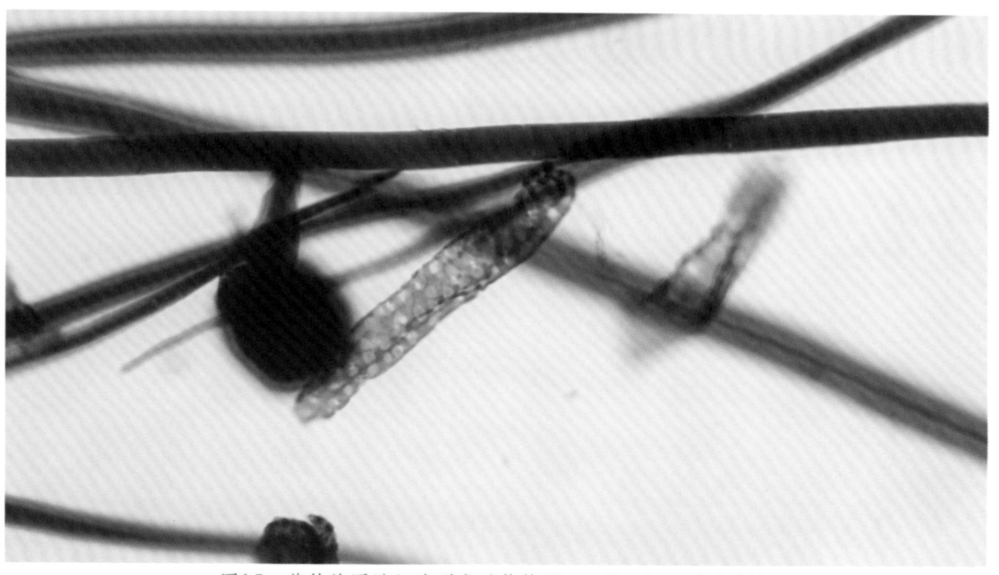

图15　慈竹的网壁细胞形态（物镜40×，Herzberg染色剂）

慈竹的导管比较明显，一般有两种形态（图16、17、18、19、20、21、22）：一种为长管状，宽窄不一，窄者宽度70~100 μm，宽者宽度可达200 μm，两端略有收口，导管壁上的轴向筋不太明显；另一种导管短而宽，两端明显向内收口，无明显的轴向筋。导管的纹孔多为细椭圆形或细橄榄形，纵向排列不如毛竹和苦竹导管的纹孔整齐，这也是鉴别慈竹纤维的一个重要特征。

图16 慈竹的长导管形态（物镜10×，Herzberg染色剂）

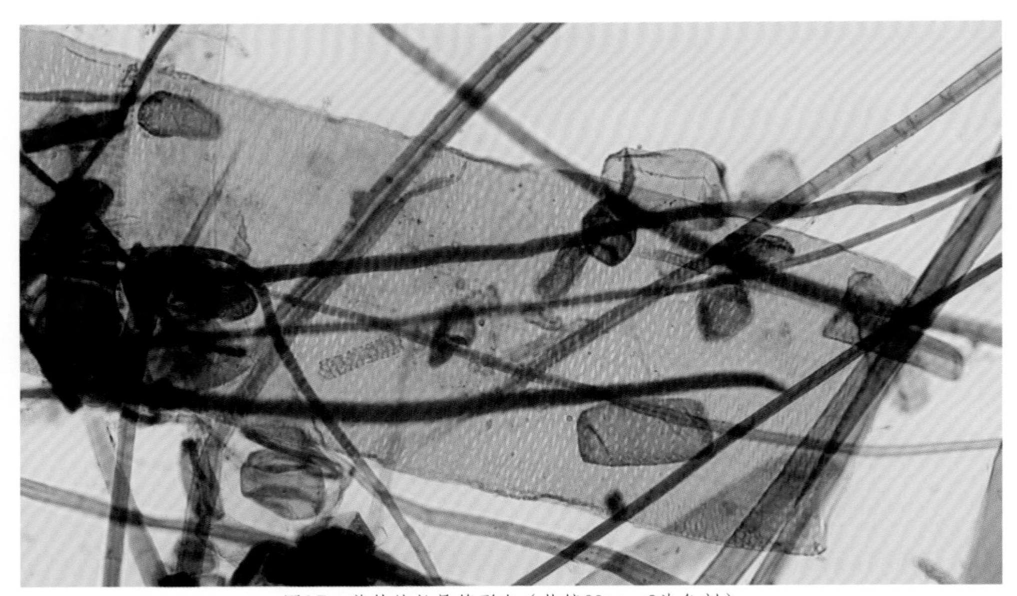

图17 慈竹的长导管形态（物镜20×，C染色剂）

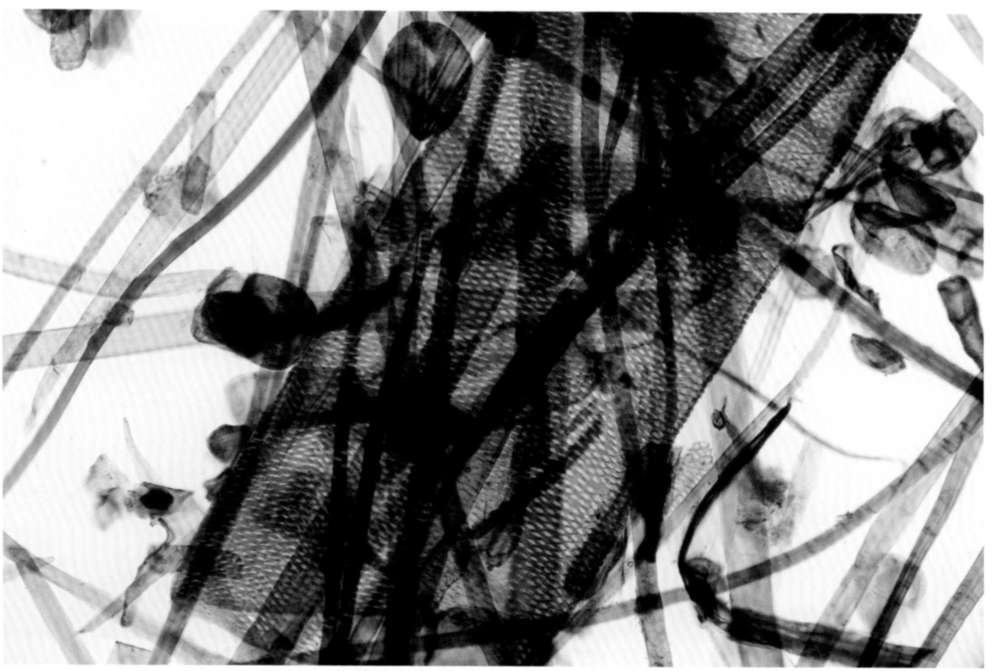

图18　慈竹的长导管形态（物镜20×，C染色剂）

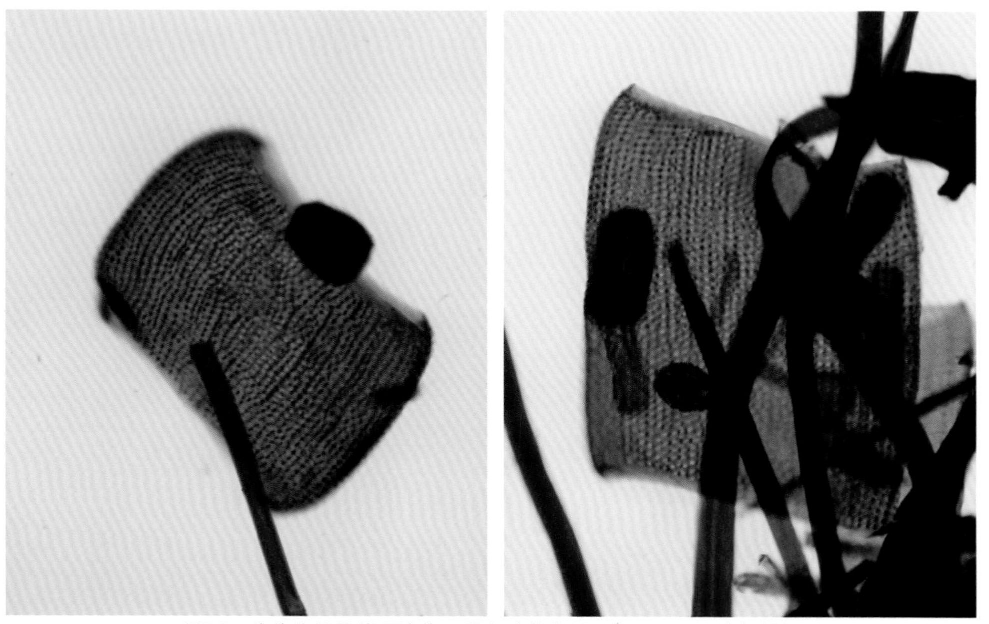

图19　慈竹的短导管两端收口形态（物镜20×，Herzberg染色剂）

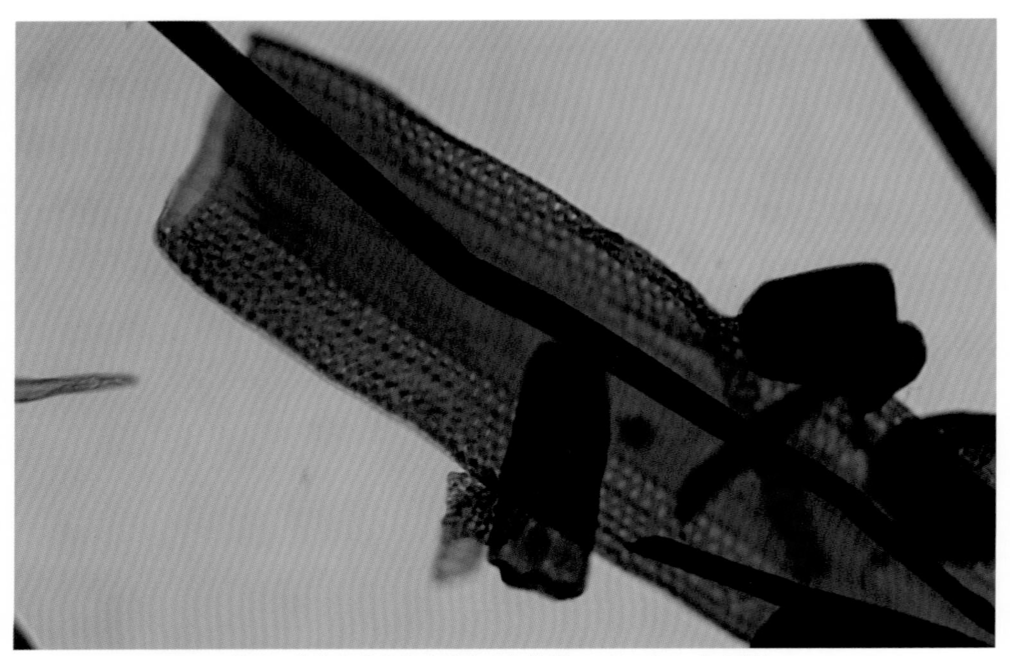

图20 慈竹的导管纹孔形态（物镜40×，Herzberg染色剂）

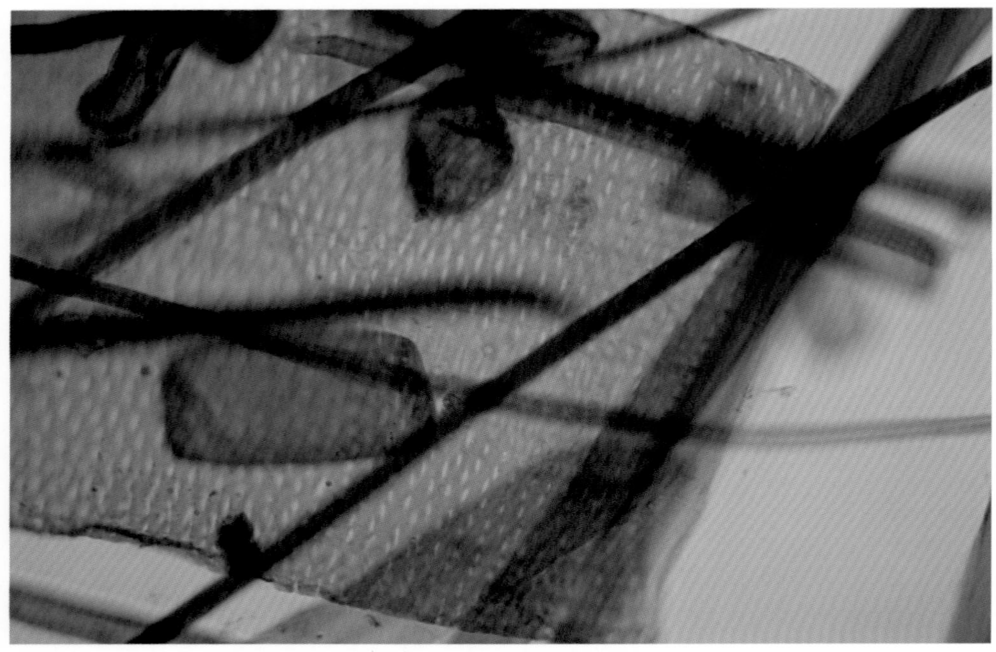

图21 慈竹的导管纹孔形态（物镜40×，Herzberg染色剂）

图22 慈竹导管的纹孔形态（物镜40×，Herzberg染色剂）

第七章　草类

草类主要指禾草类，手工纸生产中常见的主要有稻草、麦草、龙须草、芦苇等原料。在植物分类中，这些原料都属于禾本科禾亚科，亲缘比较接近，造纸特性和纤维特征有诸多相似之处。

我国是世界上最早使用禾草类原料造纸的国家。相较于韧皮类和竹类原料，草类原料使用的时间稍晚，从存世的纸质实物来看，应该不晚于宋代。草类原料纤维短细，纯料造纸时强度不高，多为等次较低的纸张，如生活用纸、民俗用纸、书页衬纸等，或与其他纤维混抄，以改善纸张匀度。

从微观形态看，禾草类原料的显微特征主要如下：纤维短细，表面可见横节纹；杂细胞含量高，主要有薄壁细胞、导管和表皮细胞；不同原料的表皮细胞形态差异可作为鉴别的重要依据。

稻草

学　名：*Oryza sativa* L.
英文名：Rice Straw

稻草为禾本科稻属一年生水生草本植物稻成熟后的茎叶。稻别名禾，俗称水稻，是人类重要的粮食作物之一。全世界有一半人口食用稻。稻主要产在亚洲、欧洲南部、美洲热带地区和非洲部分地区。我国产稻区主要在南方，北方亦有栽种。水稻品系繁多，一般分水稻和陆稻两大类，按稻谷类型又分糯稻、籼稻和粳稻。

我国南方是栽培水稻的起源地，据浙江余姚河姆渡发掘考证，早在六七千年以前这里就已种植水稻。进入21世纪以来，一系列最新考古发现巩固了这一结论，特别是浙江浦江县上山文化遗址的研究表明，大约在9000~10000年以前，长江下游地区的先民就已经开始驯化和栽培水稻。

稻草纤维短小细碎，非纤维细胞含量高，制浆难度大、得率低，工业造纸几乎不使用稻草。但稻草是生产宣纸不可或缺的重要原料，含有稻草的宣纸不仅具有很好的洇墨性，还能形成枯湿浓淡、千变万化的墨韵和层次感，非常适合中国传统绘画的创作。

使用稻草造宣纸主要用其茎秆部分的纤维，制浆过程采用传统的手工方法。以安徽泾县生产宣纸为例，脱粒后的稻草秸秆去除梢部和枯叶，打碎草节，扎成捆后置于水塘中浸软，然后浸入石灰浆中，再堆放发酵，制成草胚，再经多次碱蒸摊晒漂白后制成燎草，舂捣成浆后与青檀皮制成的燎皮混合抄制宣纸。

近年有浆厂利用现代制浆方法生产稻草浆板，一些纸坊也开始用稻草浆板制作宣纸。相较于传统的燎草，稻草浆板的杂细胞含量比较高，表皮细胞常常分散得不够充分，对成纸的笔墨效果有一定影响。

纤维尺寸

表1　显微镜法测定稻草纤维尺寸

<table>
<tr><th>项目</th><th>平均值</th><th>最大值</th><th>最小值</th><th>长宽比</th></tr>
<tr><td>纤维长度/mm</td><td>1.05</td><td>2.33</td><td>0.53</td><td rowspan="2">118</td></tr>
<tr><td>纤维宽度/μm</td><td>8.9</td><td>12.6</td><td>3.3</td></tr>
</table>

纤维显微特征

在常见的造纸原料当中，稻草纤维是比较短且比较细的，纤维纤细错杂，整体看上去比较细碎（图1），有一些特征性的杂细胞可辅助鉴别。

稻草纤维与Herzberg染色剂反应后呈蓝偏棕到蓝紫色（图1）；纤维短细，略有弯曲（图1、2、3、4），平均长度不到1 mm，宽度只有8~10μm；表面有细横节纹（图5），细胞腔不明显，两端渐尖（图3、4）。

图1　稻草纤维形态（清代纸样，物镜10×，Herzberg染色剂）

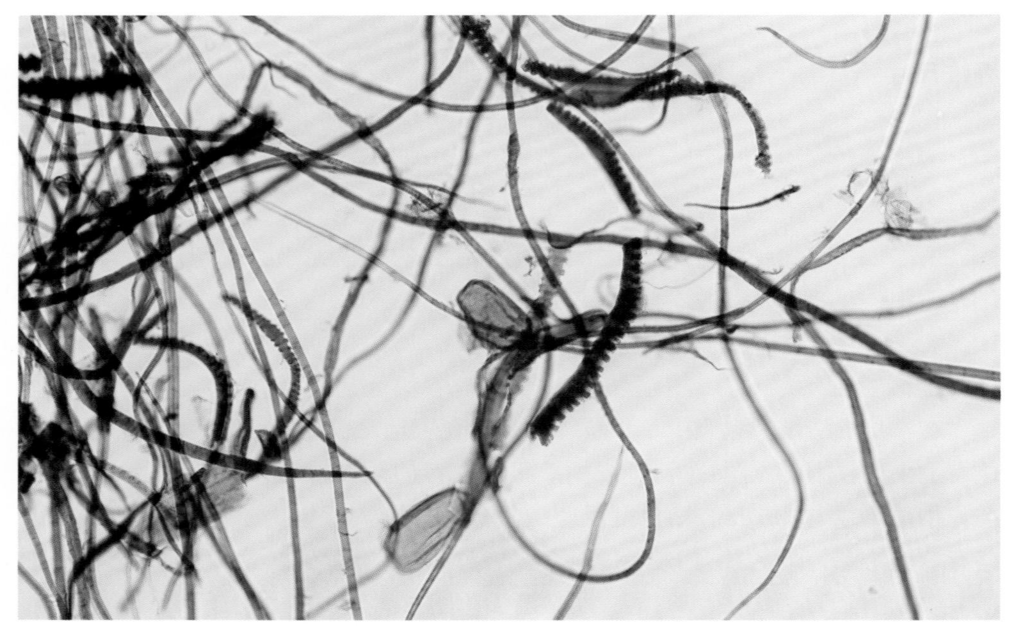

图2 稻草纤维形态（清代纸样，物镜20×，Herzberg染色剂）

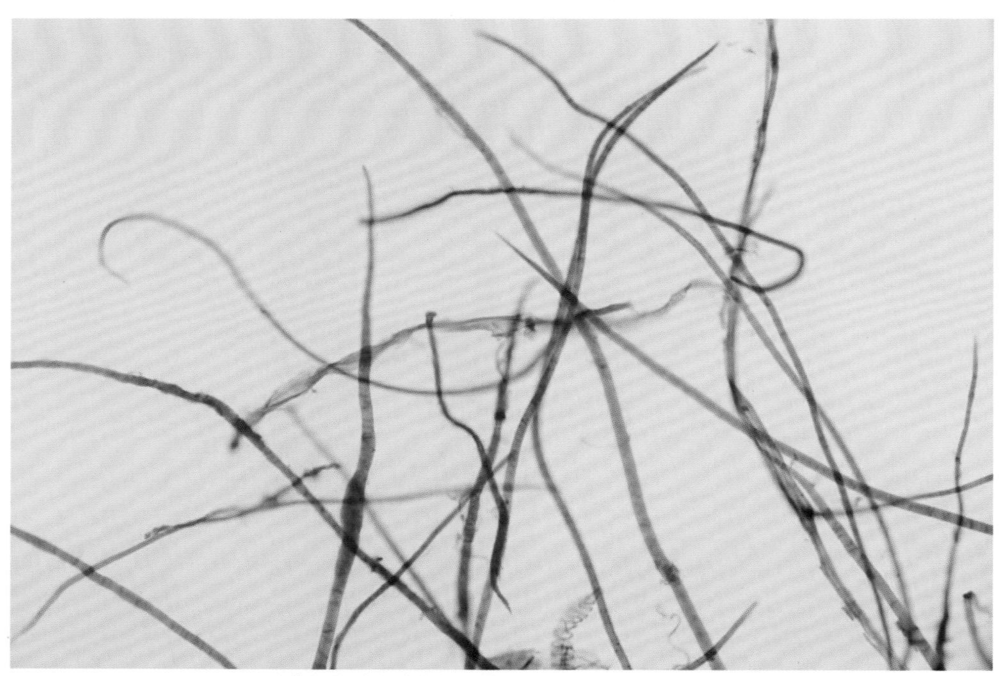

图3 稻草纤维形态（清代纸样，物镜20×，Herzberg染色剂）

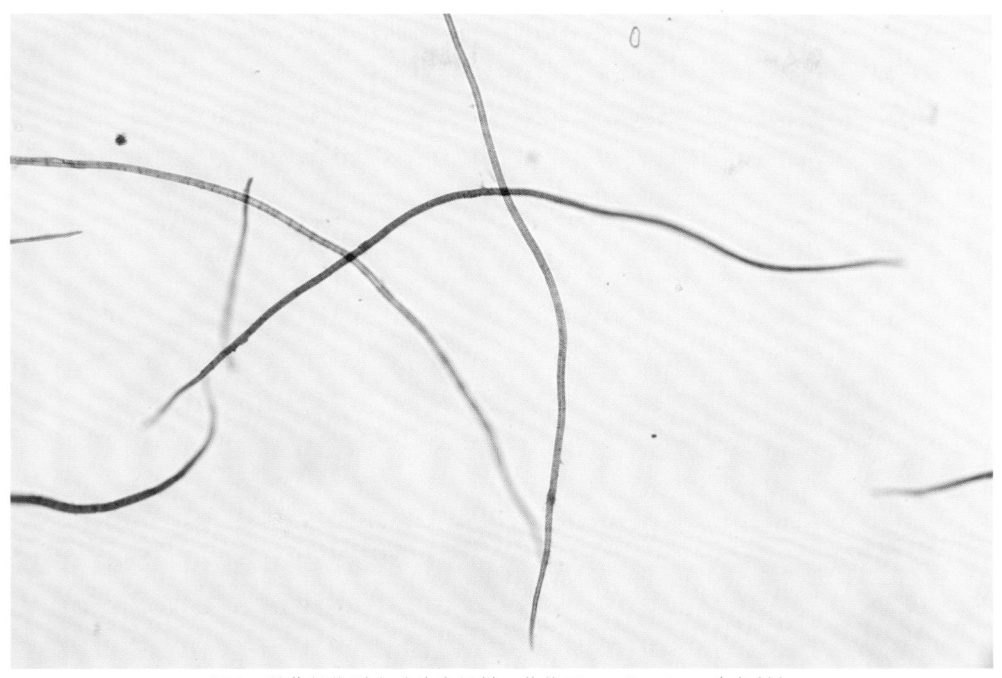

图4　稻草纤维形态（清代纸样，物镜20×，Herzberg染色剂）

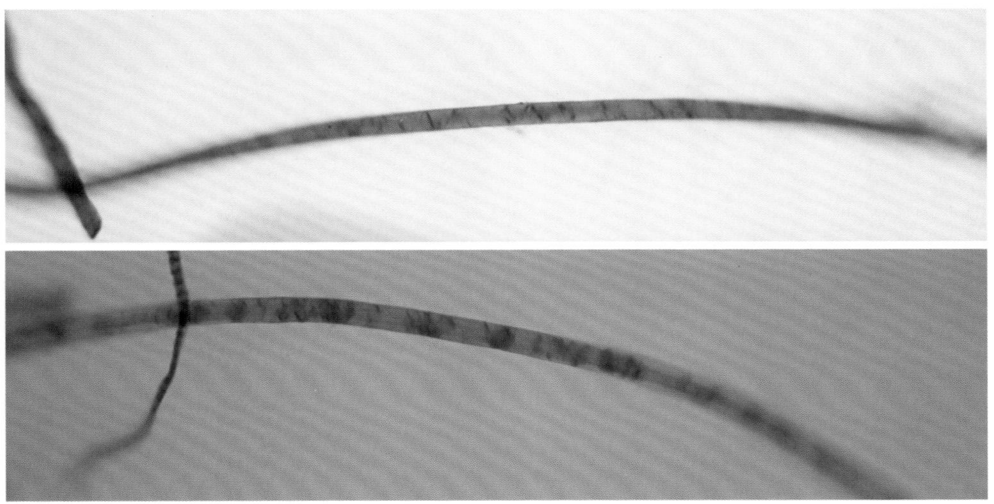

图5　稻草纤维纹理形态（物镜40×，Herzberg染色剂）

稻草中除了纤维，还有大量杂细胞，主要有薄壁细胞、导管和表皮细胞。薄壁细胞数量多，一般为枕形和方形，部分为椭圆形和球形（图6、7、8）。薄壁细胞的壁特别薄，显微镜下呈半透明状，表面有细孔，纵向有些许褶皱（图7），常以群聚状、首尾相连或个别散落于纤维间。

稻草中群聚状的薄壁细胞不太容易完全分散，显微镜下常可观察到一些未分散的薄壁细胞群，如一团排列整齐的冰糖块（图8）。从宣纸表面迎光观察，可发现有零星的反光碎片，就是这些未分散的薄壁细胞群。

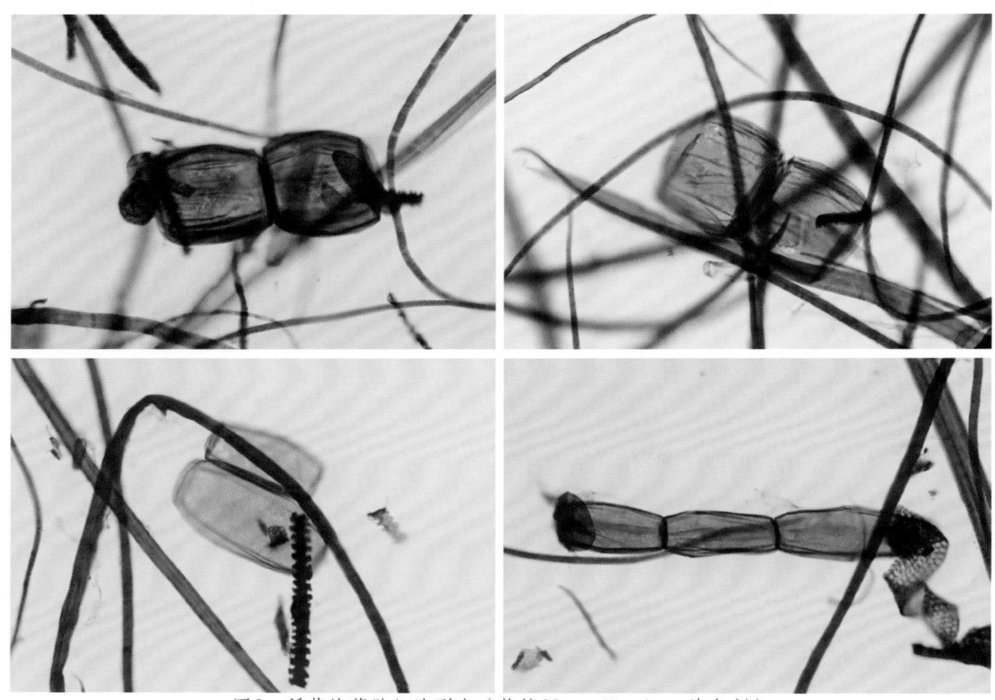

图6　稻草的薄壁细胞形态（物镜20×，Herzberg染色剂）

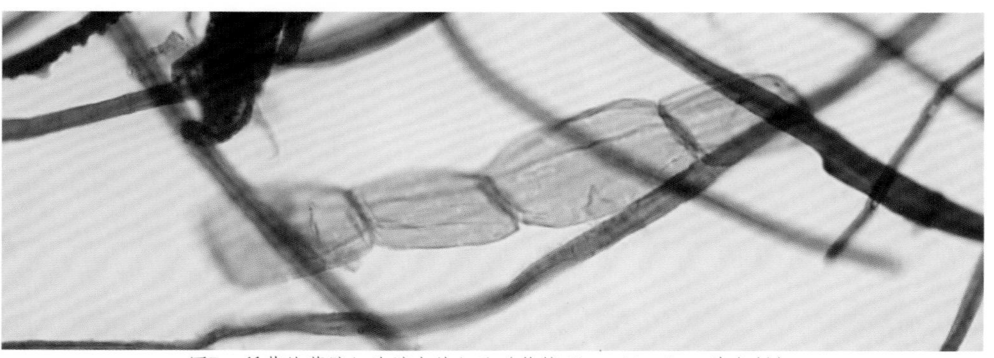

图7　稻草的薄壁细胞壁上的细孔（物镜40×，Herzberg染色剂）

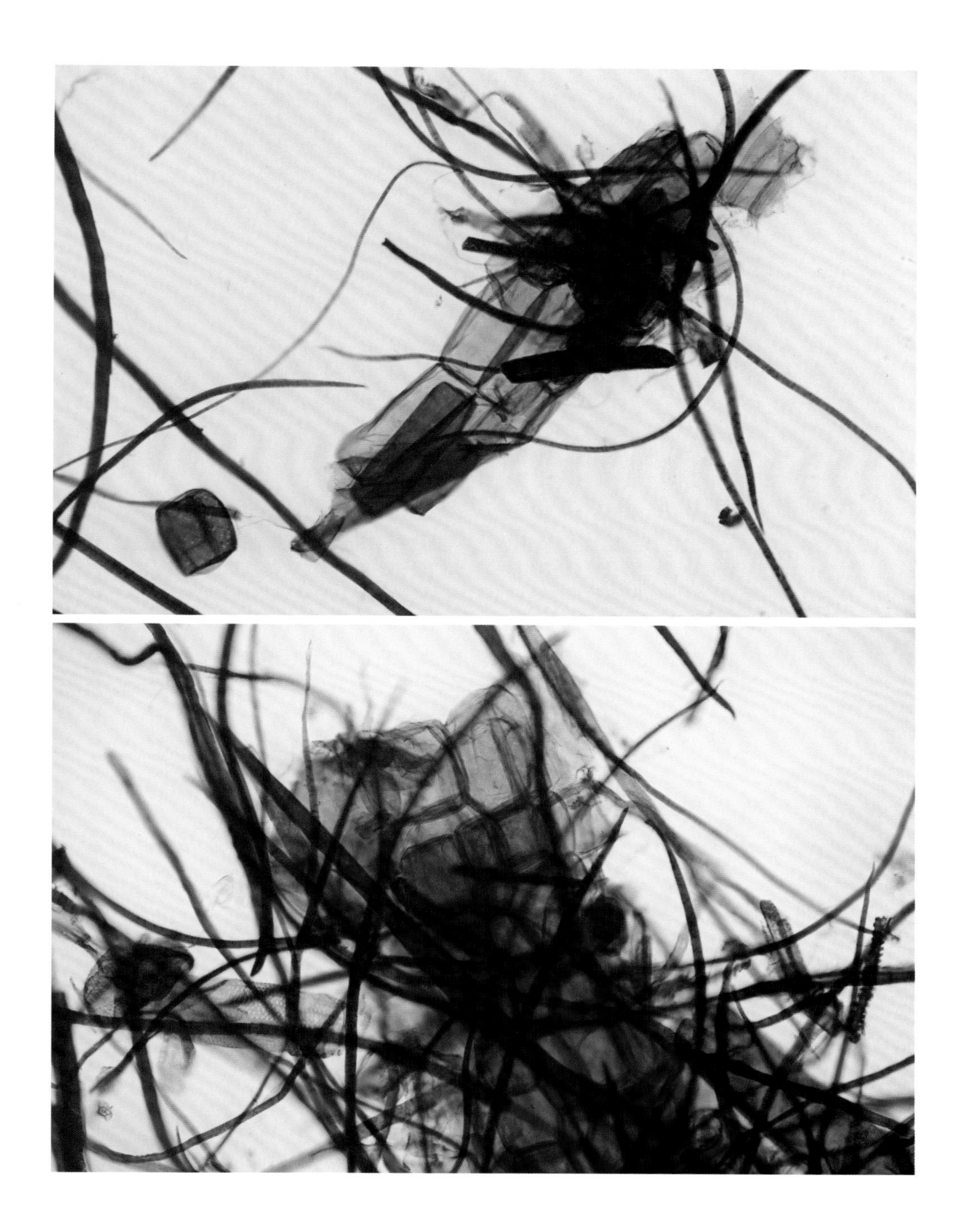

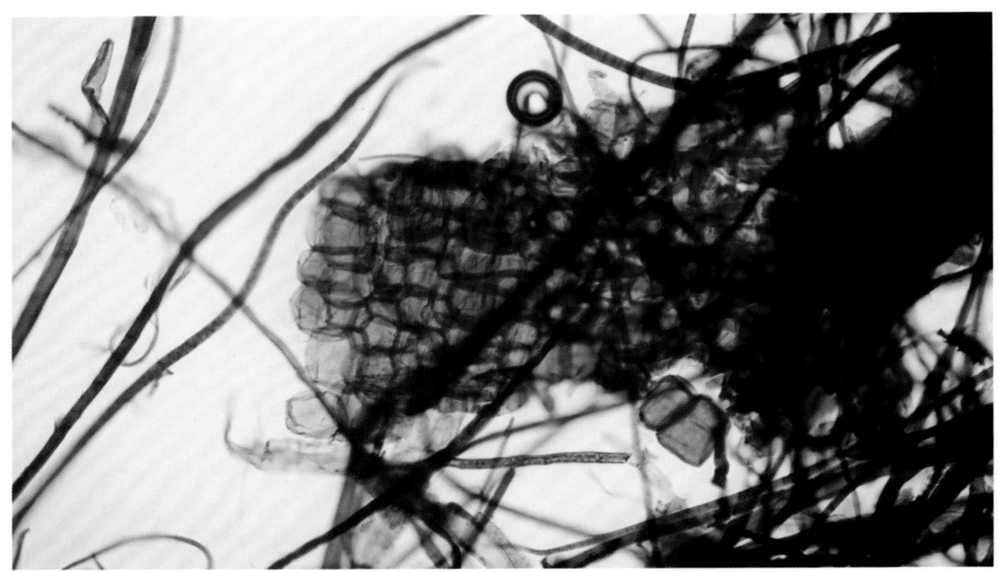

图8　宣纸中的稻草薄壁细胞群（物镜20×，Herzberg染色剂）

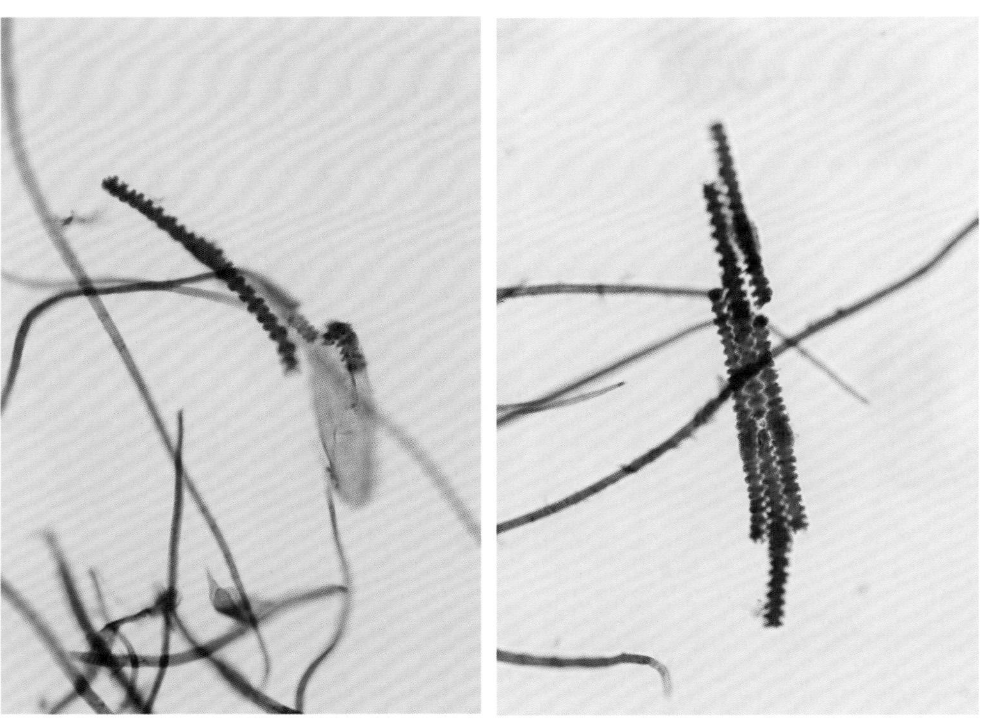

图9　稻草的表皮细胞（清代纸样，物镜20×，Herzberg染色剂）

稻草的表皮细胞是比较容易识别的一个重要特征，其整体比较细长，宽度与纤维相近；两侧或一侧有锯齿，齿形为方形，轮廓如长城上的垛口；部分未分散的表皮细胞锯齿互相咬合，形如拉链（图9、10、11）。

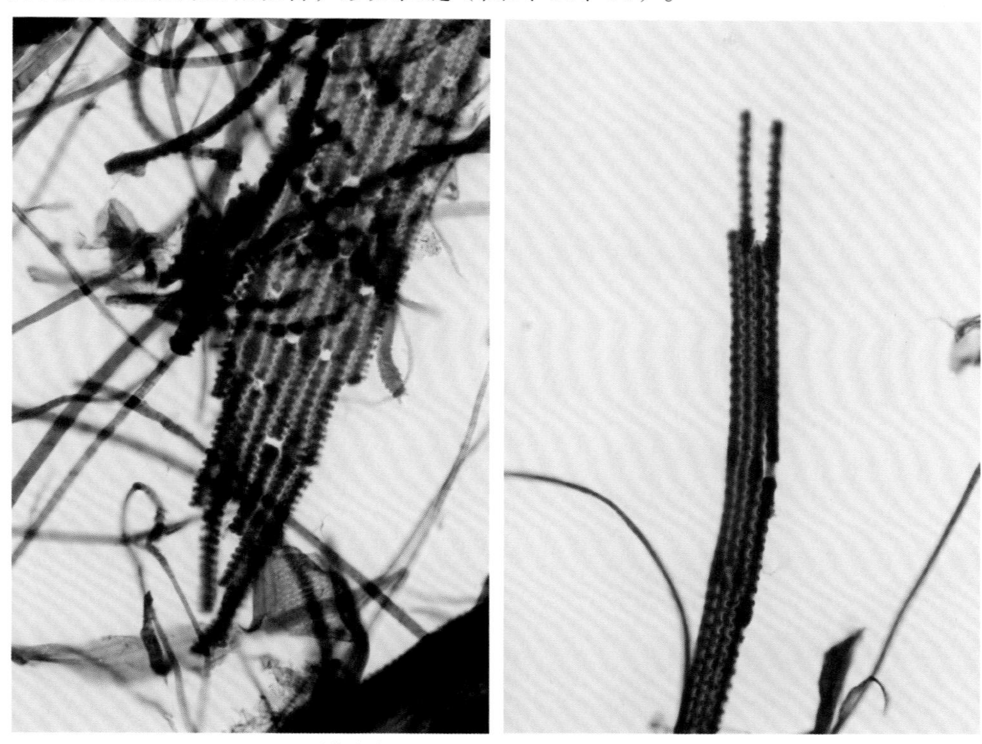

图10　稻草表皮细胞群（物镜20×，Herzberg染色剂）

图11　稻草表皮细胞锯齿形态（物镜40×，Herzberg染色剂）

稻草的导管比较细，呈长条形，宽度20~30 μm，表面网纹细小密集，纹孔为方形，沿纵向排列整齐（图12、13）。

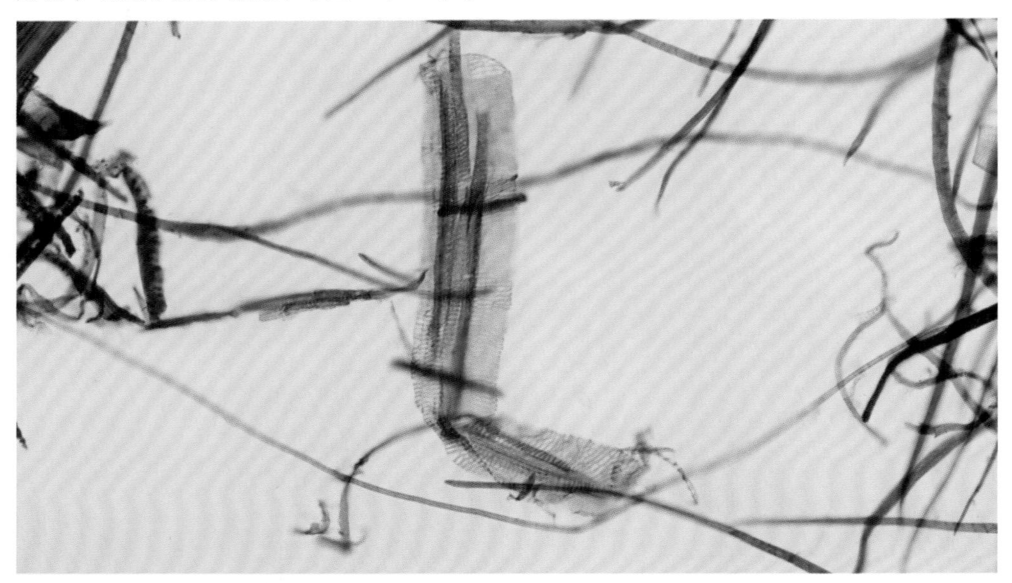

图12　稻草导管形态（物镜20×，Herzberg染色剂，清代纸样）

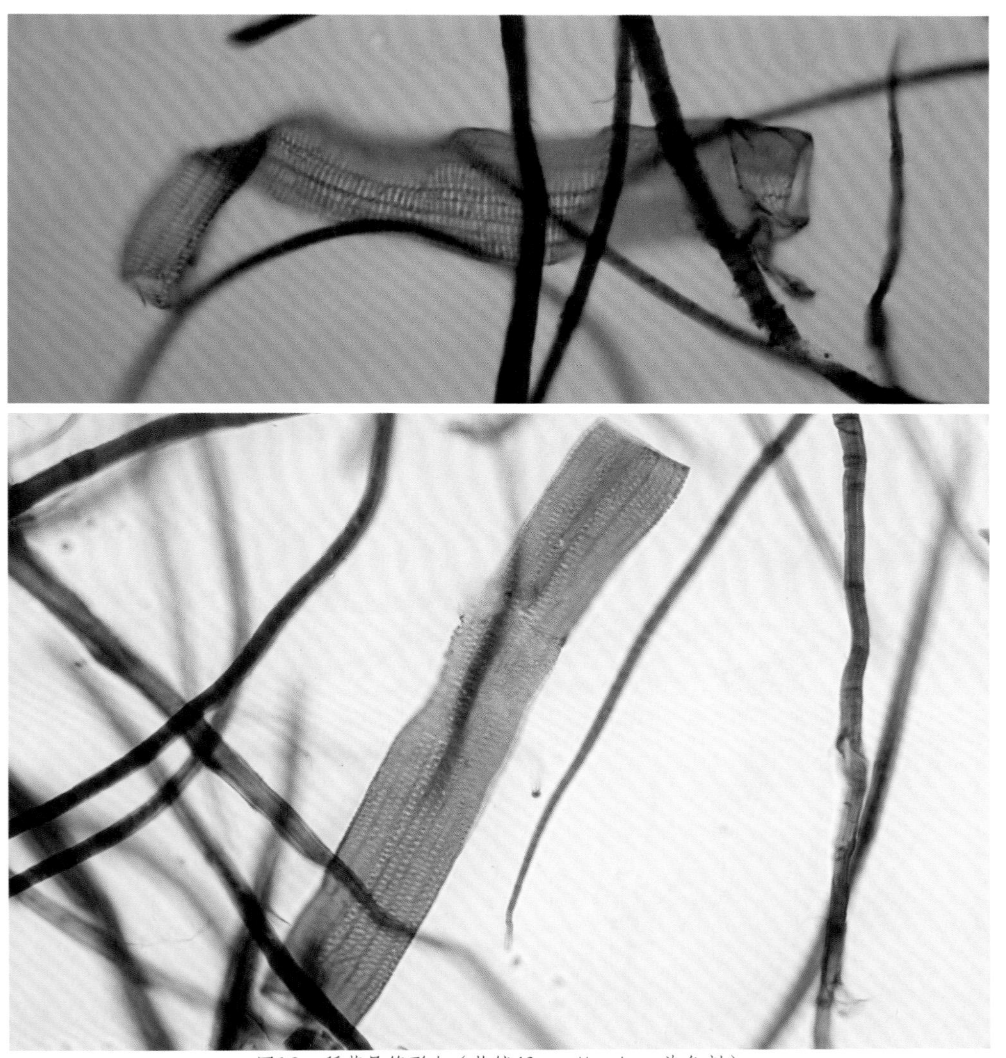

图13　稻草导管形态（物镜40×，Herzberg染色剂）

含稻草古纸样品纤维显微形态（图14、15）

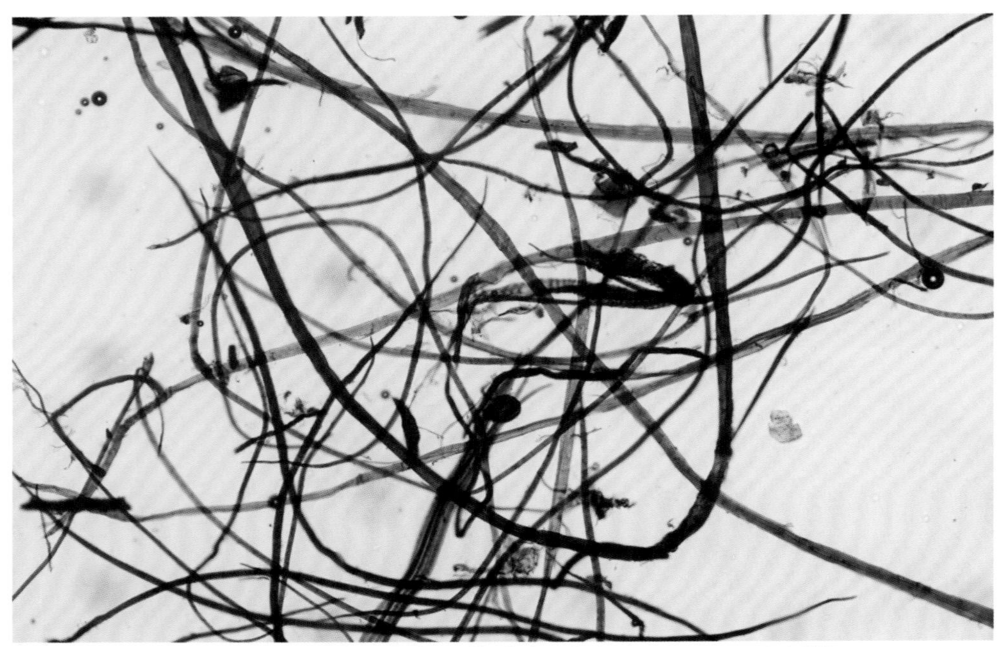

图14　明末民间文书纸纸样（稻草+构皮，物镜10×，Herzberg染色剂）

图15　清代书页衬纸纸样（稻草+少量竹，物镜10×，Herzberg染色剂）

麦草

学　名：*Triticum aestium* L.
英文名：Wheat Straw

麦草是小麦的茎秆。小麦是小麦属植物的统称，一般指普通小麦，为禾本科小麦属一年生草本植物，亦称麸麦、浮麦、浮小麦等。小麦是一种在全世界范围内广泛种植的谷类作物，其颖果是人类四大主食之一，磨成面粉后可制作面包、馒头、饼干、面条等食物，发酵后还可制成啤酒、酒精、白酒、生物质燃料等。

一般认为，居住于两河流域的西亚先民早在10000年以前的新石器时代就已经开始驯化和栽培小麦。小麦大约在5000年前传入中国，很快扩散到北方各个史前文明当中。我国也是世界较早种植小麦的国家之一，小麦至今仍为我国北方主要的细粮作物。因自然条件不同，我国长城以北地区主要种植春小麦，长城以南则主要种植冬小麦。

小麦茎秆直立，丛生，每株茎秆有6~7节，高0.6~1 m。叶鞘松弛包裹茎秆，下部长于节间，上部则短于节间，露出凸出的节；叶片长披针形。顶生穗状花序，直立，长5~10 ㎝；分为多个小穗，每个小穗含3~9朵小花，成熟的颖果呈卵圆形，着生于带有芒刺的稃内。

造纸主要用小麦茎秆部分的纤维。收取的秸秆经过除尘、切断后，多以化学蒸煮的方法制成纸浆。过去木浆产量受限时，麦草浆在书写及印刷用纸中常有使用，偶有将其添加到手工纸当中，制作较为低端的书画纸。

纤维尺寸

表1　显微镜测定麦草纤维尺寸

项目	平均值	最大值	最小值	长宽比
纤维长度/mm	1.42	3.01	0.51	108
纤维宽度/μm	13.1	24.1	6.7	

纤维显微特征

在显微镜下观察，麦草纤维及杂细胞与其他草类纤维尺寸有明显区别，其纤维较短细，但杂细胞的个头非常大，所占面积比很高，使得纤维看上去稍微有些少（图1、2、3）。

麦草纤维与Herzberg染色剂反应后呈现的颜色与制浆方法有关，常见的碱法浆与Herzberg染色剂反应后一般为蓝紫色。纤维分韧形纤维和纤维管胞两种：韧形纤维比较细而尖，形态直挺，纤维壁厚，表面有明显的横节纹，细胞腔窄细（图4、5、6）；纤维管胞则较宽，表面平滑，有非常浅细的横节纹，两端钝尖，纤维壁薄，细胞腔宽大（图4、7）。

麦草浆中杂细胞含量很高，最多见的是薄壁细胞，分枕状和杆状两种：枕状有方枕状和长方枕状（图8、9），表面有细孔，壁纤薄染色稍浅，部分有褶皱，跟稻草薄壁细胞很像，但尺寸要大得多；杆状胞壁细胞数量较多（图10、11），尺寸大小不一，既有长杆状，也有短杆状，表面有细孔，染色略深，一般比较饱满。

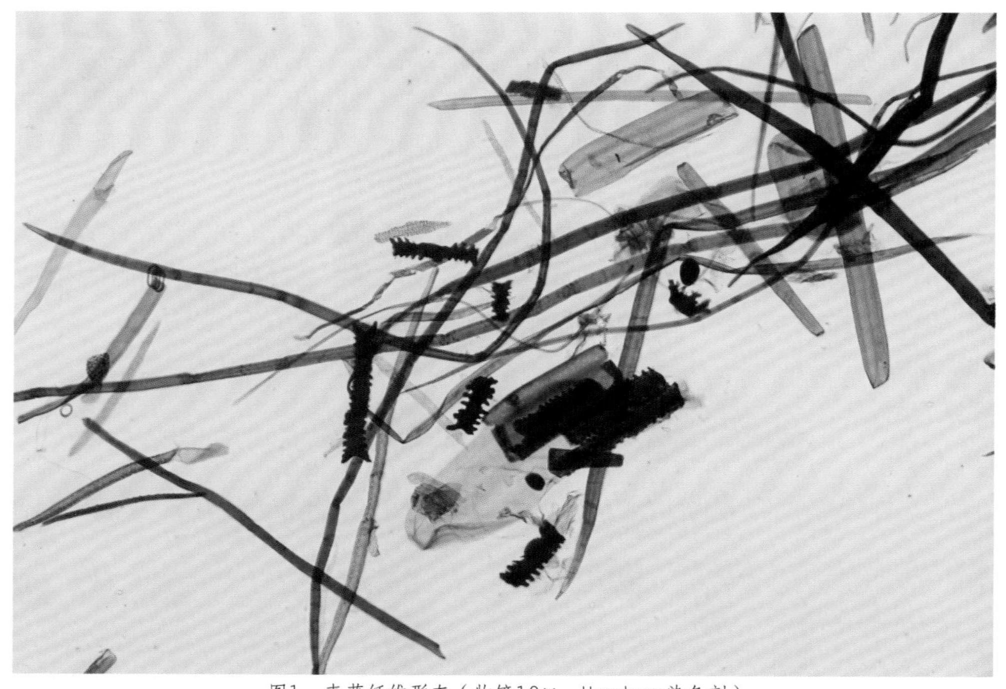

图1　麦草纤维形态（物镜10×，Herzberg染色剂）

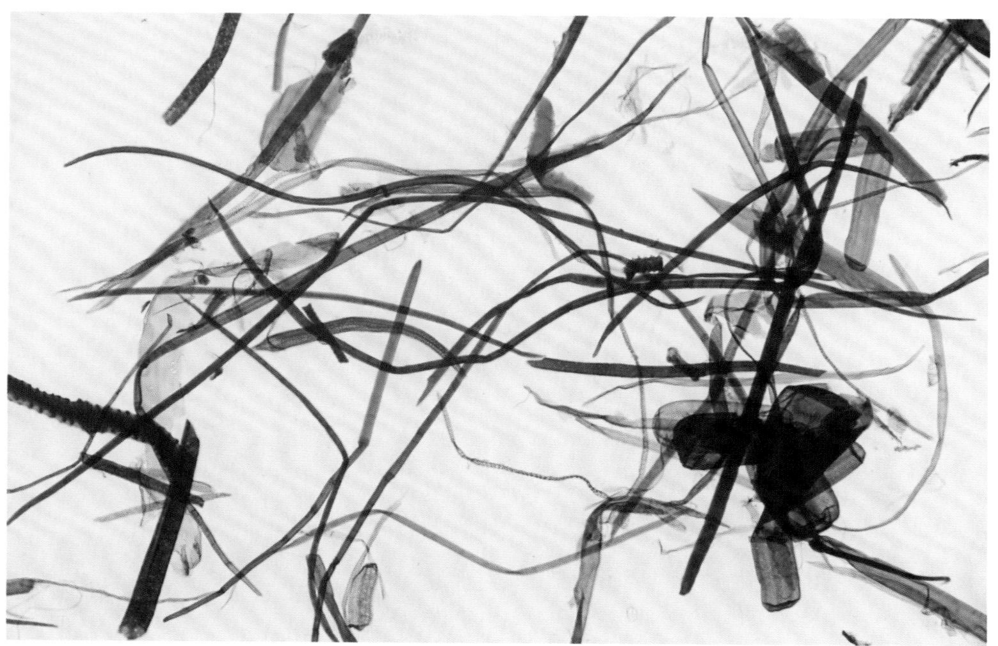

图2　麦草纤维形态（物镜10×，Herzberg染色剂）

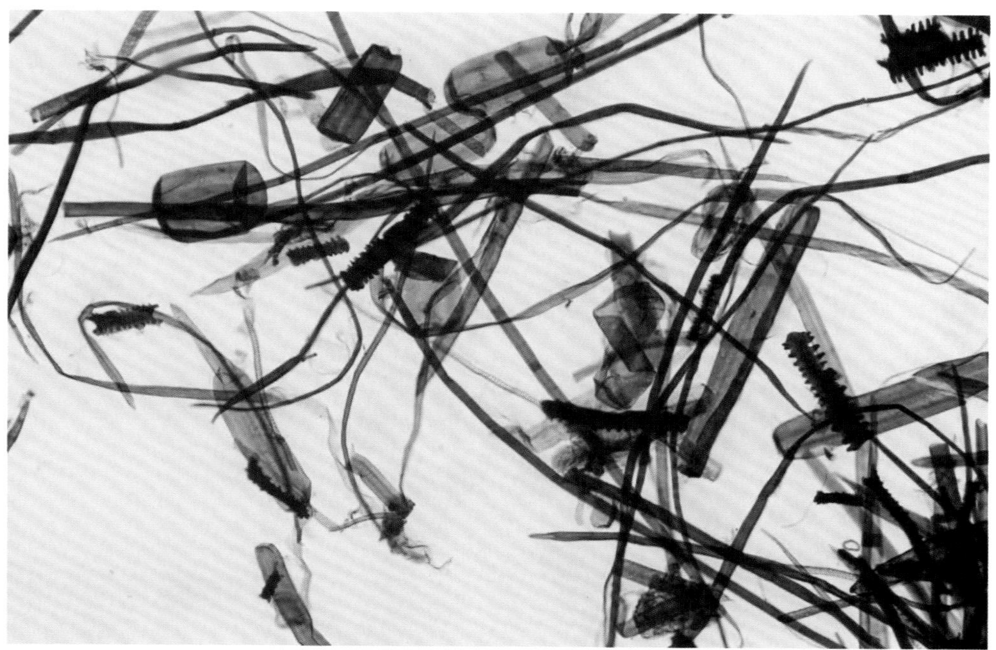

图3　麦草纤维形态（物镜10×，Herzberg染色剂）

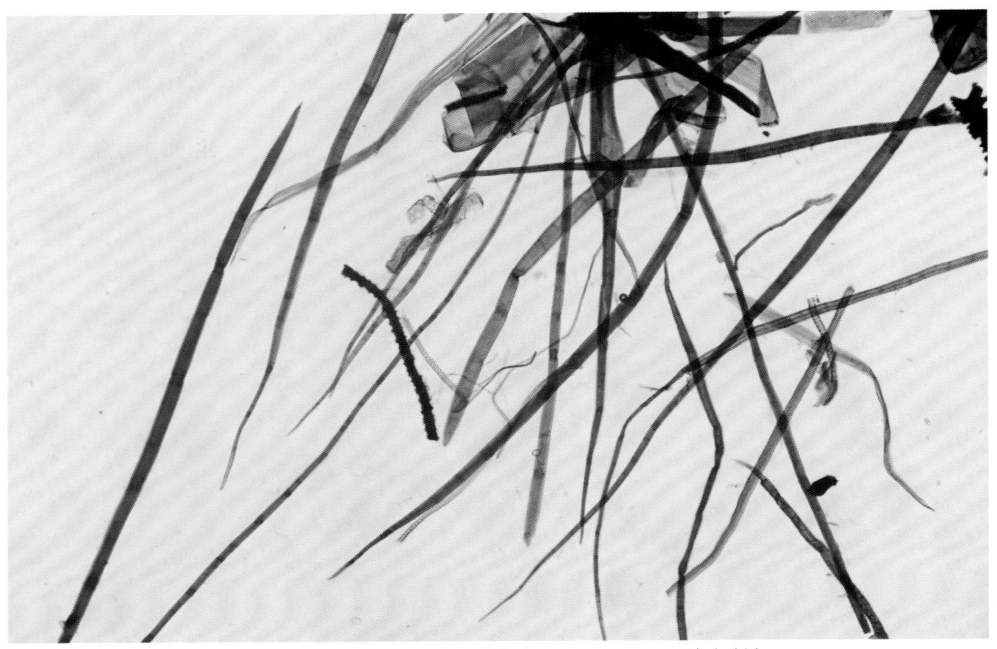

图4 麦草两种纤维的形态（物镜10×，Herzberg染色剂）

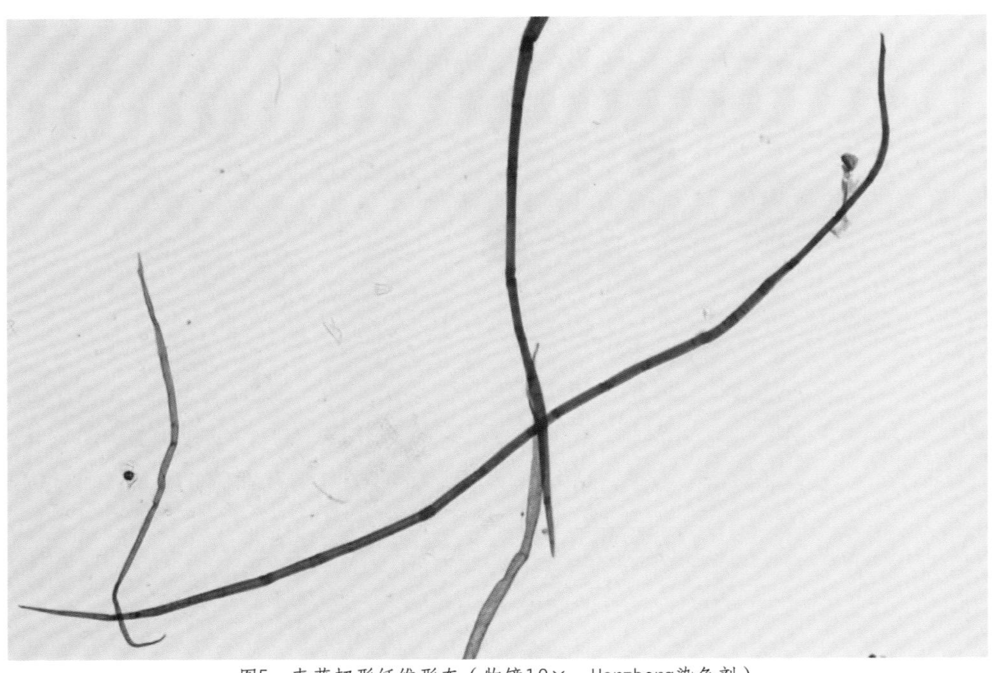

图5 麦草韧形纤维形态（物镜10×，Herzberg染色剂）

图6　麦草韧形纤维纹理形态（物镜20×，Herzberg染色剂）

图7　麦草纤维管胞形态（物镜10×，Herzberg染色剂）

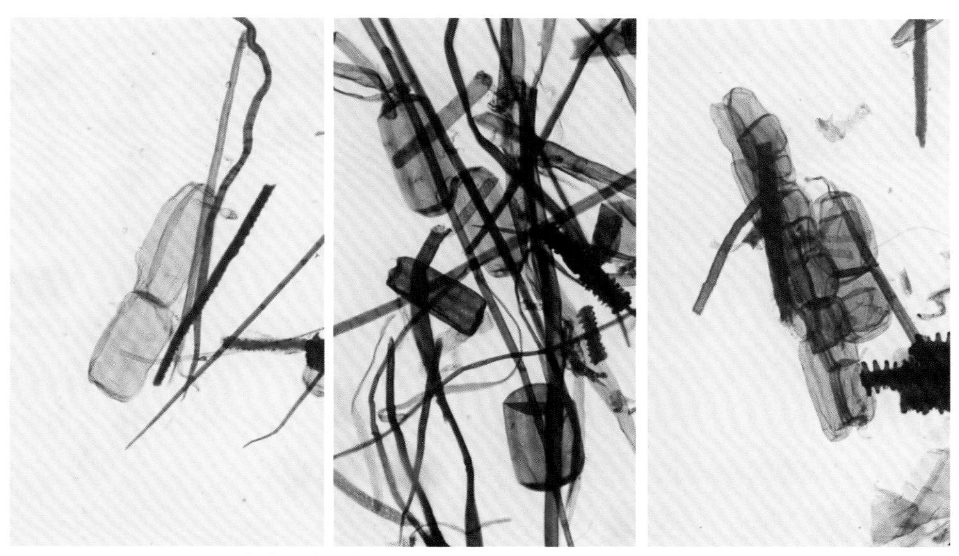

图8　麦草的枕状薄壁细胞形态（物镜10×，Herzberg染色剂）

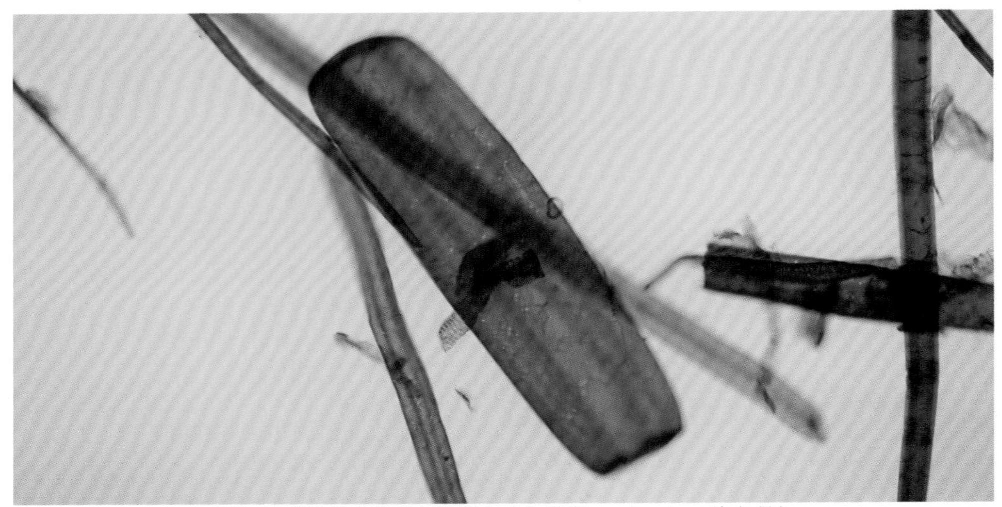
图9 麦草的枕状薄壁细胞形态（物镜20×，Herzberg染色剂）

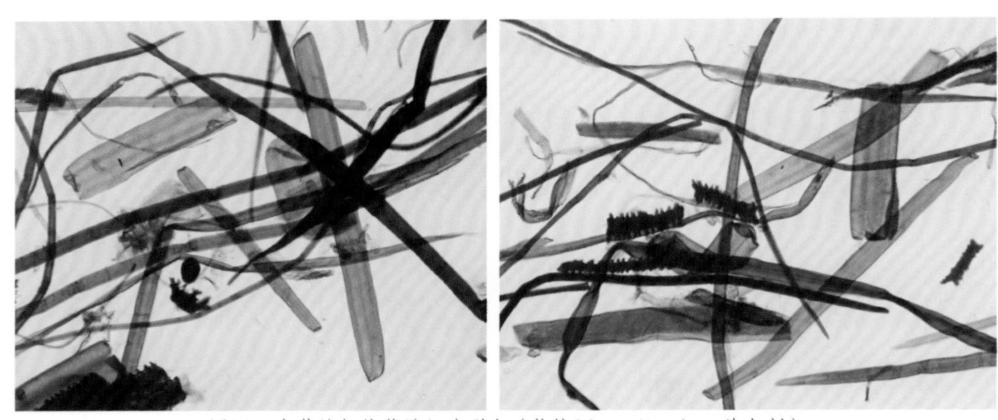
图10 麦草的杆状薄壁细胞形态（物镜10×，Herzberg染色剂）

麦草的导管为细长的网纹管状（图12、13），宽度30~60 μm，表面的网纹细密，纹孔为横向细缝状。导管数量一般不多。

麦草纤维间还可观察到许多锯齿状表皮细胞，形态亦可分两种：一种较短粗（图14、15），长度多在50~150 μm，宽度可达30~40 μm，锯齿比较长而尖，部分两端内凹，呈“工”字形；另一种比较细长（图14、16），轮廓跟稻草表皮细胞略像，但锯齿细碎短小。

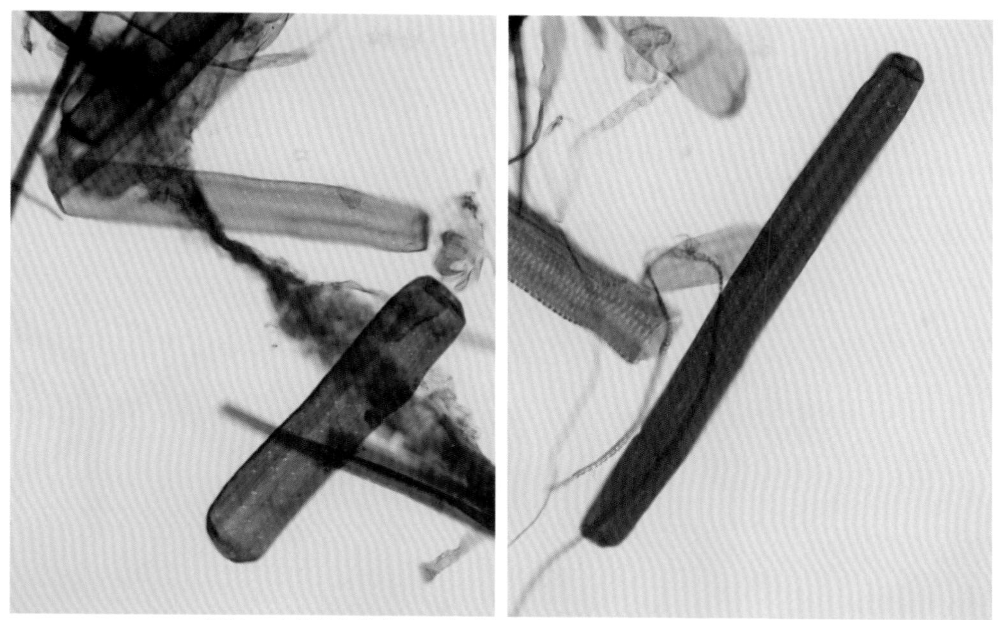

图11　麦草的杆状薄壁细胞形态（物镜20×，Herzberg染色剂）

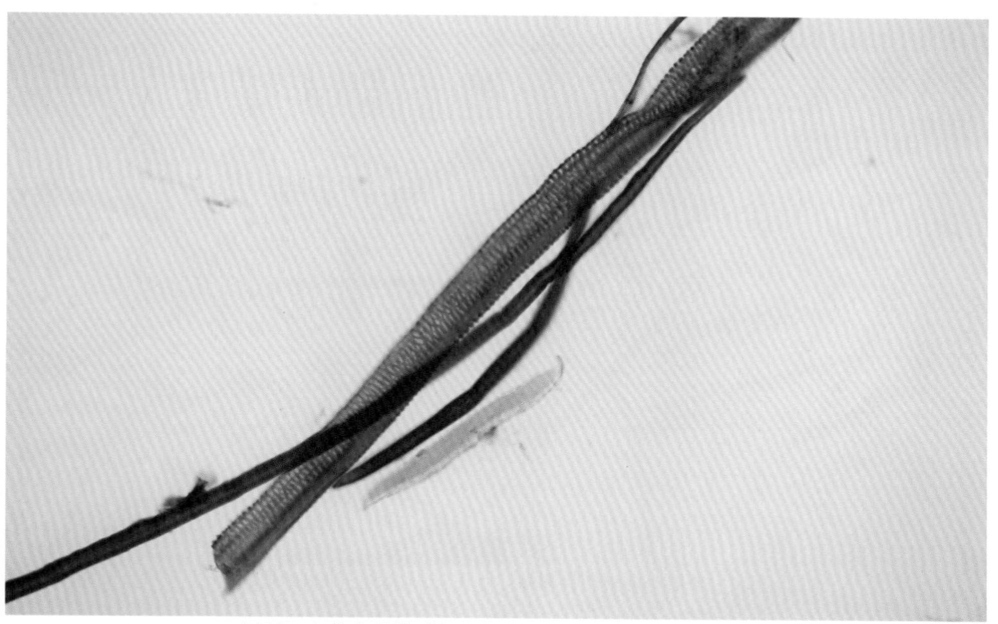

图12　麦草的导管形态（物镜20×，Herzberg染色剂）

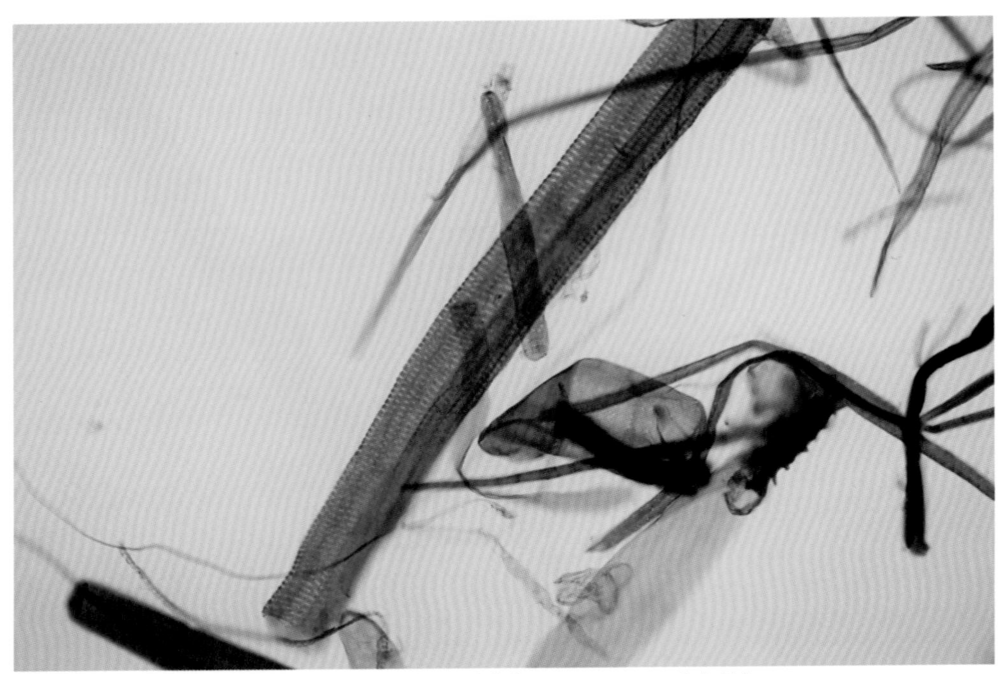

图13 麦草的导管形态（物镜20×，Herzberg染色剂）

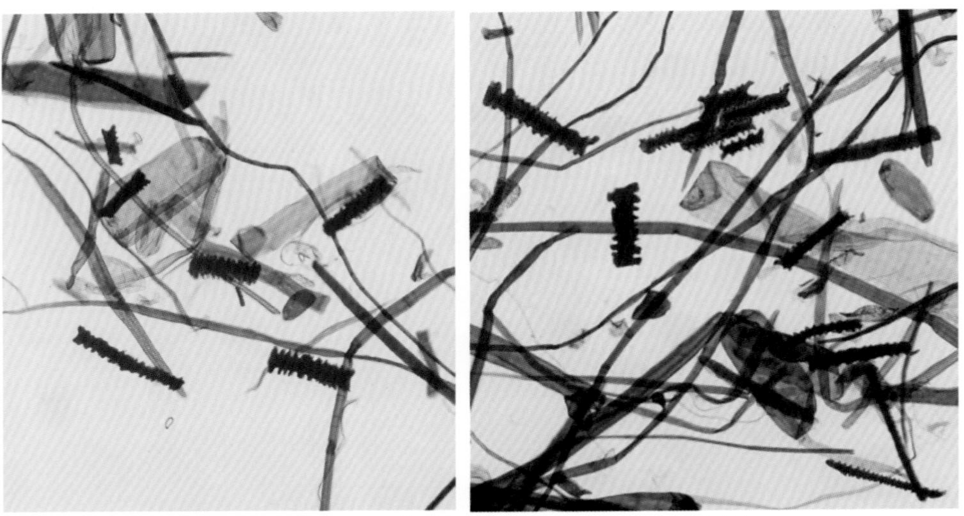

图14 麦草的表皮细胞形态（物镜10×，Herzberg染色剂）

图15 麦草的短粗表皮细胞形态（物镜20×，Herzberg染色剂）

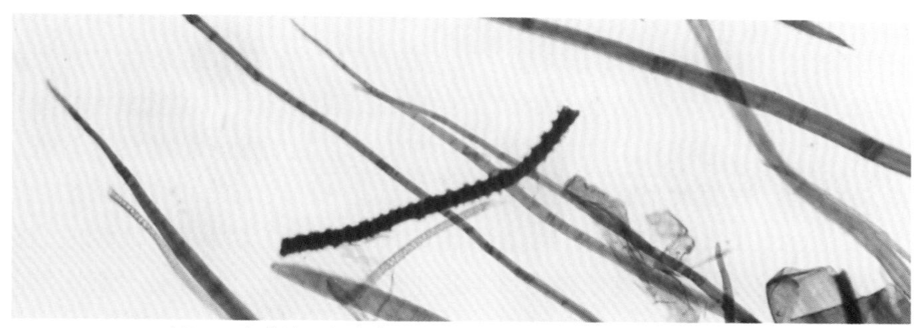

图16 麦草的细长表皮细胞形态（物镜10×，Herzberg染色剂）

龙须草（拟金茅）

学　名：*Eulaliopsis binata*（Retz.） C. E. Hubb.
英文名：Chinese Alpine Rush

龙须草的中文学名为拟金茅，为禾本科拟金茅属一年生草本植物，俗称龙须草、羊须子草、蓑草、蓑衣草等，广泛分布于河南、陕西、四川、云南、贵州、广西、广东等省、自治区，常生长在向阳的山间野坡上。邻近的日本、中南半岛、印度、阿富汗、菲律宾等地也有分布。

龙须草植株为丛生状，过去只是一种山间野草，因草叶非常结实，常被农民用来编草绳、草鞋，制作蓑衣。中华人民共和国成立后大力发展非木材纤维原料，龙须草逐渐开始进行人工种植，其叶子细长，收割后的干草叶自然卷折，长度可达0.5~1.5 m，表面致密坚硬，中间无草节，是一种较纯净的纤维原料。

从纤维特性上来看，龙须草的纤维细长，长宽比是草类纤维中比较大的，杂细胞和木质素含量较其他草类原料更低，是生产文化用纸，尤其是书画用纸的优良原料。

20世纪70年代起龙须草开始用于制作手工纸，四川洪雅、夹江等地以龙须草为主要原料生产书画用纸，替代常规的宣纸，被称为“龙须雅纸”“雅纸”。因价格经济，具有类似于宣纸的书画效果，受到许多书画家和书画练习者的好评。

龙须草造纸既可以按照传统的浆石灰蒸煮法制成纸浆，也可以采用现代制浆工艺制成商品浆板。当前市场上大量书画纸以龙须草浆板为原料，配以木浆、慈竹等原料制成，纸张外观与宣纸非常相似，常假借宣纸之名推广和出售，给消费者造成一定困扰。

纤维尺寸

表1　显微镜法测定龙须草纤维尺寸

项目	平均值	最大值	最小值	长宽比
纤维长度/mm	2.11	4.73	0.56	209
纤维宽度/μm	10.1	16.5	4.6	

纤维显微特征

相较于其他草类原料，龙须草的杂细胞数量略少，在显微镜下观察，主要是细而长的纤维和散落在纤维间的形似毛毛虫的表皮细胞（图1、2、3、4、10），是一种比较容易鉴别的手工纸原料。

龙须草纤维与Herzberg染色剂作用后呈棕红色到蓝紫色，因木质化程度不同，部分纤维偏红色，部分纤维偏蓝紫，形态纤细柔长（图1、2、3、4、5、6）；大部分纤维表面有比较清晰的横节纹，有的纤维横节纹甚至会呈凸起状，小部分纤维比较光滑，横节纹浅细不明显（图7、8）；细胞腔窄细，常不可见或呈一条不连续的细线（图8）；纤维端部多为尖细状（图9）。

龙须草比较显著的特征是表皮细胞呈长条状或毛毛虫状（图10、11、12、13），尺寸较其他草类的表皮细胞明显宽大，宽度在20 μm左右，是纤维宽度的2~3倍，两侧为细碎的锯齿状（图11、13、14）。部分表皮细胞的两端因紧邻气孔，端部呈内凹状，形如“工”字（图14）。

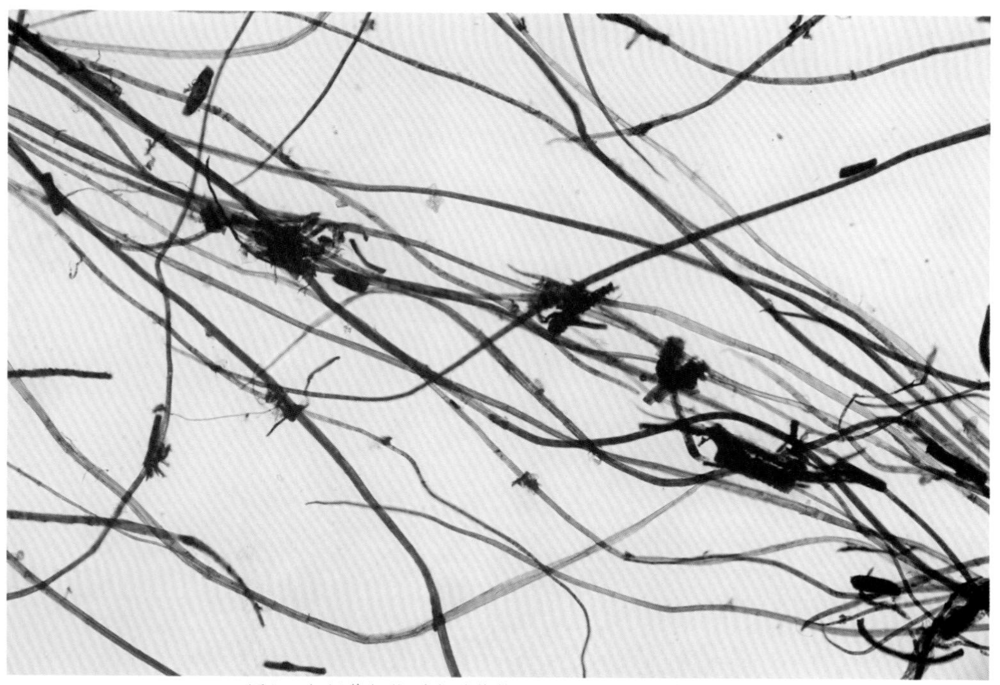

图1　龙须草纤维形态（物镜10×，Herzberg染色剂）

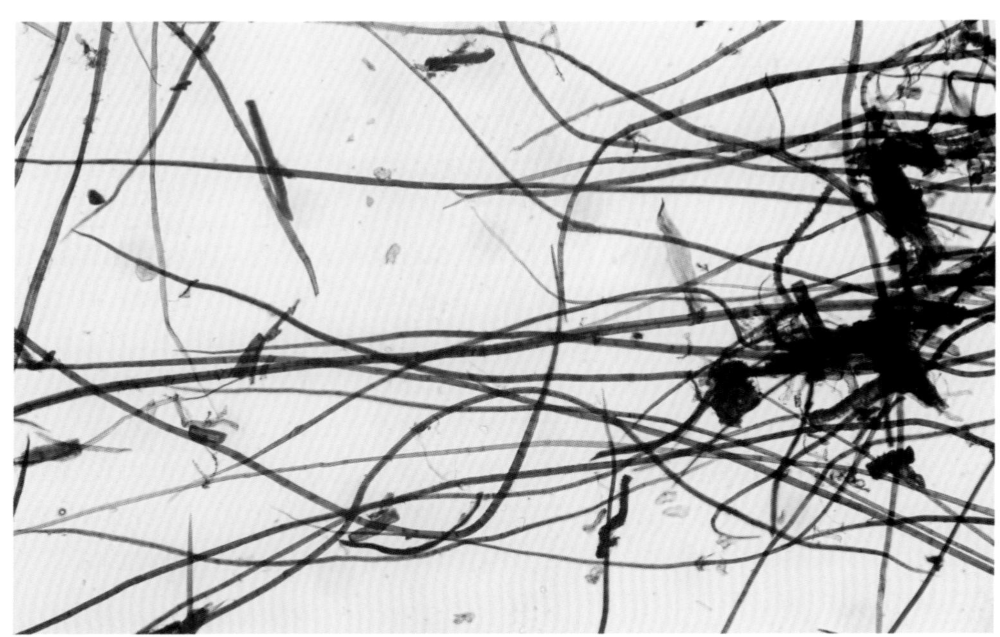

图2 龙须草纤维形态（物镜10×，Herzberg染色剂）

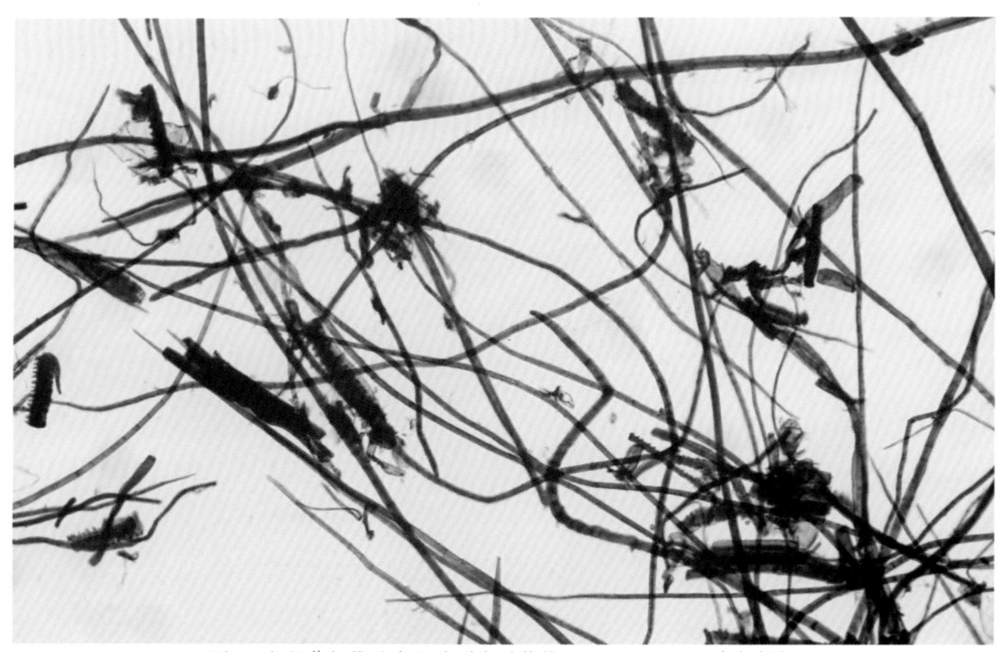

图3 龙须草纤维及杂细胞形态（物镜10×，Herzberg染色剂）

图4　龙须草纤维及杂细胞形态（物镜10×，Herzberg染色剂）

图5　龙须草纤维形态（物镜20×，Herzberg染色剂）

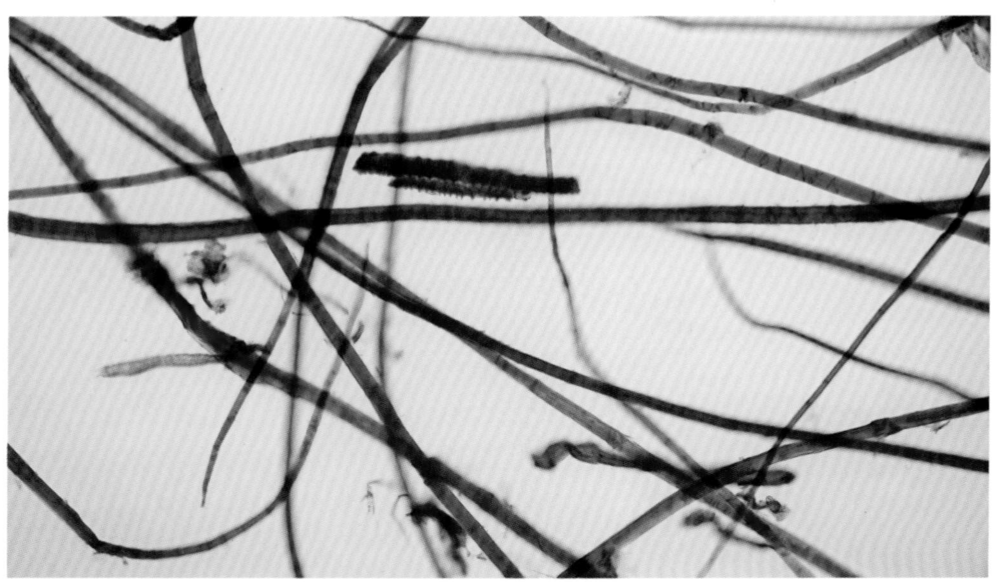

图6 龙须草纤维形态（物镜20×，Herzberg染色剂）

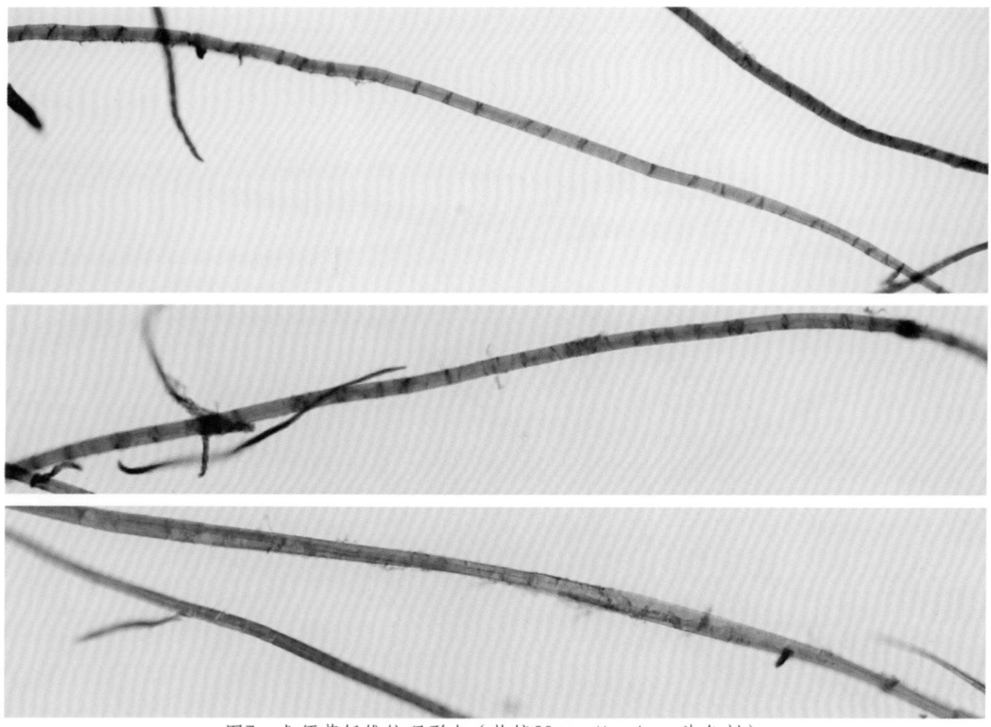

图7 龙须草纤维纹理形态（物镜20×，Herzberg染色剂）

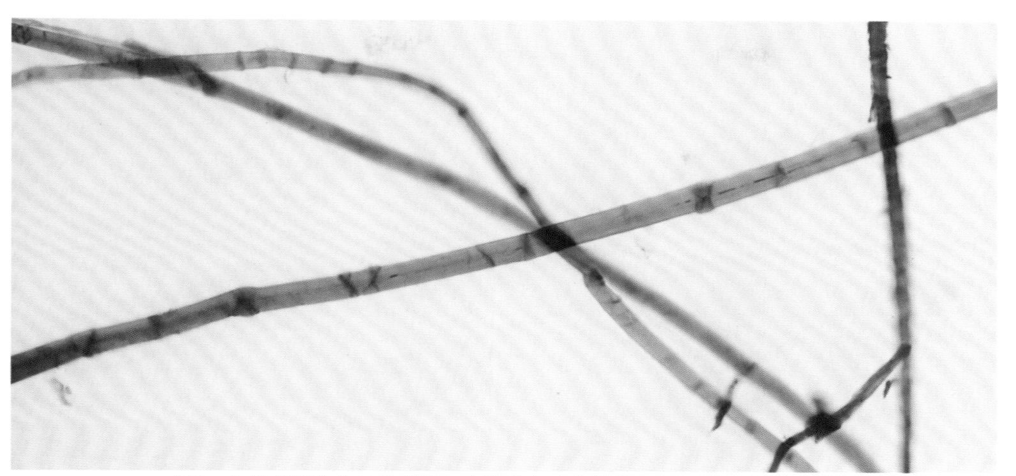

图8　龙须草纤维凸起纹理及细胞腔形态（物镜20×，Herzberg染色剂）

图9　龙须草纤维端部形态（物镜10×，Herzberg染色剂）

图10　散落在龙须草纤维间的表皮细胞和薄壁细胞（物镜10×，Herzberg染色剂）

图11　龙须草的表皮细胞（物镜20×，Herzberg染色剂）

图12　纤维中未分散的龙须草表皮细胞群（箭头所示）（物镜20×，Herzberg染色剂）

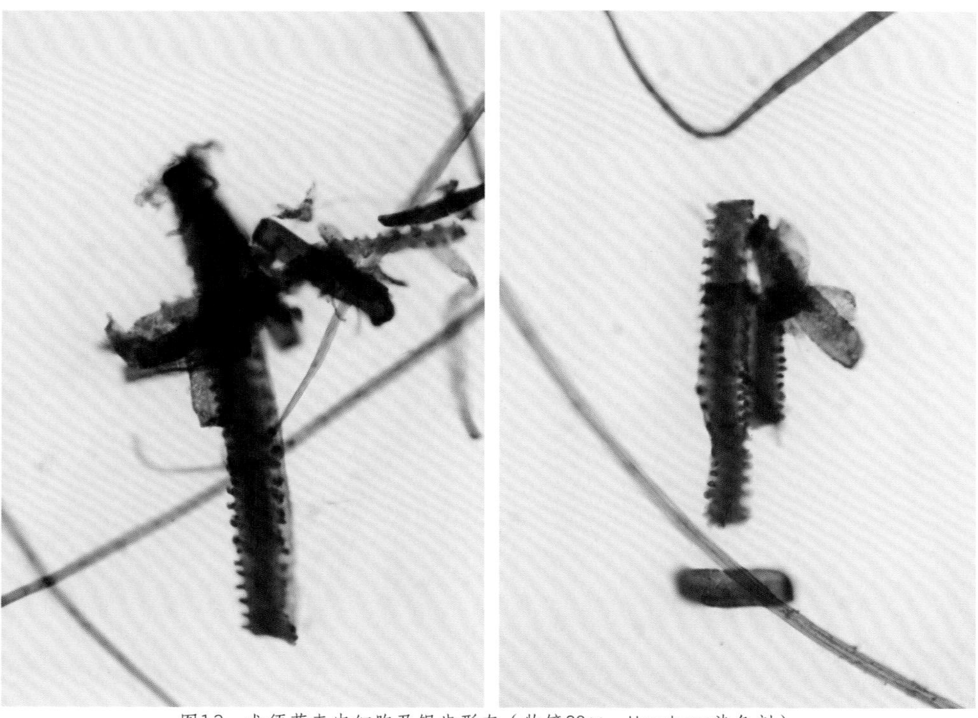

图13　龙须草表皮细胞及锯齿形态（物镜20×，Herzberg染色剂）

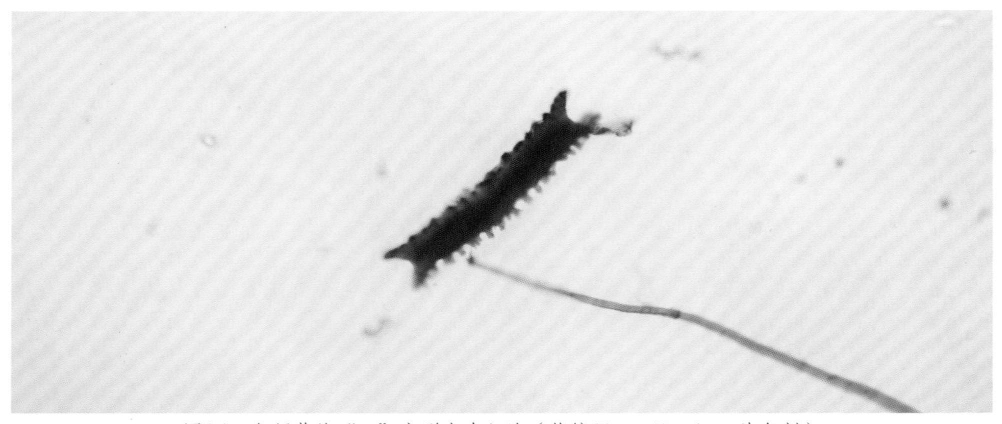

图14　龙须草的“工”字形表皮细胞（物镜20×，Herzberg染色剂）

龙须草的薄壁细胞多为长方形或长杆状，数量不多，形态饱满，表面有细孔（图15、16），常呈群聚状或零星散落于纤维间。导管比较细，呈长条状，宽度常在20~30 μm，最宽者可达50 μm，端部为平口或斜口，导管壁上的轴向筋清晰，长方形或长缝状纹孔沿轴向筋整齐排列（图17、18、19）。

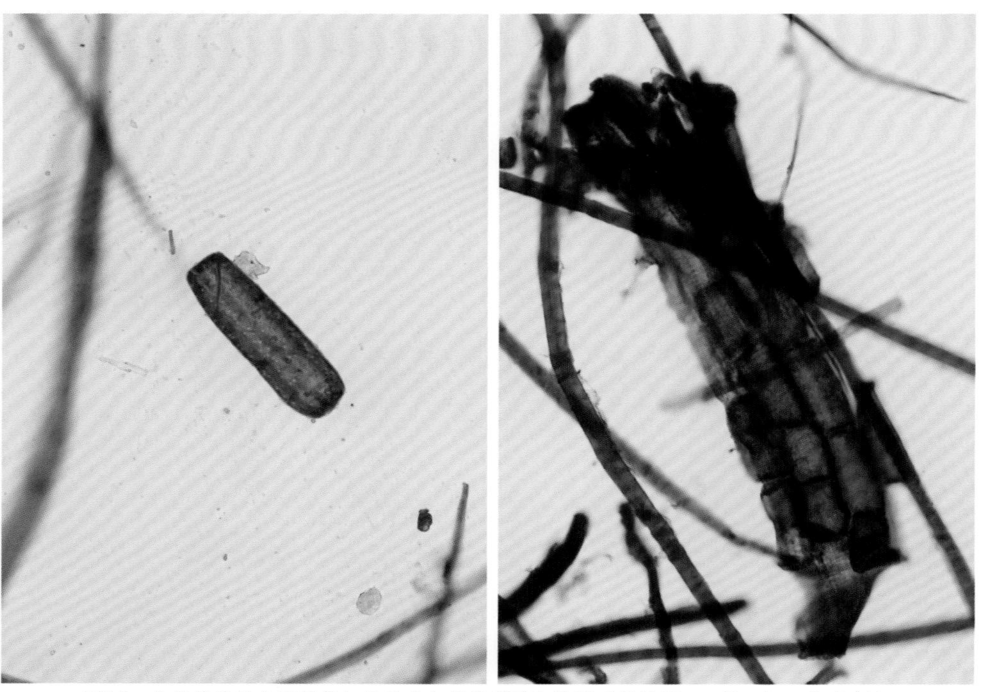

图15　龙须草的长方形薄壁细胞及未打散的薄壁细胞群（物镜20×，Herzberg染色剂）

图16 龙须草的长杆状薄壁细胞（物镜20×，Herzberg染色剂）

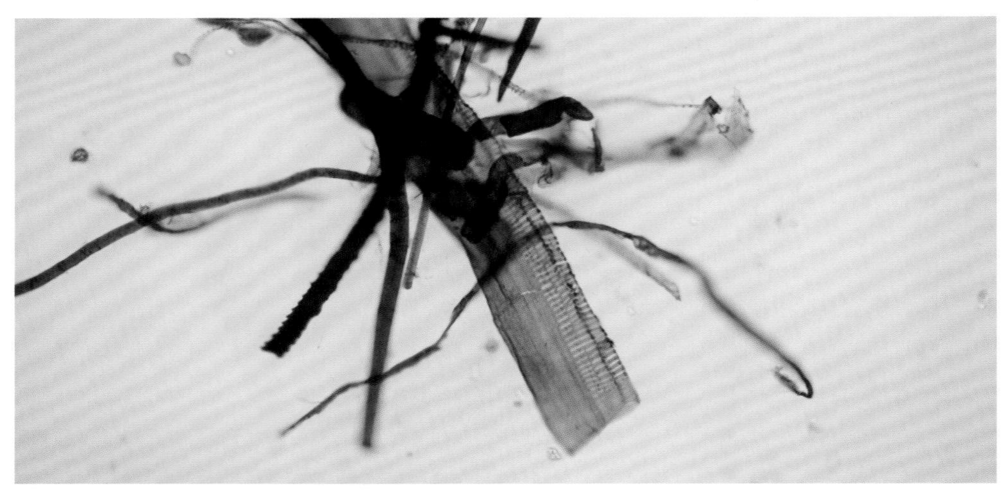

图17 龙须草的导管形态（物镜20×，Herzberg染色剂）

图18 龙须草的导管及纹孔形态（物镜40×，Herzberg染色剂）

图19　龙须草的导管及表皮细胞形态（物镜20×，Herzberg染色剂）

芦苇

学　名：*Phragmites australis* (Cav.) Trin. ex Steud.
英文名：Reed

芦苇为禾本科芦苇属多年水生或湿生植物，又称苇、芦、芦笋、苇子等，古称蒹葭。《诗经》中的“蒹葭苍苍，白露为霜”[①]，描写的就是秋天的芦苇荡。芦苇在我国各地乃至全世界都有广泛分布，常生于江河湖泽、池塘沟渠的沿岸及低湿地带，适应能力和繁殖能力非常强。芦苇用途非常广泛，可种植在河滩用于观赏和净化水质，茎秆可造纸、编席。浙江余姚田螺山遗址曾发掘出距今7000年前的芦苇席，表明中国古人早在7000年前就开始使用芦苇制作生活用品。

芦苇生长速度快，在我国有非常可观的产量。使用芦苇茎秆造纸，能够大大减小对森林资源的依赖。芦苇用于造纸的时间比较晚，是在现代工业造纸技术出现之后。1929年，由上海江南造纸厂的造纸专家陈彭年发明芦苇造纸技术并取得该技术的专利执照，此后芦苇浆便成为文化用纸的重要原料。

芦苇浆在北方一些地区的手工纸生产中也有使用，如迁安高丽纸就常用芦苇浆或龙须草浆混合桑皮抄制。一般直接从纸浆厂购买芦苇浆板，浸水碎成纸浆后，直接与其他原料混合抄纸。

纤维尺寸

表1　显微镜法测定芦苇纤维尺寸

项目	平均值	最大值	最小值	长宽比
纤维长度/mm	1.25	4.42	0.50	119
纤维宽度/μm	10.5	28.1	5.7	

纤维显微特征

芦苇的纤维形态总体上与稻草比较相似，纤维比较细碎，有很多杂细胞（图1、2），特别是表皮细胞的形态非常相似，区别则在于纤维的尺寸差异和薄壁细胞的形态。

① 程俊英、姜见元：《诗经注析》，第346页。

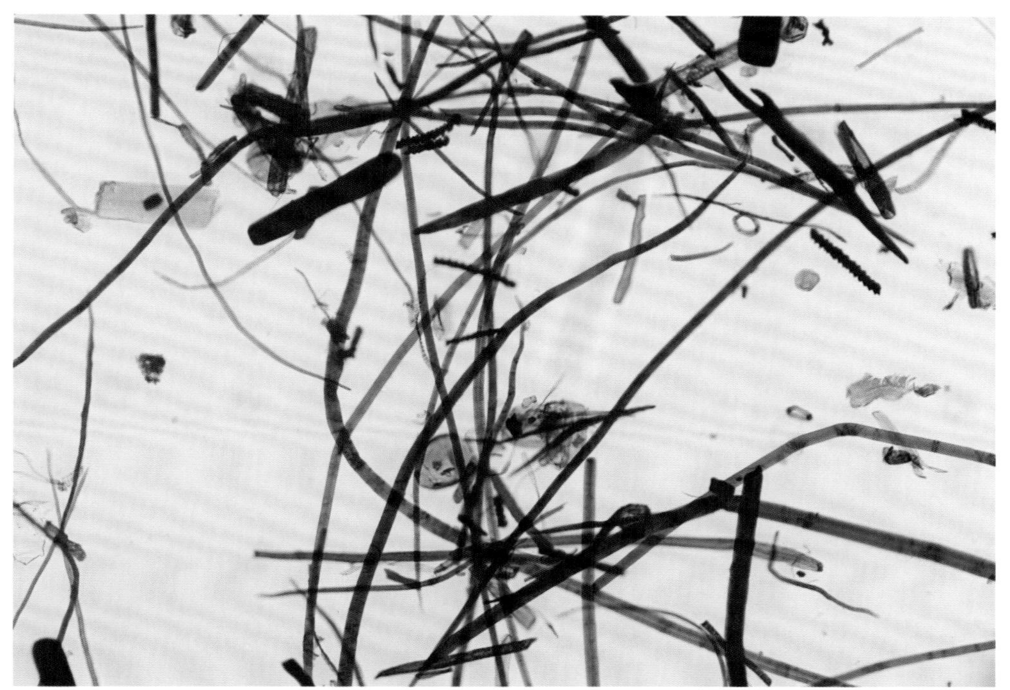

图1 芦苇纤维形态（物镜10×，Herzberg染色剂）

图2 芦苇纤维形态（物镜10×，Herzberg染色剂）

芦苇纤维与Herzberg染色剂反应后呈蓝偏棕到蓝紫色；纤维整体比较短细（图1、2、3），有一定弯曲，纤维长度平均值在1.2 mm左右，跟稻草纤维相比稍长且稍宽；纤维表面有细横节纹（图4、5），细胞腔窄细，多呈一条细线（图5、6），纤维两端渐尖（图3）。

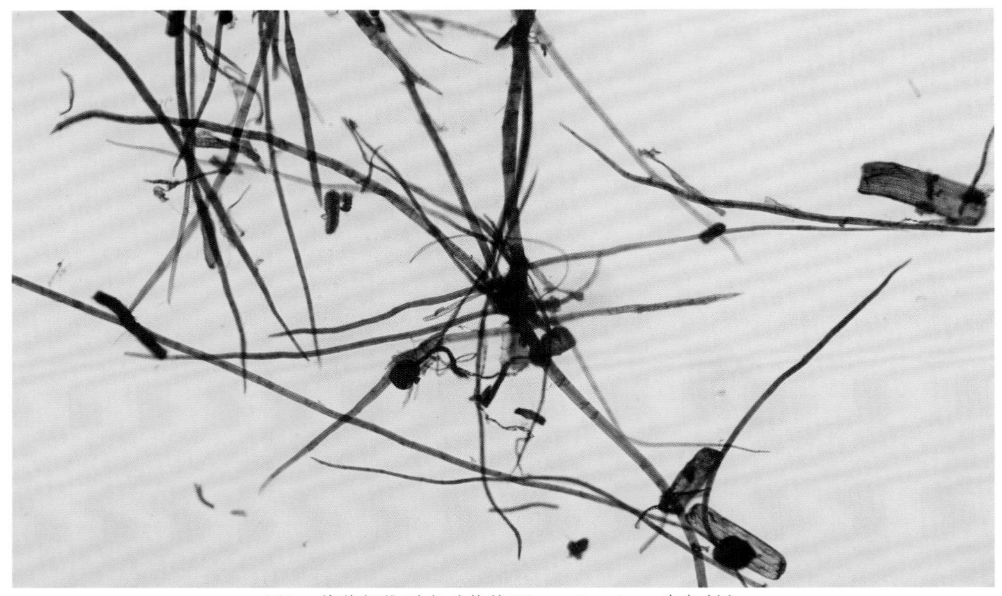

图3 芦苇纤维形态（物镜10×，Herzberg染色剂）

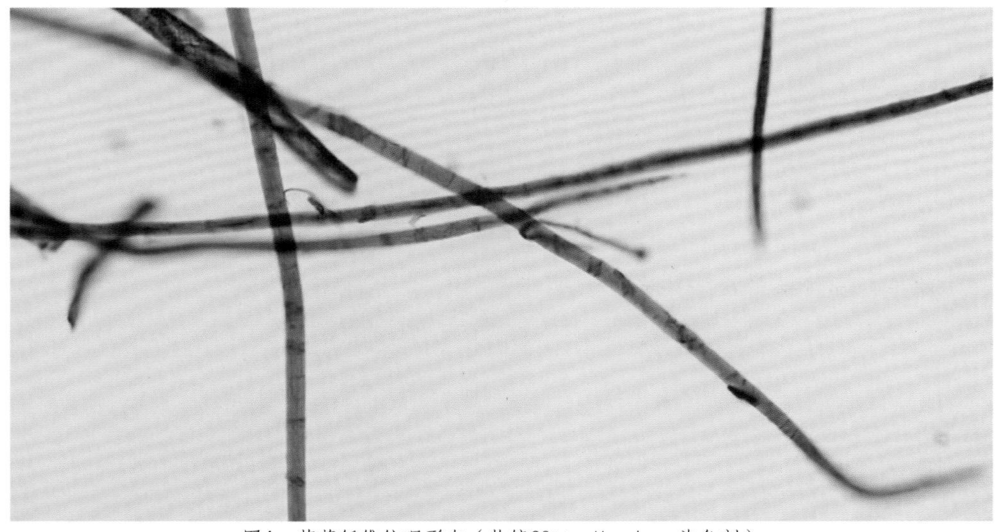

图4 芦苇纤维纹理形态（物镜20×，Herzberg染色剂）

芦苇的杂细胞也比较多，主要有薄壁细胞、表皮细胞和导管。薄壁细胞多呈杆状，而且个头比较大，宽度在20~60 μm，长度多在100 μm以上，个别超过200 μm（图7、8、9、10），少数为枕形、方形或不规则球形，表面有细孔（图10）。

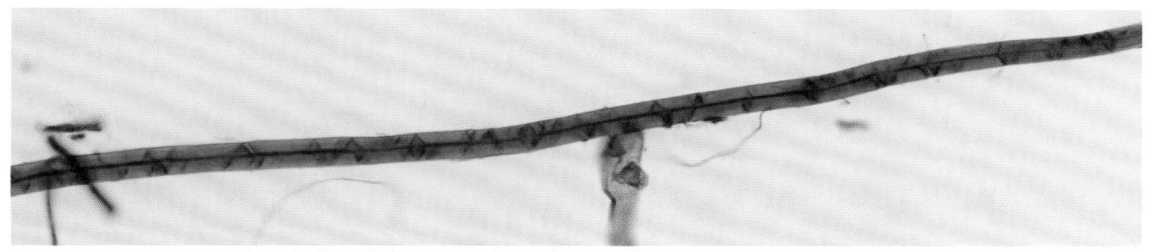

图5　芦苇纤维纹理及细胞腔形态（物镜20×，Herzberg染色剂）

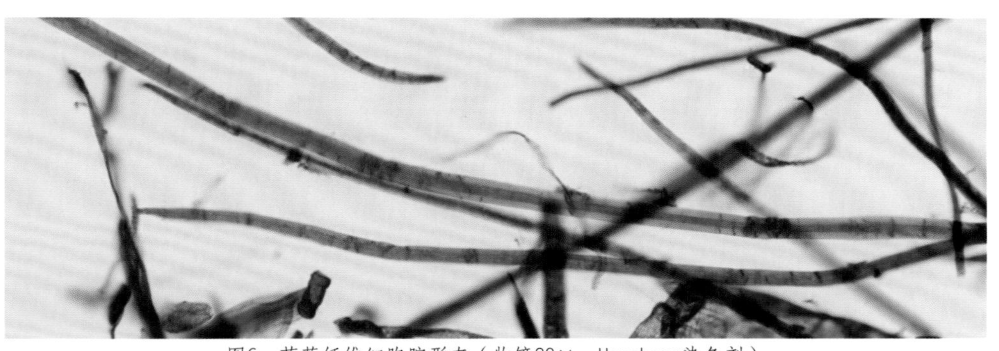

图6　芦苇纤维细胞腔形态（物镜20×，Herzberg染色剂）

芦苇的表皮细胞和稻草的非常相似，都比较细长，宽度与纤维相近，两侧或一侧有锯齿，齿形多为梯形或半椭圆形，顶端比基部略窄。未分散的表皮细胞常连在一起，锯齿互相咬合如拉链（图11、12）。芦苇未分散的成片的表皮细胞周围还常带有明黄色的薄膜（苇膜），这也是鉴别芦苇的一个重要特征。

芦苇的导管呈管状长条形，两端开口，宽度多在40~100 μm，纹孔细密，孔形为长方形，在导管壁上沿轴向整齐排列（图13、14）。芦苇浆中也可观察到少量的网壁细胞，形如小弹簧。

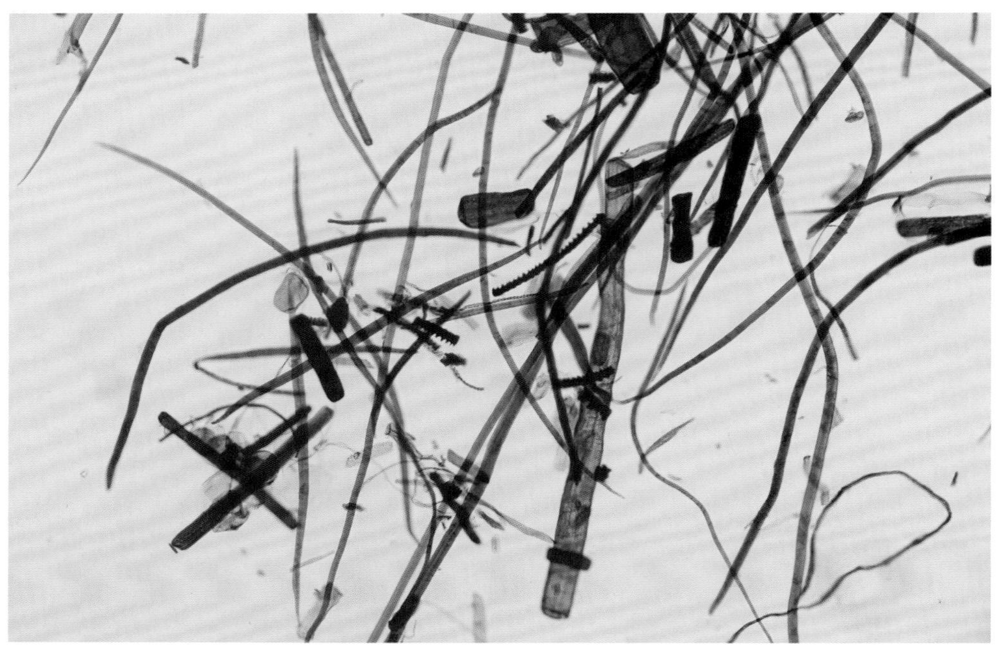

图7 芦苇纤维间的薄壁细胞形态（物镜10×，Herzberg染色剂）

图8 芦苇纤维间的薄壁细胞及导管形态（物镜10×，Herzberg染色剂）

图9　芦苇的薄壁细胞形态（物镜20×，Herzberg染色剂）

图10　芦苇的薄壁细胞形态（物镜20×，Herzberg染色剂）

图11　芦苇的表皮细胞及薄膜（苇膜）形态（物镜20×，Herzberg染色剂）

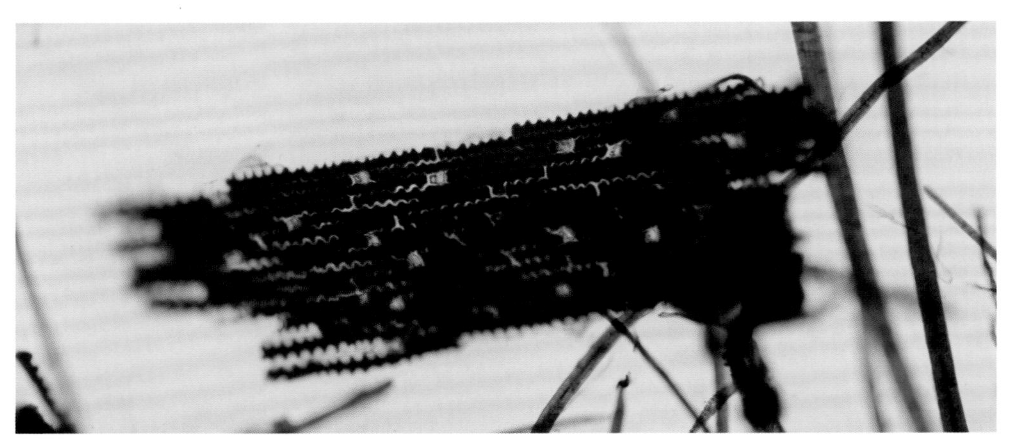

图12 芦苇的表皮细胞群形态（物镜20×，Herzberg染色剂）

图13 芦苇的导管形态（物镜20×，Herzberg染色剂）

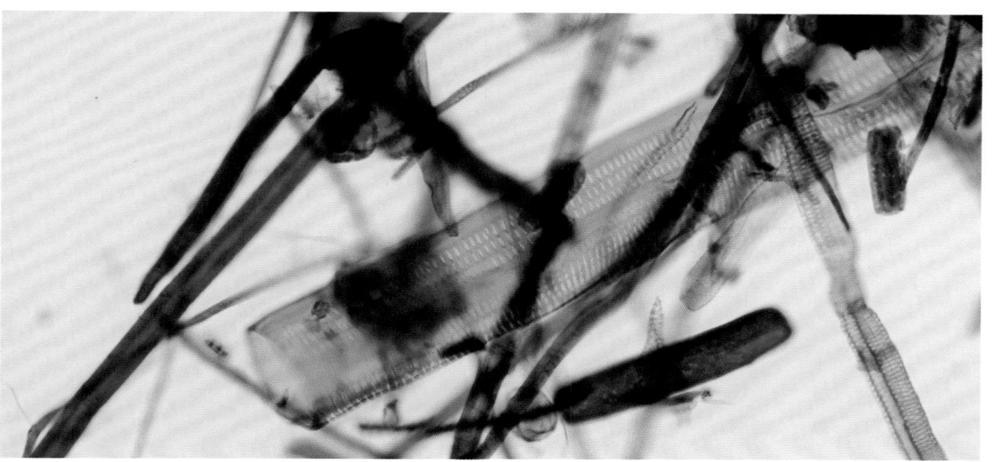

图14　芦苇的导管及纹孔形态（物镜20×，Herzberg染色剂）

第八章　叶麻类和籽毛类

叶麻类原料指使用单子叶植物叶子中的纤维进行造纸的一类原料，包括芭蕉科的蕉麻（马尼拉麻）、龙舌兰科的剑麻、凤梨科的菠萝叶等。这些植物多生长在热带及亚热带地区，一般为多年生，其叶子或叶柄、叶鞘中含有丰富的纤维，可提取用于制作绳索、织物和造纸。

跟真麻类提取纤维的部位为韧皮不同，叶麻类纤维来自单子叶植物的纤维束。其纤维特性和形态特征跟韧皮麻类纤维有明显差异，虽然没有韧皮麻类纤维那么长，但也远远长于禾草类纤维，一般多在3~4mm，与针叶木纤维长度相近，纤维性能优异。由于是直接提取纤维束进行制浆，所以纤维的纯度比较高，杂细胞含量较低。

从微观形态来看，叶麻类原料中以纤维为主，不同的原料纤维形态差异明显。除了纤维，还能见到少量杂细胞，如薄壁细胞、导管等，与单子叶草类杂细胞的特征相近。

籽毛类造纸原料指棉花，其纤维来自棉籽表面的种毛纤维，故称为籽毛。籽毛类纤维与韧皮类及茎叶类纤维来源明显不同，因此单独作为一个类别。

蕉麻（马尼拉麻）

学　名：*Musa textilis* Née

英文名：Abaca or Manila Hemp

蕉麻为芭蕉科芭蕉属多年生草本植物，又称马尼拉麻，俗称宿务麻、达沃麻等，植株与芭蕉树非常相像。原产于菲律宾，主要产于吕宋岛和棉兰老岛，并在马尼拉港出口，故商品名称为马尼拉麻。我国广东、广西、云南、台湾等省、自治区有栽培。

虽然习惯上常将蕉麻称为麻类，但是马尼拉麻从叶柄中提取，与传统的韧皮麻类（又称真麻类）有明显区别，有时也将其归为叶麻类。在世界范围内，马尼拉麻是产量仅次于剑麻的叶纤维植物。

蕉麻收割时，将富含纤维的叶柄从一端外层割开，剥下后撕开成条状，用手工或机械挤去、刮去肉质，分离出纤维，然后晒干，得到的长纤维束即为商品马尼拉麻。从不同植株品种及取材位置得到的纤维颜色不同，强度亦有差异，一般外层叶鞘的纤维强度最大。

蕉麻的纤维细长，质轻而柔软，光泽度好，拉力强，耐海水浸泡，不易腐烂，常用于制作渔网、船用缆绳、地毯和纺织衣物。蕉麻也是一种良好的造纸原料，可以制作非常薄且具有一定强度的特种纸张，如袋泡茶所用的纸茶包，通常就用蕉麻纤维制成。近年也有机构尝试用蕉麻制作书画用纸及古籍修复用纸，前者在台湾一些纸坊有出产；作为修复用纸，因其与传统纸张材质不一，使用范围受限。

纤维尺寸

表1　显微镜法测定蕉麻纤维尺寸

项目	平均值	最大值	最小值	长宽比
纤维长度/mm	3.82	7.66	1.22	195
纤维宽度/μm	19.6	30.9	8.9	

纤维显微特征

蕉麻纤维总体比较纯净，杂细胞含量比较少，纤维形态清晰，根根分明。其与Herzberg染色剂作用后呈棕红色到紫红色。纤维粗细均匀，形态平滑柔软（图1、2、3、4）。纤维宽度与构皮纤维相近，是单子叶植物纤维中比较粗的一种。

蕉麻纤维中，一部分纤维表面比较平滑或只有比较浅细的横节纹，纤维壁薄，细胞腔宽大，纤维形态呈柔软的带状（图1、2、3、4、5）；另一部分纤维表面可见比较细密的横节纹，纤维壁略厚，壁腔的界线清晰，细胞腔呈浅色带状（图5、6）。蕉麻纤维两端渐细而尖（图7）。在打浆度比较高时，蕉麻纤维也会出现细微的分丝状（图4）。

蕉麻的杂细胞主要为薄壁细胞，染色后呈紫红色，胞壁薄，壁上有细孔，形态通透，多为长方形或近似方形，纵向上常有一些褶皱（图8、9）。

图1 蕉麻纤维形态（物镜10×，Herzberg染色剂）

图2　蕉麻纤维形态（物镜10×，Herzberg染色剂）

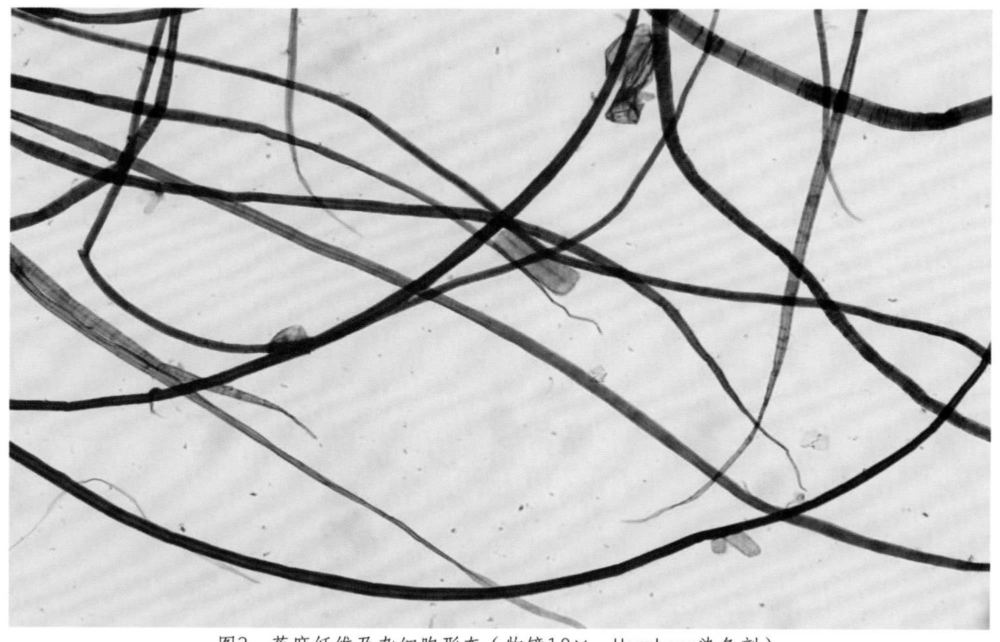

图3　蕉麻纤维及杂细胞形态（物镜10×，Herzberg染色剂）

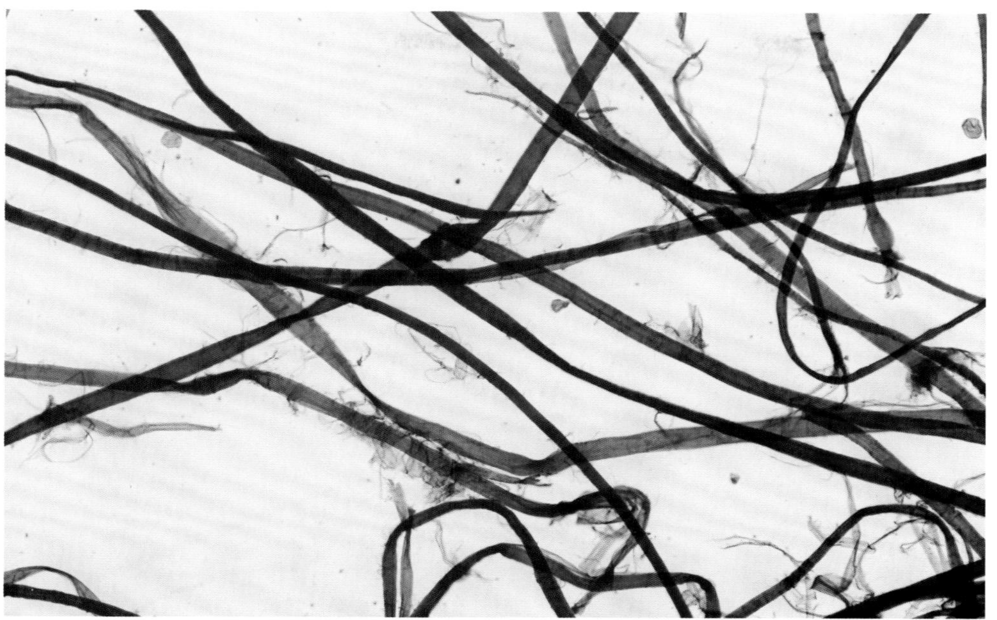

图4　蕉麻纤维分丝形态（物镜10×，Herzberg染色剂）

图5　蕉麻纤维纹理形态（物镜20×，Herzberg染色剂）

图6　蕉麻纤维纹理及细胞腔形态（物镜20×，Herzberg染色剂）

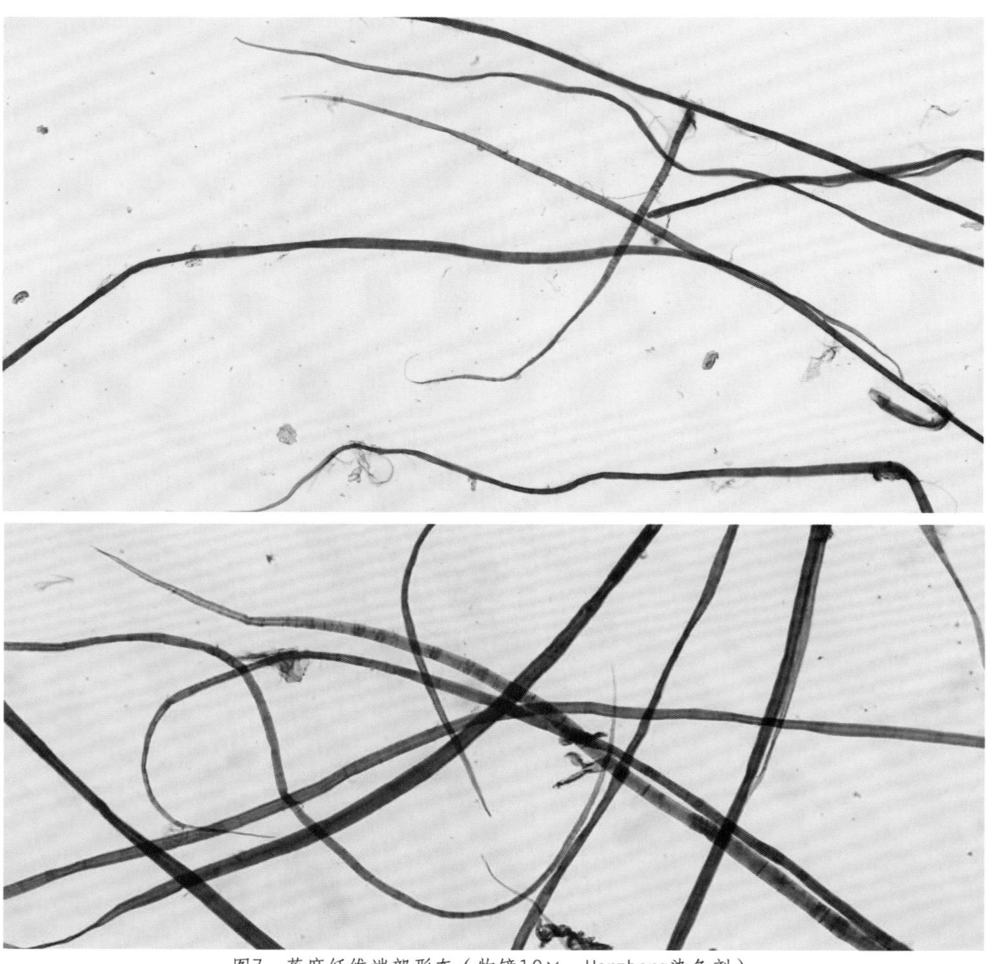

图7　蕉麻纤维端部形态（物镜10×，Herzberg染色剂）

图8　蕉麻的薄壁细胞形态（物镜10×，Herzberg染色剂）

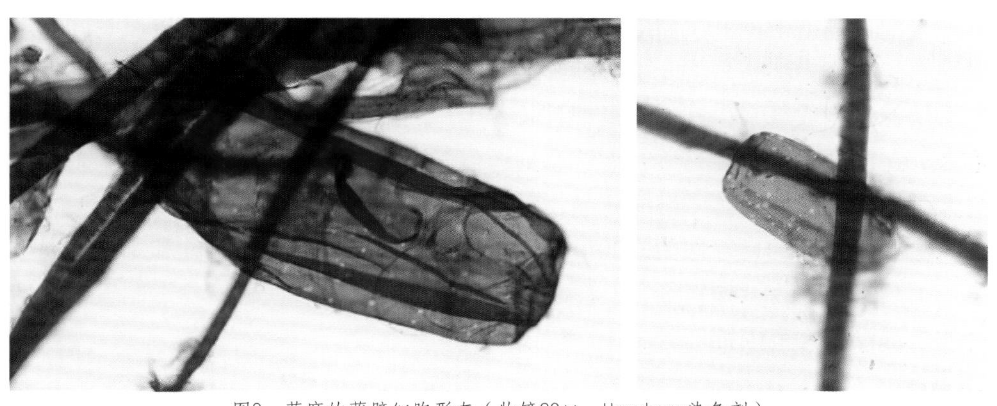

图9　蕉麻的薄壁细胞形态（物镜20×，Herzberg染色剂）

凤梨

学　名：*Ananas comosus* (L.) Merr.

英文名：Pineapple Leaf

凤梨为凤梨科凤梨属多年生草本植物，又名菠萝、露兜子等，其果实为著名的热带水果，原产于美洲热带地区，在我国福建、广东、海南、广西、云南、台湾等省、自治区均有栽培。凤梨的叶子狭长如剑，叶内纤维细长坚韧，能用于纺织、制绳、织网和造纸。

凤梨在果实采收后，植株的根部会孳生出新芽，老的茎叶不再生长，必须砍掉以促使新芽发育。这些砍掉的茎叶过去只能丢弃，浪费了大量的资源。为了充分利用凤梨茎叶的纤维，1978年台湾中兴大学张丰吉教授研究提取凤梨叶的纤维制作书画用纸，经姚梦谷等书画家试用，发现这种纸具有非常好的笔墨效果，遂将其命名为“凤髓笺”“菠萝宣”“中兴宣纸”。

目前市场上常见的凤髓笺主要为台湾埔里的长春棉纸厂生产，以凤梨叶为主要原料。制作方法是先将叶中的纤维束（凤梨麻）抽出，这一过程称之为采纤，然后用碱法制成纸浆，其纤维极细且长，生产的纸张光滑细匀、柔软绵韧、晶莹洁白，在添加少量碳酸钙后，能够达到近似于宣纸的润墨性和耐久性。国画大师张大千使用后曾夸赞其“滑能驻毫，凝能发墨”。

由于凤梨叶的良好性能，20世纪80年代，广西都安曾用凤梨叶和龙须草混合生产书画纸，称为“桂宣纸”；广东还曾用凤梨叶纤维替代青檀皮试制宣纸，遗憾的是都没有大范围推广。

纤维尺寸

表1　显微镜测定凤梨叶纤维尺寸

项目	平均值	最大值	最小值	长宽比
纤维长度/mm	3.85	6.72	1.53	535
纤维宽度/μm	7.2	9.7	3.6	

纤维显微特征

在显微镜下观察，凤梨叶的纤维非常细长，几乎是手工纸原料中最细长的，纤维长宽比超过500。这种如细丝状的纤维形态也是凤梨叶纤维最明显的鉴别特征。

凤梨叶纤维与Herzberg染色剂反应后呈酒红色到紫红色（图1、2、3、4）。纤维极纤细柔长，表面非常平滑，粗细均匀，形如细丝。在高倍镜下观察，纤维表面有比较浅细、稀疏的横节纹（图5、6），细胞腔稍宽，均匀连续（图7）。纤维两端渐细，端部多钝尖，少部分为尖细状，端部常带有延长的透明状胶质膜（图8）。

由于是抽凤梨叶纤维制纸，在纸张样品种中观察到的杂细胞比较少，一般仅有少量的薄壁细胞和零星的导管。薄壁细胞多近似球形、椭球形或圆柱形，胞壁纤薄，近乎透明，表面细孔不太清晰，有少许褶皱（图9）。导管呈网纹长管状，纹孔为横向细长缝（图10）。

图1　凤梨叶纤维形态（物镜10×，Herzberg染色剂）

图2 凤梨叶纤维形态（物镜10×，Herzberg染色剂）

图3 凤梨叶纤维形态（物镜20×，Herzberg染色剂）

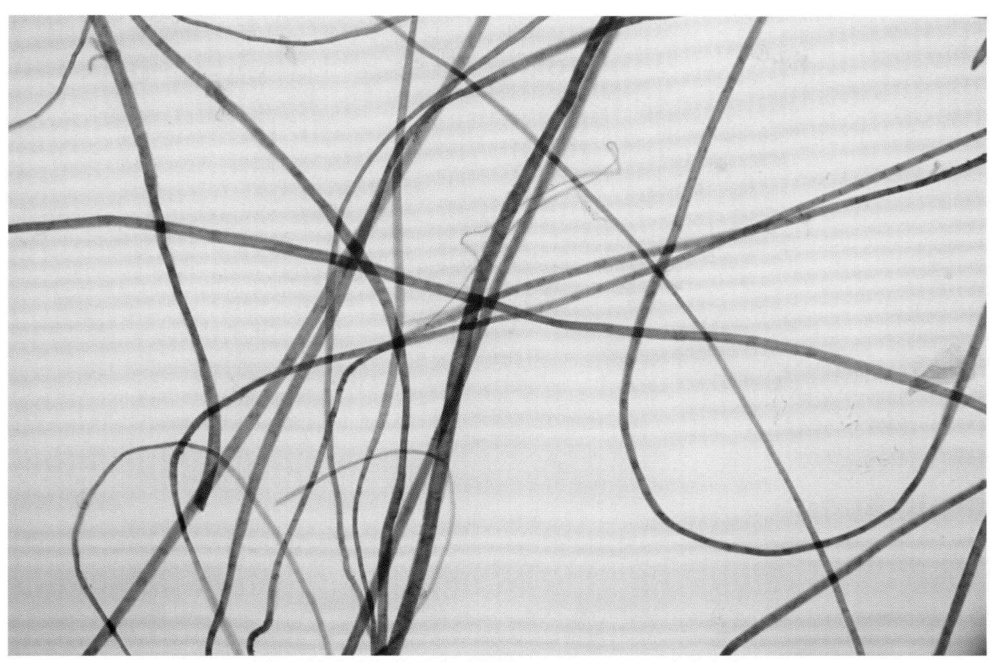

图4　凤梨叶纤维形态（物镜20×，Herzberg染色剂）

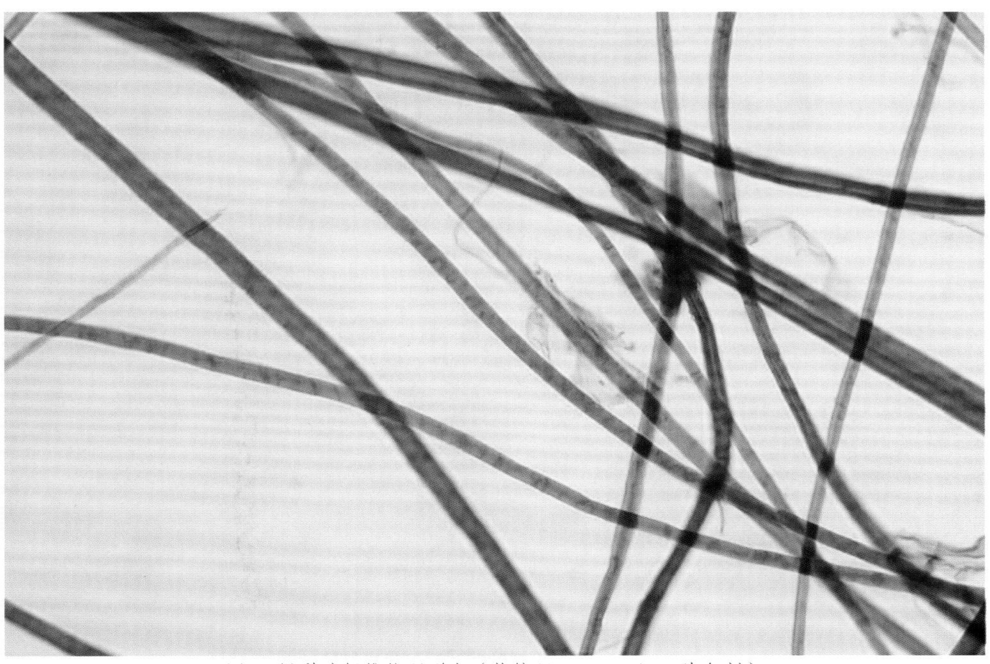

图5　凤梨叶纤维纹理形态（物镜40×，Herzberg染色剂）

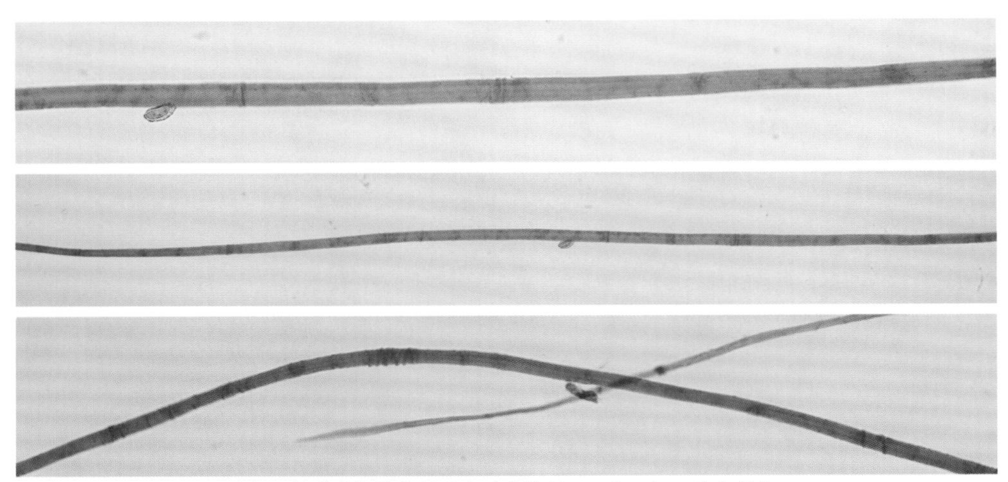

图6 凤梨叶纤维纹理形态（物镜40×，Herzberg染色剂）

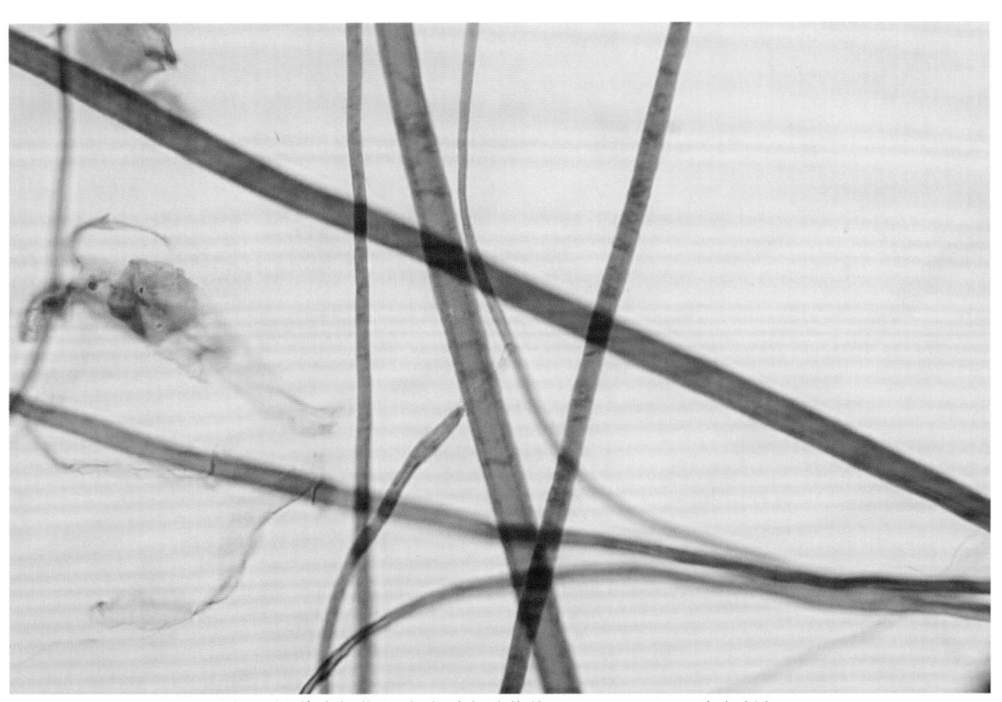

图7 凤梨叶纤维细胞腔形态（物镜40×，Herzberg染色剂）

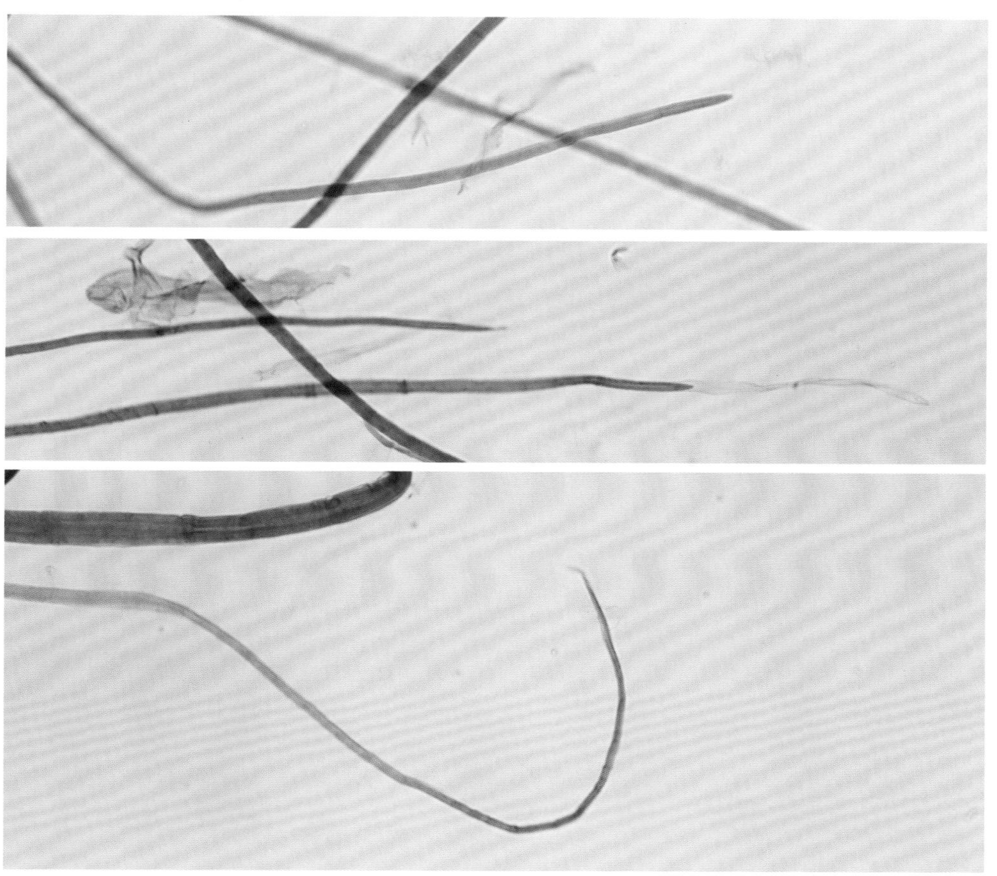

图8　凤梨叶纤维端部形态（物镜40×，Herzberg染色剂）

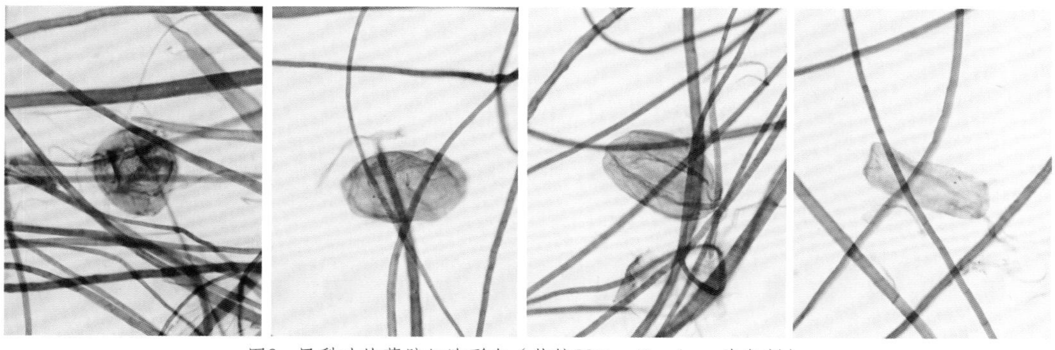

图9　凤梨叶的薄壁细胞形态（物镜20×，Herzberg染色剂）

图10 凤梨叶的导管形态（物镜20×，Herzberg染色剂）

棉

学　名：*Grossypium sp.*
英文名：Cotton

棉为锦葵科棉属一年生草本或亚灌木，原产于亚热带，古称“吉贝”。棉主要分为陆地棉、海岛棉、树棉、草棉4个不同的种。人们习惯上称其为棉花，但实际上其并非棉开出的花朵，而是棉籽上附着的蓬松种毛。棉的果实（棉铃）成熟以后裂开，吐出的种子上带有蓬松的绒毛，形如花朵，故被称为棉花。绒毛的功能类似于蒲公英种子上的冠毛，主要是为了借助风力传播种子。棉花的种毛纤维性能优良，是纺织业的重要原料，产量最高的国家有中国、美国、印度等。

我国使用棉织品的历史非常悠久，在《尚书·禹贡》就记载扬州向夏、商王朝进贡“岛夷卉服，厥篚织贝”[①]，有学者认为，这里的“卉服”“织贝”就是棉布。1978年，考古发现福建崇安武夷山白岩崖洞先秦船棺墓葬中的纺织品残片中，就有一小片青灰色棉布。

尽管先秦时已有棉织品，但棉花并非我国原产。据史料考证，棉花传入我国有几条不同的路径：秦汉时期原产于印度的亚洲棉传至海南、两广、云南等地；南北朝时非洲棉则经西亚传入新疆及河西走廊一带。《梁书》记载，高昌国境内“多草木，草实如茧，茧中丝如细纑，名为白叠子，国人多取织以为布。布甚软白，交市用焉”[②]。这里不仅提到南北朝时西域广泛植棉纺布，还用棉布来交易。

棉花传入中原地区的时间比较晚，直到宋元之际，才由黄道婆将棉花种植和棉纺织技术从海南引入松江，并很快传播到长江流域和黄河流域广大地区。由于我国本土种植的亚洲棉和非洲棉纤维质量不高，清末时又从美国引种了陆地棉。目前广大棉区种植的棉花多为陆地棉种，又称细绒棉，纤维长度23~33 mm；新疆部分地区种植海岛棉，其纤维柔长，一般为33 ~ 39 mm，最长可达64 mm，又称长绒棉。

---

① 顾颉刚、刘起釪：《尚书校释译论》，中华书局，2005年，第624页。

② 〔唐〕姚思廉：《梁书》，中华书局，1973年，第811页。

在各种天然纤维中，棉纤维的纤维素含量最高，纤维细长柔韧，韧性及强度好，耐酸碱，是优良的纺织原料。采摘的棉花经过轧棉加工，使大部分比较长的棉纤维与棉籽分离，得到的纤维称之为皮棉。皮棉的纤维质量较好，多供纺织使用。轧棉后棉籽上仍附着有相当数量的短纤维，经提取后称之为棉短绒，是造纸的优良原料。

除了部分特种纸，现代造纸中的棉浆原料一般不用新棉，原料多来自棉布头、棉纺下脚料、棉短绒、破布等，这与麻类原料造纸非常相似。棉浆常用来生产高档的水彩纸、滤纸、钞票纸、证券纸和其他高级的生活用纸。棉纤维的整体性能与麻纤维相近，成纸不仅强韧结实，还具有非常好的耐久性能。

手工纸中使用棉花较为少见，一些明清的字画文物用纸中偶见掺加部分棉纤维，亦有个别为纯棉纸的情况，其原料也是来自旧棉布的二次利用。

纤维尺寸

表1 显微镜测定棉纤维尺寸

项目	平均值	最大值	最小值	长宽比
纤维长度/mm	18	42	10	786
纤维宽度/μm	22.9	32.8	8.9	

纤维显微特征

棉纤维属种毛纤维，与常见的韧皮纤维、茎秆纤维有明显区别。它实际上是由胚珠表皮壁上的细胞伸长加厚而成。一个细胞伸长称为一根纤维，纤维一端连着棉籽外壁，另一端为自然端部，其生长过程经历伸长阶段、加厚阶段和扭转阶段。伸长阶段主要形成初生壁，是尺寸的生长；加厚阶段主要形成次生壁，纤维长宽变化不大，细胞壁不断增厚；扭转阶段发生在棉铃内自然干燥脱水的过程中，因纤维壁上微纤维丝缠绕方向的多变性，使得纤维细胞壁发生连续扭转，纤维因此呈不规则的螺旋状（图1）。这种天然扭转的状态是鉴别棉纤维的重要特征。一般而言，长纤维的皮棉扭转比较明显，贴近棉籽的棉短绒扭转较少。

图1　棉纤维蜿蜒扭转形态（物镜10×，Herzberg染色剂）

自然生长的棉纤维表面还有一层保护膜，由蜡及果胶质组成，具有明显的抗水性。去除这层保护膜之后，棉花便具有很好的吸水性，称之为“脱脂棉”。

由于棉纤维具有不同于韧皮纤维、茎秆纤维的特殊性，在显微镜下观察，棉浆中只有纤维细胞，没有导管、薄壁细胞等杂细胞，也没有草酸钙晶体、蜡状物等杂质，纤维非常纯净（图1、2）。

从整体形态上来看，棉纤维如飘带状蜿蜒曲折，可以观察到扭曲弯转现象。经过重度打浆的棉短绒纤维虽扭转略少，但仍非常明显（图3）。

棉纤维与Herzberg染色剂作用后呈比较标准的酒红色，表明棉纤维的纤维素含量比较高，纤维纯净。

棉纤维虽然多扭曲，但是纤维表面比较平滑，没有明显的纹理，仅在扭转变窄的区段可观察到因扭曲产生的纵向细条纹（图4、5）。

棉纤维细胞腔比较明显，细胞壁略薄，胞腔宽窄不一，平滑段胞腔一般较宽大（图6），扭曲段则稍窄细（图4、5），腔内偶见若干原生质体或气泡（图7）。

造纸所用棉浆多为棉短绒，经过高度打浆之后，纤维呈一定程度的分丝和帚化，不过帚化程度一般不高，多为溃散状（图5、8）。

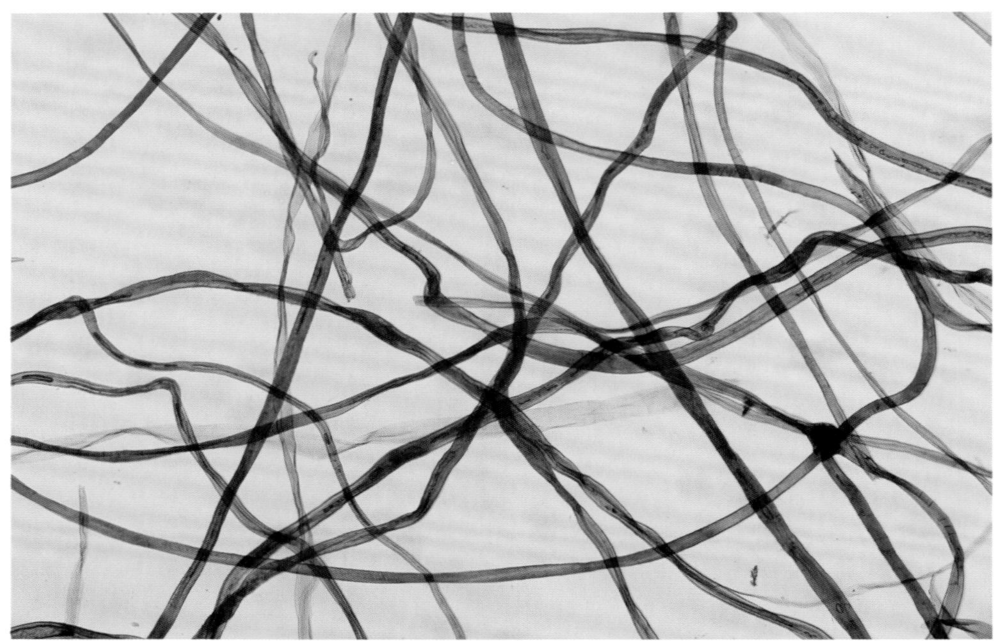

图2 棉纤维整体形态（物镜10×，Herzberg染色剂）

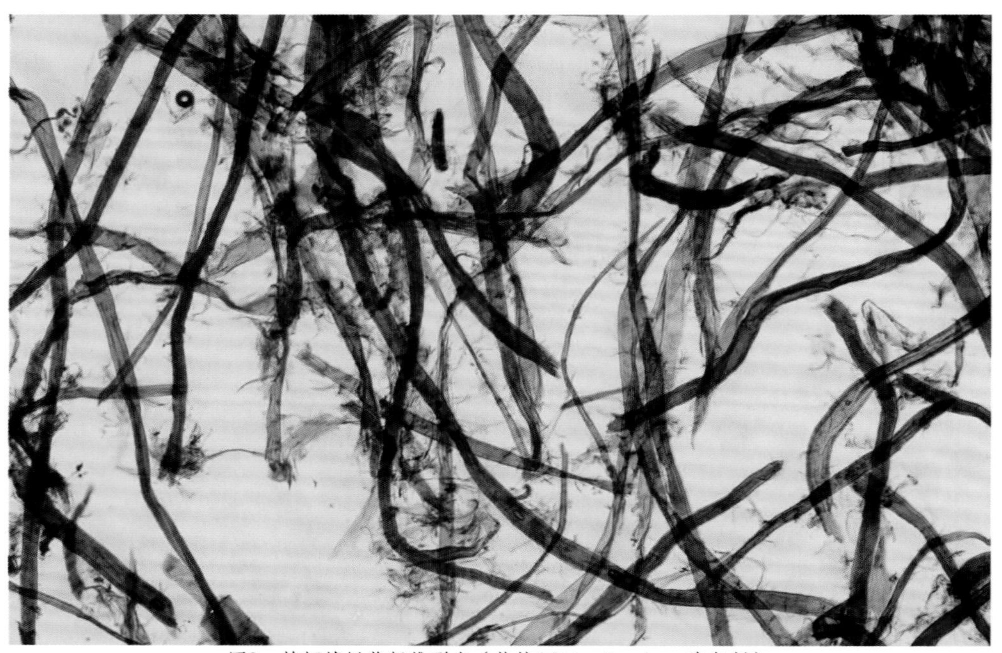

图3 棉短绒纸浆纤维形态（物镜10×，Herzberg染色剂）

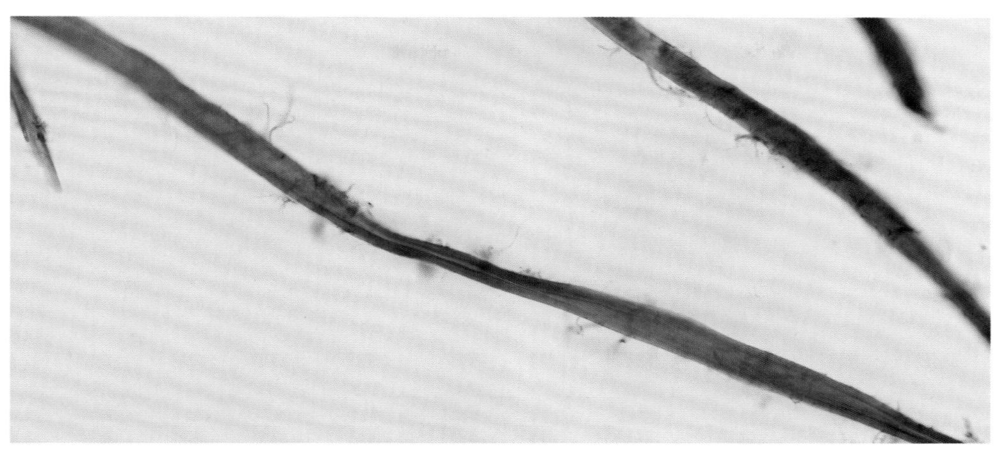

图4　棉纤维宽窄变化及窄段纹理形态（物镜20×，Herzberg染色剂）

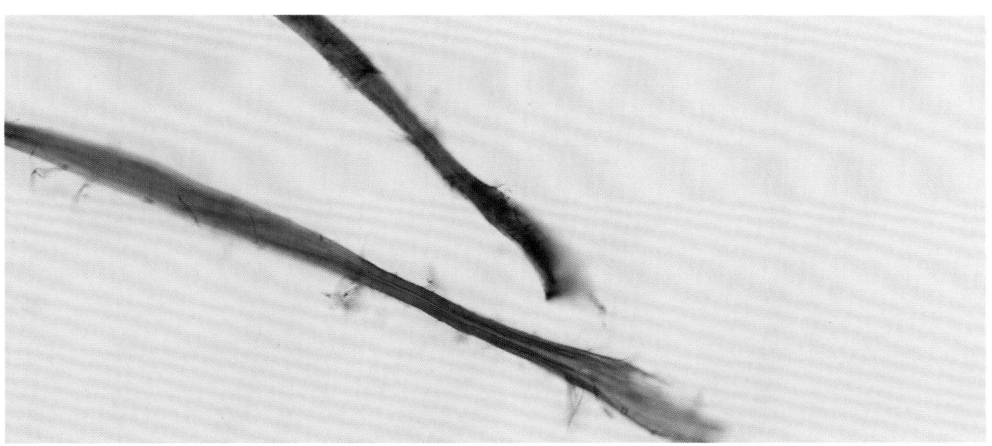

图5　棉纤维窄段纹理及帚化形态（物镜20×，Herzberg染色剂）

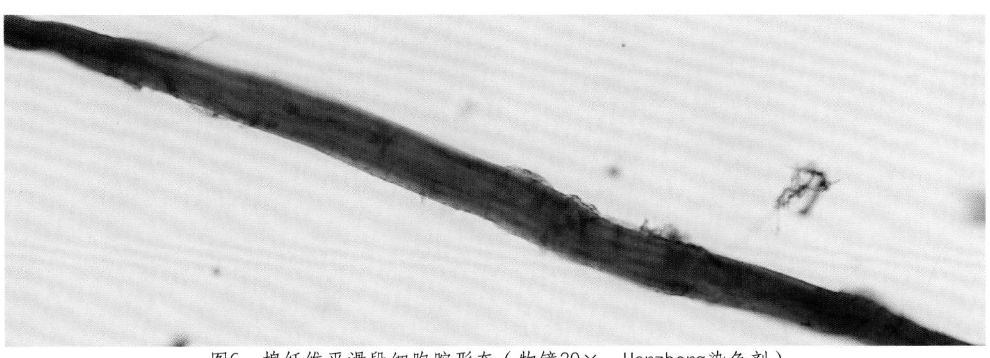

图6　棉纤维平滑段细胞腔形态（物镜20×，Herzberg染色剂）

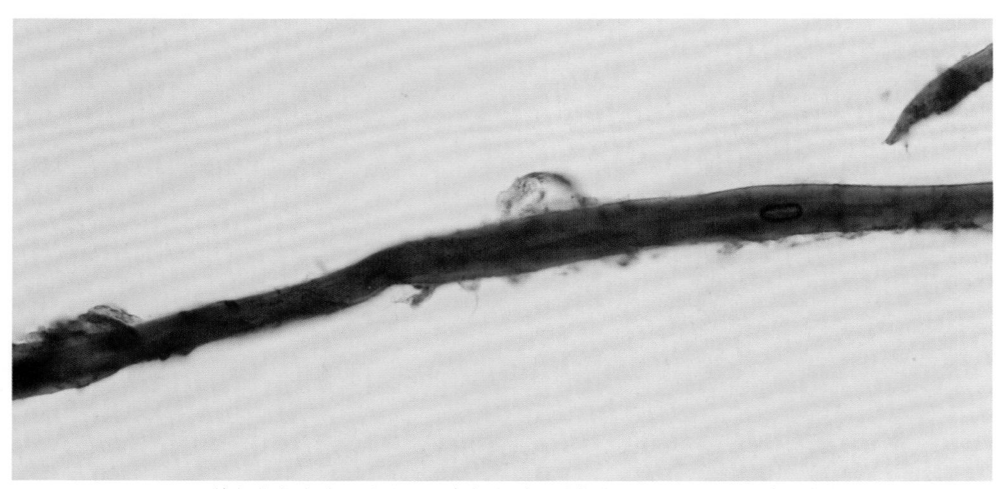

图7 棉纤维较窄的细胞腔及腔内气泡形态（物镜20×，Herzberg染色剂）

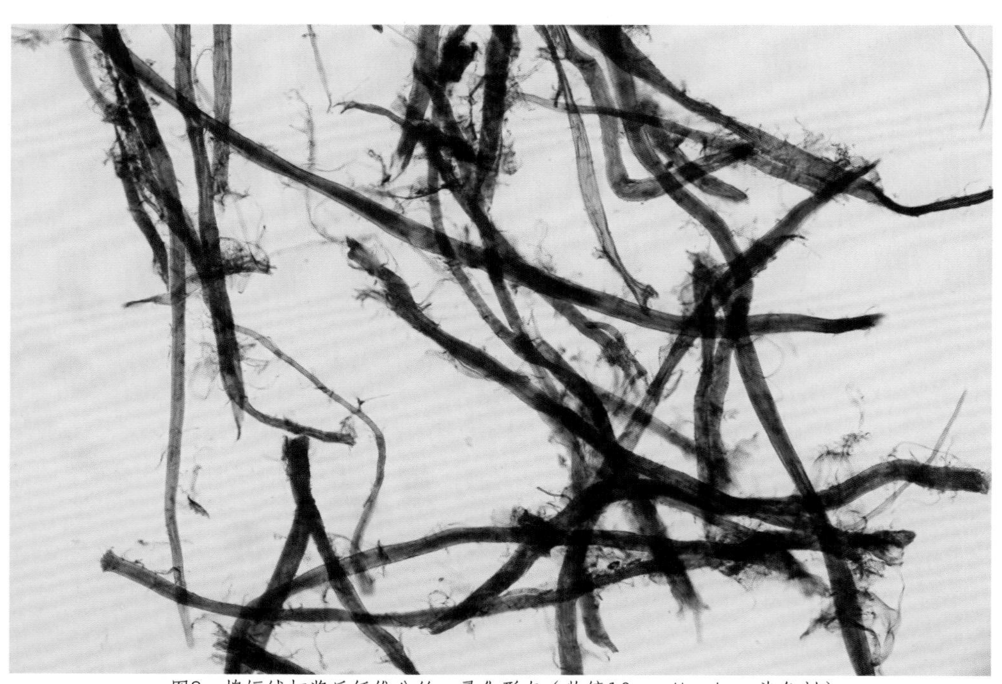

图8 棉短绒打浆后纤维分丝、帚化形态（物镜10×，Herzberg染色剂）

第九章　木浆

木浆是指用木材的木质部为原料制成的纸浆。19世纪初，欧洲人受到中国人以竹、草等茎秆原料造纸的启发，发明以木材茎干的木质部纤维制浆造纸的技术。由于木材来源充足，一举解决了困扰欧洲几百年的造纸原料短缺问题。直到今天，木浆都是现代造纸工业最主要的纤维原料，我们日常所见的大部分文化用纸、生活用纸及包装用纸，主要都是由木浆制成。

根据木材种类的不同，木浆一般分为针叶木浆和阔叶木浆两大类。其中，针叶木的纤维较长而宽，长度在竹纤维和韧皮纤维之间，宽度则大于大部分韧皮纤维；阔叶木纤维较短宽，长度与草类纤维相近，但杂细胞含量比草类原料低。

在传统的手工造纸原料中，一般认为并不包含木浆。但由于木浆来源广泛、价格低廉，性能也能够满足部分手工纸的需要，因此在普通书画练习纸中的应用越来越广泛。随着现代造纸业的发展，木浆在手工纸领域的应用在所难免。合理使用木浆不仅能降低生产成本，还能够拓展手工纸的原料范围，为纸张性能提供更多可能。

由于木浆与传统的韧皮及竹草类原料纤维性能有一定差异，在对手工纸原料有特殊要求的应用领域，如古籍字画修复、文物保护、艺术创作等，选用纸张时应对原料成分进行鉴别。

考虑到木浆不是中国古纸及传统手工纸的主要原料，在手工纸纤维成分的分析中木浆并非种类鉴别的重点，本书仅列出针叶木浆和阔叶木浆的主要特征，并举一两种原料为例进行简单阐释。此外，王菊华老师在《中国造纸原料纤维特性及显微图谱》中已对常见针叶木浆和阔叶木浆的纤维显微特征有详细诠释，需要细致鉴别时足可提供参考。

阔叶木

阔叶木一般指被子植物门双子叶植物纲的各种落叶或常绿乔木。树叶多呈叶片状而非针状，外观多呈心形、圆形、披针形、多角形或掌状，叶脉为网状脉而非平行脉。相较于针叶木，阔叶木的树脂含量和木质素含量较低，耐腐蚀性好，材质大多数比较硬，常称之为硬木。当然阔叶木中也有比较软的，像泡桐、杨木、轻木等。

阔叶木的种类非常多，涉及的植物科属比较广泛，亲缘关系没有针叶木那么集中。造纸用的阔叶木主要为生长速度比较快，材质较为白净的树种。常见的有杨木、桉木、桦木、椴木、槭木、相思木、水曲柳等。

相较于针叶木浆，阔叶木纸浆的细胞组成和形态要复杂得多，鉴别的特征点也就更多。首先阔叶木的纤维一般明显短细，平均长度只有1 mm上下，仅为针叶木纤维的三分之一，宽度一般也只有针叶木纤维的一半。木射线细胞含量比较大，多呈长方棒状。此外阔叶木中还有特征性非常强的导管，导管较其他细胞大而清晰，纹孔复杂多样。

阔叶木的纤维细胞一般有三种类型：管胞、纤维管胞和韧性木纤维，其中管胞的胞壁上常布满纹孔；纤维管胞薄而平滑，壁上有少量小纹孔；韧性木纤维较细而壁稍厚，表面有横节纹。不过也不是所有的阔叶木都有这三种纤维，造纸常用的杨木、桦木、相思木等大多都没有管胞，只有韧性木纤维和纤维管胞。桉木、核桃木则兼有三种纤维。

阔叶木的导管一般都比较宽大，端部有平底、倾斜状或带有舌状小尾巴，管壁上有大量纹孔，纹孔形态复杂多样，单纹孔、具缘纹孔、细小纹孔，大窗格纹孔，排列组合方式也有明显差异，是鉴别阔叶木原料种类的重要依据。

阔叶木浆不是传统手工纸的主要原料，在手工纸纤维鉴别中并非重点。本书仅以我国较常见的杨木、桉木两种原料为例，简单展示阔叶木原料的纤维及杂细胞形态，以供鉴别参考。

杨木

学　名：*Poplars* L.
英文名：Poplars

杨木为杨属植物杨树木材的统称。杨木为杨柳科杨属阔叶类高大落叶乔木，多分布在北半球的温带及寒温带地区。在我国主要分布在华中、华北、西北和东北等地，常作为防护林和绿化树种，是重要的经济用材，也是我国北方代表性的阔叶造纸用材。

杨木的种和品种都比较多，常见的白杨只是其中一种。植物分类系统中将杨木分为5个大类：青杨类、白杨类、黑杨类、胡杨类和大叶杨类。造纸常用的有响叶杨、大叶杨、小叶杨、青杨、白杨、毛白杨、黑杨、山杨、滇杨、辽杨、意大利杨、加拿大杨等。

杨木生长迅速，木质素含量较低，制浆造纸性能优良，可生产化学浆、机械浆和化学机械浆，在文化用纸领域应用广泛。手工纸中一些书画纸会掺入部分木浆以控制纸张成本和性能，有时会用到杨木浆板或使用含有杨木浆的废纸边。

杨木各个种和品种在纤维形态方面的差异很小，显微分析中精确鉴别的难度较大，一般确认为杨木即可。

纤维尺寸

表1　显微镜测定杨木纤维尺寸

项目	平均值	最大值	最小值	长宽比
纤维长度/mm	0.95	1.23	0.62	40.1
纤维宽度/μm	23.7	32.9	15.7	

纤维显微特征

在显微镜下观察，杨木的纤维不长，大部分在0.8~1.2 mm，比桉木纤维宽，整体呈长柳叶形或细长的纺锤形，长短、粗细较匀整，导管个头巨大，特征明显，比较容易鉴别（图1、2、3、4）。

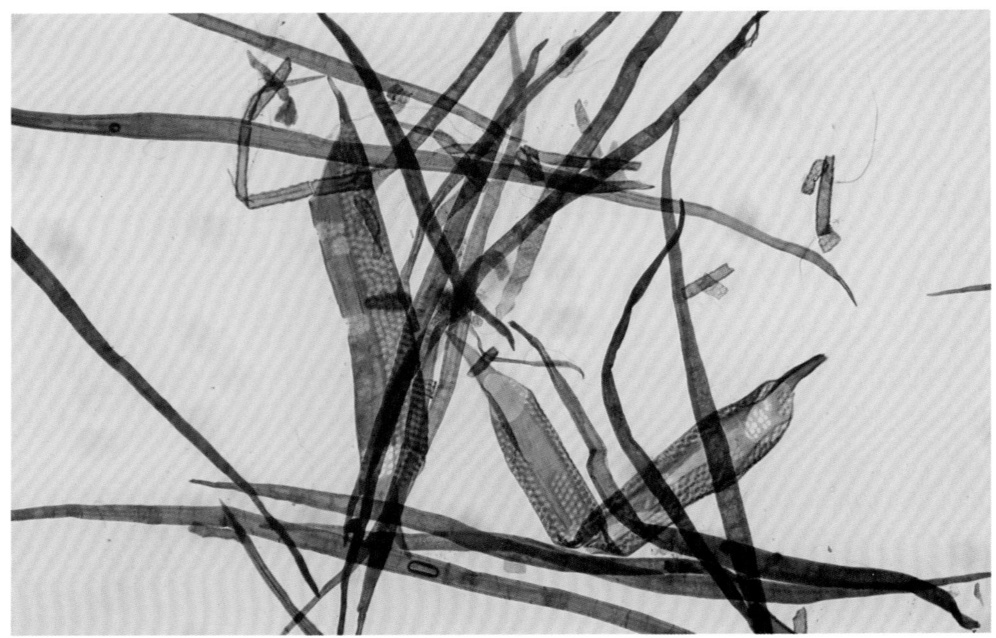

图1 杨木纤维形态（物镜10×，Herzberg染色剂）

图2 杨木纤维形态（物镜10×，Herzberg染色剂）

图3　杨木纤维形态（物镜10×，Herzberg染色剂）

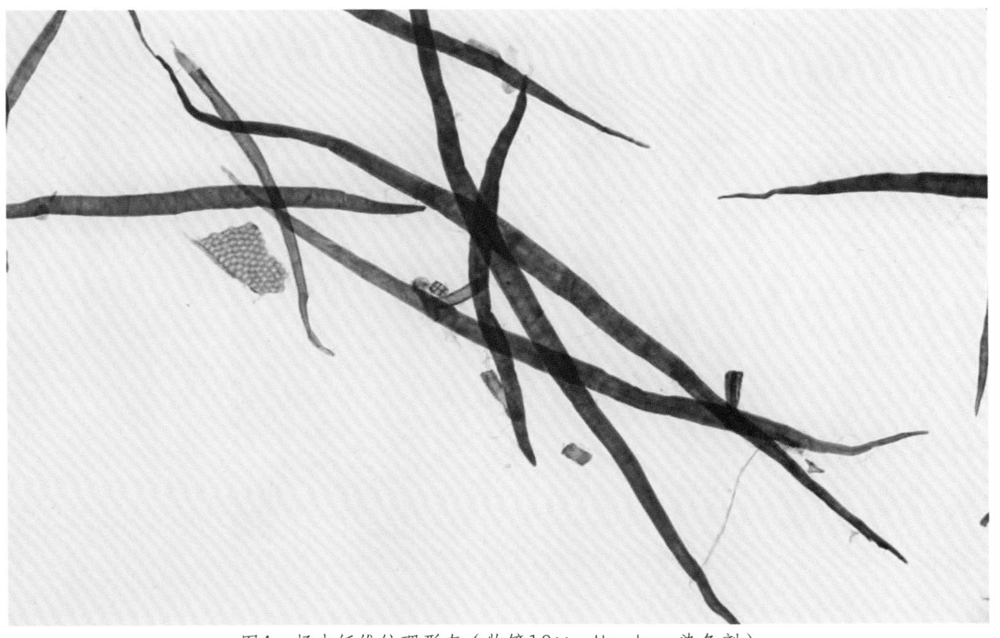

图4　杨木纤维纹理形态（物镜10×，Herzberg染色剂）

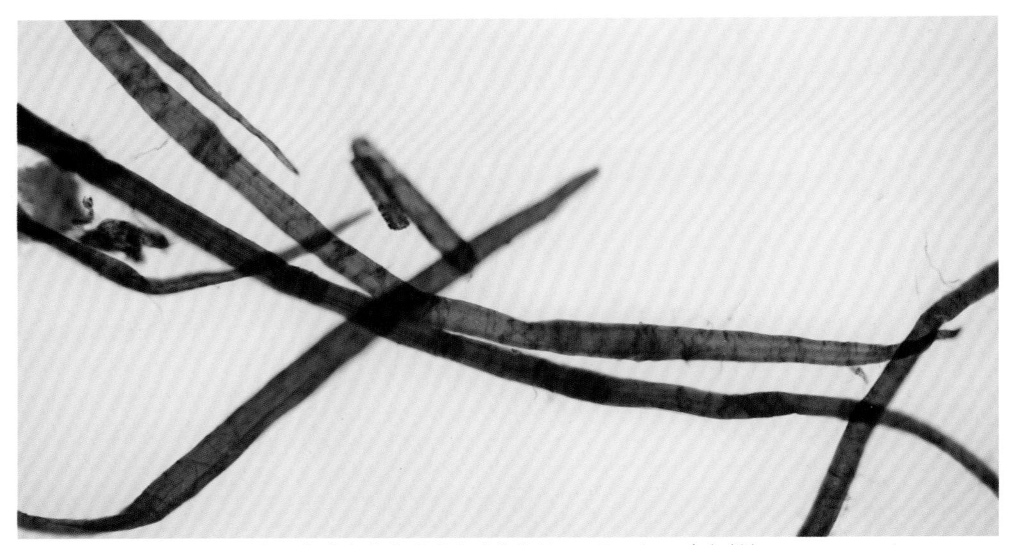

图5 杨木纤维纹理形态（物镜20×，Herzberg染色剂）

图6 杨木的导管形态（物镜10×，Herzberg染色剂）

杨木纤维经Herzberg染色剂染色，颜色因制浆方法而异，化学浆一般呈蓝色。纤维短而略宽，表面有浅细的横节纹，但不太明显；纤维壁比较薄，细胞腔宽大；纤维中部略宽，两端渐细而尖（图1、2、3、4、5）。

杨木的杂细胞主要是导管和木射线。导管非常宽大，呈粗管状，两端开口，端口倾斜，尾部为舌状（图6、7），导管壁上布满或部分区域布满具缘纹孔，剩余区域或无纹孔，或在与木射线相交处有呈窗格状的单纹孔，常以2~3横排为一组（图8）。木射线为较短小的长方棒状，表面有纹孔（图9），常散落于纤维间或附着在导管上，不太起眼。

图7　杨木的导管形态（物镜10×，Herzberg染色剂）

图8　杨木的导管形态（物镜20×，Herzberg染色剂）

图9　杨木的木射线细胞形态（箭头所示）（物镜20×，Herzberg染色剂）

桉木

学　名：*Eucalyptus robusta* Smith
英文名：Eucalyptus

桉树，又称尤加利树，为桃金娘科桉属常绿阔叶高大乔木。桉树原产于澳大利亚，是在世界范围内广泛种植的一种经济用材，其叶可提取桉叶油，纤维可造纸。桉树常生长于雨量充沛的热带和亚热带地区，在我国主要分布在广东、广西、云南、贵州、海南、福建等地，是南方地区有代表性的造纸用阔叶木原料。

桉木品种比较多，全世界约有600多种，造纸常用的有蓝桉、柳叶桉、柠檬桉、巨尾桉、尾桉、尾叶桉等。其生长速度快，植株挺直高耸，适合密植，是一种高产速生材。规模种植时，由于树干高大，根系发达，蒸腾作用非常强，号称“抽水机”，不仅会抑制其他植物生长，在降水少的地区种植还有引起土壤沙化的风险，宜种植在降水充足的地区。

桉树造纸始于20世纪初，通常采用现代化制浆方法做成浆板，主要应用在机制纸领域。手工纸中有些书画纸会添加部分桉木浆以控制成本，或因使用废边引入。不同品种的桉木在纤维形态上差距不大，一般不做区分。

纤维尺寸

表1　显微镜测定桉木纤维尺寸

项目	平均值	最大值	最小值	长宽比
纤维长度/mm	0.87	1.51	0.47	59
纤维宽度/μm	14.8	22.9	7.9	

纤维显微特征

桉木的纤维比较短，长度多在0.75~1.3 mm，长短粗细比较匀整，管胞及导管的形态特征明显，比较容易鉴别。

手工纸中使用的桉木浆多为化学浆，Herzberg染色后以蓝紫为主（图1、2、3）。其纤维分为韧形木纤维、纤维管胞、管胞三类。韧形木纤维比较细，纤维壁稍厚，表面有细横节纹，细胞腔清晰，两端尖细（图4、5）。纤维管胞稍宽大，表面平滑，胞壁薄，部分有横节纹，但很浅细（图4、6）。韧形木纤维和纤维管胞表面通常无纹孔或仅有少量纹孔。管胞比较好辨认，为细长柳叶形，形态柔软，表面布满具缘纹孔，两端钝尖（图7）。

桉木浆中还可观察到长杆状的木射线细胞和导管。木射线细胞为长杆状，表面多纹孔（图8）。导管短而宽，端部带有一个尖尖的小尾巴，导管壁上布满纹孔，纹孔多为圆形或细椭圆形（图9、10）。

图1 桉木纤维形态（物镜10×，Herzberg染色剂）

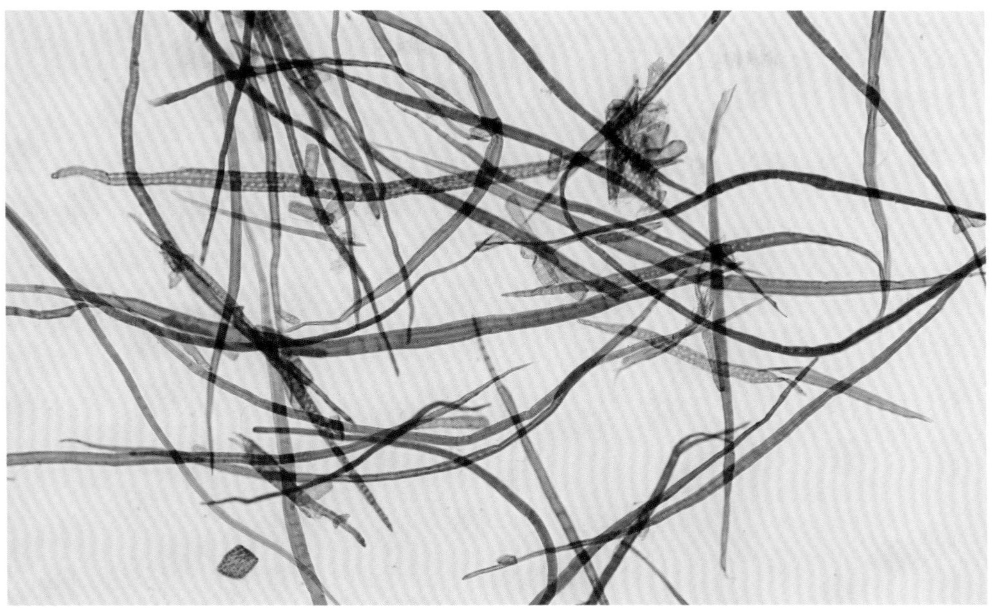

图2　桉木纤维形态（物镜10×，Herzberg染色剂）

图3　桉木纤维形态（物镜10×，Herzberg染色剂）

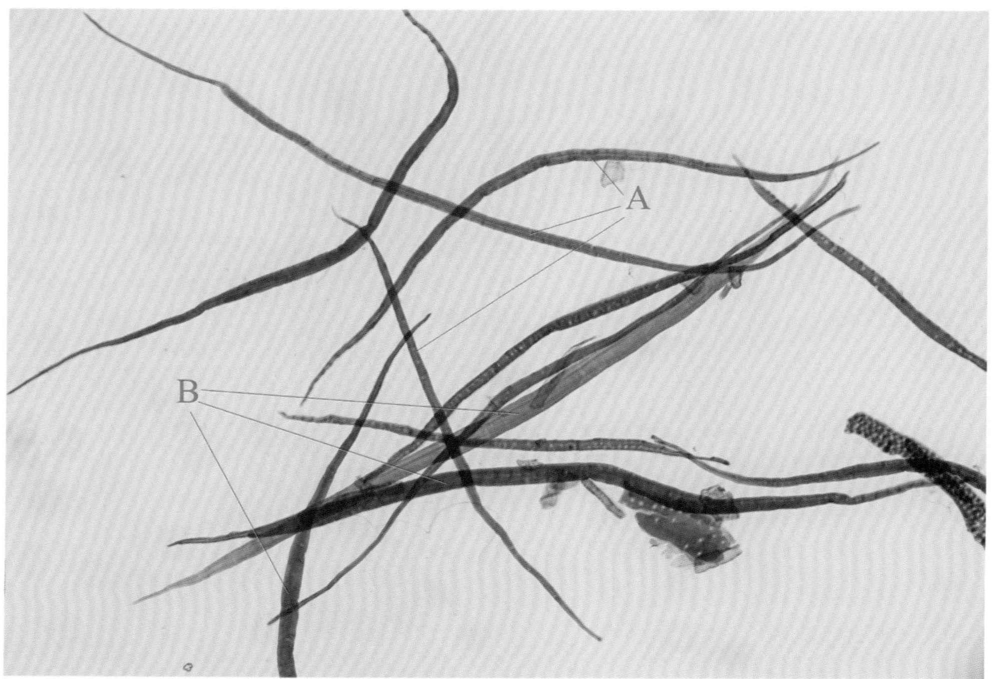

图4　桉木的韧形木纤维（A）和纤维管胞（B）形态（物镜10×，Herzberg染色剂）

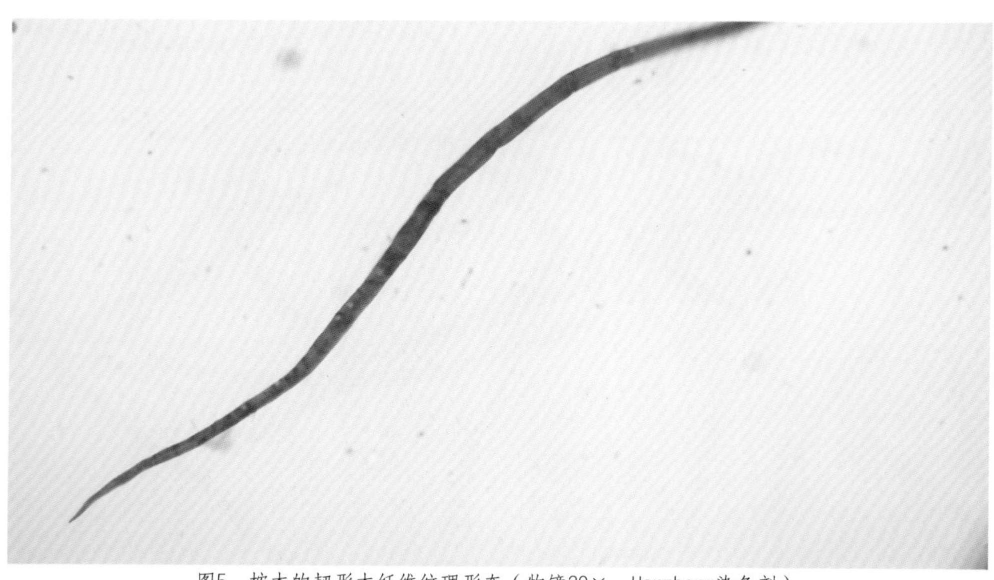
图5　桉木的韧形木纤维纹理形态（物镜20×，Herzberg染色剂）

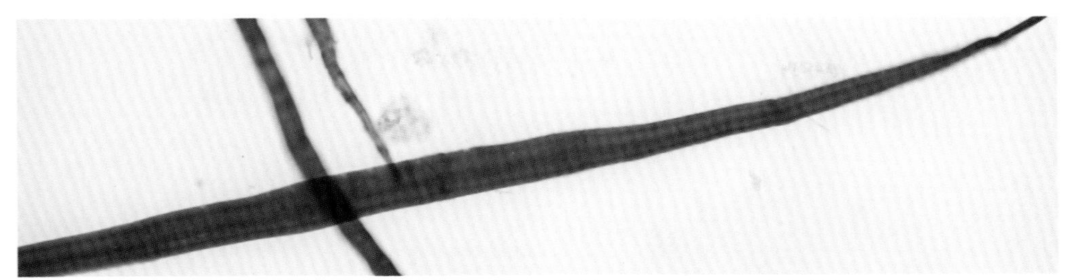

图6　桉木的纤维管胞纹理形态（物镜20×，Herzberg染色剂）

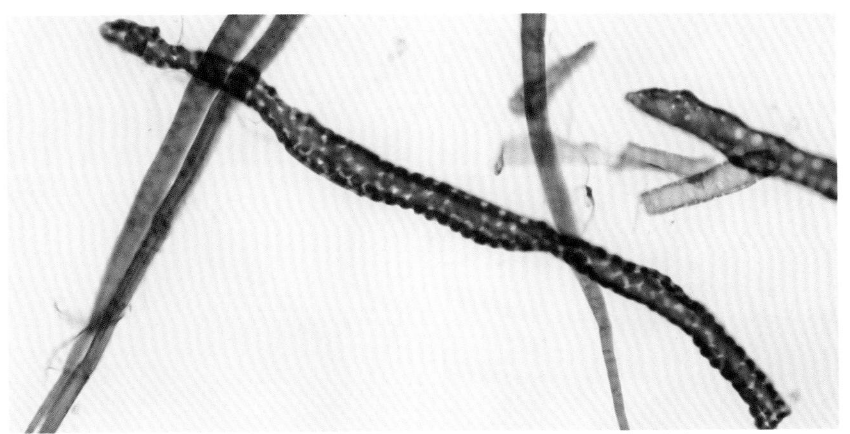

图7　桉木的管胞纹理形态（物镜20×，Herzberg染色剂）

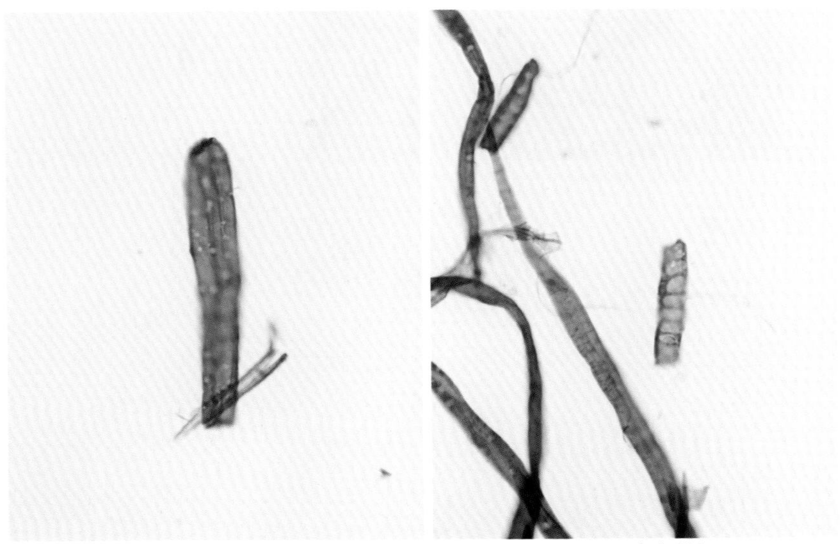

图8　桉木的木射线细胞形态（物镜20×，Herzberg染色剂）

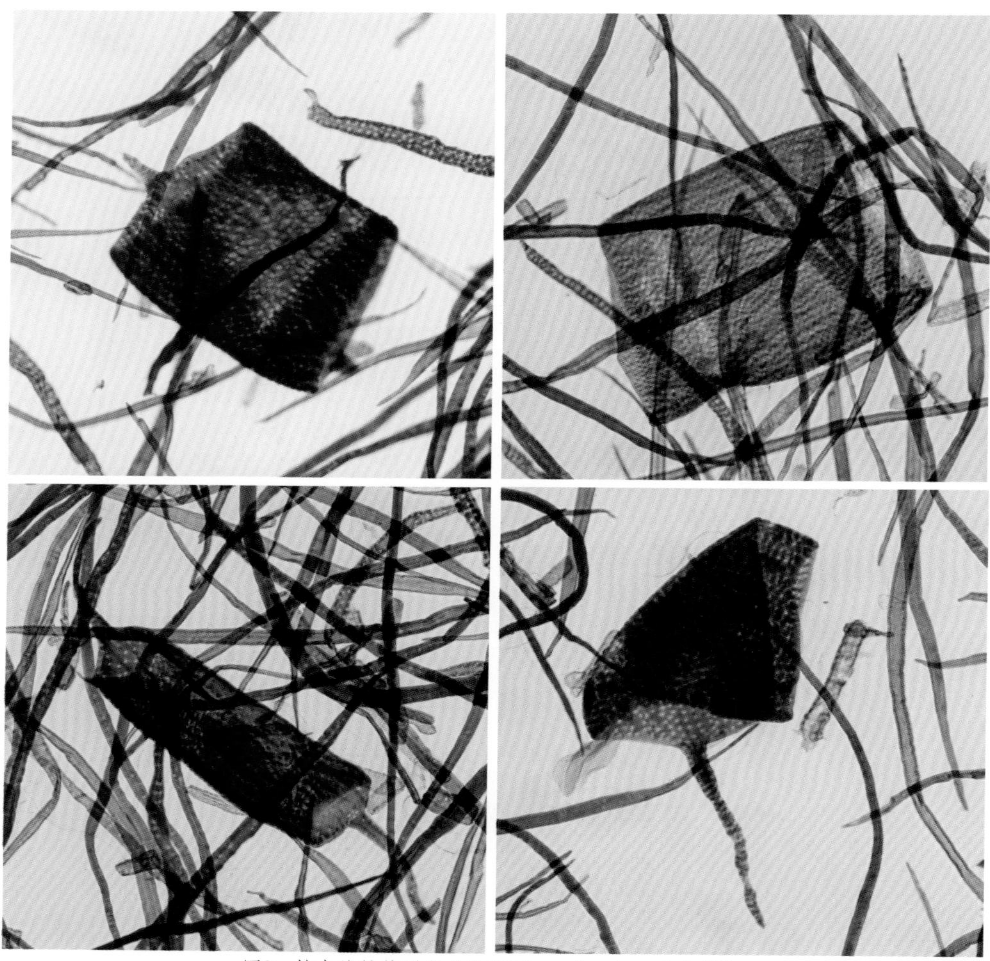

图9 桉木的导管形态（物镜10×，Herzberg染色剂）

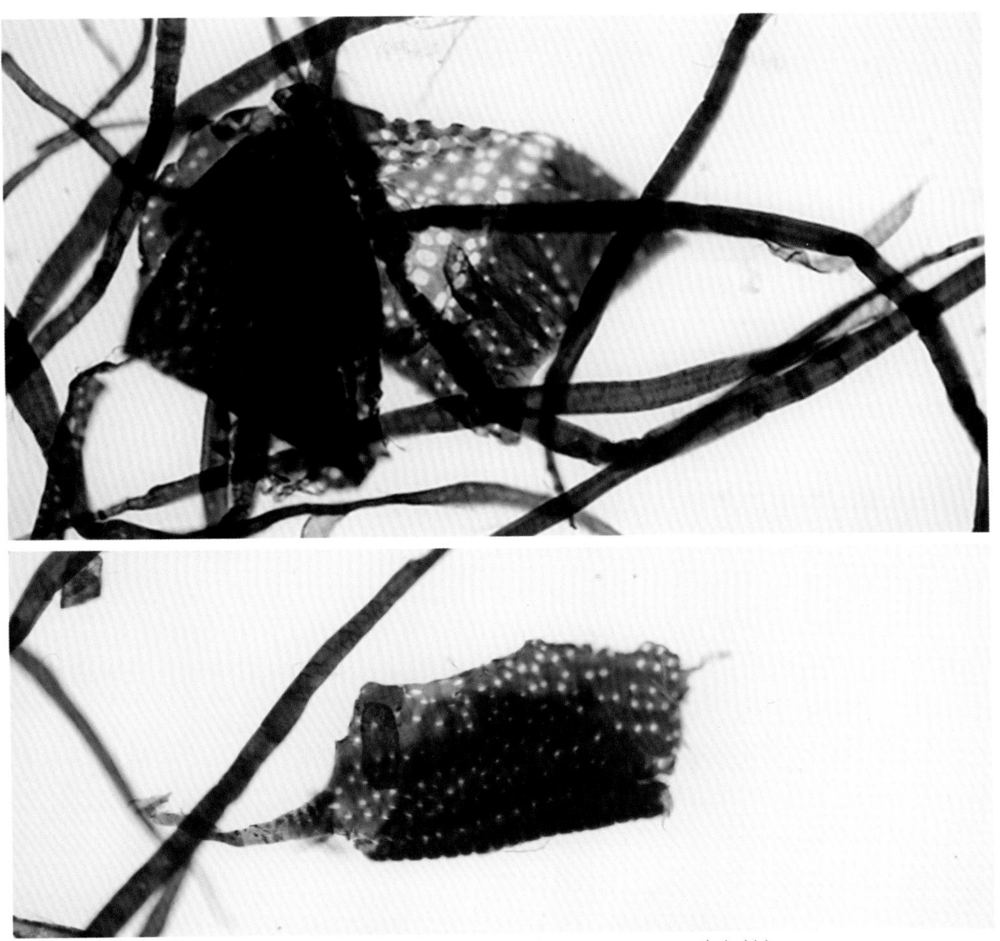

图10　桉木的导管纹孔形态（物镜20×，Herzberg染色剂）

针叶木

针叶木一般是指树叶细长如针状的松木、杉木、柏木等木材的统称。在植物分类学上，针叶木一般属裸子植物门的松科或者柏科。造纸中比较常见的如下：

松科松属：红松、马尾松、云南松、樟子松、加勒比松、火炬松。

落叶松属：落叶松。

冷杉属：臭冷杉、杉松。

铁杉属：铁杉。

云杉属：云杉、鱼鳞云杉、台湾云杉。

柏科柳杉属：柳杉。

水杉属：水杉。

针叶木的木材一般比较松软，常常也被统称为软木，针叶木的英文Softwood即来源于此。造纸所用的针叶木材一般是速生性比较好，材质轻软，质地白细，木质素、树脂和单宁的含量都比较低的树种。

从纤维质量的角度来看，针叶木纤维质量仅次于韧皮纤维，明显优于阔叶木浆和竹草类纤维，其纤维纯净，杂细胞含量低，纤维比较长，大部分纤维都比较宽大，纤维壁薄，具有非常良好的成纸性能，能够赋予纸张良好的强度。在现代造纸中，针叶木浆一般作为优质原料使用。

手工纸中使用针叶木浆大约始于民国时期。当时一些纸厂使用机器生产的木浆，通过手工抄造的方式生产毛边纸、连史纸。现代手工纸中使用木浆的主要是各种书画纸，常以浆板或废纸边等形式添加到龙须草、慈竹等原料中，生产低成本的书画练习纸。由于针叶木纤维比较长，不仅能增加纸张强度，还能模仿“加皮”的感觉，受到很多书画爱好者青睐。

在纤维形态上，跟韧皮类、竹草类和阔叶木纤维不同，针叶木的纤维往往都比较长且宽大，多呈宽扁的带状，长度一般在2~4 mm，表面有清晰的纹孔，一般比较容易与其他类的纤维区分。

在显微镜下观察，针叶木制浆主要由管胞和木射线细胞组成，其中管胞占绝大多数，是针叶木浆的主要组分（图1、2、3）。管胞一般呈长管状，宽度一般在40~50 μm，比一般的纤维都明显宽得多；常分为早材纤维和晚材纤维两种（图

4），以早材纤维居多。早材纤维较宽大，纤维壁薄，整体呈宽扁的带状，胞壁上纹孔较多（图5、6），端部为钝尖形或刮刀形。晚材纤维稍细，纤维壁厚，形态较挺直，纹孔较少或无纹孔，表面可见横节纹，两端尖细。木射线细胞一般比较短细，多呈长方形或带锯齿的细长条状，数量较少。

管胞壁上的纹孔有多种形态，有常见的单纹孔、具缘纹孔，也有与木射线细胞相交区域的交叉场纹孔（图7）。交叉场纹孔一般与其他部位纹孔不同，随树种差异具有不同的形状和尺寸，是鉴别针叶木纤维种类的主要依据。

由于针叶木浆不是传统手工纸的主要原料，手工纸的纤维鉴别中一般只需知晓含有木浆或针叶木浆，便可说明大部分问题，对具体针叶木的种类一般不做非常细致的要求。本书不对针叶木的具体种类和微观特征做详细列分，仅以樟子松为例，列举针叶木纤维的常见特征，以供参考。

樟子松

学　名：*Pinus sylvestris* var. mongolica Litvinov

英文名：Mongolian Scotch Pine

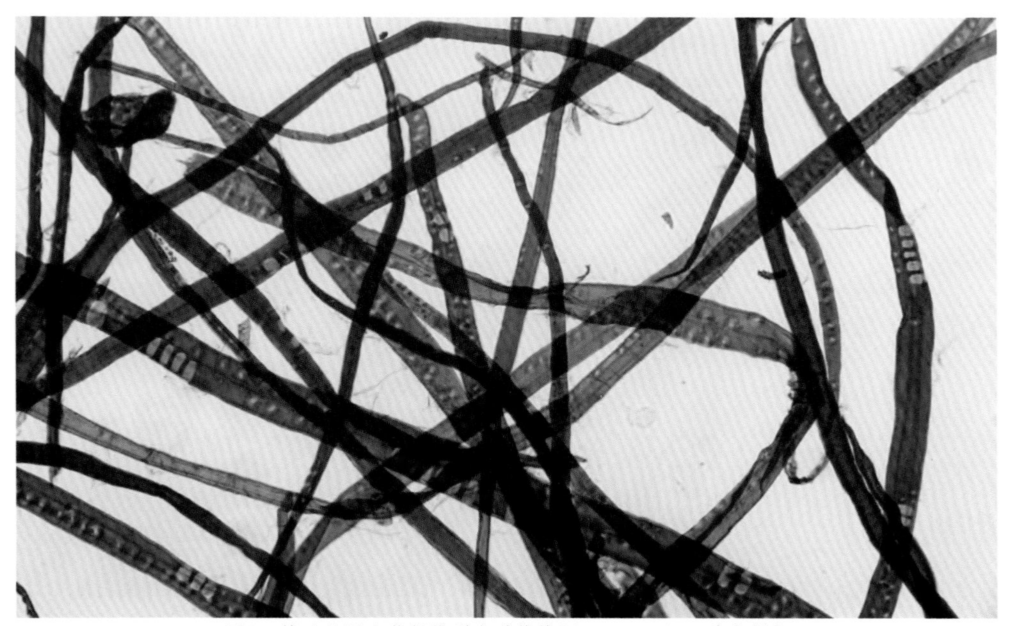

图1　樟子松漂白浆纤维形态（物镜10×，Herzberg染色剂）

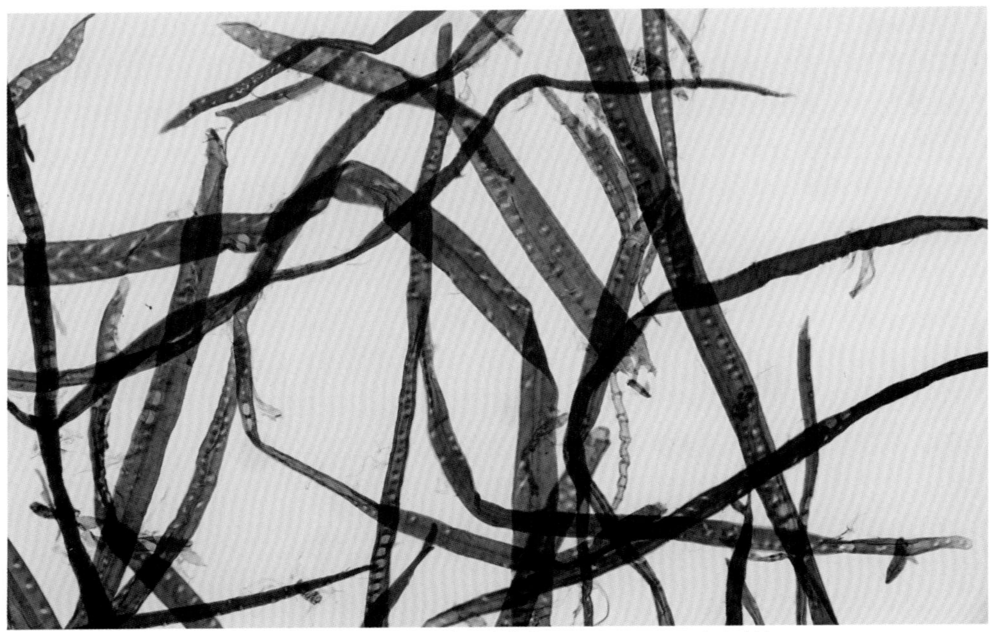

图2 樟子松漂白浆纤维形态（物镜10×，Herzberg染色剂）

图3 樟子松漂白浆纤维形态，箭头所指为木射线（物镜10×，Herzberg染色剂）

图4 樟子松早材（左）与晚材（右）纤维形态对比（物镜10×，Herzberg染色剂）

图5 樟子松管胞上的纹孔形态（物镜20×，Herzberg染色剂）

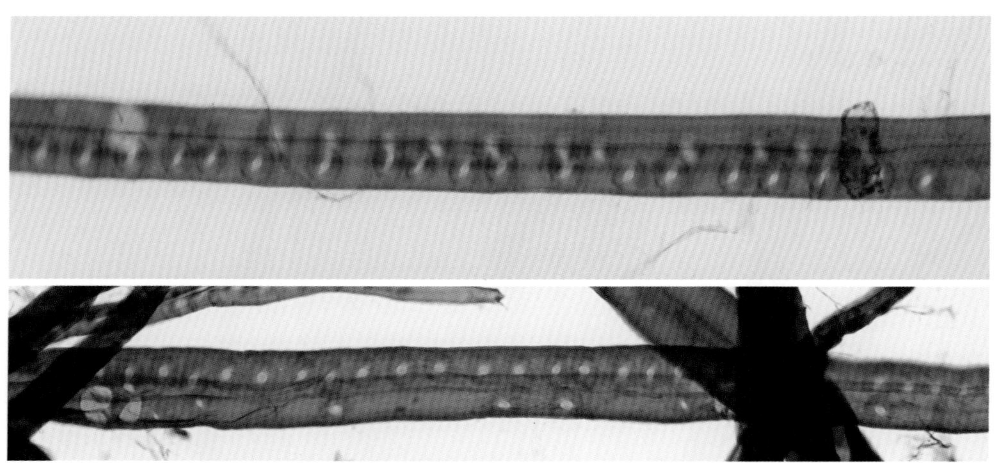

图6　樟子松管胞壁上的具缘纹孔（物镜20×，Herzberg染色剂）

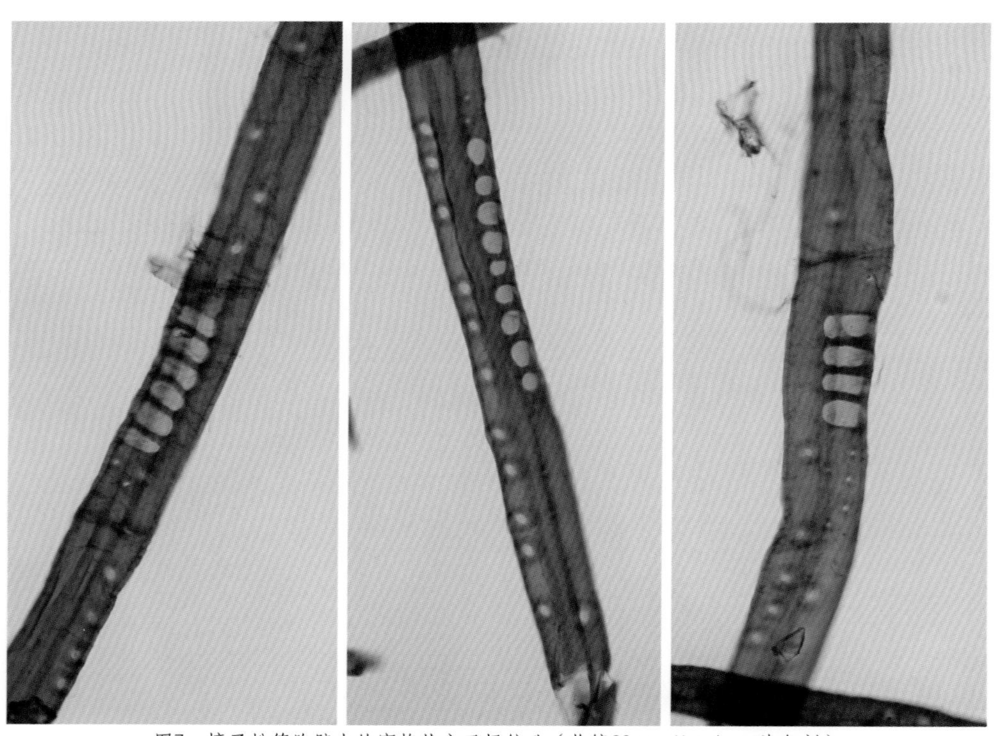

图7　樟子松管胞壁上的窗格状交叉场纹孔（物镜20×，Herzberg染色剂）

参考文献

[1] 喻诚鸿，李沄. 中国造纸用植物纤维图谱[M]. 北京：科学出版社，1955.

[2] 孙宝明，李仲恺. 中国造纸植物原料志[M]. 北京：轻工业出版社，1959.

[3] 第一轻工业部造纸工业科学研究所. 中国造纸原料纤维图谱[M]. 北京：轻工业出版社，1965.

[4] 王菊华. 中国造纸原料纤维特性及显微图谱[M]. 北京：轻工业出版社，1999.

[5] 王诗文. 中国传统手工纸事典[M]. 台北：财团法人树火纪念纸文化基金会，2001.

[6] 王菊华. 中国古代造纸工程技术史[M]. 山西：山西教育出版社，2006.

[7] 潘吉星. 中国造纸史[M]. 上海：上海人民出版社，2009.

[8] 陈燮君. 纸[M]. 北京：北京大学出版社，2012.

[9] 陈刚. 中国手工竹纸制作技艺[M]. 北京：科学出版社，2014.

[10] 陈刚，张学津. 中国北方手工造纸技艺[M]. 北京：科学出版社，2021.

[11] 李正理，胡玉熹，刘淑琼. 青檀各年枝韧皮纤维的比较解剖[J]. Journal of Integrative Plant Biology，1965（4）：330–338.

[12] 北京造纸研究所分析室. 打浆过程麦草纤维细胞壁的变化[J]. 造纸技术通讯，1978（4）：32–43.

[13] 横沟秀尚，田雨德. 菠萝叶纤维的造纸特性[J]. 国际造纸，1983（2）：4–6.

[14] 王文采. 被子植物分类系统选介（Ⅰ）[J]. 植物学通报，1984（5）:11–17+33.

[15] 王菊华，李玉华，蒙文友，等. 龙须草的微细结构及其在打浆过程中细胞壁的变化[J]. 中国造纸，1984（3）：3–16.

[16] 李玉华，王菊华，等. 造纸用几种速生材纤维特性的研究[M]// 中国制浆造纸工业研究所报告，1985.

[17] 李钟凯. 桑皮造纸史话（上）[J]. 中国造纸，1990（2）：67–69.

[18] 李钟凯. 桑皮造纸史话（下）[J]. 中国造纸，1991（2）：61–63.

[19] 中国造纸学会碱法草浆专业委员会. 竹浆、龙须草浆学术论文专辑[G]. 1991.

[20] 王菊华，郭小平，薛崇昀，等. 竹浆纤维壁微细结构与打浆特性的研究[J]. 中国造纸，1993（4）：10–17.

[21] 王菊华，薛崇昀，王锐. 胡麻组织构造和纤维形态及超微结构研究[J]. 纤维素科学与技术，1994（Z1）：39–49.

[22] 魏令波，林金星，蔡雪. 构树形成层细胞超微结构的周期性变化[J]. 应用基础与工程科学学报，1995，3（3）：327–333.

[23] 邝仕均，王菊华，薛崇昀，等. 红麻纤维及其造纸基本特征（上）[J]. 中国造纸，1997（01）：9–12.

[24] 邝仕均，王菊华，薛崇昀，等. 红麻纤维及其造纸基本特征（下）[J]. 中国造纸，1997（2）：5–8.

[25] 刘义龙，王菊华，张志芬，等. 构皮纤维原料的形态超微结构、原料组分及分布和表层黑皮的性质及其脱除的研究[C]// 中国造纸学会. 中国造纸学会第八届学术年会论文集，1997：90–102.

[26] 刘金珠，贾国云，胡娟霞，等. 桑科植物乳汁的研究进展[J]. 蚕桑通报，2010，41（2）：5–8.

[27] 赵向旭，王宜满，张世全，等. 亚麻、苎麻、大麻纤维的鉴别研究[J]. 中国纤检，2010（15）：65–67.

[28] 李忠正. 我国非木材纤维制浆的发展概况[J]. 中国造纸，2011，11（30）：55–63.

[29] 刘畅，李晓岑，王珊，等. 纤维种类与纸龄相关性研究[J]. 中国造纸，2013，32（8）：63–68.

[30] 欧叶玲，伊东隆夫. 土沉香内含韧皮部的组织构造及形成过程. [C]//第五届全国生物质材料科学与技术学术研讨会论文集，2013：137–139：

[31] 谭敏，王玉. 纸质文物的无损和微损观察分析方法[J]. 文物保护与考古科学，2014，26（2）:115–123.

[32] 宋晖. 现代显微技术在纸质文物鉴定与修复中应用[J]. 文物保护与考古科学，2015，27（2）：52–57.

[33] 易晓辉. 我国古纸及传统手工纸纤维原料分类方法研究[J]. 中国造纸，2015，34（10）:76–80.

[34] 王欢欢. 明清时期文化用纸材质初探[J]. 中国造纸，2016，35（9）：43–46.

[35] 王伟，张晓霞，陈之端，等. 被子植物APG分类系统评论[J]. 生物多样性，2017，25（4）：418–426.

[36] 易晓辉，田周玲，闫智培. 五种清代内府刻书用纸样品纤维显微分析与鉴别[J]. 文物保护与考古科学，2018，30（6）：53–64.

[37] 易晓辉. 清代内府刻书用“开化纸”来源探究[J]. 文献，2018（2）：154–162.

[38] 石江涛，刘海冲，彭俊懿，等. 构树次生韧皮部细胞组成与形态的季节性变化[J]. 西北林学院学报，2019，34（5）：202–207.

[39] 易晓辉，索朗仁青. 藏文写本古籍纸页残片的显微分析[M]//伏俊琏.写本学研究（第一辑），北京：商务印书馆，2021：68–84.

[40] 関義城. 手漉紙史の研究[M]. 日本东京：木耳社，1976.

[41] 関義城. 江戸明治手漉紙製造工程図録[M]. 日本东京：木耳社，1979.

[42] The Angiosperm phylogeny group. An update of the Angiosperm Phylogeny Group classification for the orders and families of flowering plants: APG III. Botanical Journal of the Linnean Society, 2009,161:105–121.

[43] The Angiosperm Phylogeny Group.An update of the Angiosperm Phylogeny Group classification for the orders and families of flowering plants: APG IV. Botanical Journal of the Linnean Society, 2016,181(1):1–20.